疾病的真相

# 疾病的真相

## 熊猫医生科普日记

U0235199

文 缪中荣
图 何义舟

人民卫生出版社

序

# 内容才是漫画的王道

——蔡志忠

1992 年，日本一家大药厂老板约我在东京六本木餐厅见面相谈，原来他希望画完漫画《中国诸子百家思想》系列之后，能画中国四大药王扁鹊、华佗、张仲景、孙思邈，然后再接着画医学病理漫画。可惜我一心要画佛学禅宗主题，没答应他画医学系列。

很高兴看到何义舟与缪中荣两位医生以轻松浅显易懂的漫画手法，出版了《熊猫医生和二师兄漫画医学》系列。由于他们两位都是执业几十年的正牌医生，因此更能将医学与漫画结合得非常完美。

很多人误以为漫画只是幽默讽刺，漫画要为政治服务。其实漫画的“漫”就是没有边界之意，漫画不仅可以画幽默讽刺、剧情故事，也可以用来阐述古人的智慧。

这是从事漫画五十几年来最深刻的体悟！其实漫画只是一种语言，一种表达手法。漫画最重要的不是技巧，而是：“内容、内容、内容，内容才是漫画的王道。”

我自己以漫画手法阐述中国诸子百家思想获得很大的成功，相信《熊猫医生和二师兄漫画医学》这么有内容的医学漫画必能获得满堂喝彩，大受关心身体、注意养生的读者们欢迎。

……
蔡老师、傻呆呆 2016-8-22
现场画于上海书展

注：本书是《熊猫医生和二师兄漫画医学》系列的多格漫画专辑。

目录

# 壹 01 每天懂点儿健康知识

贰 02

写给女性的私信

雪

## 叁 03 血压

## 肆 04 血糖

## 05 血脂



## 陆 06 中老年健康的误区与真相

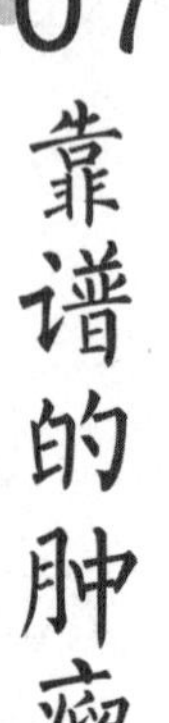

## 07 靠谱的肿瘤知识

# 01 每天懂点儿健康知识

壹

熊猫医生阿缪

## AED，<br>你必须学会的救命神器

AED

熊猫医生漫画

1

今年 5 月上海浦东机场一名
外籍游客突发心跳骤停；
6 月上海某地铁站一名年轻
小伙同样因心跳骤停而倒地，
但他们都得到了成功救治！

2

太好了！
快讲讲是怎么被救活的？

3

他们都在发病第一时间得到抢救，
施救者除了做心肺复苏，
还使用了 AED 对患者心脏
进行除颤，才保住了性命。

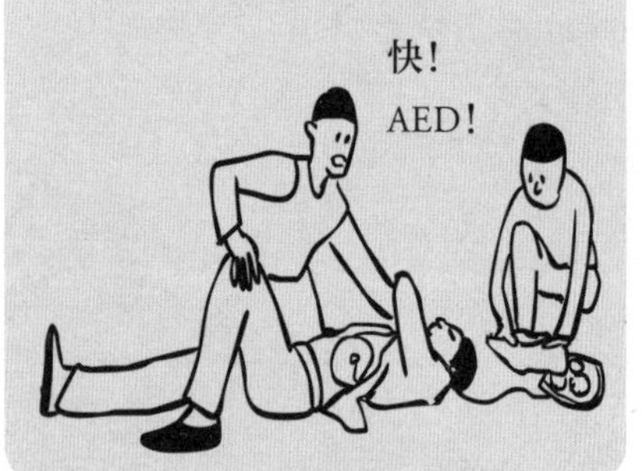
快！
AED！

4

但两年前，
一位外科医生在机场
因突发心跳骤停而死亡。
当时机场已配有 AED，
只是没有人会使用，
甚至根本不知道在哪里！

是，太可惜了！

5

阿缪，
AED 能让猝死的人起死回生？
它到底是什么啊？

6

AED 又叫自动体外除颤仪，能识别心室颤动引起的心跳骤停，并自动发放电流对心脏进行除颤，被誉为关键时刻的“救命神器”。

救命神器
AED

7

这 3 个人应该都属于心室纤颤导致的心跳骤停。在我国每年约 54 万人死于这类心源性猝死，却仅有不足 1% 的人能被救活。

8

为什么被救活的人这么少？不是有“救命神器”吗？

9

心源性猝死的黄金抢救时间只有短短 4 分钟，急救车和施救医生很难在 4 分钟内抵达抢救现场。

又堵车，真急人！
熊猫急救

10

事发现场的家属或路人缺乏急救技术和意识，在救护车到来前，要么进行无效心肺复苏，要么是无助地等待……

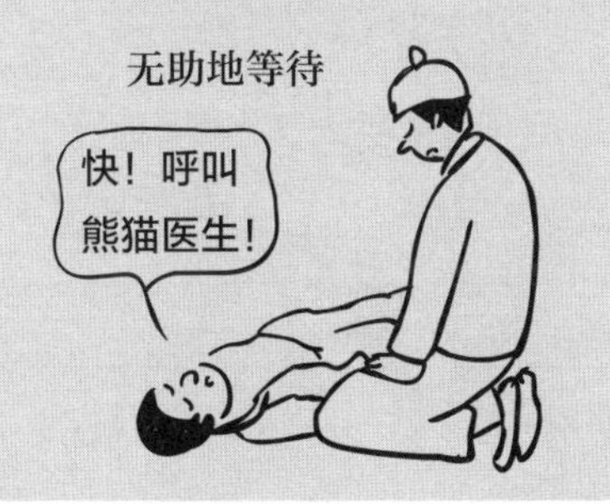
无助地等待
快！呼叫熊猫医生！

11

而 AED 是黄金 4 分钟内最有效救助这些患者的神器，这也恰恰弥补了救护车在较短的时间内无法抵达的不足。

AED 来啦，看我的！
AED

12

但现状却是
AED 已进入中国 11 年，
知道它的人却很少，
普及度低，
公共场所配备的“神器”
眼睁睁的成了摆设。

13

普及、学习 AED，
提高急救技术才能
把更多心源性猝死的人
在生命危急时刻抢救回来。

有效心肺复苏 + AED 正确使用
= 救人救人救人！

刚上桌，
还有得救！

14

人命关天啊，
让痛苦和伤害少一点、
再少一点……
普通老百姓也可以学习
使用 AED 吗？

15

是的，
AED 又叫傻瓜除颤器，
会自动对患者进行辨别
并明确是否需要放电、除颤。
简单易行，
根据语音提示操作就行。

16

如果是外伤、大出血等
引起的心脏停跳
则不能使用 AED，
别忘了它叫自动体外除颤器，
无心室纤颤，不工作。

老人家，
他不适合。
阿缪，
快给他
用 AED！

17

AED 的智能化和精确性
决定了它可以全民普及
和使用，经过操作培训，
遇到紧急情况
就能免费用它来救人。

傻瓜也能学会？！
太赞了！

18

以前我常对呆呆这样讲：

如果有人晕倒，
你还是要救他；
如果被骗了，
算我的。
嗯嗯

19

国家出台了“好人法”相关条款，
已于 2017 年 10 月 1 日正式生效，
鼓励见义勇为的行为，
我们更相信世上还是好人多。

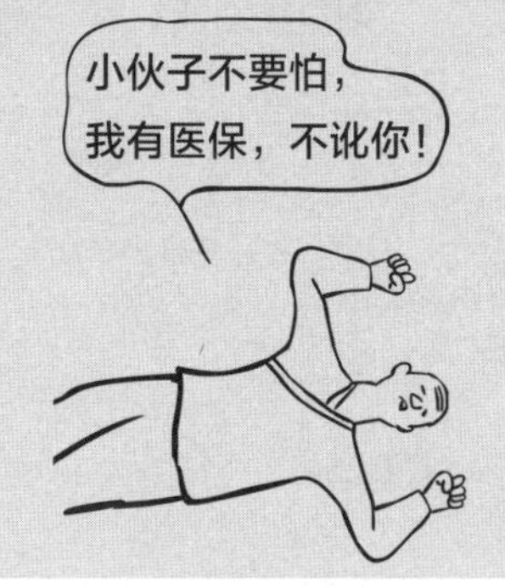
小伙子不要怕，
我有医保，不讹你！

20

2017 年 10 月 1 日起实施的《中华人民共和国民法总则》第一百八十四条明确规定：“因自愿实施紧急救助行为造成受助人损害的，救助人不承担民事责任。”

不要怕，
法律保护好人。

21

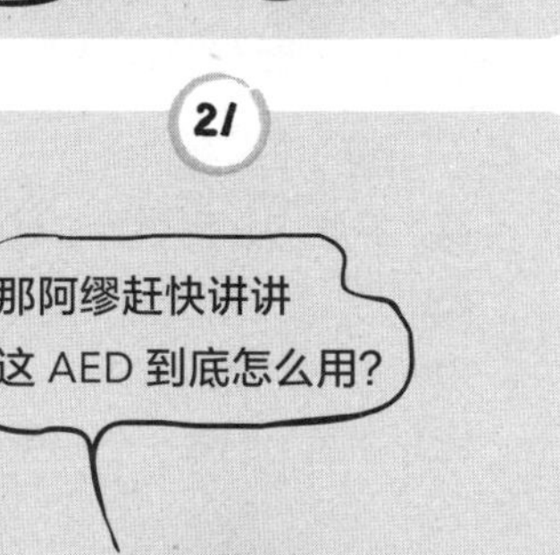
那阿缪赶快讲讲
这 AED 到底怎么用？

22

遇到突然倒地者，
首先确定他无反应、无意识、
无正常呼吸，脉搏也没有了，
要迅速拨打 120。

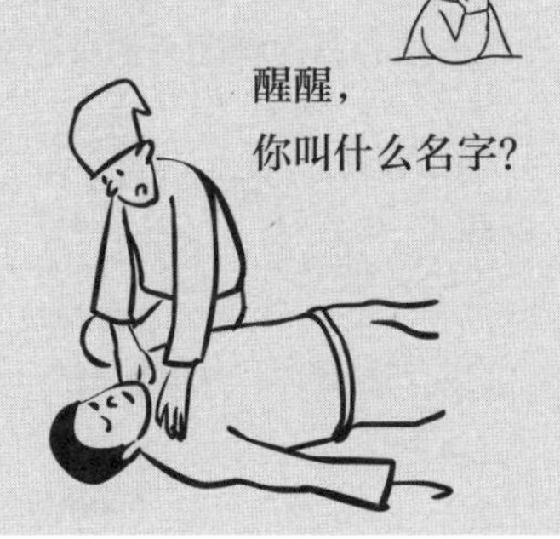
醒醒，
你叫什么名字？

23

救护车到来之前，你可以：
1. 心肺复苏。
每 30 次胸外按压后
进行 2 次人工呼吸。

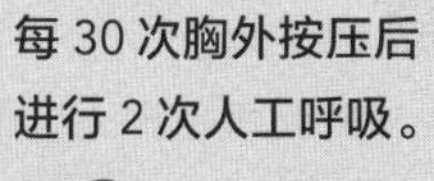

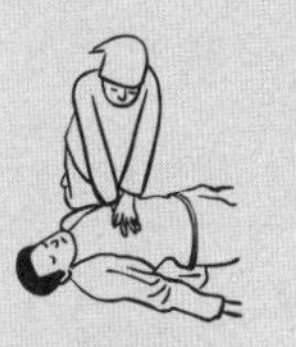

胸外按压
30 次

人工呼吸
2 次

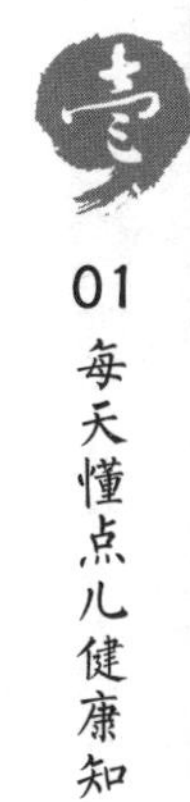
壹
01
每天懂点儿健康知识

24

2. 寻找 AED。
心肺复苏同时咨询公共
场所工作人员是否有 AED，
尽快提供，或请身边的人
帮助寻找 AED。

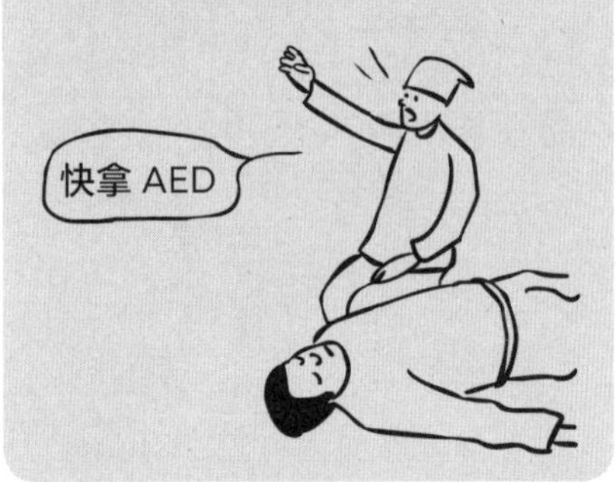
快拿 AED

25

3. 拿到 AED，
先打开开关，
听语音解说，
照指示去做，
别自我发挥。

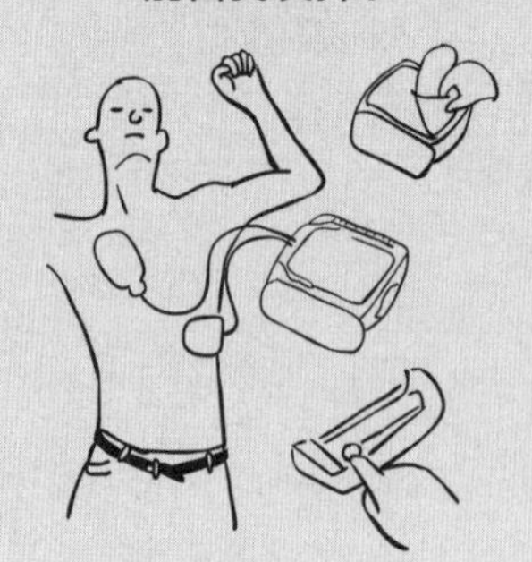

26

4. 在使用 AED 除颤之后，
如患者还未恢复意识，
仍需不间断地实施心肺复苏，
直到救护人员到来。

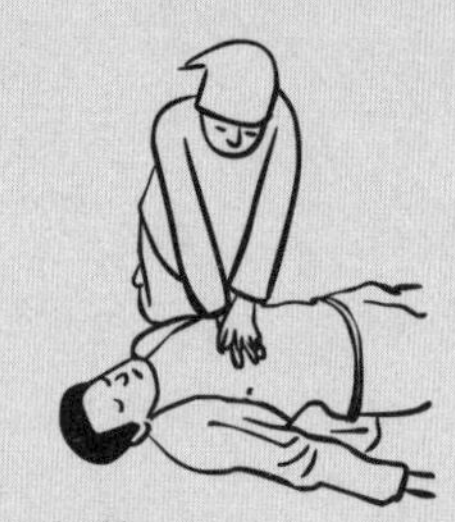

按压部位：
两乳头连线与胸骨交叉点处。

27

AED 虽不是万能，
但在机场、火车站、地铁站、
体育馆等人流量大、
心跳骤停发生概率大的公共场所，
没有 AED 是万万不能的。

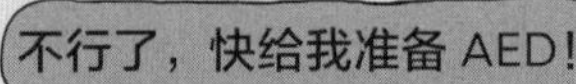
不行了，快给我准备 AED！

28

如果你也在或即将抵达
公共场所，
请主动寻找、认识 AED。
机器是冰冷的，
但它却可以把人类的温暖送到
每一位心源性猝死者的身边。

熊猫医生，
AED 来了！

29

请大家学习正确心肺复苏、
AED 的操作方法，
为家人、为朋友、
也为在路上的每一位陌生人。

兄弟，救命，
你懂 AED 吗？
我正要去
参加学习班。

30
因为生命只有一次，
对于谁都是宝贵的。

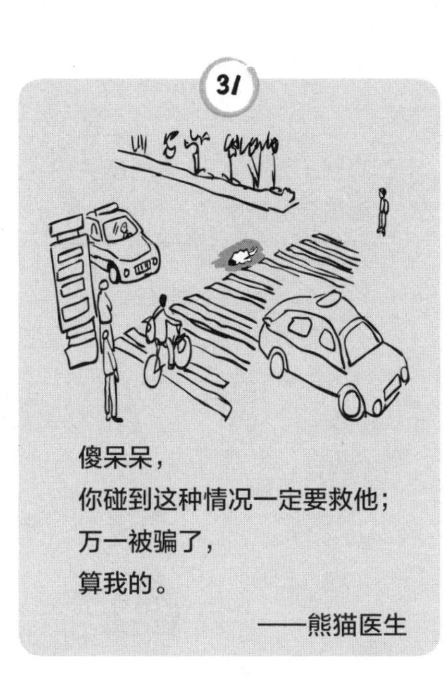
31
傻呆呆，
你碰到这种情况一定要救他；
万一被骗了，
算我的。
——熊猫医生

32
让医学变得简单
文字：北京天坛医院 缪中荣
绘图：上海中山医院 二师兄

## 熊猫医生阿缪

# 爱抽烟的北方壮小伙儿，最容易得这种病

熊猫医生漫画

1

隔壁王大爷家 32 岁的侄子最近到他家来了，脚趾头坏掉了，溃疡、发黑且流水，但之前他并没有受到外伤。

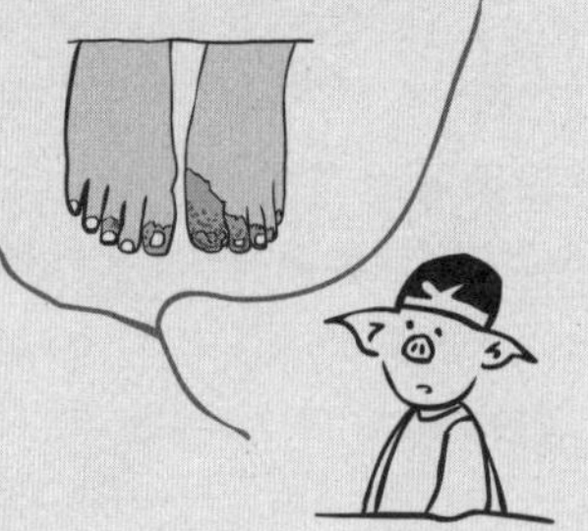

2

听他说疼得很厉害，晚上根本睡不着，2 个月瘦了 20 斤，这是怎么回事啊？

3

这很有可能是血栓闭塞性脉管炎，得赶紧去医院了。

4

是呀，他的症状从轻微腿累到走路脚疼，再到脚趾溃烂，前后持续了半年，这次到城里来就是专门来找大夫的。

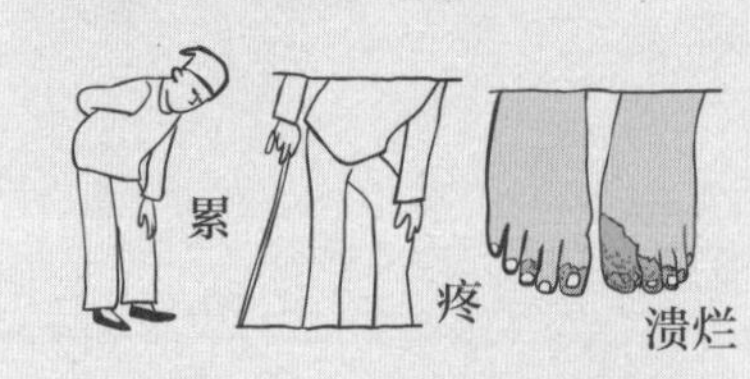
累
疼
溃烂

半年

5

好端端的脚，怎么会烂掉呢？这个病是怎么回事呀？

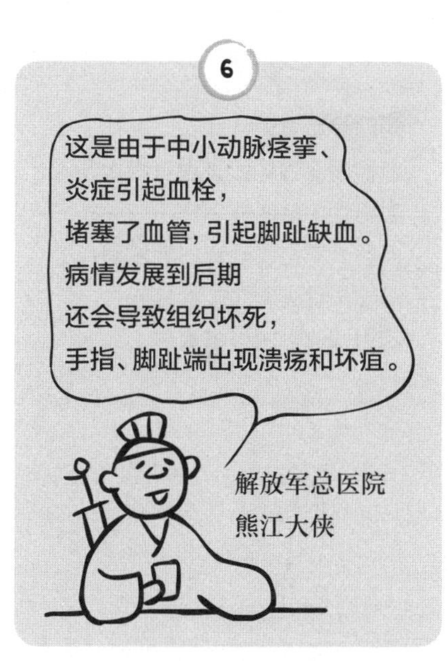
这是由于中小动脉痉挛、
炎症引起血栓，
堵塞了血管，引起脚趾缺血。
病情发展到后期
还会导致组织坏死，
手指、脚趾端出现溃疡和坏疽。
解放军总医院
熊江大侠

小动脉为什么
会闭塞呢？

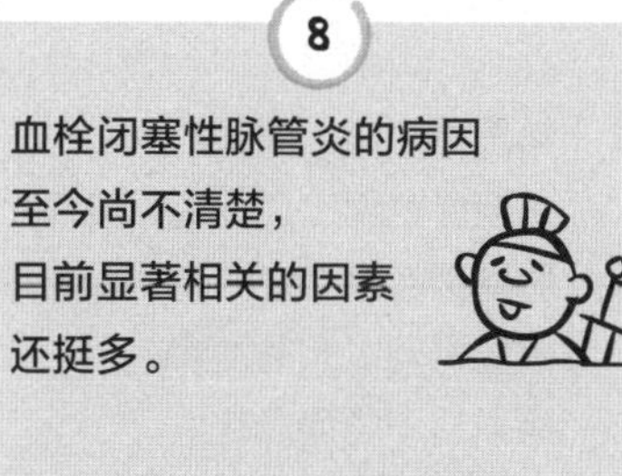
血栓闭塞性脉管炎的病因
至今尚不清楚，
目前显著相关的因素
还挺多。

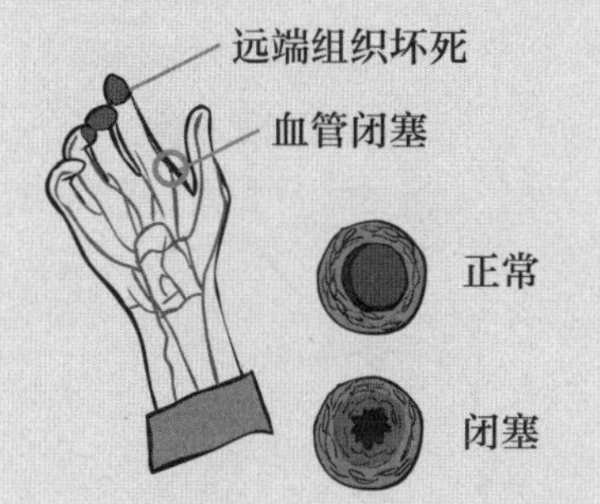
远端组织坏死
血管闭塞
正常
闭塞

都有些啥？

第一是吸烟。
血栓闭塞性脉管炎患者中，
中重度吸烟者占 60%～95%。
吸烟，伤害自己，伤害他人！

第二是户外体力劳动。
该症的患者大部分为
体力劳动者
或长期站立者。

第三是寒冷、潮湿。
东亚是世界上血栓闭塞性脉管炎的高发地区，中国黄河以北的发病率明显高于黄河以南。

放下剑，不要逞能，赶紧穿上衣服，小心脉管炎！

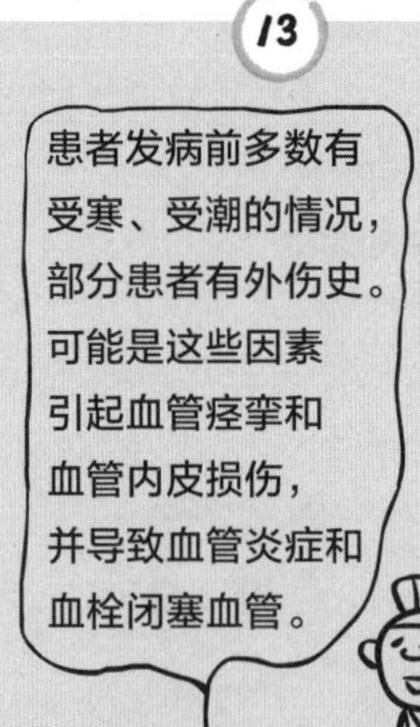
13
患者发病前多数有受寒、受潮的情况，部分患者有外伤史。可能是这些因素引起血管痉挛和血管内皮损伤，并导致血管炎症和血栓闭塞血管。

第四是激素紊乱。
血栓闭塞性脉管炎患者绝大多数为男性（80%~90%），而且大都在青壮年时期发病，可能与前列腺功能紊乱或前列腺液丢失过多有关。

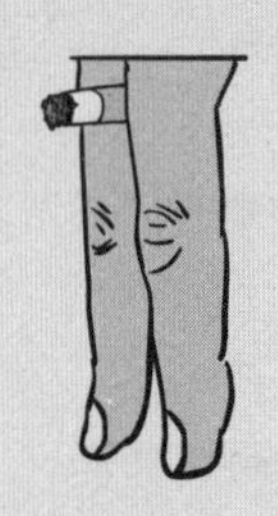

前列腺
功能紊乱

15

另外感染、营养不良、血管神经调节障碍、自身免疫功能紊乱都与本病相关。

16

所以总结起来，中国北方青壮年男性，长期户外体力劳动者、吸烟者患此病的概率比较高，对吗？这可是我们周围看上去最强壮的人群呢！

17

可以这么说。

18

那王大爷的侄子，
他是怎么一步步发展
到组织坏死的呢？

19

早期患肢会呈现一时性
或持续性苍白、发绀、
有灼热及刺痛，
患肢下垂时皮色变红，
上举时变白，继之足趾麻木，
小腿肌肉疼痛，行走时激发，
休息时消失。

痛

20

小腿部常发生
浅表性静脉炎和水肿。
检查时发现足背动脉
搏动减弱或消失。

足背动脉搏动减弱

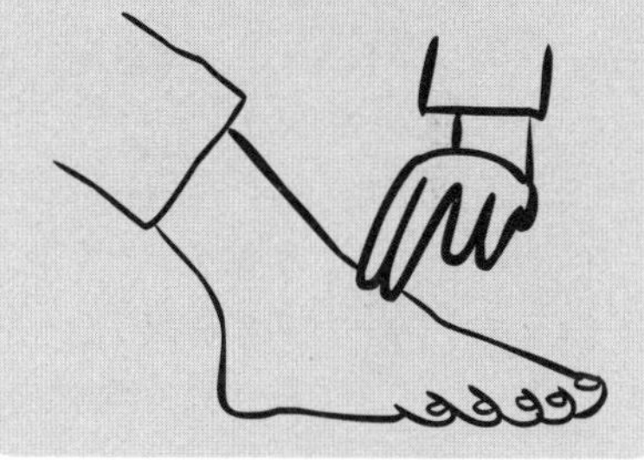

21

随着病情的发展可出现：
间歇性跛行，夜间疼痛加剧，
足趾疼痛剧烈，皮肤发绀，
进而趾端溃疡或坏疽而发黑，
逐渐向上蔓延。

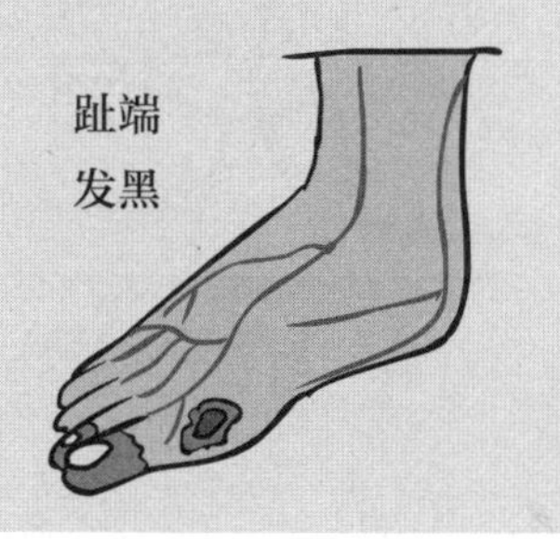
趾端
发黑

22

那他现在
该怎么办呢？

23

已经发展到组织坏死的阶段，
需尽快就医。
因为这个病累及到中小动脉，
所以血管搭桥、球囊扩张、
支架等方法效果都不奏效。

24

一般使用动脉内灌注治疗，
就是在病变部位动脉内
直接输入一些消除炎症的药物。
当然，最重要的是
要在发病早期就及时就医。

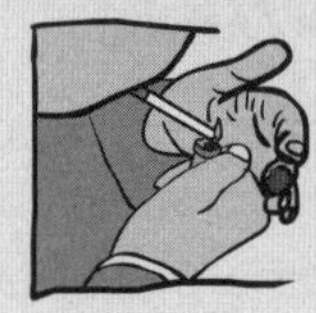

别抽了！
手指都黑了，
赶快去看看吧。

25

所以要建议大家戒烟，
保护双手双足，
防止寒冷潮湿，避免外伤，
防止肢体血管痉挛。

26

还要注意劳动时穿软底鞋，
防止患脉管炎的足趾长时间
受压发生局部缺血甚至溃疡，
加重病情。

熊猫牌
软底鞋！

27

让医学变得简单

主审：北京天坛医院 缪中荣
文字：解放军总医院 熊　江
绘图：上海中山医院 二师兄

熊猫医生阿缪

## 瘢痕长成疙瘩了，咋办呀

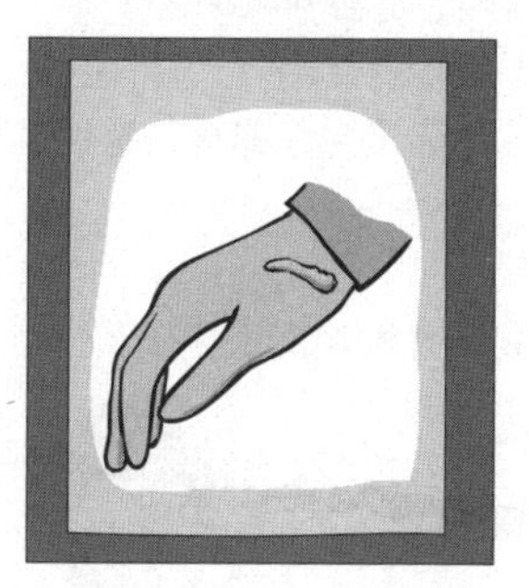

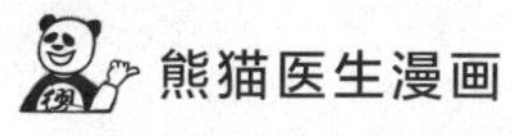

熊猫医生漫画

1

最近，我的一位朋友打耳洞打出了一个大疙瘩，而且疙瘩还在不停地生长，就像耳垂上长出了一个圆乎乎的大尾巴……

2
听起来怪吓人的！怎么回事啊？

3

她打完耳洞，耳垂就经常发炎，无奈只好不戴耳环，右耳耳洞慢慢长实了，但左耳耳洞处却长出了一个疙瘩。

4
哦，那疙瘩现在越长越大了？

5
是的，越来越大还奇痒无比，谁看到都吓一跳。我朋友现在很烦恼，本来还想美一美……

唐勇唐大侠今天碰巧在面馆，
关于身体各部位的外形问题，
不妨找他问问。

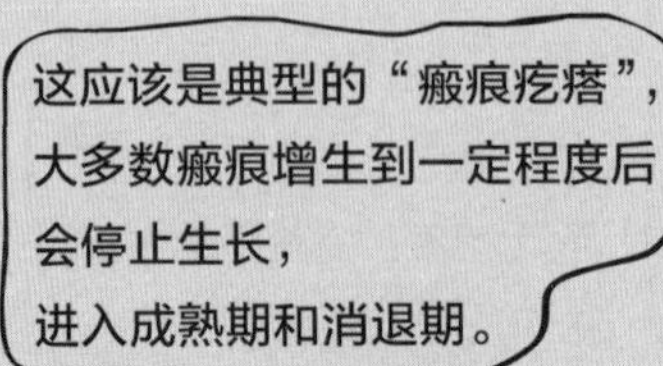
这应该是典型的“瘢痕疙瘩”，
大多数瘢痕增生到一定程度后
会停止生长，
进入成熟期和消退期。

但有少数人的某些部位瘢痕
却一直处于增生状态，
瘢痕在不停地生长，
形成瘢痕疙瘩，
这是最难治疗的一种瘢痕。

是，
我的耳洞瘢痕很多年了，
一直在长。

正常的瘢痕是什么样的？

瘢痕是机体修复创面的
必然形式。也就是说，
机体组织受到创伤后是
以瘢痕的形式修复的。

瘢痕的生成与消退分别
有形成期、增生期、
成熟期和消退期。

消退了！

12

正常情况下，
创伤修复完成后瘢痕就
停止生长了，
进入成熟期和消退期。

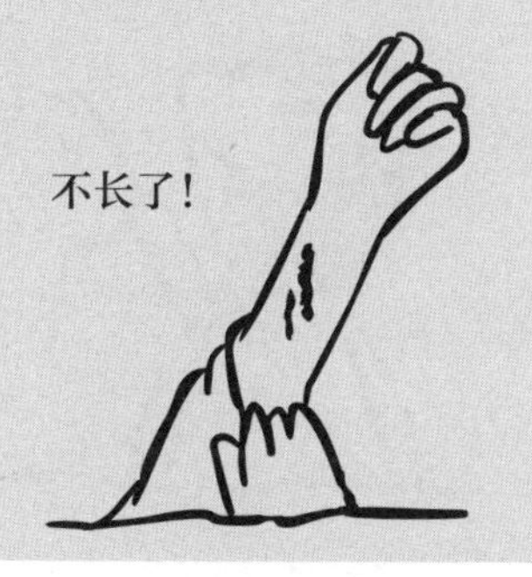
不长了！

13

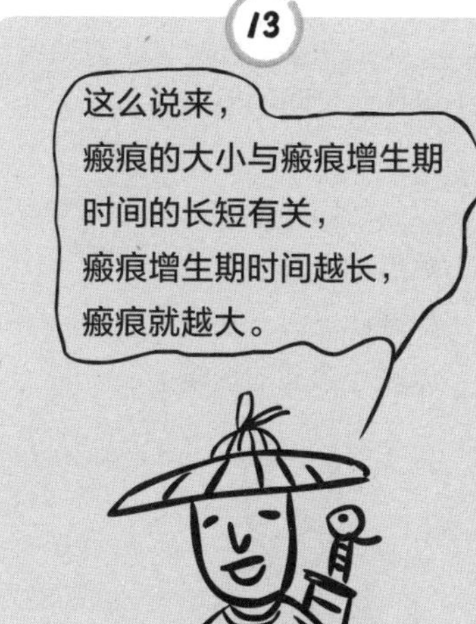
这么说来，
瘢痕的大小与瘢痕增生期
时间的长短有关，
瘢痕增生期时间越长，
瘢痕就越大。
倪

14

嗯，增生期时间长短
是其中一个因素，
影响瘢痕大小的因素还有
创伤的深度、创伤愈合
是否顺利、伤口有无感染等。

15

同一个人，
身体的不同部位长瘢痕的
情况也不相同。

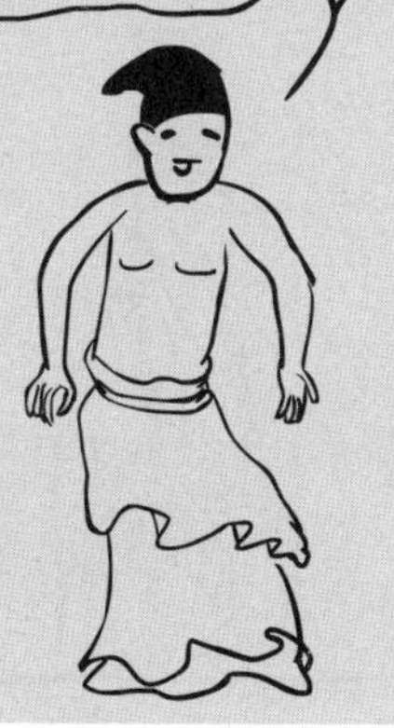

16

一般来说，
前胸中线、肩胛、
耳垂等部位的瘢痕
容易长成瘢痕疙瘩。

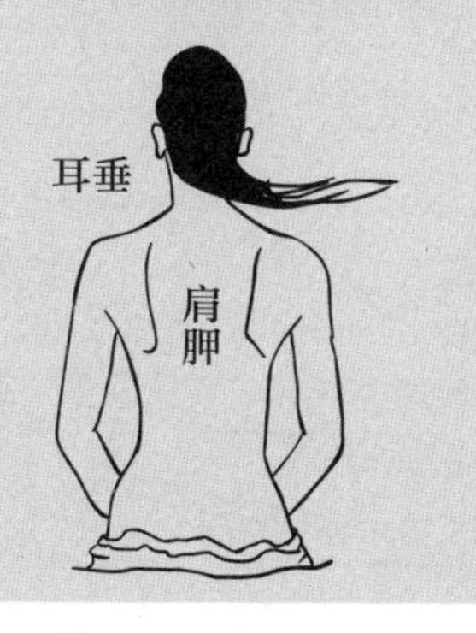
耳垂
肩胛

17

而面部、眼睑周围瘢痕很细小，
即使是瘢痕体质的人，
眼睑周围也很少见明显的瘢痕。
你没见过做双眼皮的人
长个瘢痕疙瘩吧。

面部、眼睑一般不长瘢痕疙瘩

18

这位朋友可能是瘢痕体质，
瘢痕又恰好长在耳垂部位。
那么我们遇到创伤以后，
能预防瘢痕增生吗？
军

19

受伤后预防瘢痕增生，
首先要去医院仔细清创，
以免伤口感染；
然后细致缝合，
尽量让伤口一期愈合，
以减小瘢痕的形成。

20

如果已经形成了瘢痕，
该怎么办呢？

王

21

如果已经形成瘢痕，
就要积极治疗了。

22

治疗瘢痕的方法主要有
瘢痕表面加压、激光治疗、
手术切除、外用药物、
激素注射和放射治疗等。

好丑，该去治治了。

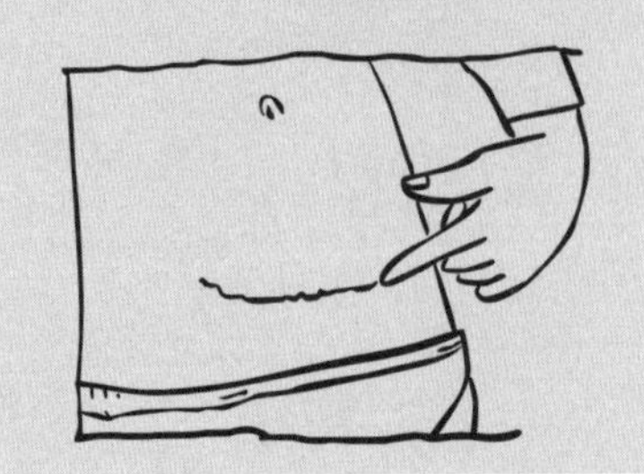

23

这些治疗方法有什么区别呢？

24

瘢痕表面加压一般
多用于四肢，
因为身体部位形状等因素，
其他部位不适合加压。

25

给瘢痕表面施加一定的压力，
可以减少瘢痕的血液供给，
从而减小瘢痕的形成。
加压的压力大小应以肢体
能承受的程度为准。

26

激光治疗的种类较多，
可以软化瘢痕、
减小瘢痕的色差、
改变瘢痕的质地。

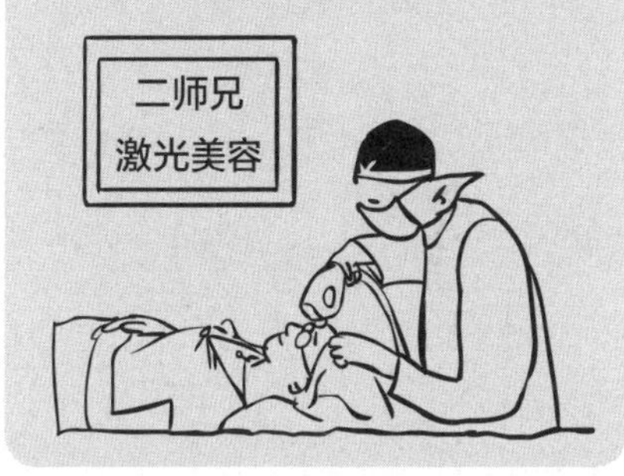
二师兄
激光美容

27

外用药效果好吗？

28

外用药中多使用硅酮类药物，
其产品形式有膏霜、凝胶、
硅胶膜、喷剂以及硅酮胶
矫正衣等。

29

硅酮凝胶能够软化瘢痕，
具有易于使用、非侵入性
和无明显不良反应的优势，
临床应用广泛，是预防和
治疗瘢痕疙瘩和增生性瘢
痕的常规方法。

爱美之心
人皆有之，
咱也涂涂试试。

壹

30

瘢痕内注射药物是
除手术以外
能预防和治疗瘢痕的
有效方法，
但注射时有明显的疼痛感。

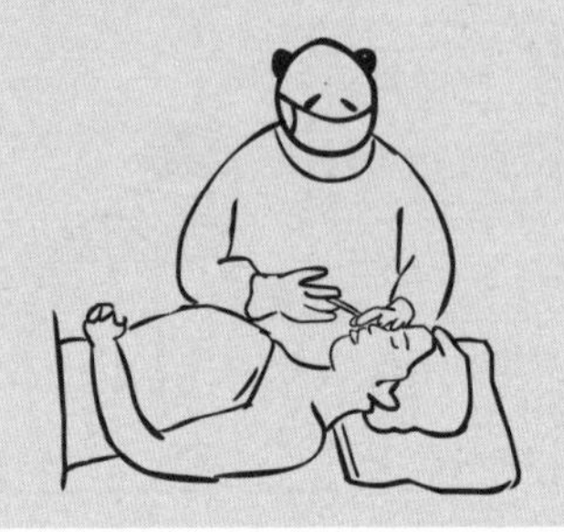

31

大剂量激素注射还会影响
机体状况，如引起月经紊乱、
停药后复发率较高等。
这需要医师随访观察，
一旦发现不良反应，
应及时停用。

这个要小心！

32

那什么情况下要用手术呢？

波

33

初次处理创伤的条件有限或者
创伤比较严重导致伤口感染、
皮肤对合不良、伤口两侧的
皮肤张力过大时，考虑手术。

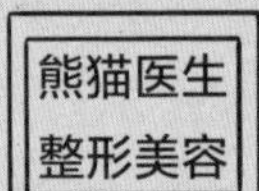
熊猫医生
整形美容

34

需要通过二次手术切除瘢痕、
减少皮肤张力、细致缝合皮
肤等措施来改善瘢痕的大小
及形状。

35

还有放射疗法？

36

对于比较严重的增生性瘢痕和瘢痕疙瘩，用以上办法处理后如仍无好转的话，放射治疗就是最后的手段了。

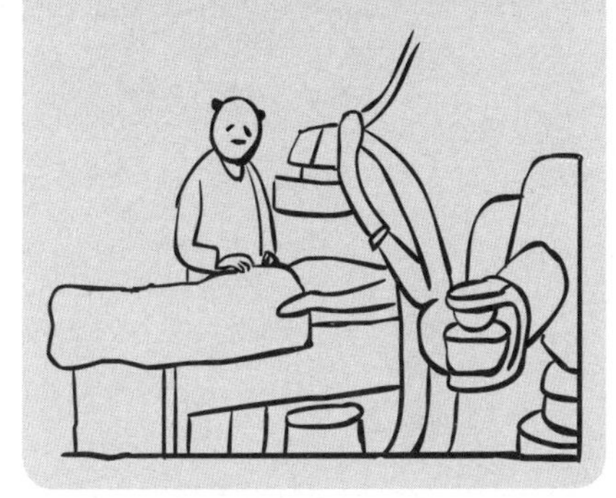

37

瘢痕一旦产生就无法完全消除，对瘢痕的防治目前仍然是医学上的难题。尚没有哪种治疗方法能达到完全满意的疗效。

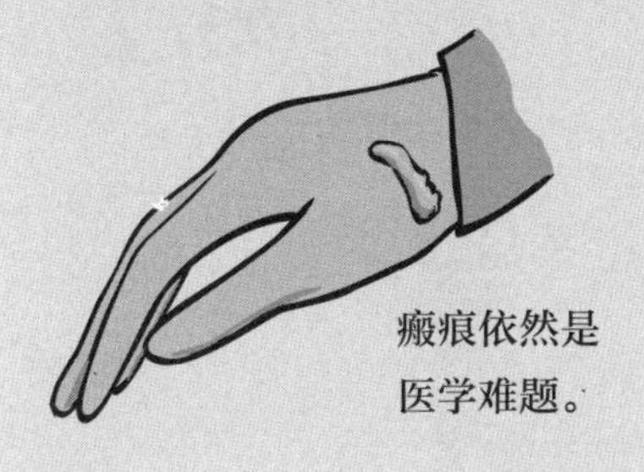
瘢痕依然是
医学难题。

38

鉴于此，
通常需要将瘢痕的手术治疗和非手术治疗联合应用，称为瘢痕的综合治疗。

39

让医学变得简单

主审：北京天坛医院 缪中荣
文字：中国医科院整形外科医院 唐　勇
绘图：上海中山医院 二师兄

熊猫医生阿缪

## 腹痛、口臭、黑眼圈，原来都是它惹的祸

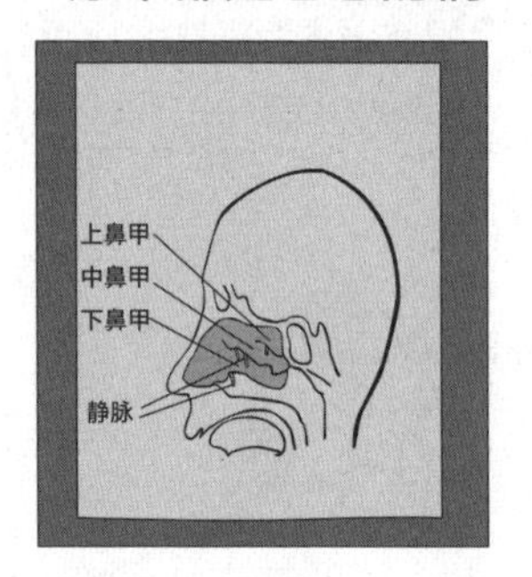
上鼻甲
中鼻甲
下鼻甲
静脉

熊猫医生漫画

1
大夫，我孩子睡觉不老实！咋办？
治疗鼻炎！

2
大夫，我儿子口臭……
治疗鼻炎！

3
大夫，我孩子便秘，咋办？
治疗鼻炎！

4
刘女侠，你改行了吗？不干儿科了？改耳鼻喉科医生了？

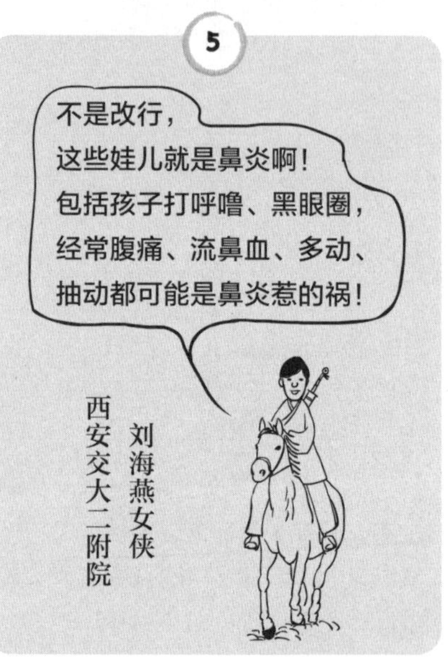
5
不是改行，这些娃儿就是鼻炎啊！包括孩子打呼噜、黑眼圈，经常腹痛、流鼻血、多动、抽动都可能是鼻炎惹的祸！
刘海燕女侠
西安交大二附院

6

过敏性鼻炎在儿童中较常见，
十个里面就有一个。
但是很多家长不了解它，以为
只有长期流鼻涕才叫鼻炎，刘
女侠真该给大家好好上一课了。

7

是的，家长说的长期流鼻涕、
鼻痒、鼻塞、打喷嚏等都属于
典型症状，其实鼻炎还有很多
鲜为人知的不典型症状。

8

1. 眼周色素沉着（黑眼圈）
多数人认为孩子出现黑眼圈
与肝肾疾病、睡眠不足或
营养不良有关。
然而最新研究证明，儿童黑眼圈
与过敏性鼻炎高度相关。

黑眼圈

9

长期过敏导致孩子鼻甲肥大，
进而压迫蝶腭静脉丛，使得
眼部睑静脉和眼角静脉淤血，
眼眶下出现灰蓝色环形暗影，
就形成了黑眼圈。

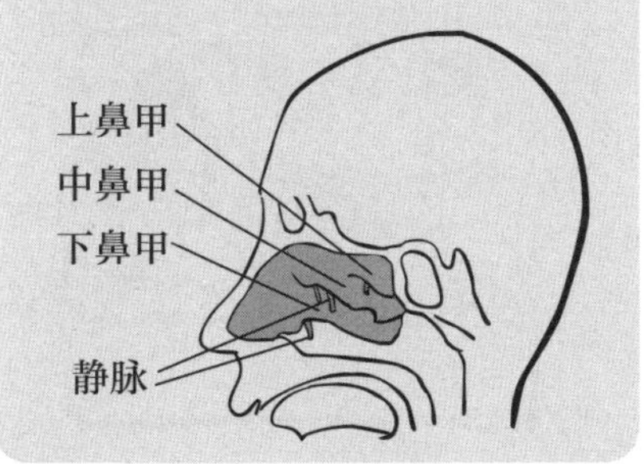
上鼻甲
中鼻甲
下鼻甲
静脉

10

2. 清嗓子
孩子爱清嗓子或咳嗽，
尤其是早晨起床或晚上睡觉时。
这是因为鼻炎产生了很多鼻涕，
倒流入鼻后咽喉部，
孩子总想咳出来。

咳咳

11

所以很多孩子长期咳嗽被误诊，
家长也以为孩子是嗓子发炎了，
其实是鼻子发炎了。

壹

12

3. 口臭

小小的孩子就有口臭，
家长以为是孩子脾胃不好，
其实有可能是长期鼻炎
得不到控制，
引起了鼻窦炎。

口臭原因是鼻炎！

13

一来因鼻塞不通，
孩子长期以口呼吸，
口干舌燥而失去原本
唾液对口腔的清洗作用。

14

二来鼻窦炎产生的
脓性分泌物流到口腔，
会散发出难闻的异味。

晕

臭

15

4. 流鼻血

过敏性鼻炎侵犯鼻腔局部黏膜，
导致毛细血管变脆，
当空气比较干燥时，
血管干裂或碰撞后容易出血，
儿童更容易流鼻血。

16

5. 睡觉不老实

除了晚上吃多了消化不良以外，
很多时候是因为鼻炎导致鼻塞
不通，呼吸不顺畅，
所以孩子睡觉会翻来覆去。

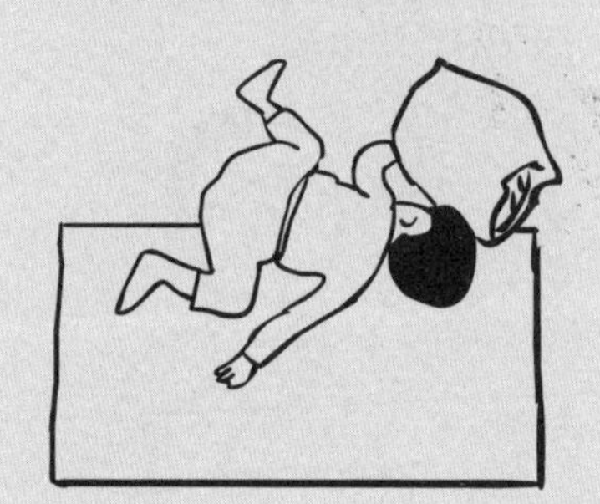

17

6. 经常腹痛

鼻炎反复发作，
诱发感冒，
导致腹部淋巴结反
复增生，引起疼痛。

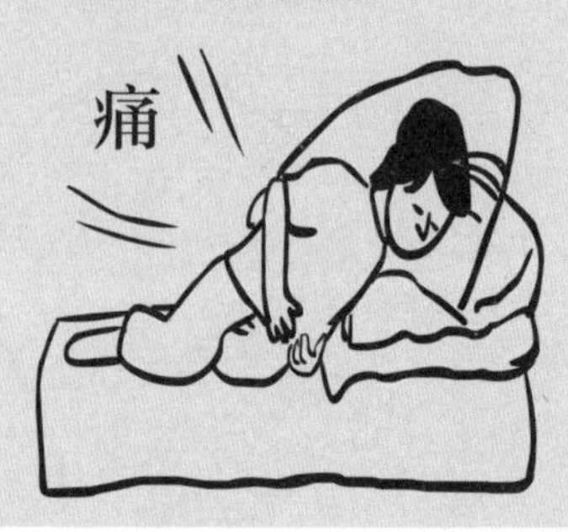
痛

18

7. 磨牙

有些孩子为什么爱半夜磨牙？
因为鼻炎导致鼻涕倒流进咽喉，
身体误以为流过的东西是食物，
于是出现咀嚼反射，咽鼻涕。

吱吱吱吱

19

8. 便秘

患鼻炎的孩子常有蛋白过敏，
食物不消化，吸收不良，
导致便秘。

便秘

20

闻所未闻，
今天可太长知识了。
哎呀，我昨晚睡得特别不好，
是不是也得鼻炎了？

21

是否真的患有鼻炎，
不能光看上述几个症状，
应去医院专科检查。
医生会借助鼻镜、内镜，
给出一个正确的诊断。

熊猫耳鼻喉科

22

那确诊得了鼻炎，
该怎么办？

23

不要怕，记住口诀：
洗鼻、用药加脱敏。

洗鼻

24

啥意思?

25

用生理盐水洗鼻子;
在医生指导下正规用药;
如果螨虫过敏需要脱敏治疗。
至于具体操作,
来医院找我吧,
我手把手教给你。

26

让医学变得简单

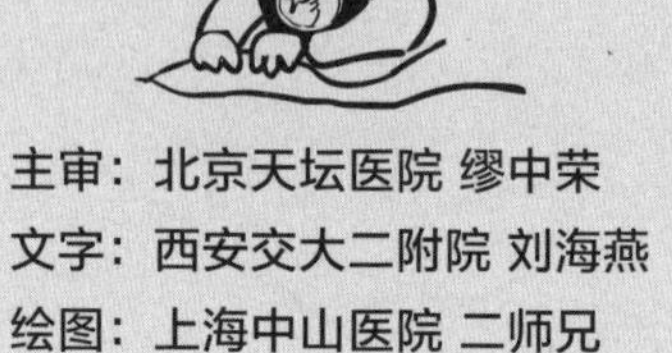

主审：北京天坛医院 缪中荣
文字：西安交大二附院 刘海燕
绘图：上海中山医院 二师兄

熊猫医生阿缪

保护肾才是重中之重

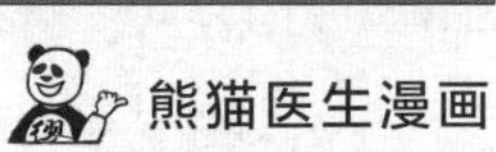

熊猫医生漫画

1
你们知道吗？
小李子住院了。
熊猫医院

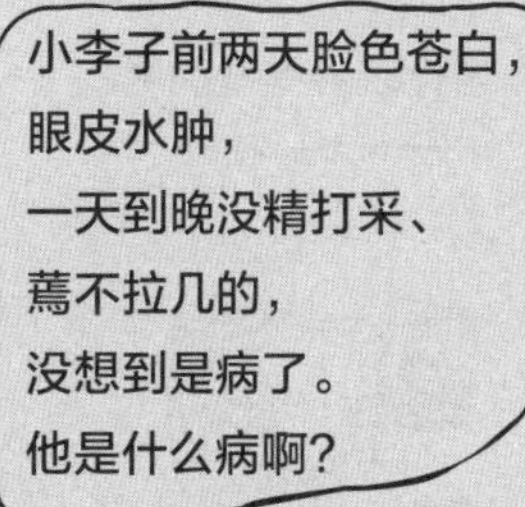
2
小李子前两天脸色苍白，
眼皮水肿，
一天到晚没精打采、
蔫不拉几的，
没想到是病了。
他是什么病啊？

3
我觉得像肾病，
我一个朋友得了尿毒症，
一天到晚就是
他这个样子的。
后来做了肾移植
就变回来了。

4
不会吧，
他这么年轻
怎么会肾不好？

5
年轻也不能掉以轻心，
年轻人患肾病的也不少。
张大侠
上海仁济医院
面

6
为什么会得肾病呢？

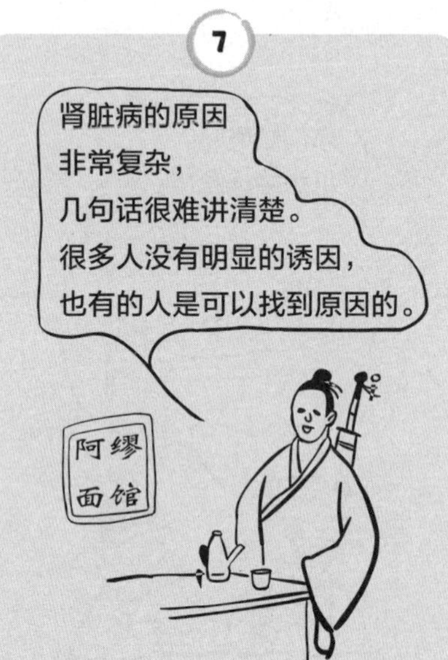
7
肾脏病的原因
非常复杂，
几句话很难讲清楚。
很多人没有明显的诱因，
也有的人是可以找到原因的。
阿缪
面馆

8
例如小孩子或者
年轻人经常患扁桃体炎，
就要小心了。
感染扁桃体的链球菌
常常会引发机体的
变态反应造成肾损伤。
扁桃体炎
肾损伤

9
我就不会肾损伤，
只要发觉哪不舒服
我就赶紧吃药，
把病毒扼杀在摇篮里。

10

傻呆呆，不可乱吃药。
大部分药物或多或少
会加重肾脏的负担，
有的患者到江湖郎中
那里买了几帖所谓的
中药，吃下肾就坏了。

药
到
病
除

11
傻呆呆，别吃了，
刚吃完阿缪拉面，
你咋又吃上零食了。

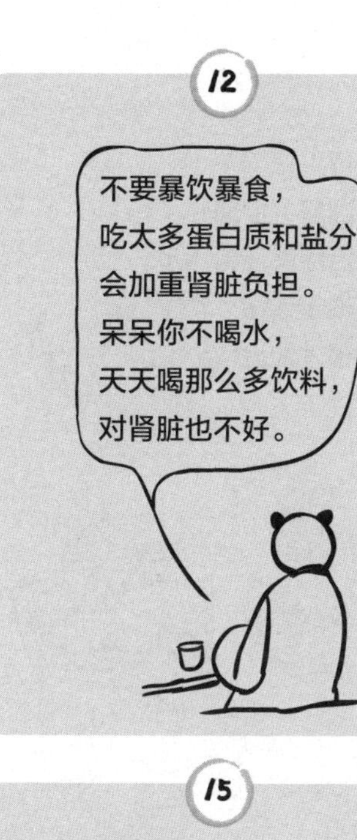
12
不要暴饮暴食，
吃太多蛋白质和盐分
会加重肾脏负担。
呆呆你不喝水，
天天喝那么多饮料，
对肾脏也不好。

13
这么可怕啊，
那我以后再也不敢了……

14
我天天坐办公室，
忙起来总是憋着尿，
偶尔会感觉小腹
和腰部酸痛。
不知道那是不是肾脏病。
憋尿

15
那倒不至于，
你也不要疑神疑鬼。
憋尿的习惯是不好，
要改，如果经常腰部酸痛
就要去医院查一查了。

16
被你说得腰
也疼起来了，
可是我真的
不喜欢去医院……

17
要养成身体不舒服
及时到医院检查的习惯，
特别是以前有过肾脏病史
的话更要定期检查，
最好每半年做一次尿液、
血液的全面检查。

18
对很多肾脏病患者来说，及时治疗往往是可以看好的。有些肾病即便不能治愈，仍可以通过治疗大大延缓疾病的发展进程。
真的？还有得救？
19
要是肾脏真的坏了可怎么办啊？
20
一般肾脏病发展到尿毒症期，药物治疗就没有用了，只有透析或者肾移植才能治。
肾拿去，移植吧！
透析
21
什么是肾移植呢？
22
肾移植就是换肾，是目前对尿毒症来说最理想的治疗方法了。
23
具体来讲就是将没有患肾病的人的肾脏，通过手术方法植入尿毒症患者体内，代替患者已失去功能的肾脏。
坏肾
别人的好肾
移植
移植后

24

人有两个肾脏，
如果出现问题要
移植两个肾脏吗？

25

通常一个肾脏就可以
支持身体正常的代谢需求。
当肾脏病导致双侧肾脏
功能均丧失时，
只需植入一个健康的肾脏
就可以了。

26

通过肾移植就可以
完全治愈这种疾病吗？

27

只要术后恢复顺利，
可以彻底治愈尿毒症。

28

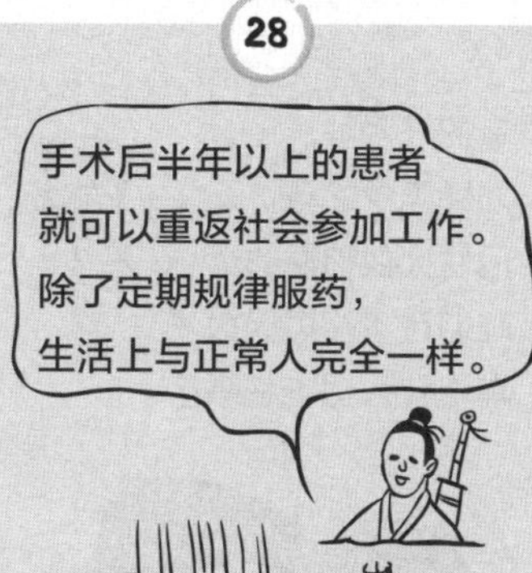
手术后半年以上的患者
就可以重返社会参加工作。
除了定期规律服药，
生活上与正常人完全一样。

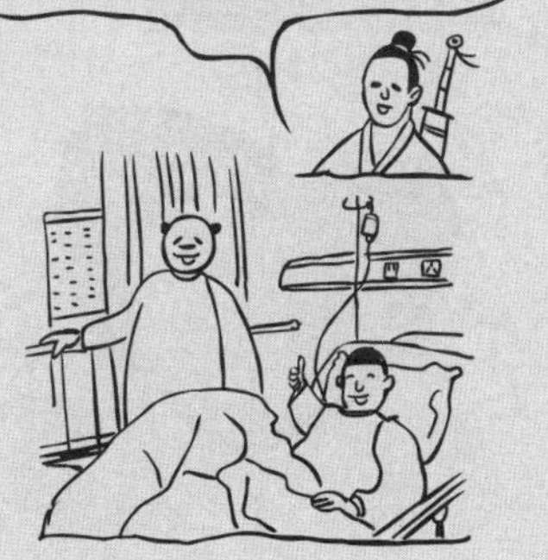

29

这是每一位被尿毒症
和长期透析折磨的患者
向往的生活状态，
而且从长远看，肾移植
治疗费用要比透析少。

肾移植
透析

30

看来肾移植
还是蛮有用的。


31

肾移植对患者有很大作用，
但可惜移植肾能活到
10 年以上的只有 70% 多一点，
很多患者的肾脏还是会坏掉。

是啥
原因呢？

32

究其原因就是疏忽大意，
没有按医生的要求服药，
或长期不复查，
肾脏出了问题都不知道，
时间长了就挽救不过来了。

疏忽大意


33

是的，
肾移植很重要，
听医生的话更重要。

34

保护好肾脏
才是重中之重。
记住大侠们说的话，
咱们可不能再因为
年轻什么都不在乎了。

肾好，生活就好。

35

让医学变得简单

主审：北京天坛医院 缪中荣
文字：上海仁济医院 张　明
绘图：上海中山医院 二师兄

熊猫医生阿缪

## 吃饭慢一点，排便快一点

阿缪面馆

熊猫医生漫画

1

我发现一个奇怪的现象：很多人吃饭的时候狼吞虎咽，争分夺秒，把每顿饭都吃成了“快餐”。

2

上厕所时却玩手机、抽烟、刷朋友圈，恨不得时间走得慢点、再慢点。

不看手机，我没办法上厕所。

3

这是两件常见但并不简单的“小事”，如果不及时纠偏，会伤身体的。

4

阿缪说得对，那些人都是瞎闹。正确的做法恰恰相反：吃饭要慢一点、再慢一点，排便要快一点、再快一点。

北京大学肿瘤医院 符涛大侠

5

为什么啊？

6

很多人认为吃饭只要
吃得好吃得饱就可以了。
其实不然，
吃饭的速度更重要。
符

7

吃饭过快，咀嚼不够充分，
不能将食物进行有效地切割，
唾液等消化液也不能
与食物充分混合，
会影响初步的消化效果。

狼吞虎咽

8

然后，没有经过初步
消化处理的大量大块食物
会快速地进入到胃中，
而此时胃也没有做好充分的准备
来迎接这些“不速之客”。

大量食物
快速进入

9

胃来不及分泌足够多的消化液，
就会使很多食物堆积在胃中，
进而引起消化不良。

消化不良

10

长时间的消化不良会极大地加重
胃的负担，长期进食没有经过细
嚼慢咽的食物会对胃黏膜造成慢
性损伤。

符

11

胃黏膜在反复损伤—修复的过程中
有可能出现不典型增生，
癌变的风险会大为增加，
进而造成不可挽回的严重后果。

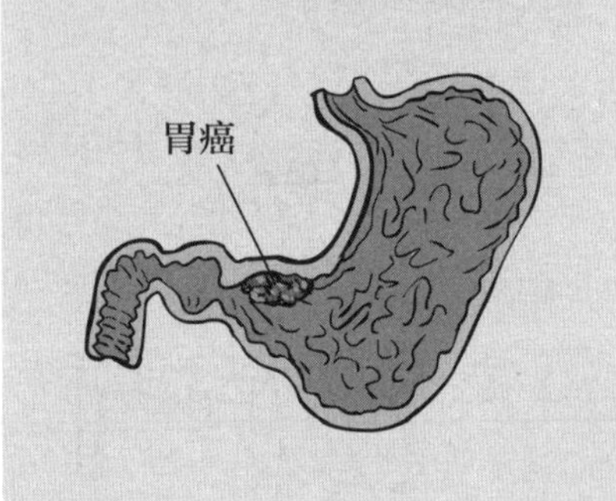
胃癌

12

吃饭除了“填饱肚子”之外，
还有一个重要的用途即摄取营养。
而快速进食由于消化不充分，
会极大地影响营养的吸收。

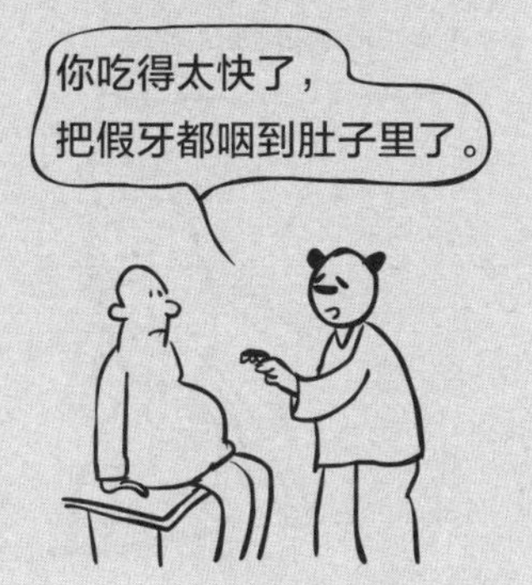
你吃得太快了，把假牙都咽到肚子里了。

13

据统计，
细嚼慢咽的人在蛋白质、脂肪
和纤维素等营养物质的
吸收效率比快速进食者
要提高超过 10% 以上。

14

看样子，吃得快的人吃亏了，一样多的食物比吃得慢的人要少吸收这么多营养。

15

吃亏是一方面，吃得快还会越长越胖啊。
符

16

快速进食会导致食物在胃中
短时间内大量堆积，
而胃的神经反射来不及
通知人体已经饱了，
于是吃过量了都不知道。

阿缪面馆
阿缪拉面虽好，不要过量哦。

17

长期吃过量导致
肥胖的后果你们都知道
——高血脂、高血压、
动脉硬化及冠心病。

虽然免费试吃，但是身体要紧呀！

壹

18

此外，长期过快和过量进食
会引起血糖迅速升高，
极大地加重胰腺的负担，
进而增加罹糖尿病的风险。

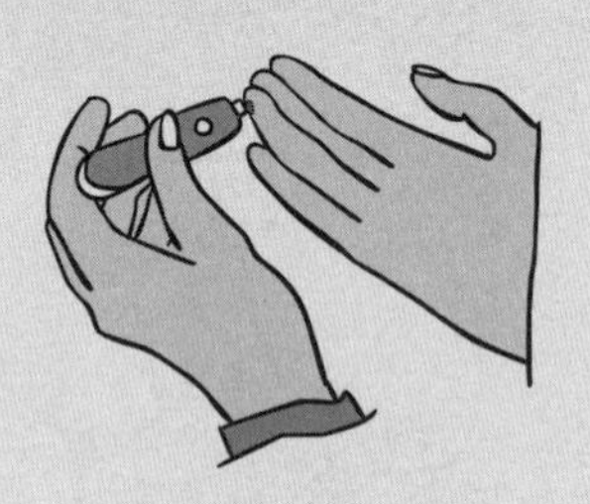

长期过快过量进食，
糖尿病风险会增加。

19

据统计，
长期快速进食的人患糖尿病的
风险是吃饭慢的人的 2~3 倍，
不得不引起重视。

对，就这样，
少一些，慢一些。

20

还是细嚼慢咽好，
健康不生病。
那上厕所的速度又有
哪些要注意的呢？
军

21

排便是一个复杂的神经反射过程，
可不是一件简单的事。
它的关键在于首先要产生
便意才能启动一系列神经反射，
将粪便排出。

22

而很多人在排便时将
注意力分散到手机、报纸上，
一心二用，这就会导致便意
消失，排便困难，久而久之
就演变成了便秘。

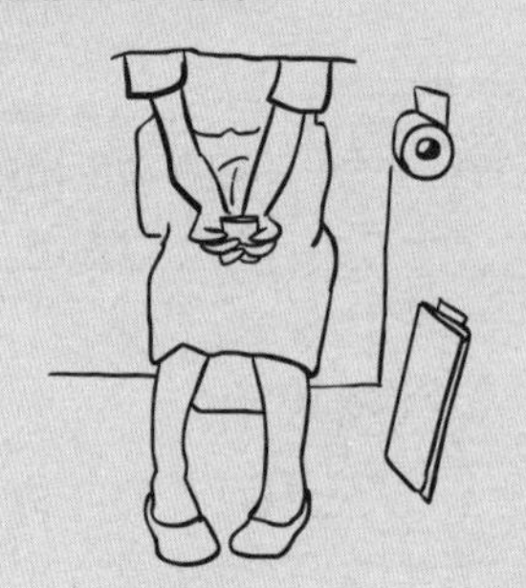

23

总是便秘，排不出
便，肛周表示压力
很大，而肛周静脉由于压
力作用会变得迂曲，
于是痔疮就这么出现了。

24

有的人会在长时间排便后，
突然站起来时腿脚发麻、
站立不稳，几分钟后才能恢复；
有时候还会眼前发黑、头晕目眩。

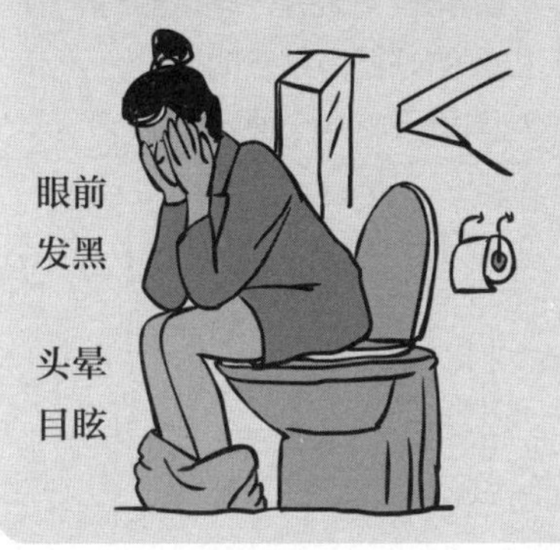
眼前
发黑
头晕
目眩

25

这是因为在排便蹲立或
坐便的时候压迫下肢坐骨神经
和血管造成的。
蹲立的时候下肢压力尤其增大，
因此症状往往比坐便更为明显。

26

阿缪说得对，
对于有坐骨神经疼痛、血管疾病
或者下肢静脉血栓的患者，
这样更为危险，
应当尽可能减少如厕时间。
符

27

还有部分腹壁薄弱、存在腹股沟疝
或者曾经做过疝气手术的患者，
更加不能长时间排便，
以免因用力而加重疝气
或者导致疝复发。

28

让医学变得简单

主审：北京天坛医院 缪中荣
文字：北京大学肿瘤医院 符　涛
绘图：上海中山医院 二师兄

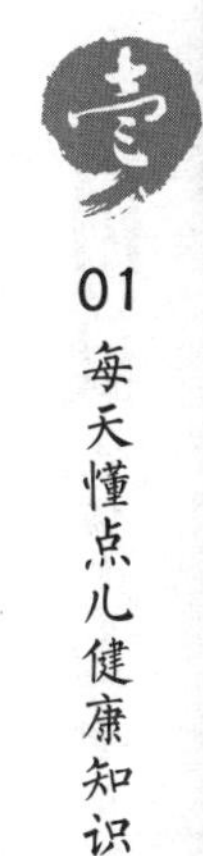
壹
01
每天懂点儿健康知识

熊猫医生阿缪

## 吃鸡蛋，你最想知道的 8 件事

熊猫医生漫画

1

香港首富李嘉诚
有句励志的名言：
鸡蛋，
从外打破是食物，
从内打破是生命。

2

呆呆突然这么深沉，
我都有点不适应了
呢。那我来问你：
“土鸡蛋”好还是“洋鸡蛋”好？
白皮的好还是红皮的好？
鸡蛋每天吃几个最好？

阿缪面馆

3

如果问“先有鸡还是先有蛋”，
可能有难度，
但是要问营养问题，
那容易，请许女侠来上一课。

4

鸡蛋中蛋白（蛋清）占
全蛋体积的 57% ～58.5%，
蛋黄则占 30% ～32%，
但蛋黄中蛋白质含量更高。

许英霞女侠
北京天坛医院

5

蛋白质的基本组成单位
是氨基酸，
人体对蛋白质的需要
实际就是对氨基酸的需要。

你们要学好化学，
免得人家说“没
文化，真可怕！”

6
蛋、奶、鱼、畜、禽等
动物蛋白质富含必需氨基酸，
称为优质蛋白质，
容易被人体吸收利用，
其中以鸡蛋最佳。

7
优质蛋白质？
那是不是摄取得越多越好？

8
当然不是，
蛋奶肉提供高蛋白的同时，
也容易造成饱和脂肪酸和
胆固醇的过量。

9
正常人每天吃 1 ~ 2 个鸡蛋
也就足够了。
如果有高胆固醇血症，
可控制蛋黄量每天一个
或隔天一个。
每天一个鸡蛋即可。

10
与鸡蛋相比，
鸭蛋、鹅蛋、鸽子蛋、
鹌鹑蛋的营养成分有差别吗？
高老庄土鸡蛋
专供阿缪面馆

11
这些禽蛋营养成分都差不多，
只是外形、口感略有不同，
不用过分纠结哪种蛋好，
也没有研究证明
土鸡蛋比洋鸡蛋营养多。

12

还有人执着于“白皮”“红皮”，其实蛋壳与蛋黄的颜色以及味道取决于鸡的生长环境、发育情况、营养状况和鸡饲料的成分。

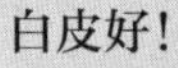
白皮好！
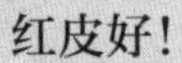
红皮好！

13

也就是说，蛋壳是“曹操”还是“关公”其实无所谓，只要确定是无环境污染、放心饲料喂养的鸡就行。

14

那吃法上有没有什么讲究？不同的吃法对营养成分有没有影响？

15

蒸蛋、煮蛋最好；炒蛋、煎蛋容易油脂超标，高温也会破坏一部分营养成分并产生有害物质。而腌咸蛋容易摄入食盐过量。

16

正常人每天的蛋白质食物怎么选呢？
文明岛
土鸡蛋

17

提倡动物蛋白质占每天需要量的 50%。中国营养学会推荐：

| | 每日需要 |
|---|---|
| 男 | 65 克 |
| 女 | 55 克 |

| | 每日增加 |
|---|---|
| 孕中期 | 15 克 |
| 孕晚期 | 30 克 |

18

比如一个成年女性，
每天吃 5 两粮食、1 个鸡蛋、
200 毫升牛奶、2 两瘦肉、
1 斤菜，能提供蛋白质约 58 克，
就可以满足需要量了。

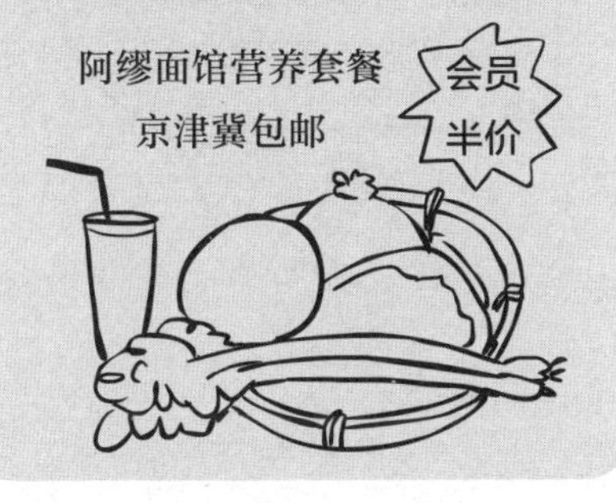
阿缪面馆营养套餐
京津冀包邮
会员
半价

19

有没有需要补充蛋白质食物的特殊人群呢？

固始笨鸡蛋

20

对于生长发育中的儿童、青少年、孕妇及乳母，需要增加蛋白质的摄入，可以不必严格限制每天的鸡蛋数量。

21

外伤、烧伤、创伤等术后
患者根据营养状况，
需要适当增加蛋白质的摄入，
维持正氮平衡，
以促进伤口愈合和疾病恢复。

每天加个蛋，
促进术后恢复。

22

对于素食者，
如果蛋奶肉都不吃，
可以增加大豆及其制品的摄入来补充蛋白质。
豆

23

有哪些人需要少吃蛋白质食物呢？

24

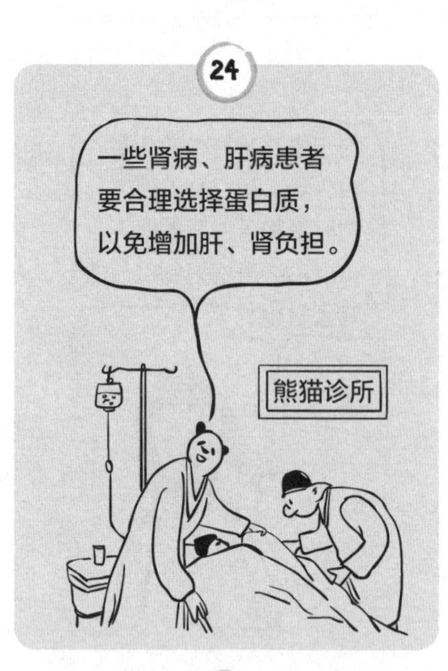
一些肾病、肝病患者
要合理选择蛋白质，
以免增加肝、肾负担。
熊猫诊所

25

由于鸡蛋嘌呤含量低，
所以特别适合胆固醇正常的
高尿酸血症患者补充蛋白质。

26

最后提醒一下，不要
生吃鸡蛋，以免造成细菌
感染，引起发热、腹痛、腹
泻等不适。另外，生鸡蛋
里含一种卵白素，对抗生
物素吸收，易引发疾病。

27

让医学变得简单

主审：北京天坛医院 缪中荣
文字：北京天坛医院 许英霞
绘图：上海中山医院 二师兄

熊猫医生阿缪

穿秋裤能防治关节病吗

熊猫医生漫画

1


小虎，
你咋还没穿秋裤，
小心老了得关节炎。
阿缪面馆
徐家汇店


2

韩国人、日本人冬天还光腿呢，
他们不穿秋裤反而更抗冻，
没听说全都得了关节炎的。


3

秋裤和关节病到底有没有关系？
听听郭大侠怎么说吧。


4

人们常说的“关节炎”和“风湿痛”，
医学称谓是“骨性关节炎”，
是指关节软组织磨损过度导致
关节疼痛、僵硬和活动受限。
上海中山医院
郭常安
大侠


5

而导致关节软组织磨损过度的罪魁祸首是退变、外伤、肥胖、女性雌激素水平下降、过度负重和关节使用过度。

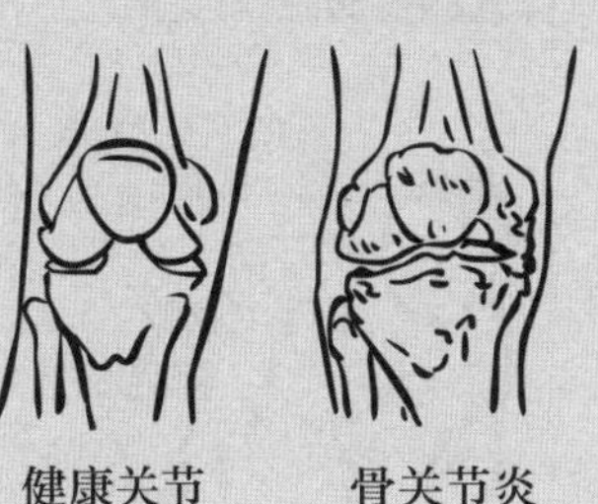

健康关节
骨关节炎


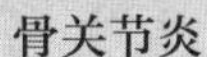

6

看起来着凉不是"真凶"，那为什么一直都是它背着这口"黑锅"呢？

7

因为受寒会诱发已有的关节炎疼痛，而人们往往因"痛"而发觉自己生病，所以直觉认为是受寒导致了关节炎，而忽略了早就存在的关节病变。

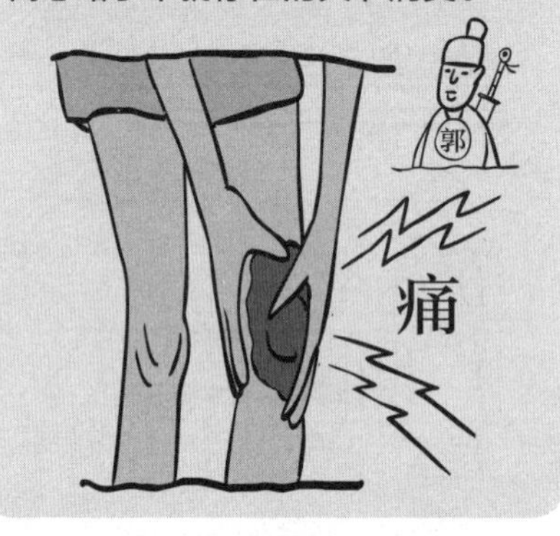
郭
痛

8

为什么受寒会引起疼痛呢？

9

一方面是关节软组织受到寒冷的刺激，敏感度会增加，疼痛阈值会降低，这样人的疼痛感就加重了。

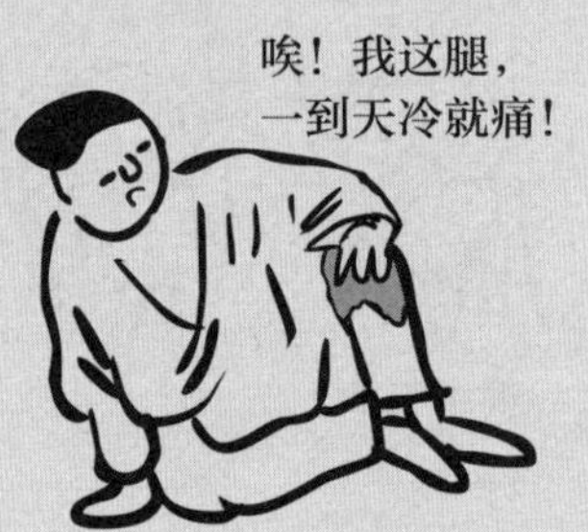
唉！我这腿，一到天冷就痛！

10

另一方面，关节周围的血管受凉收缩，导致血液循环不畅，血液中的炎症因子和酸性物质积聚，无法得到及时清理，引起疼痛。

妈妈，天冷了，注意保暖。

11

那秋裤看来是没有必要穿了。

**12**

非也，
对于年轻人来说，
秋裤可以呵护关节，
在寒冷的季节不用缩手缩脚，
让你拥有娇美的形体。

就像汽车，注意呵护，
能多用几年。

**13**

对于老年人和已经有关节病的患者来说，秋裤可防寒保暖，保障下肢的正常血液循环，减轻疼痛。

**14**

秋裤这么经济实用，
我能不能多穿几条，
有了关节病我就天天穿秋裤，
不用去医院治疗了。

冻成狗

我要穿秋裤，冻得扛不住；
一场秋雨来，零到十几度；
我要穿秋裤，谁也挡不住。

**15**

这种想法太形而上学了，
如果简单的叠加厚度，
穿得太臃肿，
影响美观倒是其次，

太臃肿

**16**

最主要会影响关节的正常活动，
影响下肢的正常血供，
加重关节病，甚至行走不便，
老年人容易摔倒引起骨折。

枫林路

**17**

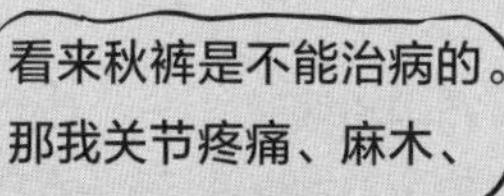
看来秋裤是不能治病的。
那我关节疼痛、麻木、
红肿该怎么办？

疼痛
麻木

18

如果出现骨关节病的症状，
“关节疼痛、麻木、红肿”，
一定要去正规医院找骨科医生就诊，
口服和外用药物可以抑制疼痛，
改善血液循环。

俺就是正规医院的骨科医生。
郭
高老庄骨科

19

但这只是“治标”，不管是中药西药还是灵丹妙药，目前还没有能够治愈骨关节炎的特效药。所以，一定要看牢钱包不上当。

神医
郭
骗子太多，一定要小心。

20

不能治愈，
那就不用治疗了呗。

在哪里跌倒，
就在哪里躺下，
爱怎样就怎样。

21

错！
通过药物和保健治疗，
可以有效控制症状，
缓解关节畸形发展。

郭

积极治疗，
控制症状，
延缓发展。

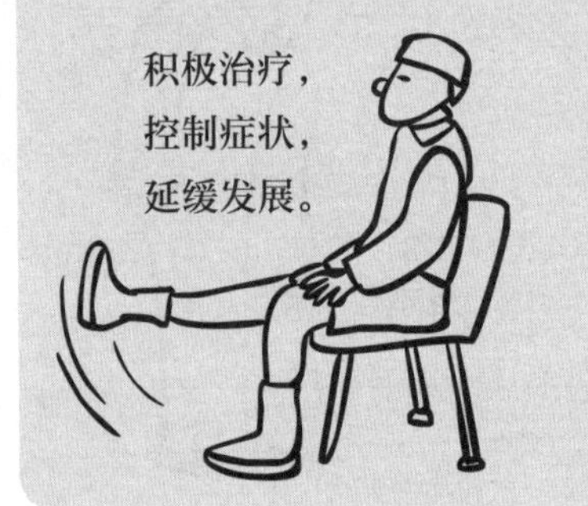

22

如果关节疼痛和功能障碍严重影响生活质量，
更需要及时就医治疗，
通过关节镜微创手术和关节置换来根治。

关节镜微创手术

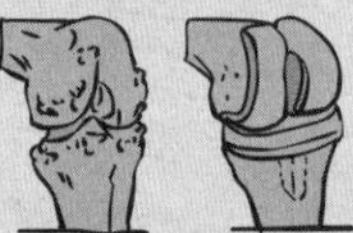
关节置换术

23

目前治疗晚期骨性关节炎最有效的方法是关节置换。
在围术期管理指导下，
患者术后不久就能行走，
重归有质量的生活。

郭

患者康复是我最大的心愿

赠郭大侠
妙手回春

24
如何证明自己已经成熟了?

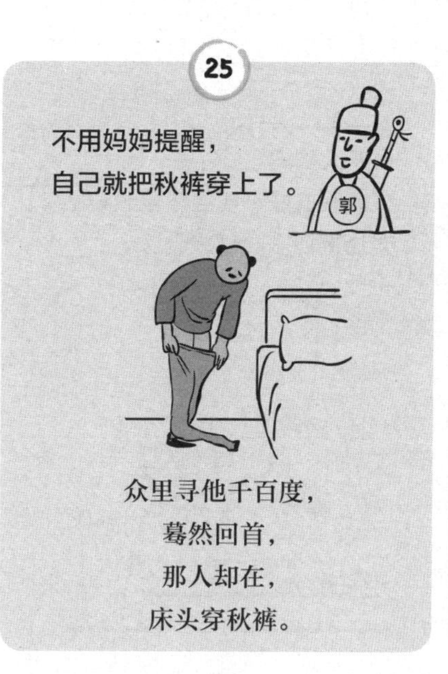
25
不用妈妈提醒，
自己就把秋裤穿上了。
郭
众里寻他千百度，
蓦然回首，
那人却在，
床头穿秋裤。

26
有一种冷，
叫“妈妈觉得你冷”。
把秋裤穿上!
不穿不给你
买糖葫芦吃。

27
让医学变得简单

主审：北京天坛医院 缪中荣

文字：上海中山医院 郭常安

绘图：上海中山医院 二师兄

熊猫医生阿缪

## 戴眼镜会让近视眼度数越来越深吗

熊猫医生漫画

1

很多人都说，
近视眼最好不要经常戴眼镜，
会让近视度数越来越深。

2

我也听说了，可千万别戴，
重要的事情眯着眼睛看，其他
时候享受“世界就是一个平面，
30 米开外南北不分”的朦胧美。

3

聪明，上次翟大侠来面馆讲了
近视的原理，说是眯着眼睛，
可以对光线的入射起到限制作用，
从而减少像差，能看得更清楚。

4

原理是对的，
但是经常眯眼睛是不可取的。

5

经常眯眼睛看东西
有什么危害吗?

6

1. 眼睛更容易疲劳，

视力下降的速度会越来越快。

眼睛容易疲劳

7

2. 加深近视。

近视又加深了

8

3. 眯眼也可能是眼睛有散光。

散光：

扭曲的角膜表面使光线

沿着不同路径进入眼内，

聚焦不均衡。

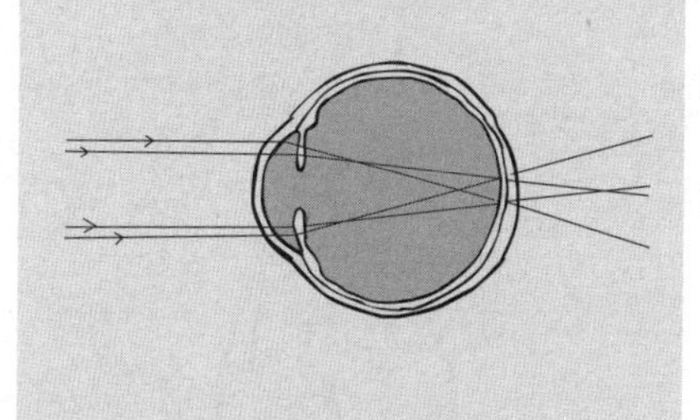

9

这么大危害啊，

但是戴眼镜会让近视

度数越来越大的。

10

近视度数的增加与
配戴眼镜无关，而与遗传以及
个人的用眼习惯等有关。

11

真的吗?

壹

12

戴眼镜不会使近视度数加深，
反而能有效地阻止或减缓
近视的发展。

13

因为戴眼镜后可消除眼睛疲劳，
在不戴眼镜的情况下，
近视眼要看清远处的物体，
就必须眯起眼睛，
这样会使眼内外肌肉过度疲劳，
加速近视的发展。

是的

14

戴眼镜还有助于
防止斜视的发生。
近视眼的人由于看近处时调节较少，
两眼集合功能相应减弱，
易使眼睛向外偏斜而发生斜视。

说的很对！

15

可是为什么有的人戴了眼镜
近视确实在加深呢？

16

原因有如下几点：
1. 戴眼镜后仍不重视用眼卫生，
时间久了，导致近视度数增加。

不重视用眼卫生

17

2. 有的人由于潜在的眼睛疾病
造成视力暂时下降，
却误以为近视而配戴近视镜，
病情延误导致视力急剧下降。

是，眼睛疾病不可忽略。

18

3. 验光度数不准，
如果戴上偏高度数的近视镜
必然会使近视加深。

二师兄验光

不准

19

4. 真假近视未能区别，
由于用眼过度引起的假性近视
是不用戴眼镜的，通过休息或
药物可改善。

近视
真假近视要分清

20

5. 眼镜质量不合格，
戴上质量不合格的眼镜
会加快近视的发展。

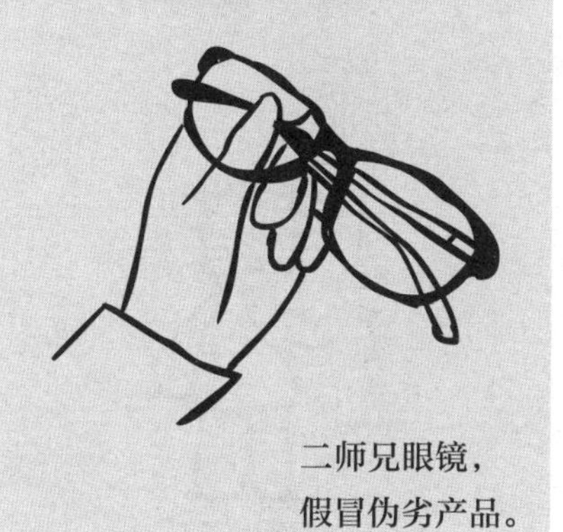
二师兄眼镜，
假冒伪劣产品。

21

所以说，
正确配戴眼镜是必需的，
也是不会加深近视的。

22

对的，一般建议看不清或
看得累时最好配戴眼镜。

23

1. 轻度近视
（度数在 300 度及以下）
看远需佩戴眼镜，
读书、写作业等看近处时
一般可以不用佩戴眼镜。

24

2. 中度近视

（度数在 300～600 度）并伴有散光的人群，建议经常戴眼镜。

同意

25

3. 高度近视（度数在 600 度以上）无论有无散光，都要经常戴眼镜。

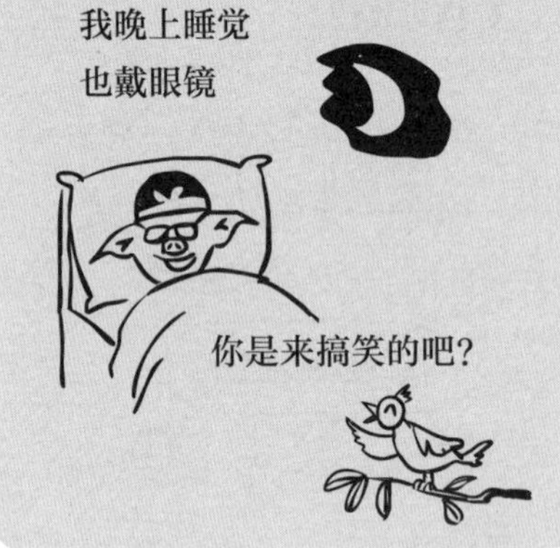
我晚上睡觉
也戴眼镜
你是来搞笑的吧？

26

太棒了，我这就去告诉那些担心戴眼镜会让度数增加的小伙伴儿们，担忧是多余的，眯眼看东西是不对的，配眼镜是必需的。

27

让医学变得简单

主审：北京天坛医院 缪中荣

文字：北京朝阳医院 陶　勇

绘图：上海中山医院 二师兄

熊猫医生阿缪

## 儿童腹泻防脱水

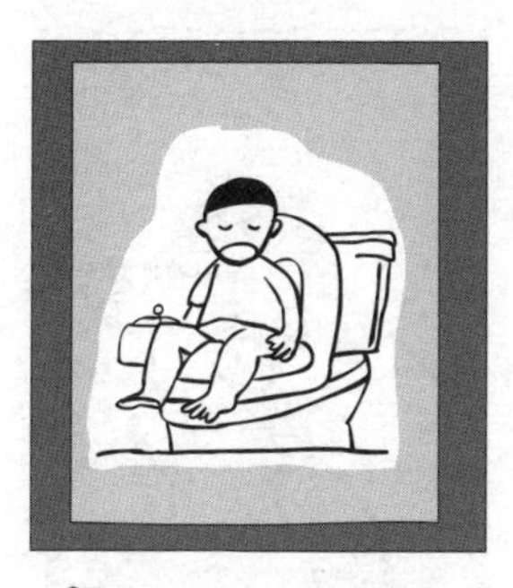

熊猫医生漫画

1
天越来越热，10个月的宝宝开始腹泻，3天了。

2
估计是吃了不干净的东西，再吃几天抗生素试试！

3
这个新手妈妈真让人担心呀！

4
为什么这么说？


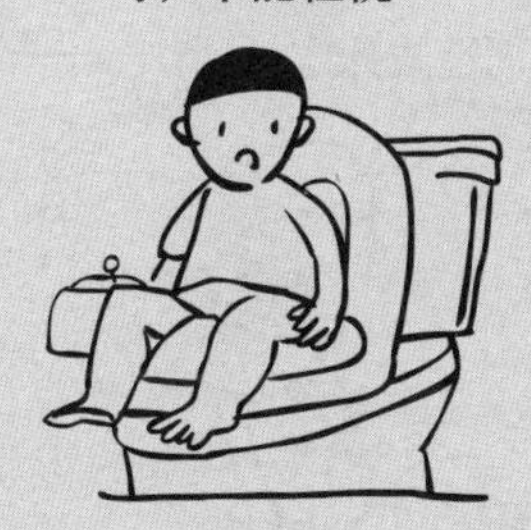

5
据我所知，宝宝长时间腹泻，有可能因为脱水而致命，所以万万不能轻视。
对，不能轻视

6
正好有位专治小儿腹泻的高手、望京医院儿科主任肖和印肖大侠在面馆吃面，请他说说。
7
阿缪说的没错，腹泻是造成 5 岁以下儿童死亡的第二大原因，仅次于肺炎。
8
万万没想到，腹泻也能要命！
9
6 个月以内不吃母乳的宝宝中腹泻是很常见的。而一旦没能有效控制腹泻，加上大量呕吐，就容易导致脱水，从而造成死亡。
10
所以，腹泻治疗中最重要的环节是：尽可能防止脱水的发生；如果已经脱水，及早就医治疗。
11
交给医生就行了呗。

12

错，除重型腹泻外，
一般以家庭治疗为主。
家长除了在医生指导
下合理用药外，预防脱水、
调理饮食同样非常重要。

13

新妈妈遇到这样的情况，
一定是不知所措了。
您教教大伙儿，
怎么护理腹泻的宝宝，
防止他们脱水呢？

14

从一开始腹泻，就要多给
宝宝喝液体以预防脱水。
最方便的是咸米汤，
把 1.75g 食盐（大概半啤酒瓶盖）
混合在 500ml 大米汤里分次喂服。

分次喂服

15

还可以用
500ml 水 + 10g 糖 + 1.75g 食盐，
煮沸后制成糖盐水服用。

熊猫糖盐水

16

口服补液盐可以从
医院和药店买到，
但新生儿慎用。

口服补液盐
新生儿慎用，
记住了。

17

用口服补液盐时要
仔细阅读说明书，
如果是口服补液盐Ⅲ，
按说明书加水配制即可。
按说明书
配制即可

18

如果是口服补液盐Ⅱ，则需要加水800～1000ml，比说明书多些（说明书为每袋加水500ml）。

19

5～10分钟喂几口，能喝多少给多少。一直持续补充到腹泻停止。

20

既然腹泻了，宝宝还能正常进食吗？
只要不是呕吐得很严重，都应该正常喂养，母乳喂养可以继续。

21

人工喂养的，用等量大米汤或水稀释牛奶或其他代乳品喂养2～3天，以后根据腹泻好转情况逐步减少米汤比例，直到恢复正常饮食。

22

恢复辅食时，要遵循从少到多，从稀到稠，从细到粗，从一种到多种的原则。

23

注意不要给宝宝喝果汁、乳酸饮料和碳酸饮料。哺乳期母亲饮食中脂质、蛋白要适量。

24

新手妈妈要学会观察孩子的病情变化，如果孩子频繁腹泻或大量水样便，眼窝、囟门凹陷，不能正常进食，高热，大便带血，赶紧带孩子去医院。

开快点，快拉裤子里了！

25

孩子的病情瞬息万变，想想都紧张呢。

26

还有一种慢性腹泻，病因很多，一直是儿科界的一个难题，我们用中医推拿加中药外敷效果较好。

27

一个小小的"拉肚子"背后藏着这么多知识点，今天太长知识了。

28

让医学变得简单

主审：北京天坛医院 缪中荣
文字：北京望京医院 肖和印
绘图：上海中山医院 二师兄

壹

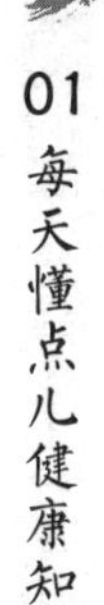
01 每天懂点儿健康知识

## 熊猫医生阿缪

# 儿童用药不当易中毒

熊猫医生漫画

1

天气逐渐转暖，
来天坛西里阿缪面馆
吃面的人络绎不绝。

面

2

宝宝发热了，
能不能把我吃过的退热药
减量给宝宝吃啊？

3

不能啊！
儿童不是成人的缩小版，
与药物相关的代谢系统
尚未发育成熟，
对药物的毒副作用更敏感，
用药不当会中毒。

4

那儿童安全用药
需注意些什么？

5

让首都儿研所药剂科张大侠
详细给咱们科普一下。

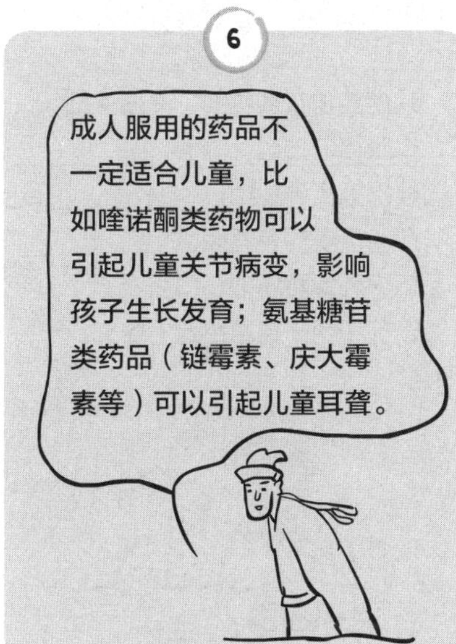
6
成人服用的药品不一定适合儿童，比如喹诺酮类药物可以引起儿童关节病变，影响孩子生长发育；氨基糖苷类药品（链霉素、庆大霉素等）可以引起儿童耳聋。

7
其次，成人服用药品的剂型不一定适合儿童，比如缓释制剂、胶囊剂等。

8

成人用的药给孩子服用，很可能会造成药物剂量服用超量，会加大药物的毒副作用，甚至造成不良后果。

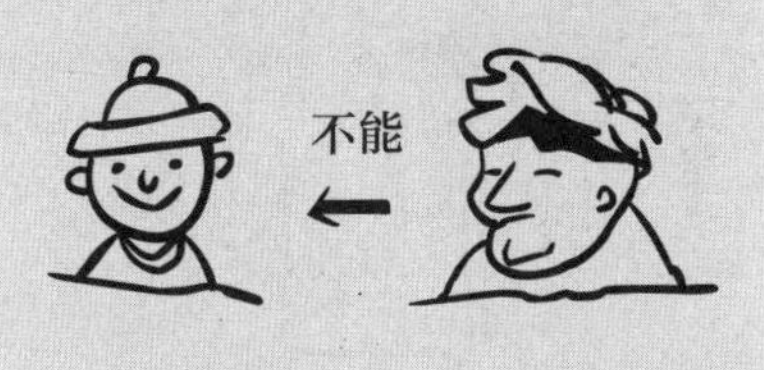
不能

9

那儿童用药需要注意哪些问题？

10

1. 儿童用药应选择单一成分的药物。正确了解药品通用名称，避免同时服用商品名不同但成分相同的药物。

11

比如退热药对乙酰氨基酚是单一退热成分，但许多复方制剂中都含此成分，所以用药时一定要注意，避免重复用药。

避免重复用药

壹

2. 在服用药品时一定要
遵医嘱或看清说明书，
规格不同的药品，
服用剂量是不同的。

儿童药都有哪些剂型？
拉面

儿童药物有颗粒剂、普通片剂、
口服溶液剂型、滴剂、
栓剂等多种剂型。
使用最多的有两大类：
口服药如颗粒剂、口服液、
滴剂和用于直肠给药的栓剂。

外用栓剂会比
口服药更安全吗？

从安全性上讲，
栓剂和口服药的区别并不大，
严格按说明书推荐剂量
使用都是安全的，
超剂量使用都会引起毒副作用。

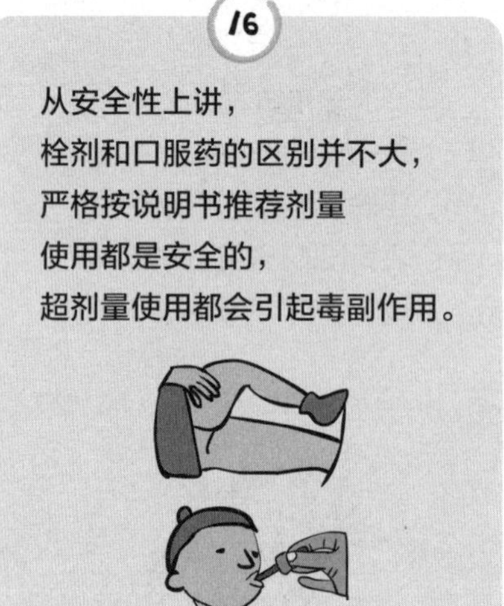

区别不大

这些剂型在服用时
有什么区别？

18

儿童用药常常需要根据
体重精确计算给药量。
口服溶液剂型可以
精确量取药量，
所以临床上治疗儿童疾病时，
常首选口服溶液剂。

19

颗粒剂、栓剂常常是固定的剂量，
比如 125mg 或者 150mg 等，
不容易精确给药，
尤其是婴幼儿。
栓剂一般在不能口服药物时
才会使用。

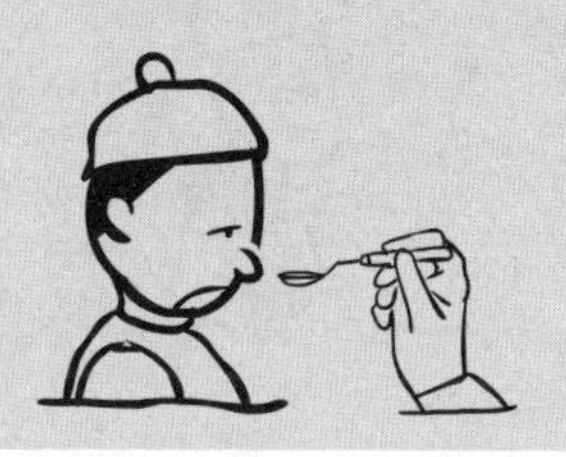

20

口服混悬液或混悬滴剂
如何服用？
雪

21

口服液服用方法：
用药前先缓慢摇动药瓶，
待药物成分充分混匀之后用
滴管或量杯量取准确的剂量
（用量杯量取时视线与药物
液面保持同一水平面后，读
取刻度才准确）。

22

量取好的药物可以用量杯
直接喂给宝宝；
如果宝宝觉得太甜，
可加适量温凉开水冲淡一些
（不要用开水和矿泉水）。
量杯底部的残留药物也加点水，
再让宝宝全部喝掉。

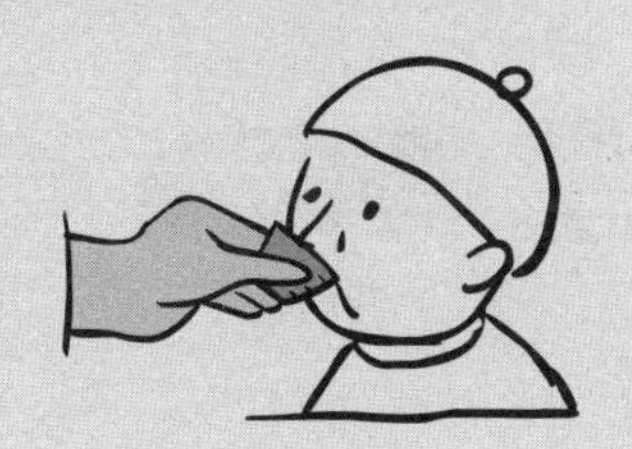

23

口服混悬液该怎么保存呢？
哲

壹

24

按药品说明书中储存条件保存。开盖后不用时应置于冰箱冷藏保存，过期药就不要再服用了。药品应放在小孩够不着的地方。

25

药品服用过量应怎么办?

波

26

一般可通过催吐、多喝水增加尿量，将过量的药物排出体外；

水

27

同时注意观察患儿的表现，如出现呼吸、心率增快或严重中毒表现，如抽搐、昏迷等症状，应尽快到最近的医院治疗。

28

任何药物都有两面性，既有治疗作用，又有副作用，所以一定要先诊断疾病，在医生指导下安全合理用药。

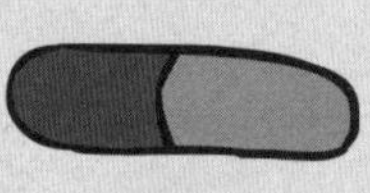
治疗
作用
副作用
两面性

29

让医学变得简单

文字：北京天坛医院 缪中荣
绘图：上海中山医院 二师兄

熊猫医生阿缪

## 肺结核从地球消失了吗

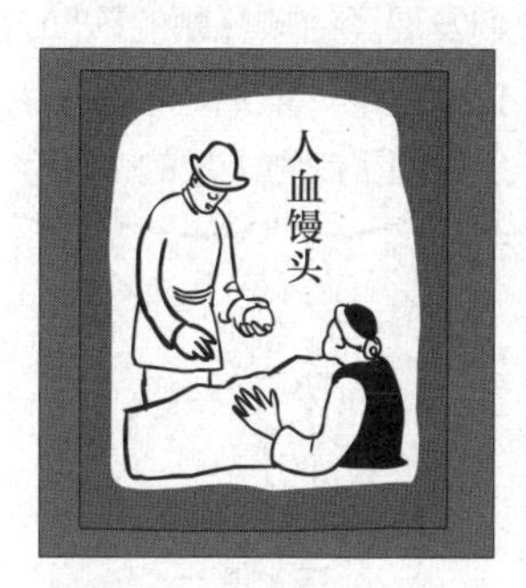

人血馒头


熊猫医生漫画

1

鲁迅先生笔下的华老栓
听信偏方，让儿子吃
“人血馒头”治肺痨，
没想到鲁迅先生也得了这病。

2

肺痨即肺结核，
过去“十痨九死”。
现在医学进步了，
肺结核就绝尘而去了吗？
我们听听北京胸科医院的
李掌门和唐大侠怎么说。

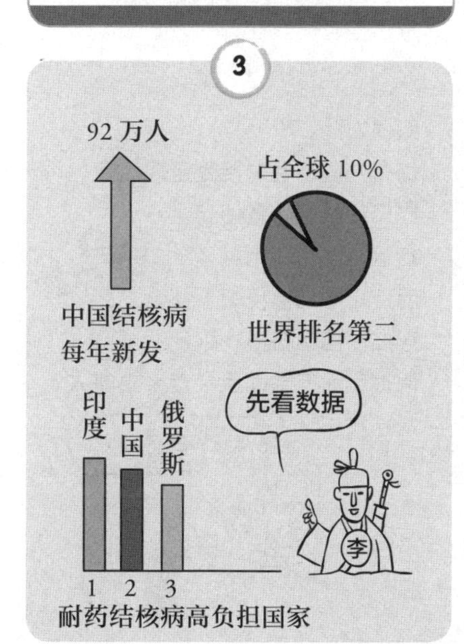

3
92 万人
中国结核病
每年新发
占全球 10%
世界排名第二
印度
中国
俄罗斯
1 2 3
耐药结核病高负担国家
先看数据
李


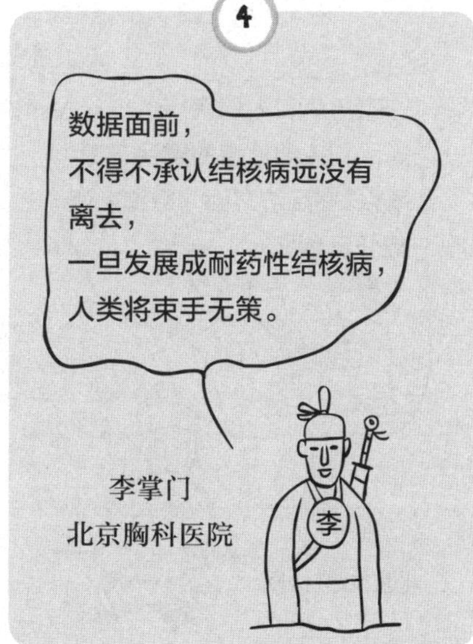

4
数据面前，
不得不承认结核病远没有
离去，
一旦发展成耐药性结核病，
人类将束手无策。
李掌门
北京胸科医院
李

5
没错，
我就是结核杆菌，
人类的结核病都是我的“功
劳”，人类的肺氧气最多，
是我安身的绝佳首选！
哈哈！

6
我在地球已肆虐 1.5 万年，
1882 年被人类发现并赐名后，
就拉开了长达百年的人菌之战。
我小到你看不到，
就喜欢你恨我
又拿我没办法的样子！

7
这是赤裸裸的挑衅啊，
李掌门，
快出招把它拿下吧！
啪！啪！

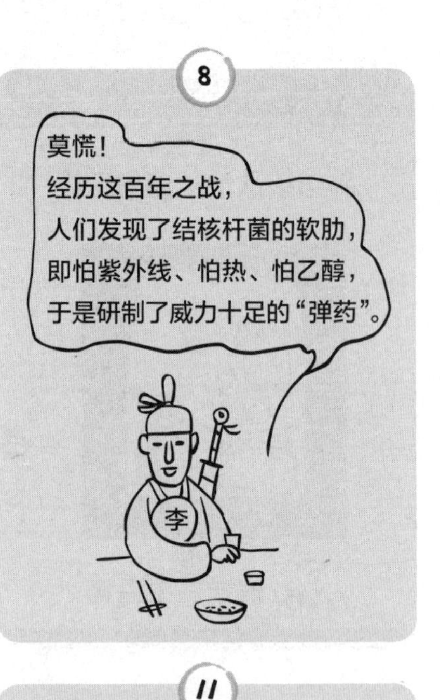
8
莫慌！
经历这百年之战，
人们发现了结核杆菌的软肋，
即怕紫外线、怕热、怕乙醇，
于是研制了威力十足的“弹药”。
李

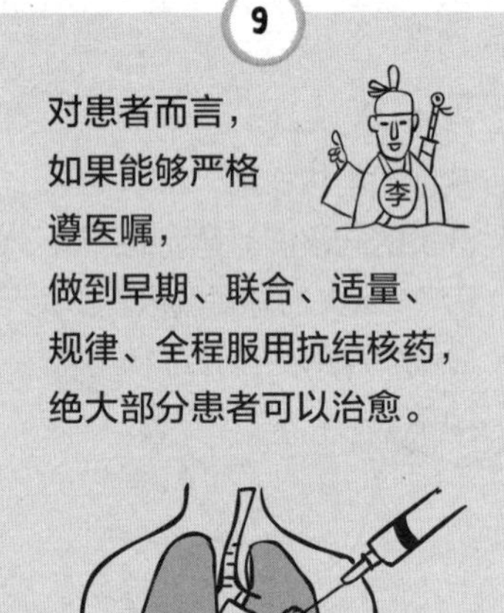
9
对患者而言，
如果能够严格
遵医嘱，
做到早期、联合、适量、
规律、全程服用抗结核药，
绝大部分患者可以治愈。
李
杀！

10
国家还免费为患者提供一线
药品和主要检查的惠民政策，
所以，在经济方面为患者家庭
减低了负担。
免费
唐
唐大侠
北京胸科医院

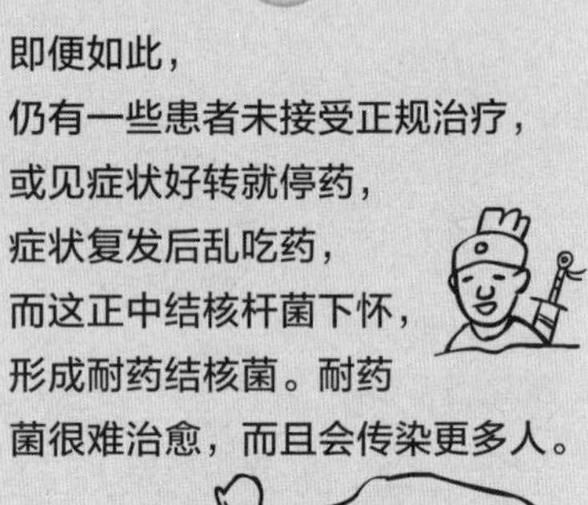
11
即便如此，
仍有一些患者未接受正规治疗，
或见症状好转就停药，
症状复发后乱吃药，
而这正中结核杆菌下怀，
形成耐药结核菌。耐药
菌很难治愈，而且会传染更多人。

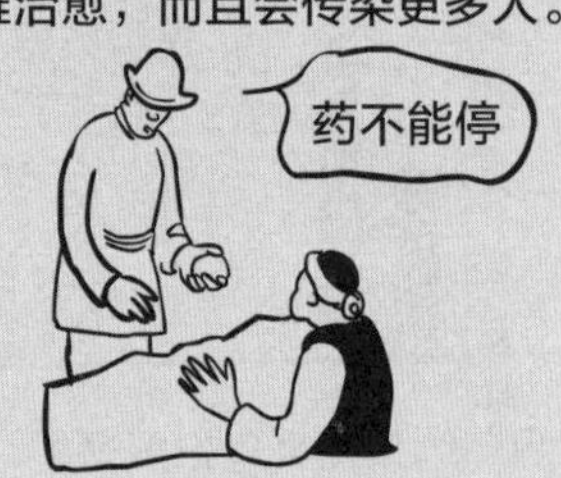
药不能停

12

跟肺结核患者
一接触就会感染上吗？

13

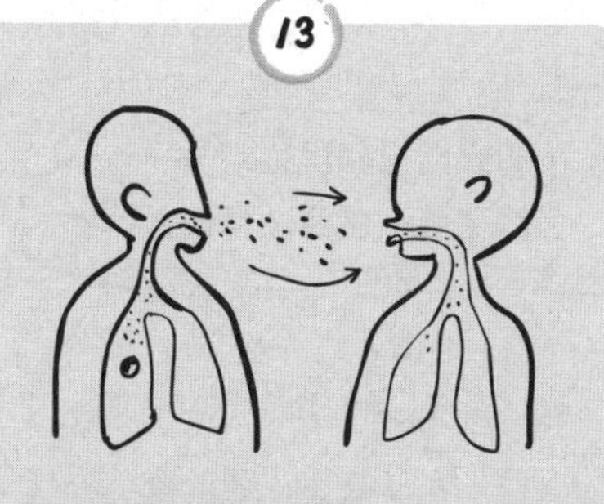

营养不良、体质差、
免疫力低下、生活不规律、
过度劳累的人，
我们更喜欢，
哈哈！

14

别怕，
人的身体自带护卫队，
感染后也只有 1/3 的发病几率。
况且肺结核只有可以排出
细菌的患者才有传染性。
李

15

病人怎么知道
自己有没有传染性？

到医院做痰液、胸片检查，
医生需综合判断。
而患者在接受治疗前是
传染力最强的时期，
所以一定要早诊早治。

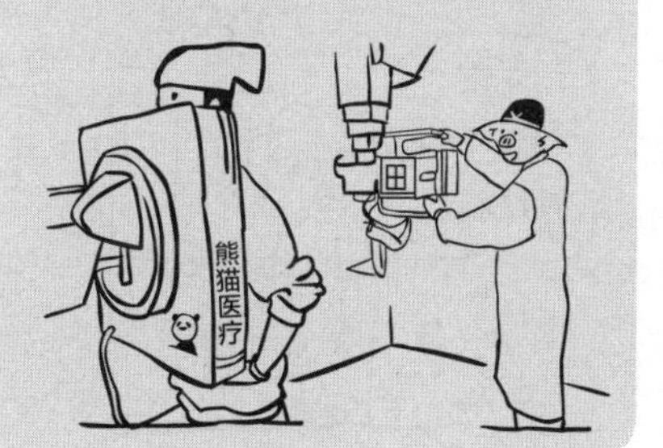
熊猫医疗

17

如果出现持续 2 周
咳嗽咳痰或痰中带血，
伴有胸痛、盗汗、午后低热、
疲劳无力、食欲减退等，
就要及早去医院诊治。

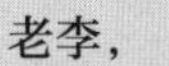

老李，
去医院看看吧。

18

一旦确诊，
患者要做好自我管理，
严格配合治疗。
出入公共场合要佩戴口罩，
不随地吐痰，
勤洗手，定期复查。

咳！
咳！
戴口罩！
戴口罩！
戴口罩！
重要的事情说三遍！

19
如果自己家里有人
得了肺结核要注意什么呢？
咳！

20

隔离！
患者起居在独立卧室，
保持光照和通风，
佩戴口罩。咳嗽、打喷嚏
会有大量细菌排出，
所以家人要避开，
患者要自控。
实在不行，住院治疗。

李

隔离！

21

打疫苗可以预防肺结核吗？

22
健康新生儿出生后
接种卡介苗有一定的预防作用。
但针对成人
目前没有预防性疫苗可用。
别躲啦，
今天不打
预防针。

23
世界卫生组织（WHO）已提出
2050 年消灭结核，但目前它依然
是悬挂在人类头顶的“达摩克利
斯”之剑，防痨战痨，刻不容缓。
抓住结核，
别让它跑了！
文字：北京胸科医院
李　亮 唐神结

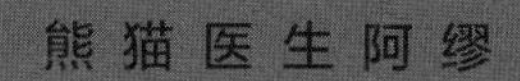
熊猫医生阿缪

## 肝脏很沉默，发作很可怕

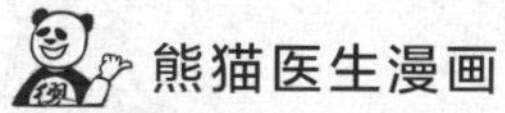
熊猫医生漫画

1
甲乙丙丁戊己庚辛……

2
傻呆呆是在背天干地支吗？
这让我想起了一种病——肝炎。
甲肝、乙肝、丙肝、丁肝、戊肝……
熊猫医生

3

啊，甲肝、乙肝我知道，
居然还有“饼干”？
饿了……
哈哈哈……

4
听到“饼干”，杨大侠笑了。
给大家讲讲关于
肝的那些事儿吧。
北京佑安医院杨华升大侠

5
先考考你们，病毒性肝炎
是肝病中具有传染性的一类，
常见有甲型肝炎、乙型肝炎、
丙型肝炎、戊型肝炎四种。
知道它们是怎么传染的吗？

6

共用餐具会传染，
握手也会传染。
“亲亲”也会传染


7

就知道你们会说错。
真相是，甲型肝炎和戊型肝炎属于“粪-口传播”传染病，
所以“饭前便后勤洗手”
对于预防甲肝、戊肝特别有效。

对，
饭前便后
勤洗手。


8

乙型肝炎和丙型肝炎主要通过血液和体液途径传播，
与这两种肝炎患者共同进餐，
还有握手、拥抱之类的
接触是安全的。

吃饭是安全的，
来，开吃。


9

病毒性肝炎有一定的传染性，其他肝病是不传染的。我们可以通过多种方法阻断传染性，因此，不要歧视肝病患者。杨大侠，我说的对吗？


10

正解。
肝脏也被称为“沉默的器官”，因为很多肝病是没有明显症状的，所以我们要关心肝脏，例行检查非常重要。


11

肝脏疾病都有哪些检查方法？

12

最常用的就是
肝功能和 B 超等常规检查，
一般体检都会有的。
熊猫超声


13

说到肝功能，
最常见的几个指标就是
转氨酶（其中以谷丙转氨酶和谷草转氨酶最为重要）、胆红素等。

14

在这里向大家普及一个知识：
只要发现肝功能异常
就应该就医。
有不少人认为转氨酶
稍微高一点没关系啦，
这种说法不知道害了多少人。

转氨酶高一点
没关系啦。
你这种说法
害死人！


15

因为转氨酶存在于肝细胞内，
当肝细胞发生炎症、坏死，
被大量破坏时，
大量的转氨酶也会从
肝细胞“逃跑”到血液中，
造成转氨酶升高。

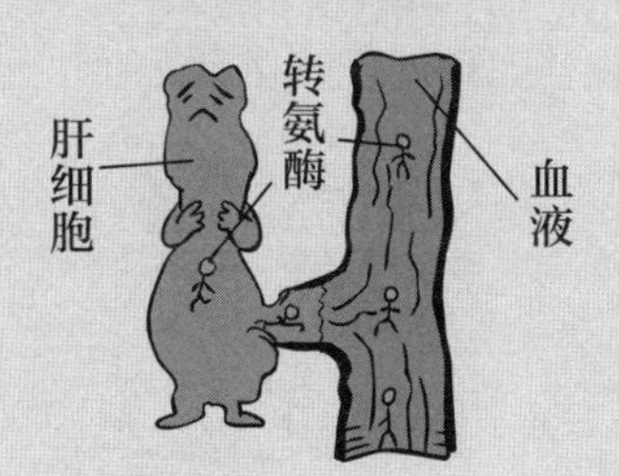

肝细胞
转氨酶
血液


16

所以，转氨酶升高
是一个比较敏感的指标，
它的升高会提示
肝脏存在损伤，
但并不一定是传染性肝炎，
这时要赶紧到医院就诊。

阿缪诊所


17

很多患者因为没有明显症状，
而对肝功能异常长期置之不理，
造成肝病进行性加重；
还有人是因为“讳疾忌医”，
那就更不可取了。

杨大侠说的对，
不能讳疾忌医。

18

常规的 B 超检查对于发现很多肝病有重大的意义。肝脏 B 超检查对人体没有任何损伤，也很方便。通过 B 超检查可以发现诊断多种肝病。

19

当然，B 超检查也有不足：
敏感性低，
容易受到腹腔胀气的影响。
必要时还要进行 CT、
磁共振等检查。

熊猫医疗

20

如何远离肝病呢？

21

很简单，教你 8 个注意：
1. 保持正常体重，均衡饮食，为肝脏减负。

二师兄，
你该减肥了。

22

2. 为了减肥三餐只吃水果，或者“低碳水化合物饮食”都很伤肝。

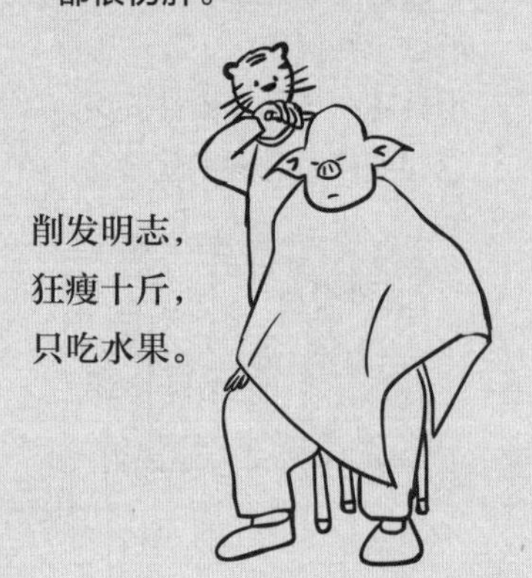
削发明志，
狂瘦十斤，
只吃水果。

23

3. 远离各种可能受血液污染的操作：
不必要的输血、用未消毒针头打针、穿耳洞、刺青、
共用牙刷、刮胡刀等。

悟净哥哥记住哟，
刮胡刀只能用自己的。

**24**

我顺便说一下，
病毒性肝炎也是常见的
性传播疾病，
所以，你们都懂得。

**25**

4. 注意饮食卫生，
不喝生水，不生食海鲜。
到甲型肝炎高发区旅游，
出发前最好注射甲肝疫苗。

高老庄旅游区很安全，
酷暑旅游好去处。

**26**

5. 不过量饮酒，
嗜酒是造成酒精肝最
主要的原因。

使不得，
使不得，
喝酒伤肝。
御弟哥哥，
请干了这杯酒。

**27**

6. 戒烟。研究表明，
抽烟和罹患肝癌有关。

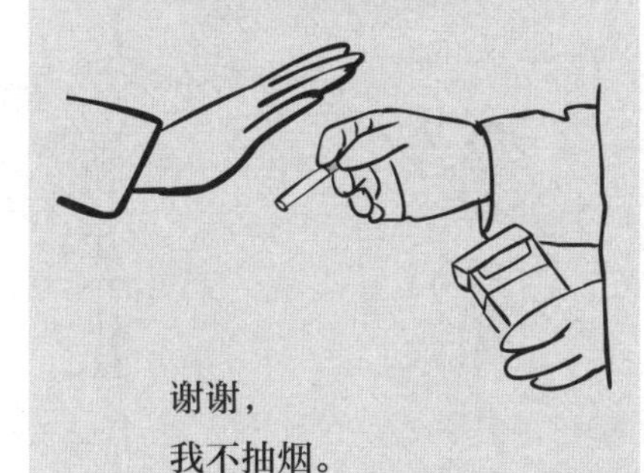
谢谢，
我不抽烟。

**28**

7. 不乱吃药。
药物性肝损害很可怕。
有的人自行用药又不定
期检查肝功能，导致肝
损伤。

熊猫药房
药

**29**

8. 注意充分睡眠。
睡眠不足、熬夜和黑白颠倒，
肝细胞很容易受损。

30

乡亲们，
远离肝病，
记住“八项注意”，
并转告给周围的人。

31

让医学变得简单

文字：北京佑安医院 杨华升
绘图：上海中山医院 二师兄

熊猫医生阿缪

## 如何应对高考前焦虑

重点
一本
大专


熊猫医生漫画

1

呃……
又快高考了。一想到高考，
我现在还肌肉紧张、心跳加快。


2

原大侠，
给考生们讲讲如何应对
考前的压力问题吧。
原


3

其实考前适度的紧张不是问题，
反而可以激励考生提高效率、
努力复习。

原


4

但过度焦虑会导致感觉不适、
效率降低、容易出错，
甚至在考试时大脑一片空白。

大脑一片空白

5

为什么有些考生准备得
够充分了，
还会过度焦虑呢？

6

这可能跟这些考生心中的
一些错误观念有关，
比如完美主义、对考试结果
灾难化的设想、
只能赢不能输的想法……

北
大

只能成功不能失败

7

家长要引导考生积极、
正确地看待高考，
一味要求考生“应该”怎样，
“必须”怎样，
动力就反而变成阻力了！

我要上北大

8

考生如果有您刚才提到的
这些错误观念，
他们该如何调适呢？
倪

9

首先，
需要合理看待高考。

同学们，
高考并不可怕，
合理看待即可。
原
高考状元演讲会

10

其次，根据我们的人生经验
不难发现：
第一，我们所害怕的
各种意外情况，
大部分不会发生；

哈哈，
没发生

11

第二，即使害怕的
事情变成了现实，
也没那么严重。

没你想的那么严重，
淡定一些。

12

再次，
考生应依据自己的真实水平，
对高考进行风险评估：

高考评估


13

最坏的结果是什么，
如何降低这个结果
发生的可能性；
最可能考上哪个层次的大学，
眼下能做的事情有哪些。

重点
一本
大专


14

经过一番客观的评估，
既不高估也不轻看自己，
才有助于提高自信，
降低焦虑情绪。

15

对了，
我遇到压力时常自言自语，
这算一种方法吗？

晓虎偶谈

16

当然算，
有时候我们只需要说
简单的一句话，
就能给自己打气：

加油！


17

——放松！
——只要不放弃，任何时候
人生都有翻转的机会！
——高考的成败不能定义
我的价值和未来！

原大侠说的很对！

18

此外，
还有一个有用的方法是
“应对性的想象”，
设想自己坐在考场中，
沉着应对并取得满意结果。
原

19

这种白日梦好，
快教教怎么做。

张

20

躺下，放松身体，
然后发挥自己的想象力：
设想自己走进考场，
坐下来等待老师发卷子。

放松，放松，放松……

21

镇定自如地答题，
周围很安静，
最终圆满答完考卷。
仔细体会那份平静
和控制的感觉，
这个练习要坚持每天做哦。

22

原来想象成功就能距离
最终成功更近一步呢，
无谓担心反而会
让我们焦头烂额。

成功

23

考生们还可以学习一些
深度放松的方法，
如冥想、呼吸操、
肌肉放松法等，
对提升考前的状态有益。

24

来，一起做做呼吸操：
1. 吸气，屏住呼吸，
在心中数到 10；
呼气，同时默念“放松”。

放松
放松
放松

25

2. 吸气并数到 4，
呼气也数到 4，
在每次呼气结束时默念放松。

默念
放松

26

3. 重复第 2 步一共 10 次，
然后再重复第 1 步 1 次，
再重复第 2 步 10 次。

27

不断重复，
直到感到自己的
焦虑症状大为减轻。

焦虑症状

大为减轻

28

最后，我想说，
高考对整个人生的影响
并不会持续终身，
更不是灾难性的。
高考其实是一次成长的邀请。
加油吧，考生。
原

29

上了高三，
学业上有难处是正常的，
有同学愿给你讲题是很可贵的。
父母和老师都会在你身后
默默支持你的。有问题，
随时来问原老师。
哈哈哈！

文字：北京大学第六医院 原岩波

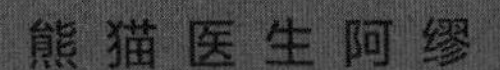
熊猫医生阿缪

# 脊柱侧弯？别总甩锅给背包

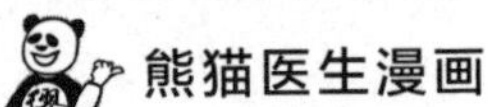
熊猫医生漫画

1
现在的小孩子太不容易了，小小年纪背个大书包，感觉脊柱都要被压弯了。

2
脊柱侧弯的原因有很多，绝不是简单的背书包导致的。很多成年人也有脊柱侧弯呢。

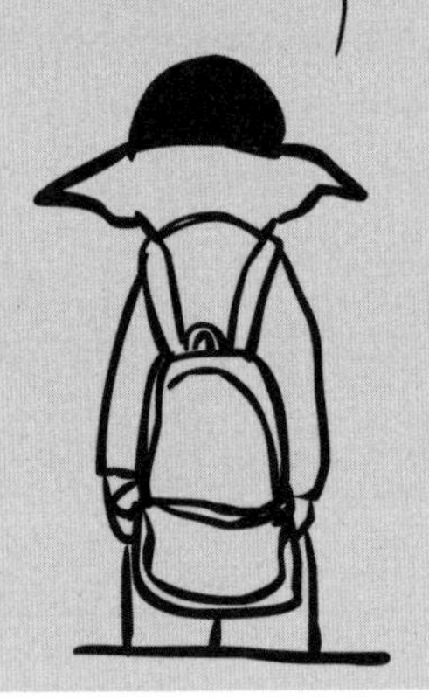
3
患脊柱侧弯的原因有哪些呢？

4
脊柱侧弯的原因很多，大体可分为先天性和后天性两类。先天性是指出生前在胎儿阶段就出现了脊柱发育异常。
王宇
北大医院

5

胚胎期脊柱发育的关键时期是妊娠第 5 周和第 6 周，这是脊柱分节的时间。如果胎儿在此时期受到药物、病毒、理化等因素的影响，容易出现脊柱发育畸形。

关键时期是第 5 周、第 6 周

6

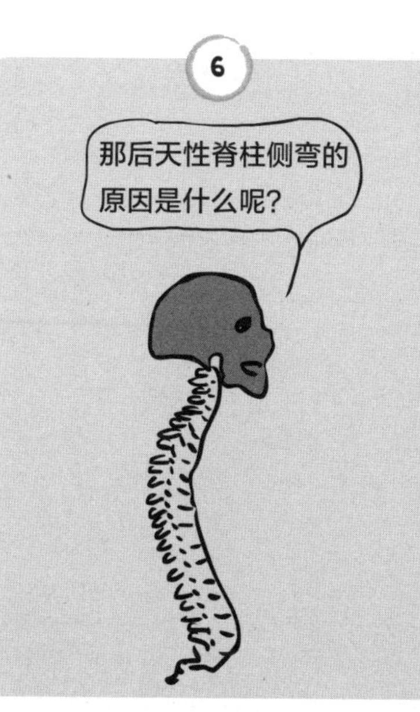

那后天性脊柱侧弯的原因是什么呢?


7

后天性脊柱侧弯往往发生在青少年期，多于 10 岁以后发病。青少年脊柱侧弯的发病原因尚不清楚，但总体来说并不会只因为坐姿睡姿不正或背书包的方式不对而导致脊柱侧弯。

这我就放心啦!


8

而是有更加内在的原因，与发育异常、神经肌肉失衡、内分泌紊乱或平衡调节功能受损有关。目前尚无有效方法预测哪些人会出现青少年脊柱侧弯。

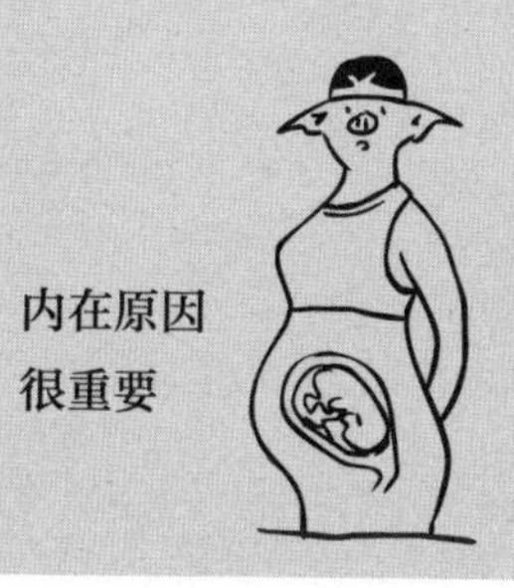

内在原因
很重要


9

脊柱侧弯都有哪些表现呢?

10

脊柱侧弯分
胸椎侧弯和腰椎侧弯两种。
在外观上，
胸椎侧弯可以表现为双肩不等高、双侧胸廓不对称、肩胛骨一侧隆起而另一侧凹陷。

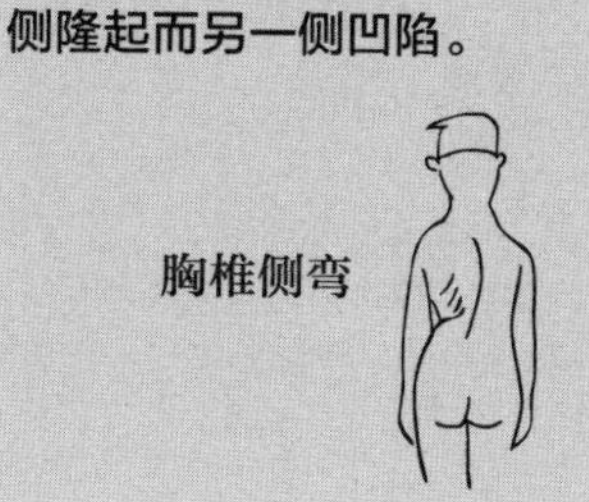

胸椎侧弯


11

腰椎侧弯往往表现为腰部肌肉一侧饱满而另一侧空虚，腰椎侧弯严重时也会出现双肩不等高。

腰椎侧弯

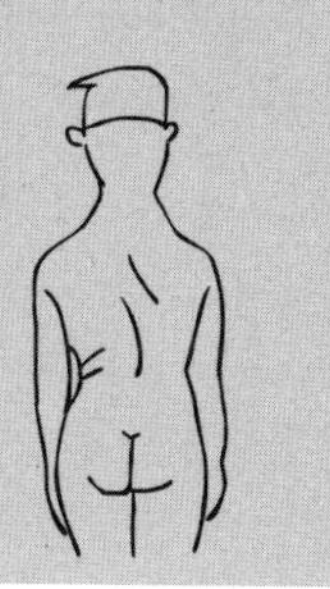

12

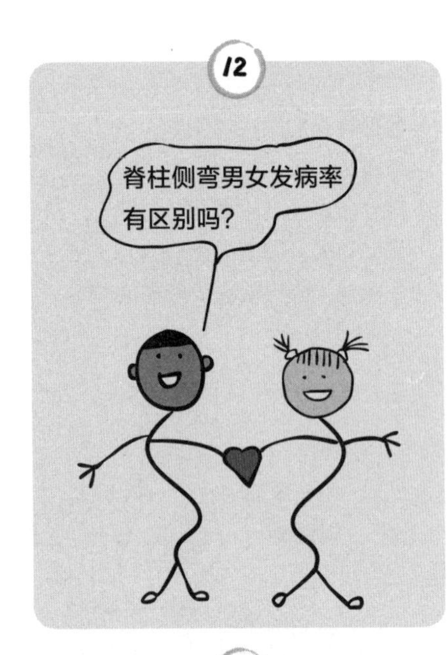

脊柱侧弯男女发病率
有区别吗?


13

先天性侧弯患者中男孩比较多见，
男女的比例大概是 4 ：1。
而后天性侧弯，
即青少年特发性侧弯，
女孩明显多于男孩，
尤其是弯度超过 40 度的
患者中，
女孩占到 90% 以上。

先天性：男孩多

后天性：女孩明显多

14

脊柱侧弯其实也不要紧吧，
除了影响形体，
其他也没什么吧?

15

轻度至中度的脊柱侧弯并不影响内脏功能或者其他身体功能。只有严重的脊柱侧弯一般超过 60 度才会导致胸腔和腹腔的空间明显减小，从而造成心肺和胃肠受压而出现相应的功能障碍。

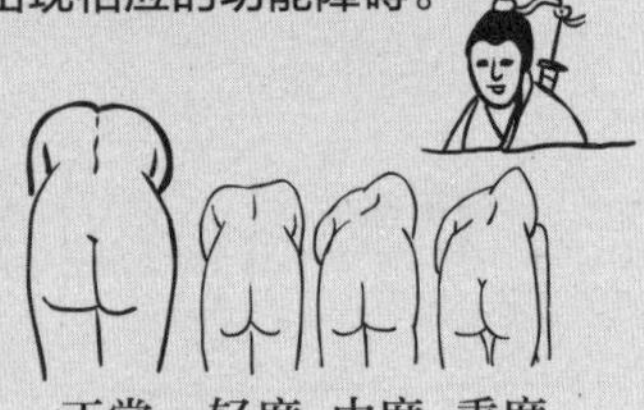

正常
轻度
中度
重度


16

心肺功能障碍是指活动耐量降低。比如走不了多远就气喘吁吁、心跳加速，或者上两三层楼就累得走不动需要休息一会儿才能继续爬楼。腹腔空间减少会导致饭量下降，严重时还会影响怀孕。

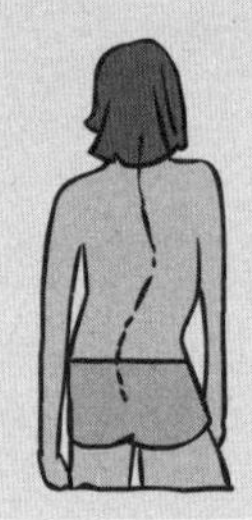

严重时
还会影响
怀孕

17

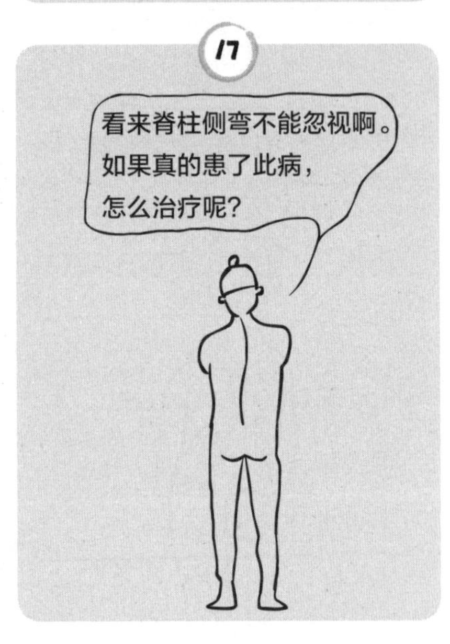

看来脊柱侧弯不能忽视啊。
如果真的患了此病，
怎么治疗呢?

18

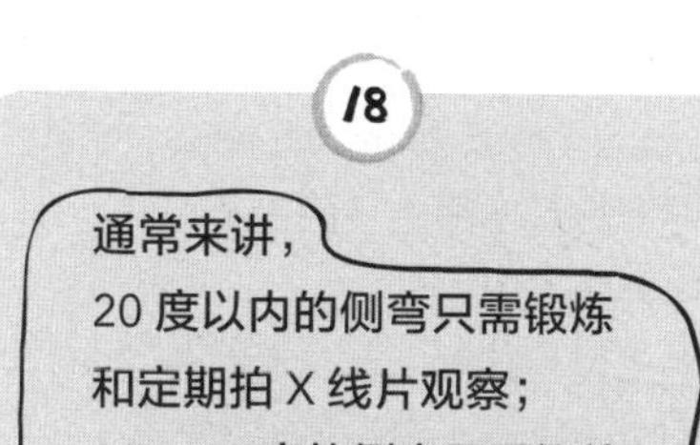

通常来讲，
20 度以内的侧弯只需锻炼和定期拍 X 线片观察；
20 ~ 40 度的侧弯需要锻炼加支具治疗；
如果超过 40 度则需要考虑手术矫正。

19

脊柱侧弯的度数是怎样测量出来的呢？

20

脊柱侧弯的度数需要拍 X 线片才能测量出。胸椎弯曲和腰椎弯曲的度数要分开测量，最后得出两个度数，一个是胸弯的，另一个是腰弯的，一般取最大的度数代表病情的严重程度。

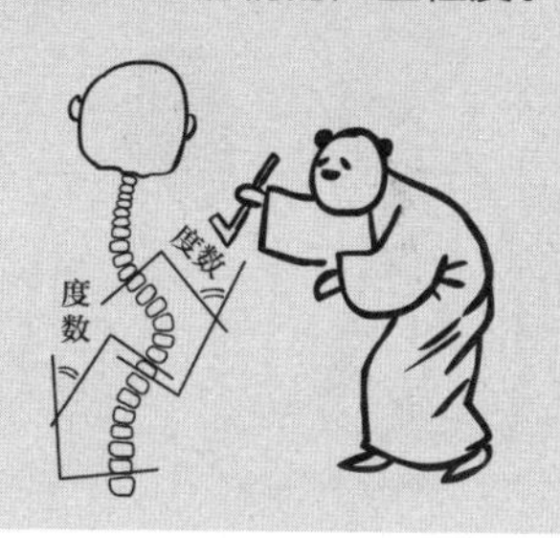
度数
度数

21

脊柱侧弯通过手术能够得到多大程度的矫正呢？

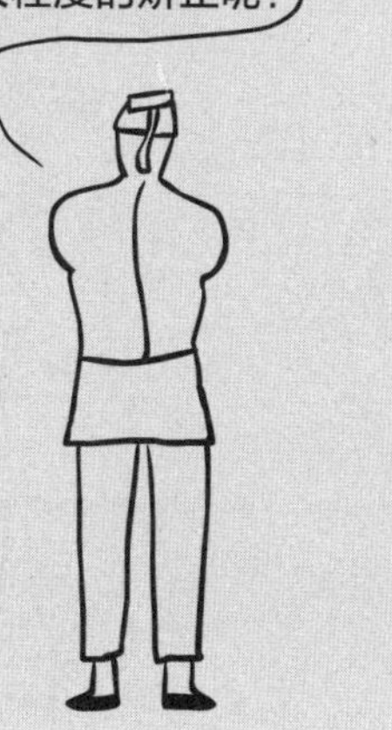

22

脊柱侧弯的矫正程度主要取决于侧弯本身的柔韧度。柔韧性越好的侧弯，矫正的程度越大。通常年龄越小柔韧性越大，矫正效果也越好。

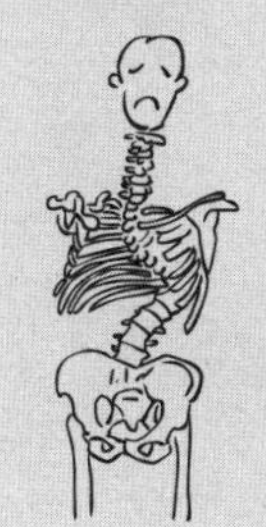

后悔没有早点做，
现在年龄大了，
不好做了。

23

所以脊柱侧弯的最佳手术年龄是 13 ~ 15 岁。
此年龄段脊柱柔韧性好，
矫正效果好，
而身体也接近发育成熟。

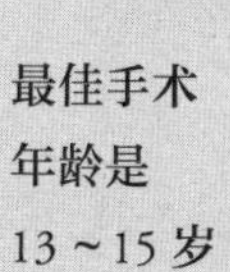
最佳手术
年龄是
13 ~ 15 岁

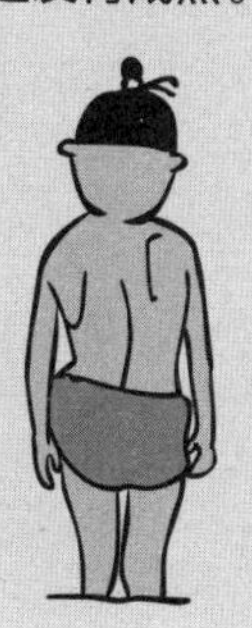

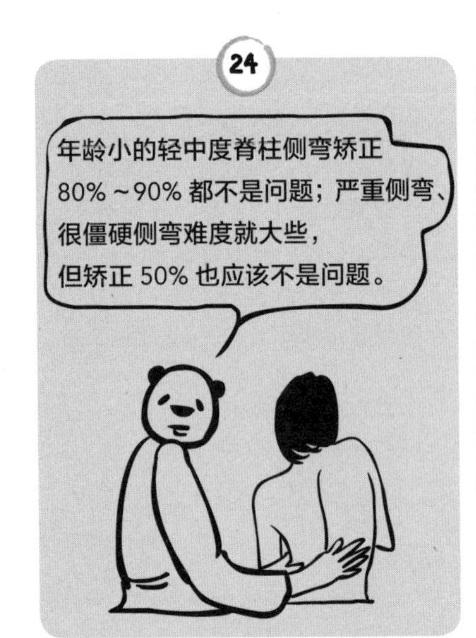
24
年龄小的轻中度脊柱侧弯矫正80% ~90% 都不是问题；严重侧弯、很僵硬侧弯难度就大些，但矫正 50% 也应该不是问题。

25
手术会不会影响上班呢？术后多久可以上学或上班？

26
侧弯矫形术后 1 个月左右，体力恢复满意后，在支具保护下，即可上班、上学。
支具
保护

27
如果做了脊柱侧弯手术会不会影响怀孕呢？

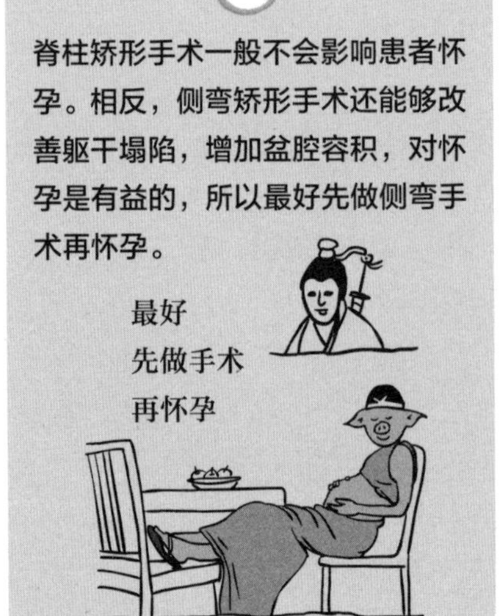
28
脊柱矫形手术一般不会影响患者怀孕。相反，侧弯矫形手术还能够改善躯干塌陷，增加盆腔容积，对怀孕是有益的，所以最好先做侧弯手术再怀孕。
最好
先做手术
再怀孕

29
术后需要多久复查一次呢？

30

一般术后满 2 个月、满 2 年时
各拍一次 X 线片让医生查看。
如是外埠患者不方便，
可在当地拍摄后将 X 线片寄过来，
或者用微信或 QQ 发送也行。

微信传递
非常方便

31

夏天穿衣少容易发现脊柱侧弯。所以大家都要注意观察自己和身边的小孩儿是否有脊柱侧弯的症状，要早发现、早检查、早治疗，千万别错过治疗的最佳时机。

32

让医学变得简单

主审：北京天坛医院 缪中荣
文字：北京大学第一医院 王　宇
绘图：上海中山医院 二师兄

熊猫医生阿缪

## 家里的小药箱该备些啥

熊猫医生漫画

**1**

小张被诊断出高血压半年，
常忘记吃药，
时常忘了到医院开药。
昨晚突然头晕，一测血压，
舒张压达到了 180mmHg。

180 了

**2**

快吃降压药！
啊，
一粒也没有了！

**3**

这就是为什么家中要
常备小药箱的原因啊！
赵宁赵大侠来讲讲
“小药箱”的重要性吧。

**4**

对对对，
我特别想知道“小
药箱”里该备些啥。

**5**

首先，
像高血压等心血管病患者
需要长期服用的药物，
一定要在家中常备，
遵医嘱服药。

6

因为有一些药物长期使用后，
机体对其产生了适应性，
若突然停药或减量过快，
病情会反跳、回升甚至加重，
这种现象称“撤药综合征”。

7

小张这种情况就是
突然停用降血压药，
血压骤然反弹，
严重的可导致高血压危象、
脑出血，甚至危及生命。

8

冠心病患者如果突然
停用 β- 受体阻滞剂，
还可能引发心绞痛、
心肌梗死等。

痛

9

想想都后怕啊。
您刚才提到的家庭小药箱，
除了自己常吃的药以外，
还有什么需要常备的？

10

其次是备些既实用
又从简的药品，
主要包括慢性病患者的
常用药、急救药和预防用药。

11

如烫伤药、感冒药、
胃肠用药、退热药
和抗过敏药等。

12

再次，
家中如果有危重症患者，
还应备有相关抢救用药，
如冠心病患者应随身携
带硝酸甘油。

快，拿我的硝酸甘油。

13

最后，
还可以准备一些医疗用品，
如棉签、75% 酒精、创可贴、
碘伏、纱布等。

14

这么多种类的药，
放在一起感觉很难找啊。
晓虎偶谈

15

是的，
所以药品存放最好按类摆放。
如果乱七八糟的，
遇到紧急情况会误事的！

16

那有什么好办法吗？

张

17

首先，
应按照口服药和外用药分开、
中药和西药分开、
药品和医疗用品分开的原则
分类摆放药品。

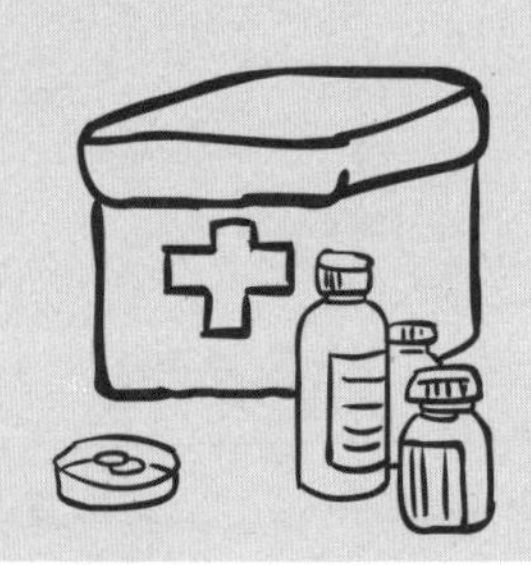

18

其次，
学会查看药品的有效期，
比如药品有效期至 2019 年 8 月，
就表示该药可以用到
2019 年 8 月 31 日。

查看
有效期

19

将有效期在半年之内的
药品做上标记，
以便先用；
对于过期药品一定不能
继续使用。

标
记

20

再次，
做好药品防潮工作，
可以在药箱底部放些
干燥剂或将药箱放于
干燥处保存。

21

一定要按照药品说明书上的
保存方式保存药品，
比如“冷藏”是指 2～8℃保存，
“常温”指 10～30℃保存。

熊猫冰箱

22

还要养成良好的保存习惯。
在整盒药还没有用完的情况下，
不要丢掉药品原包装和说明书。

23

将包装相似的药品
做好标记以免混淆；
将药箱放到儿童接触
不到的地方。

懂了

24
原来家庭小药箱大有学问。
刘

25
像小张这种情况，
属于药物漏服，
有不同的补救措施。

26
1. 无须补服，
按原用药计划服药即可。

27

2. 当时发现，当时补服。

28

3. 下次服药时加倍剂量等。

加倍
剂量

29

具体什么药该如何补救，
是很专业的问题，
应咨询专业药师或医生。

我就是专业药师，
大家可咨询我。

对大多数药物来说，
若漏服发生在两次用药
间隔时间的 1/2 以内者，
应立即按量补服，
下次仍可按原时间服药；

31

若漏服时间已超过
用药间隔时间的 1/2，
则不必补服，
下次务必按原间隔时间用药。

32
拿个小本本记下来，
我回家也准备个小药箱去。

33

让医学变得简单

主审：北京天坛医院 缪中荣
文字：北京大学第一医院 赵　宁
绘图：上海中山医院 二师兄

熊猫医生阿缪

# 医生，颈椎病做了手术我还能开大货车吗

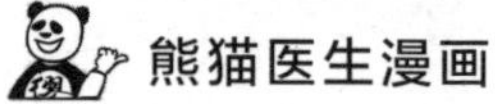
熊猫医生漫画

50多岁的孟师傅是一个大货车司机，长年累月的开车，他的脖子疼得没法转动，看不到后视镜，右手也开始发麻，不得已去当地看了医生。

2

没多久他又来到了熊猫医院。今天是熊猫医院的成惠林成大侠坐诊。

熊猫医院

3

磁共振检查结果显示，你的颈椎间盘突出很严重了，建议做手术治疗。

4

又是做手术？我问过别的医生，说我的颈椎病可以做颈椎融合固定术，也就是疼痛可以缓解，手术后恐怕不能再摸方向盘了。

5

根据你的情况，也可以选择另一种手术，叫颈椎人工椎间盘置换术，是一种不需要融合的手术。

6
这两者有什么区别吗？

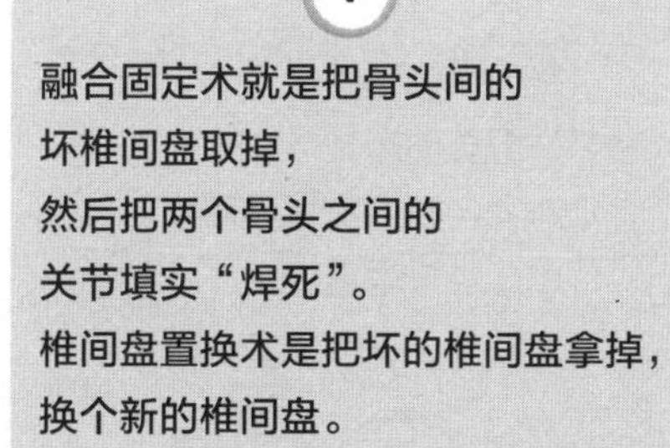
7
融合固定术就是把骨头间的
坏椎间盘取掉，
然后把两个骨头之间的
关节填实“焊死”。
椎间盘置换术是把坏的椎间盘拿掉，
换个新的椎间盘。

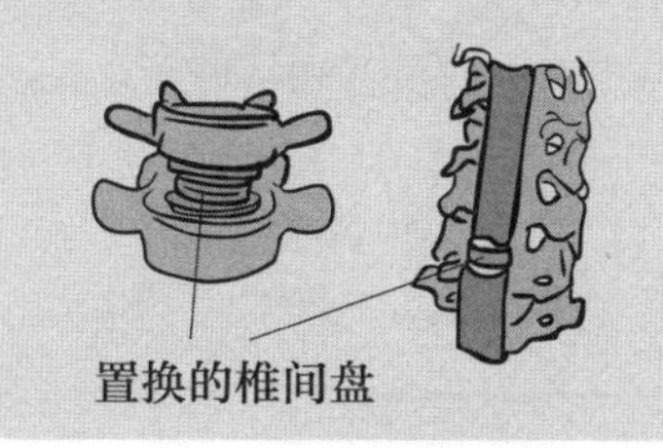
置换的椎间盘

8
同换关节差不多，
是吧？

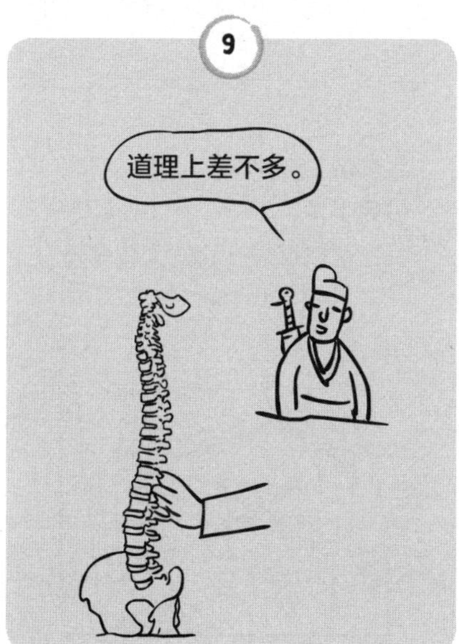
9
道理上差不多。

10
我明天就去
关节科找医生去。

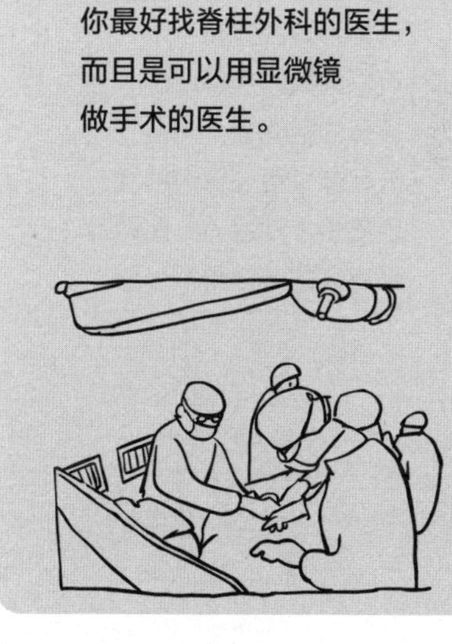
11
你最好找脊柱外科的医生，
而且是可以用显微镜
做手术的医生。

壹

12
为什么呢？

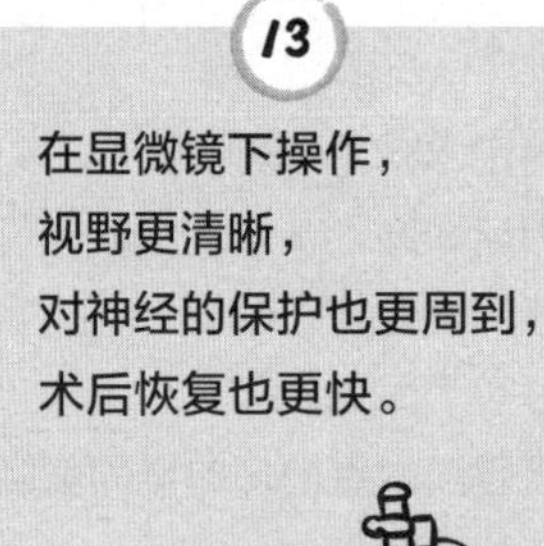
13
在显微镜下操作，
视野更清晰，
对神经的保护也更周到，
术后恢复也更快。

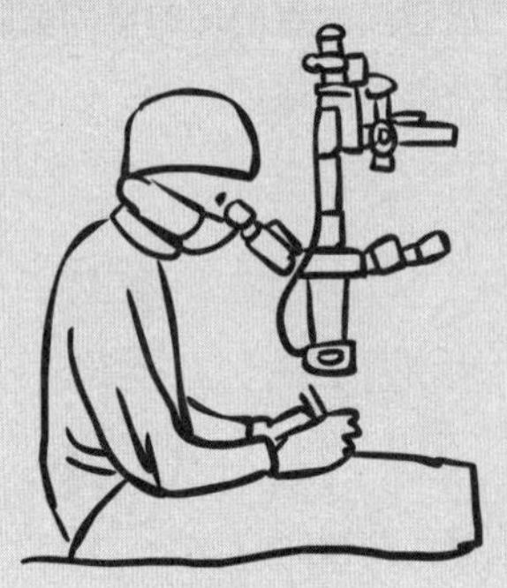

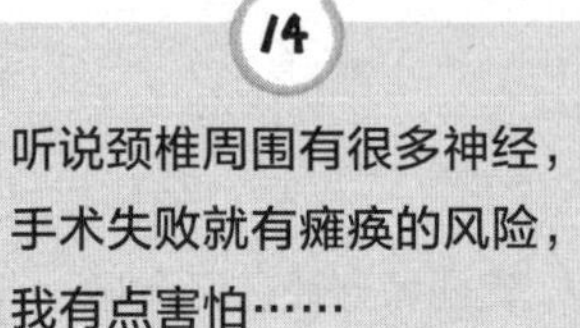
14
听说颈椎周围有很多神经，
手术失败就有瘫痪的风险，
我有点害怕……

15
这种手术是显微手术，
可以最大程度地取出
坏掉的椎间盘，
并尽最大可能保护神经。
当然手术都会有一定风险，
但瘫痪的风险是很小的。

16

一个熟练的脊柱神经外科医生，
做这样一台手术，
一般 3 个小时就可以完成了。

17
这么说，
做完手术，
我还可以继续开我的大货车吗？

18

这种手术跟融合固定相比，
可以最大程度地恢复你的
颈椎功能，
颈部活动也基本不受限制，
完全可以看到后视镜，
所以很适合你！

19

孟师傅随后在熊猫诊所接受了
颈椎人工椎间盘置换术。
如今，
手术后 3 个年头了，
孟师傅继续开着他的大货车，
天南地北奔波着。

熊猫货运

20

让医学变得简单

主审：北京天坛医院 缪中荣
文字：东部战区总医院 成惠林
绘画：上海中山医院 二师兄

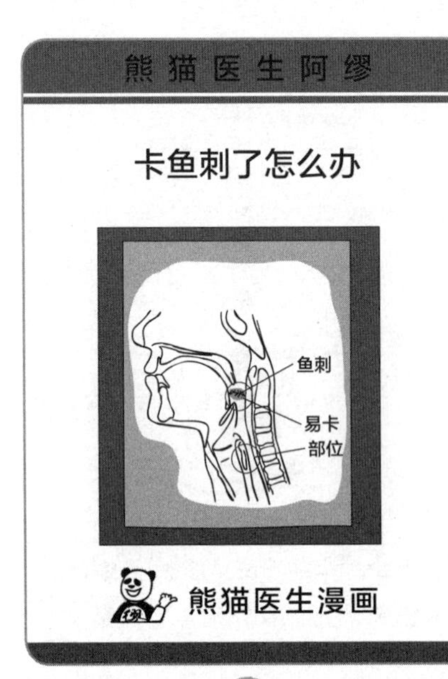
熊猫医生阿缪
卡鱼刺了怎么办
鱼刺
易卡
部位
熊猫医生漫画

1
阿缪，
好想吃鱼啊。

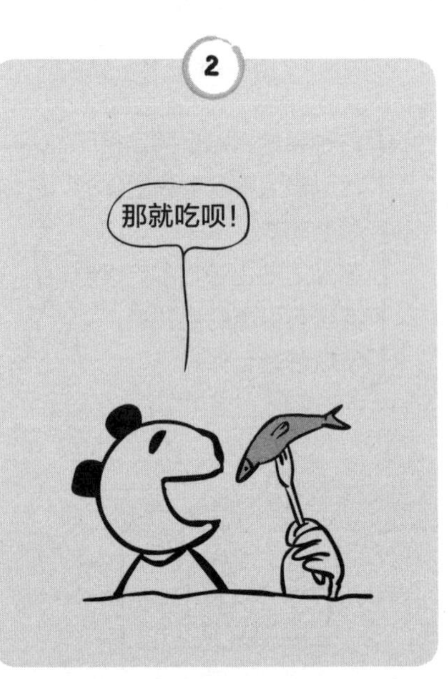
2
那就吃呗！

3
我不敢吃，
小时候吃鱼被刺卡过。

4
取出来了吗？

5

记得当时又吞米饭馒头又喝醋，
折腾了好久才把刺咳出来了。

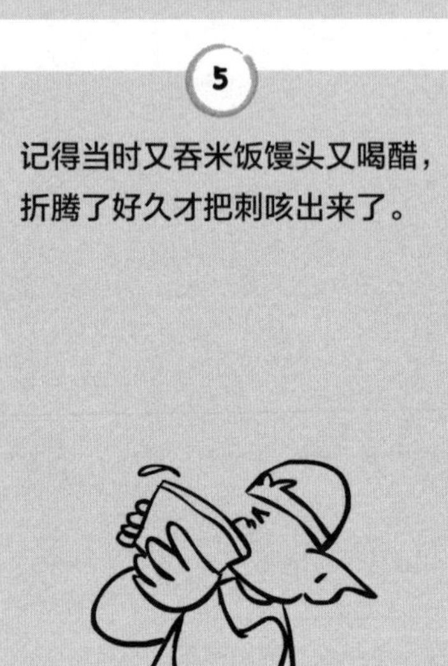

6
你够幸运的，
这些方法很不靠谱。
馒头
米饭
醋

7
为什么呢？

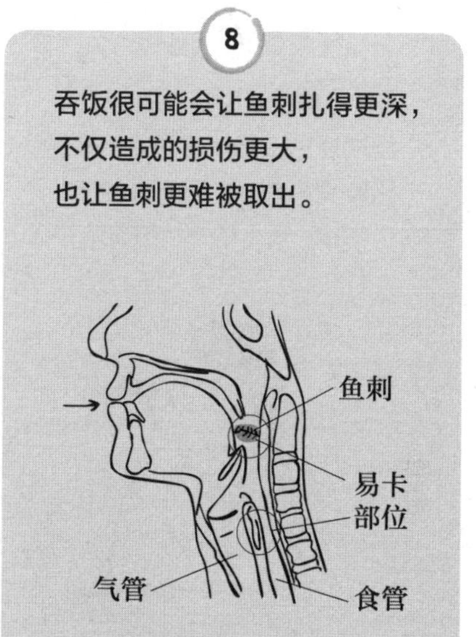
8
吞饭很可能会让鱼刺扎得更深，
不仅造成的损伤更大，
也让鱼刺更难被取出。
鱼刺
易卡
部位
气管
食管

9
喝醋不仅起不到帮助
还会灼伤已被鱼刺划伤的黏膜。

10
正确的做法是什么呢？
军

11
首先，
卡了鱼刺不要惊慌。
鱼刺的大小和卡住的位置不同，
处理方式也不一样。

壹

12

细小的鱼刺可以用力咳几下，
尝试让它跟着气流脱落下来。
比较大的鱼刺就要找医生了。

13
医生怎么取呢？
邵

14

常见的卡刺部位是在口咽，
也就是扁桃体和舌根附近。
鱼刺卡在这些表浅的位置
医生会首先尝试在直视下取出。

啊

15

如果直视下取不出来呢？
倪

16

如果鱼刺太小、位置太深
或者患者咽反射太明显，
就很可能需要借助喉镜来取了。

17

鱼刺如果进入甚至穿出食管，
还可能需要消化内镜
甚至手术取出。

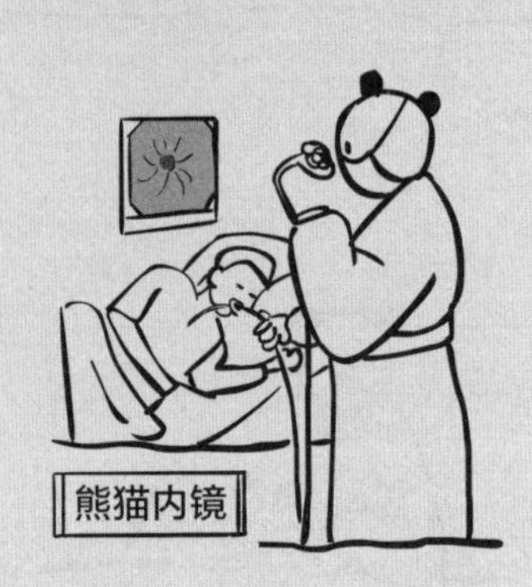
熊猫内镜

18
因为鱼刺已经划伤了黏膜。
虽然没有了刺痛，
也不影响吞咽，
但异物感还是会持续一会儿的。

19
卡鱼刺这么难受，
小朋友还能愉快地吃鱼吗？

20
鱼的营养丰富，
小朋友当然应该吃。
但务必注意把鱼刺挑干净，
最好选择没有刺或刺很少的鱼肉，比如鳕鱼、三文鱼等。

21

最关键的还是吃鱼的时候
一定要细心挑刺。
为什么会有如鲠在喉这个成语，
因为卡鱼刺真的非常难受啊。

咳！
咳！

22

让医学变得简单

文字：北京天坛医院 缪中荣
绘图：上海中山医院 二师兄

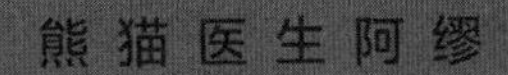
熊猫医生阿缪

## 那些有颜色的尿
## 都是怎么回事

熊猫医生漫画

1
来也匆匆，去也冲冲。
嘘嘘后冲冲有必要，
观察颜色更重要。

2

尿液是人体每天排出的“垃圾”，殊不知它也是健康的“晴雨表”。有请视尿如珍宝的周掌门，听听他怎么说。

3
尿液别嫌弃，
里面藏玄机，
红茶黑白酱，
莫慌早寻医。
周利群
掌门

4
喝红茶吃黑白酱？
周掌门，
这是啥吃法？

5
这是异常尿液的颜色，
如果发现这些情况就
要及时到医院检查了。
当然，要知道正常的
尿液是淡黄色。

6

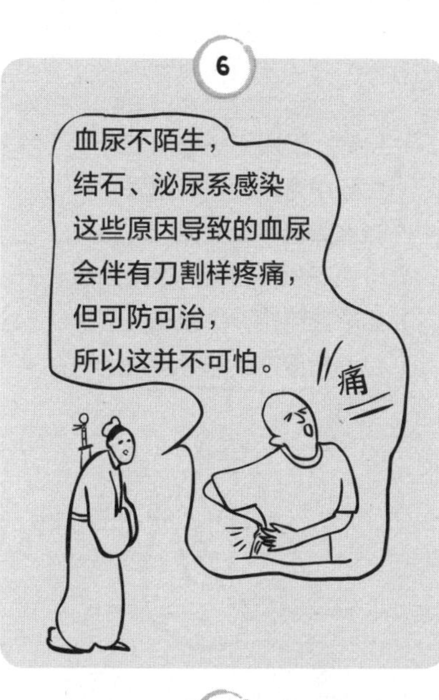

血尿不陌生，
结石、泌尿系感染
这些原因导致的血尿
会伴有刀割样疼痛，
但可防可治，
所以这并不可怕。
痛


7

可怕的是无痛血尿，
当心肿瘤悄然来袭。
像肾盂、膀胱、输尿管癌肿，
都属于上尿路上皮癌。
大家可能觉得陌生，
但发病在逐年上升。

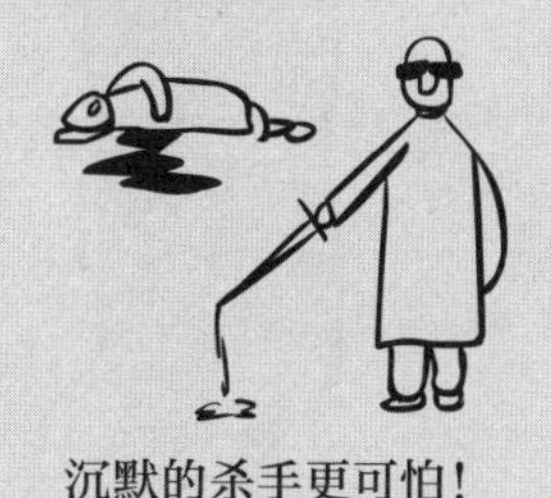

沉默的杀手更可怕！

8

这些肿瘤喜欢悄悄地来，
突然尿一次血还不疼，
等再发现尿血多在数月后，
所以，绝不能把两次无痛
血尿间的“休假”当作“自愈”
而延误诊治。

好可怕，一定要小心！

9

发现无痛血尿
别再误以为泌尿系感染
吃点消炎药就好了，
一定要到医院排查，
早诊早治。

嘻嘻，
吃点药好了，
我好开心。


10

浓茶色尿又是
怎么回事？

11

像肝细胞性黄疸、阻塞性黄疸，
这些疾病会有浓茶色尿。
当然生活中吃了某些药或蔬果
也会出现茶色尿，
所以尿色也要看饮食。

你不要吃我，
尿会变黄的。
没关系！
我们也一样！

肾脏在夜间会把它的浓缩
功能发挥到极致，
所以正常人睡觉是不起夜的，
晨尿类似浓茶色原因就在此，
这是正常情况。

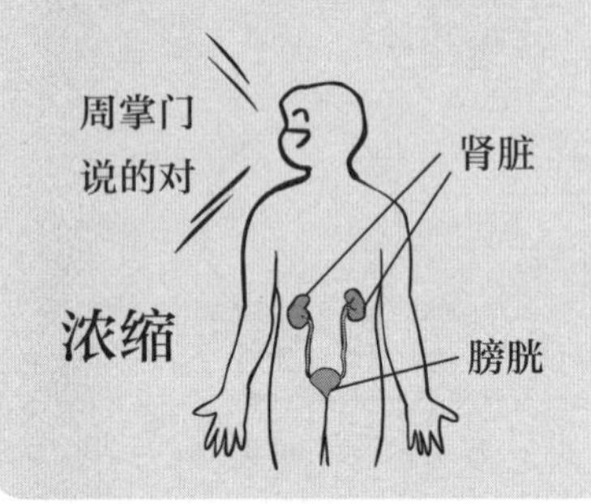

周掌门
说的对
肾脏
浓缩
膀胱

周掌门，
这黑色尿难道是中了毒？

没错，误服甲酚皂溶液发
生酚中毒就会有黑色尿；
当然黑色尿较少见，
可见于急性血管内溶血的患者，
如恶性疟疾称黑尿热，
是此病最严重的并发症之一。

白色尿又是怎么回事呢？


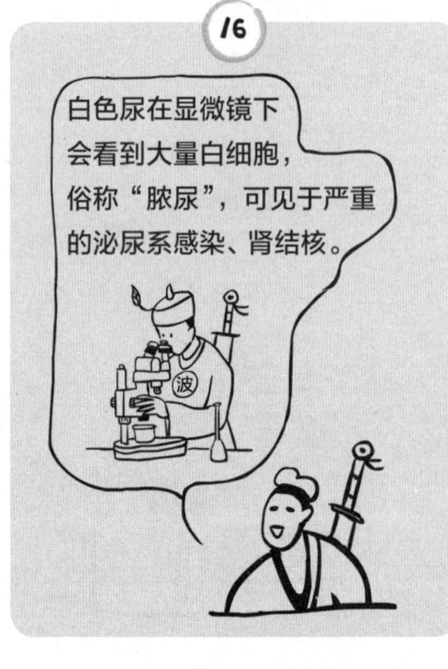

白色尿在显微镜下
会看到大量白细胞，
俗称“脓尿”，可见于严重
的泌尿系感染、肾结核。
波


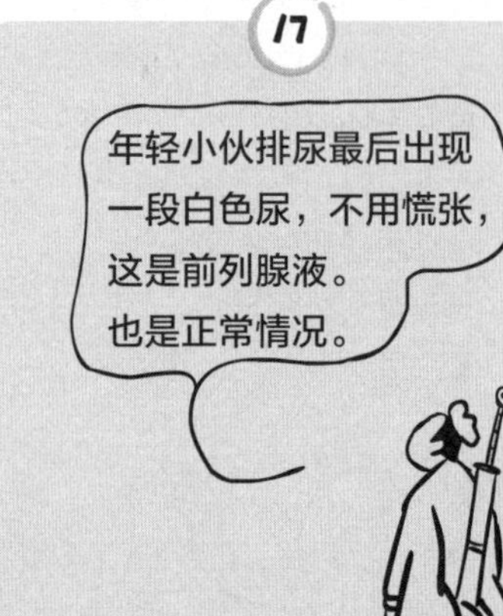

年轻小伙排尿最后出现
一段白色尿，不用慌张，
这是前列腺液。
也是正常情况。

18

酱油色尿
又是什么原因导致的呢？

19

现在流行健身热，但运动要适量。
当然也有“超人”，
什么挑战 700 个深蹲、
500 个俯卧撑，第二天就
肌肉酸痛 + 酱油色尿。
到医院一查，横纹肌溶解症。

20

这是什么病？
跟运动有关？

21

没错，特别是长期不运动
突然大量剧烈运动，
很可能引起骨骼肌细胞破坏
而产生肌红蛋白。

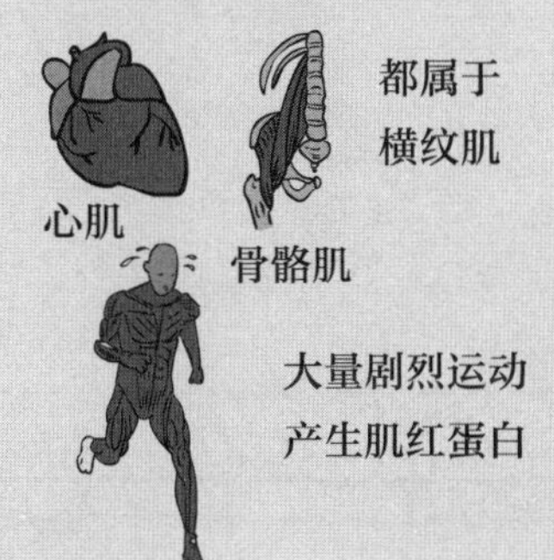
都属于
横纹肌
心肌
骨骼肌
大量剧烈运动
产生肌红蛋白

22

肌红蛋白会
随着血液进入肾脏，
随尿排出形成酱油色尿。
如果肌红蛋白堵塞了肾脏，
进而会引起急性肾衰竭，
想尿也尿不出来了。
这就是横纹肌溶解症。

堵住了 肾衰了

23

也有 29 岁的小伙连续 5 天，
每天 40 个仰卧起坐就致病的。
所以这与个人体质、年龄、
代谢速度都有关系。

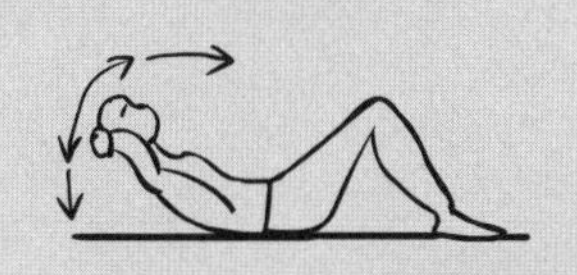

我也想做，
可惜做不起来。

壹

24
提醒健身爱好者，运动也要循序渐进，注意及时补充水分，横纹肌溶解症是完全可以避免的。

25
终于明白周大侠为啥视尿如珍宝了。不愧为泌尿科室的掌门人，高！

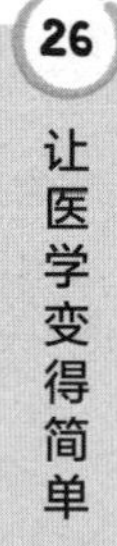
26
让医学变得简单

主审：北京天坛医院 缪中荣

文字：北京大学第一医院 周利群

绘图：上海中山医院 二师兄

## 熊猫医生阿缪

# “三手烟”及其危害

熊猫医生漫画

1

哎呀，
老李你怎么还抽烟呢，
嫂子才刚生完孩子，
这对宝宝的健康非常不好呢。

张

2

没事儿的，
这里是单位，
孩子又不在这里
吸不到二手烟的。

3

没有二手烟
可是还有三手烟的危害啊。

支

4

二手烟我听说过，
是指被动吸烟者吸入
吸烟者吐出的主流烟雾
以及烟草燃烧直接
冒出的侧流烟雾，
“三手烟”又是什么啊？

倪

5

香烟燃烧时产生的烟雾中的
有害物短时间内难以消散，
即便是香烟熄灭后仍然如此。
吹不走的“三手烟”，
同样会危害人的身体健康。

壹

6

可是我们在单位吸烟和
在家里的孩子有什么关系呢？
军

7

无论你在何处吸烟，
烟雾中的有害颗粒物将吸附在
你的头发、皮肤、衣服上，地毯、
沙发和汽车座套上。
支

8

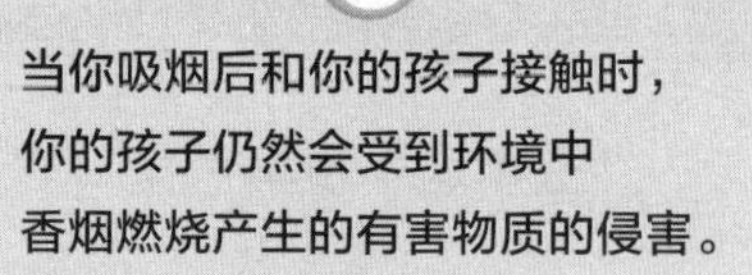
当你吸烟后和你的孩子接触时，
你的孩子仍然会受到环境中
香烟燃烧产生的有害物质的侵害。

宝宝
你好臭！

9

老李的孩子还是婴儿呢，
不会有太多的肢体互动的，
现在只知道吃和睡，
应该不会有这么大的影响吧。
晓虎偶谈

10

这样想可不对，
越是这样的小婴儿
越容易受到三手烟的伤害。

11

只会爬行的婴幼儿只能利用他们的触觉和味觉来探索这个世界，他们湿乎乎的小手不管抓到什么都喜欢往嘴里塞，他们经常在地毯、沙发床上爬行玩耍。

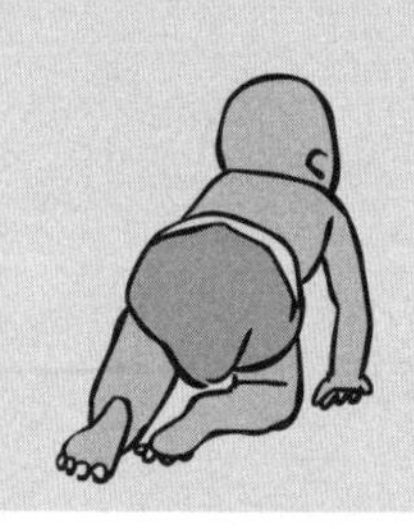

12

如果婴儿的父母有吸烟习惯，那么他们的孩子极容易成为三手烟的受害者！

支

13

三手烟究竟会带来什么样的健康危害呢？

14

由于婴幼儿的体表面积小，低含量的烟雾微粒同低含量铅环境相类似，能造成婴幼儿认知能力出现缺陷。

这是什么？

15

简单来说就是婴幼儿暴露在烟雾微粒环境中的时间越长，其阅读能力越差。

好难

16

即使烟雾微粒含量极低，也依然有可能导致婴幼儿出现神经中毒的症状。

17

由于婴幼儿呼吸的频率要高于成人，他们会吸入更多的化学物质。加上婴幼儿处在生长发育的特殊时期，其对有害物质的抵抗能力远比成人低。

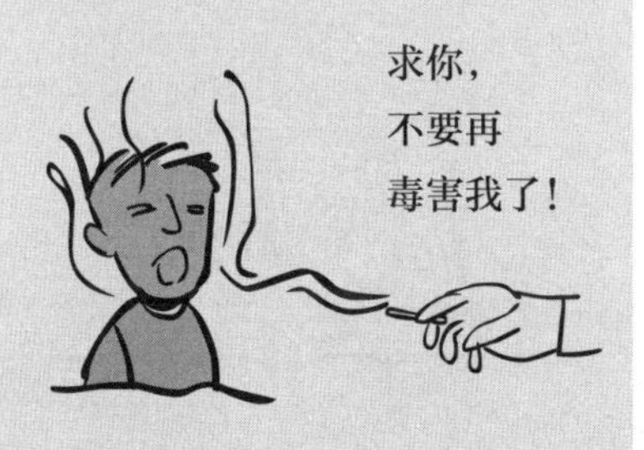
求你，
不要再
毒害我了！

壹

18

因此，环境中的烟草残留物，
包含铅和砷等有毒物质，
对婴幼儿的神经系统、
呼吸系统、循环系统
等均可造成不小的危害。

那等到孩子不在家的时候，
赶紧抽两支，
然后开窗通风，
这样就不会对孩子的健康
造成危害了吧。

波

20

还是错，吸烟后会产生的
有毒成分包括氢氰酸、丁烷、
甲笨等 10 余种高度致癌化合物，
它们的附着力远超你的想象，
开窗通风是无法消除的。

开窗通风作用有限

21

那除了婴儿外，成年人
也会受到三手烟的影响吗?

哲

22

如果租用常年遭受香烟烟雾暴露
侵害的汽车、酒店或者公寓，成
年人也有可能成为烟雾残留
物的受害者。

23

尤其是年轻人可能会
全天暴露在烟雾残留物
的危害范围之内。

请勿吸烟!

24

我们怎样才能预防
三手烟的危害呢？
雪

25

首先要改变一个错误的认识：
“昨天吸烟是昨天的事，
对今天室内空气无不良影响，
不会对儿童造成危害”。

昨天吸烟
是昨天的事。
这种想法是错误的，
一定要禁止！

26

很多吸烟者意识到
“二手烟”“三手烟”
对他人的健康危害后，
逐渐改变了吸烟习惯。

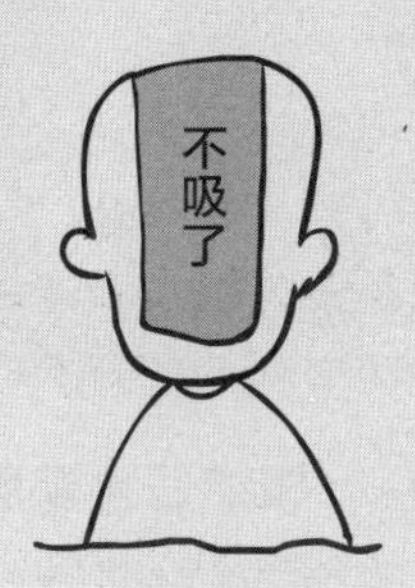
不吸了

27

即便是“烟民”在吸烟
时远离了被动吸烟者，
吸烟排放的有害物仍会
影响其他人的健康。

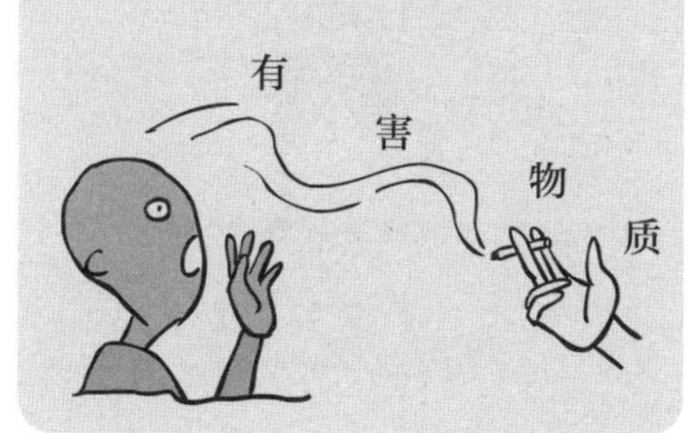
有
害
物
质

28

因此，
对于吸烟者而言，
戒烟是最佳选择。

戒烟是最佳选择

29

我们一定要呼吁，
禁止人们在有儿童生活
的室内吸烟。
保护孩子的健康，
每个人都要行动起来。

看你还敢不敢
吸烟？
屡教不改者

文字：北京宣武医院 支修益

壹

熊猫医生阿缪

## 湿疹，不潮湿也会得

熊猫医生漫画

1
傻呆呆一边挠一边叹气。
唉！

2
有什么愁事？

3

你看我这腿，
皮肤干得都裂纹了，
医生非说我是“湿疹”？！

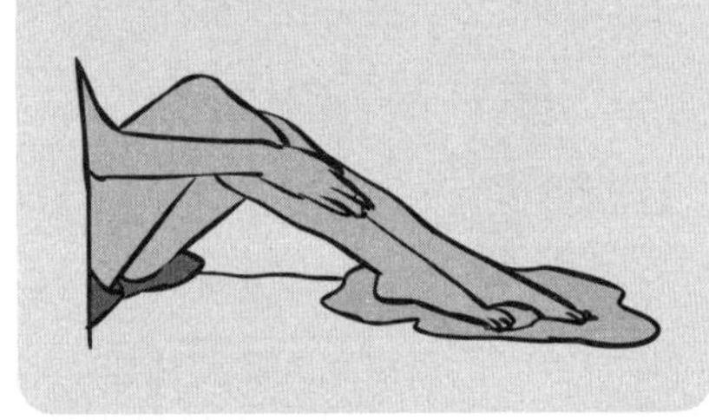

4
让范女侠给你
好好解释一下。

5

湿疹是一种有多种形式
皮肤损害的反复发作的
炎性皮肤病，
不是“潮湿”状况下才会出现。

6
哦？那干嘛叫“湿”疹？

7
湿疹的“湿”指的是“渗出”倾向。简单地说就是皮肤表现为小水疱或流水的状态。皮肤干燥也是湿疹加重的原因之一。

8
这下懂了。

9
你得的是“乏脂性湿疹”。冬季空气干燥，皮肤水分脱失，正是好发季节。还有中老年人，由于皮肤老化、皮脂腺和汗腺分泌减少，也是好发人群。

10
具体有什么表现呢？

11
看看傻呆呆的腿就知道了。

壹

12

下图为乏脂性湿疹——皮肤干燥，
表皮有细裂纹，皮肤呈淡红色，
裂纹处红色更明显，
好像“碎瓷”。
多见于四肢，
特别是小腿皮脂腺少，
更容易发生。

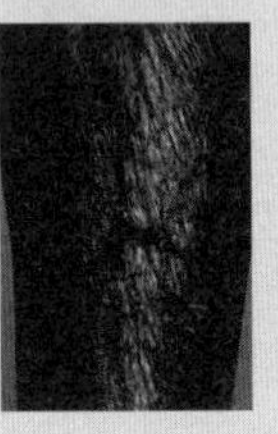

13

怎么治呢?

1. 加强皮肤保湿，
选择凡士林等温和保湿剂。

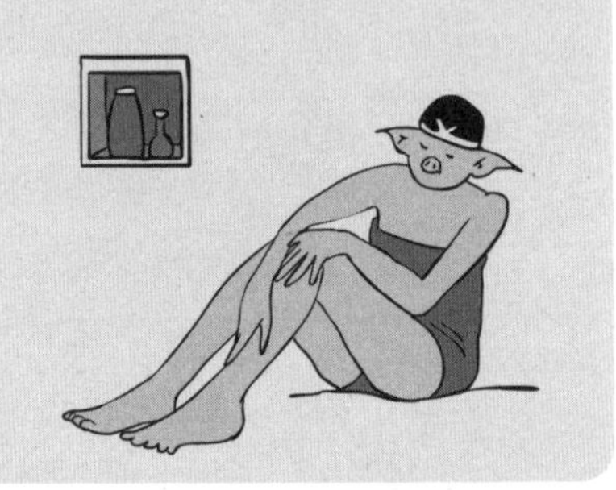

15

2. 在医生指导下，
可选择糖皮质激素乳膏治疗。

熊猫牌

16

3. 中药乳膏养血润肤，
可有效缓解皮肤湿疹症状，
如止痒润肤霜、紫草膏等。

阿缪乳膏

17

还要注意啥?

18

1. 避免各种外界刺激，
如热水烫洗、暴力搔抓、
过度洗拭等。

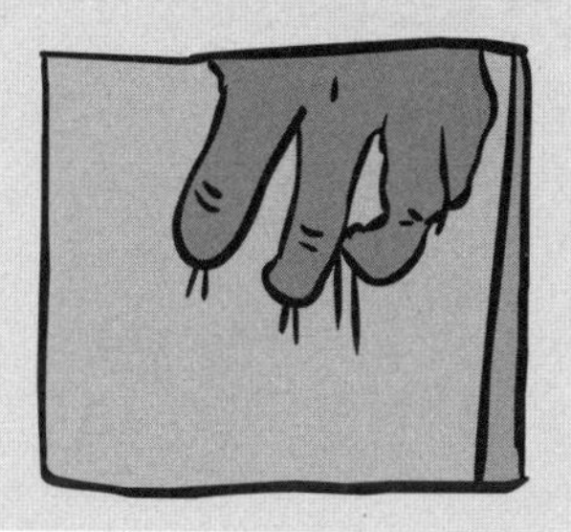

19

2. 穿宽松的纯棉衣物，
不穿易致敏的衣物，
如皮毛制品等。

20

3. 戒烟限酒，合理饮食。
避免摄入易致敏和有刺激性的食物，
如鱼、虾，辣椒、浓茶、咖啡等；
可多吃富含维生素 A 的食物，
如胡萝卜、南瓜、玉米、
红薯、菠菜、鸡蛋、
乳制品、猪肝等；
应戒除烟草依赖，限量饮酒。

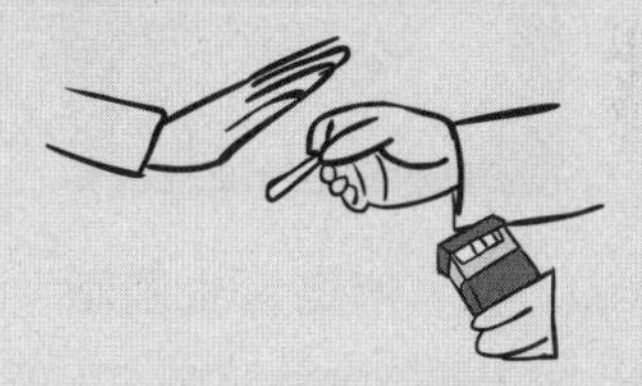

21

4. 暖气房中多喝水，
使用加湿器或摆放绿色植物等，
增加空气相对湿度。

熊猫加湿器

22

让医学变得简单

文字：北京天坛医院 缪中荣
绘图：上海中山医院 二师兄

熊 猫 医 生 阿 缪

## 我可不是吓唬你，脚脖子扭了也能致残

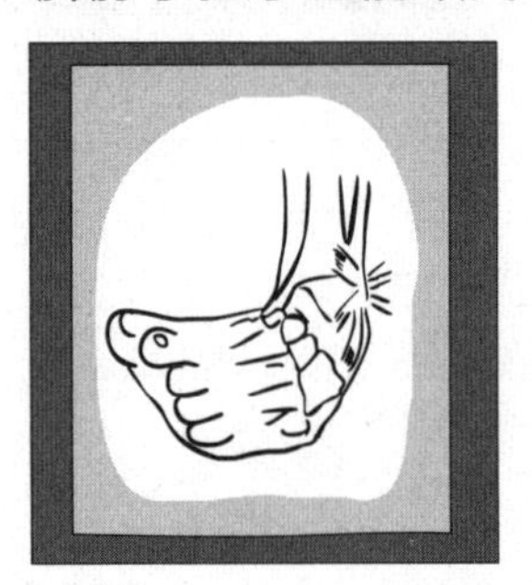

熊猫医生漫画

1

小美穿着高跟鞋追公交车，脚崴了，脚踝有点肿。

脚崴了

2

去医院拍了片子。

骨头没问题，
应该是韧带有点拉伤，
敷点中药吧。

3

小美没在意，依然坚持每天跑步。过了 3 个月，就算走平路，脚踝经常就肿起来了。拍了几次片子都没查出问题。医生：没骨折。

但还是
有问题

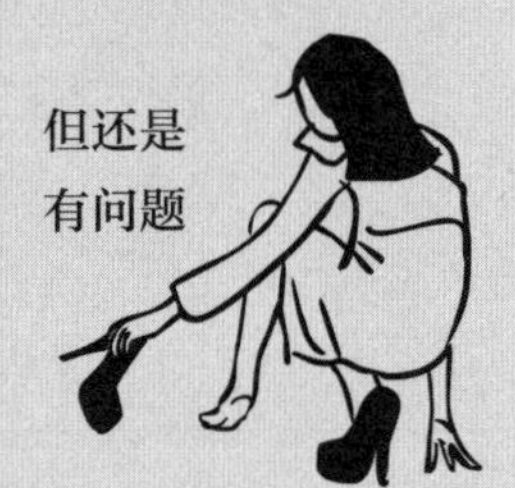

4

最后，她已经疼得晚上睡不着觉了。白天不用拐杖，路都走不了了。6 年时间，花了 6 万多块钱。

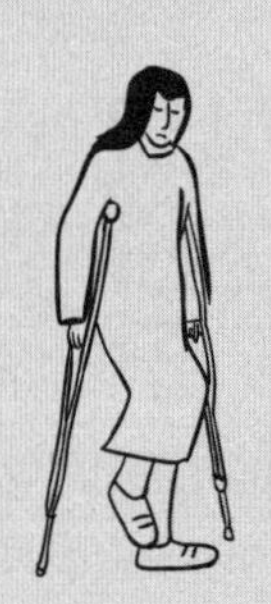

5

听说今天骨科足踝专业的张晖张大侠在熊猫诊所出诊，她来就诊。

熊猫诊所

6
做个磁共振吧。

7
你这是典型的韧带变性，
陈旧性损伤，
还有积液。

8
这么严重？

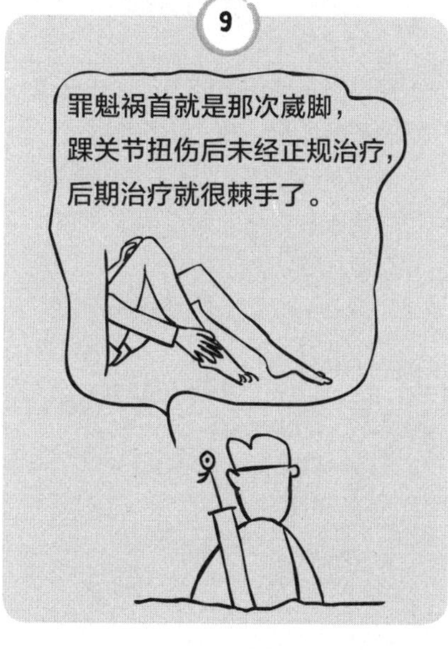
9
罪魁祸首就是那次崴脚，
踝关节扭伤后未经正规治疗，
后期治疗就很棘手了。

10
觉得脚脖子扭一下
没什么大不了的，
又没骨折，
就没太在意。

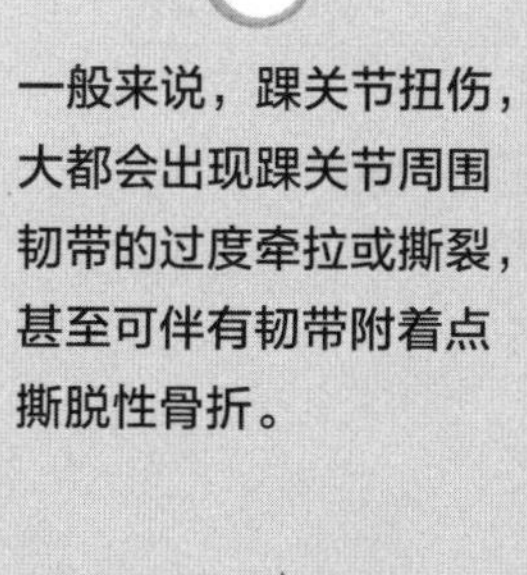
11
一般来说，踝关节扭伤，
大都会出现踝关节周围
韧带的过度牵拉或撕裂，
甚至可伴有韧带附着点
撕脱性骨折。

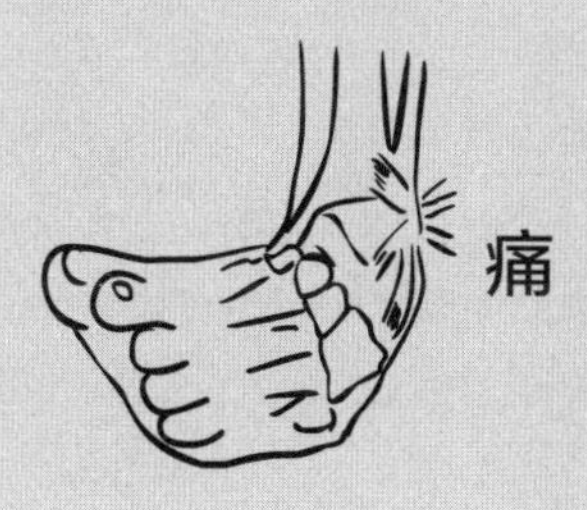
痛

壹

12

我拍了好几次片子了，大夫说没骨折，所以就敷了几天中药，没进一步治疗。

13

踝关节受伤，其肌腱、韧带、软骨，哪一个受伤都比骨折难治。

14

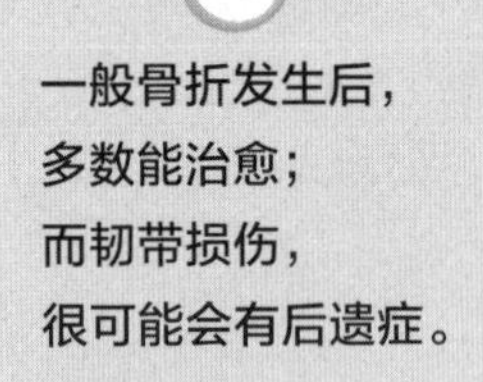
一般骨折发生后，
多数能治愈；
而韧带损伤，
很可能会有后遗症。

原来是这样，长知识了。

15

未经正规治疗的患者，
踝关节再次损伤的概率是
经过正规治疗患者的 3～4 倍！

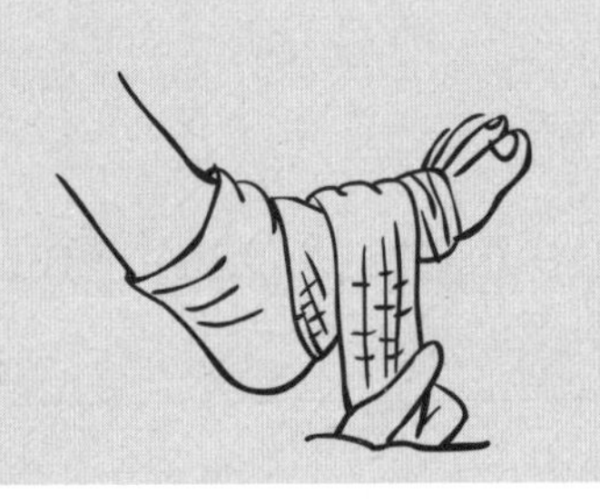

16

所以，除非轻度损伤，否则即使没有骨折，我们也建议打石膏以便于韧带修复。

17

这是因为一般韧带撕裂后的自我修复时间是 4～6 周，如果受伤部位制动时间过短，或者不予以固定，可能会使刚愈合的韧带再次断裂，并反复发作。

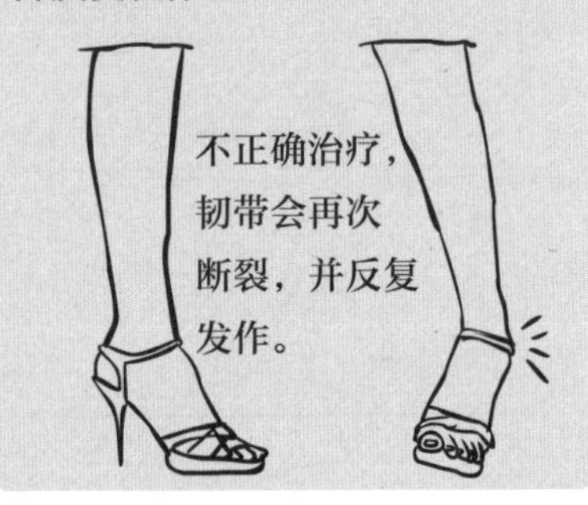
不正确治疗，
韧带会再次
断裂，并反复
发作。

18

这就可能造成陈旧性损伤或者韧带瘢痕愈合。

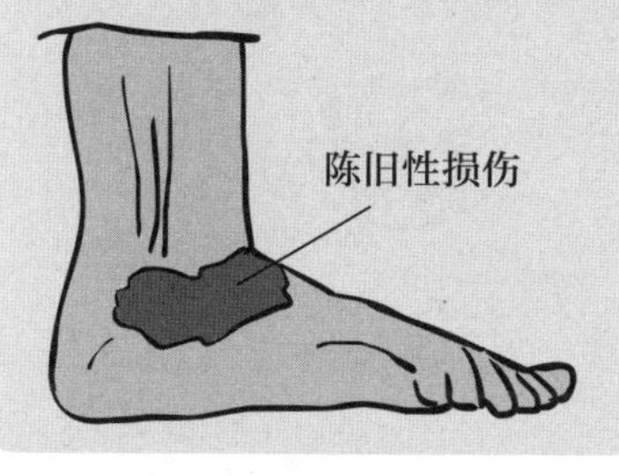
陈旧性损伤

19

结果呢，轻者踝关节功能受影响，重者会逐渐发展为创伤性关节炎，引起踝关节肿痛。

好可怕！

20

怪不得我的脚这么痛。

21

如果肿胀很明显，
有疼痛或者淤血时，
尤其是初次较为严重的扭伤，
应该积极就医，
让专业的骨科医生评估伤情，
并进行专业的治疗。

俺就是专业的骨科医生

22

不需要石膏固定的患者，是不是就百无禁忌了？

23

这类人，
在 48 小时内要遵循 RICE 原则：
Rest（休息）；
Ice（冰敷）；
Compression（加压）；
Elevation（抬高）。

RICE 大米，
好记。

24

其中，冰敷 48 小时内每次 10～20 分钟，每天 3 次以上。不要直接将冰块敷在患处，可用湿毛巾包裹冰块，以免冻伤。

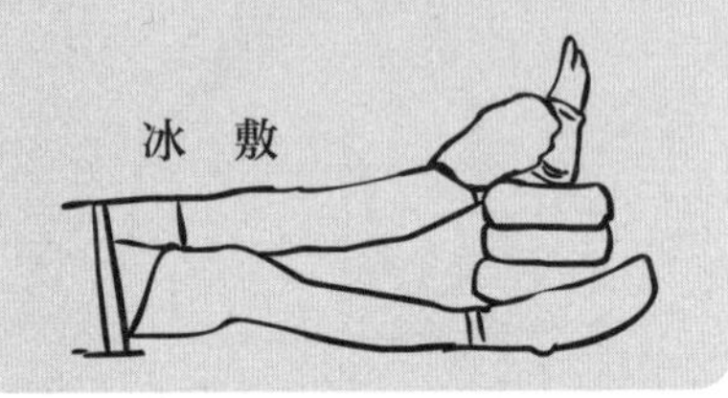
冰　敷

25

加压要适当，目的是为了减轻肿胀。患肢抬高，一定要高于心脏的位置，目的是为了增加静脉和淋巴回流，减轻肿胀，促进恢复。

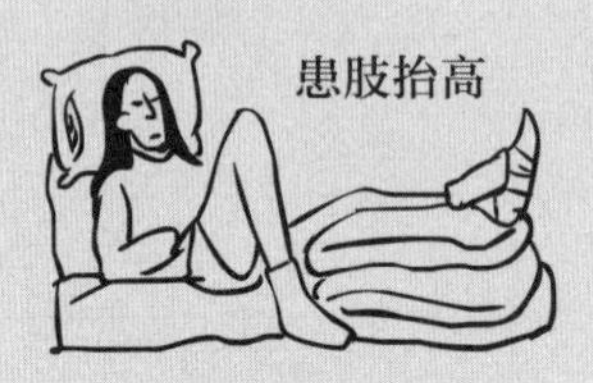
患肢抬高

26

接下来的 2～3 周，可以逐渐恢复关节活动度、力量和柔韧性，从不需要扭转踝关节的运动开始，最终恢复体育运动。

27

除了 RICE 原则外，目前国际上还有一种倾向，即把 RICE 原则替换为 POLICE：
protect（保护）；
optimal loading（适当负重）；
ice（冰敷）；
compression（加压包扎）；
elevation（抬高患肢）。

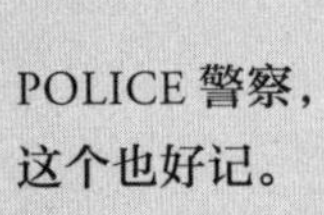
POLICE 警察，
这个也好记。

28

是 RICE 还是 POLICE，并无定论。但在 48 小时内，患者依然可以依照 RICE 原则对扭伤踝关节自行处置。

不要担心，我是骨科高手，你找我就对了。

29

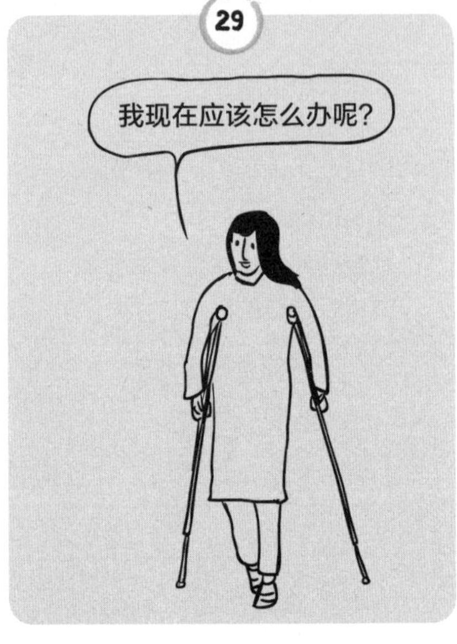
我现在应该怎么办呢？

30

先做康复训练看看能不能恢复，不行就要考虑手术治疗了。

31

唉，
早知今日悔不当初！

32

让医学变得简单

主审：北京天坛医院 缪中荣

文字：四川大学华西医院 张　晖

绘图：上海中山医院 二师兄

熊猫医生阿缪

## 晚饭后总是泛酸怎么办

熊猫医生漫画

1

最近吃完晚饭
总觉得食物有点往上反，
嗓子也经常不舒服，
不知道这两件事有没有关系。

2

确实有这种可能，
反流的胃酸对于咽喉
是存在一定刺激的。

熊猫科普

3

我为什么会泛酸啊？
也没感觉自己消化不良，
吃什么都长肉。

4

生理性的反酸，
或者说是胃食管反流，
在健康人中也时有发生。

5

但发作一般在饭后，
非常短暂。
极少在夜间发生，
也不会造成什么恼人的症状。

有点反酸，
不过不难受。
面
天坛西里

6

与之不同的是如果发展到了
胃食管反流病的程度，
情况就严重得多，
症状也会相当明显了。

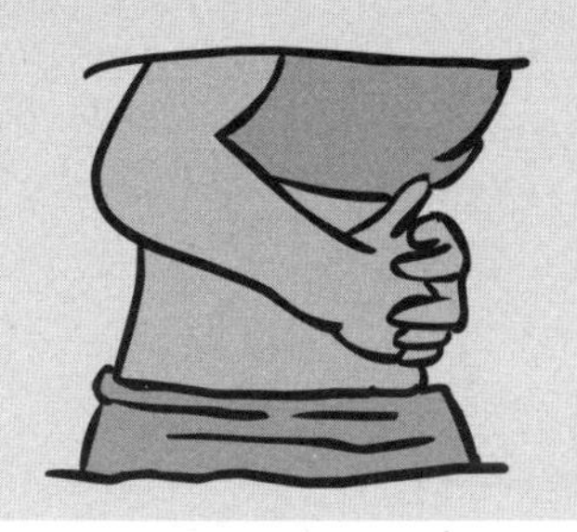

7

会有什么症状啊？

晓虎偶谈

8

反酸烧心是最为普遍
也是最为典型的症状。

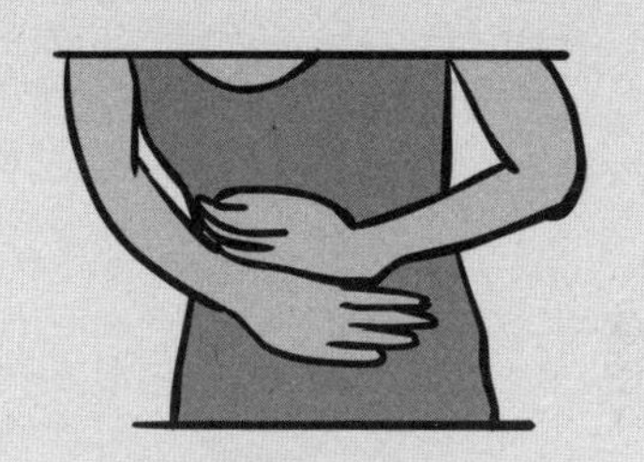

烧心

9

另外，如果长期反流，
或到了比较严重的程度，
还可能有慢性咳嗽、声音嘶哑、
呕吐以及吞咽困难或吞咽疼痛。

10

那为什么会得
胃食管反流病呢？

11

成人食管长约 25cm，
通过蠕动将食物送进胃。
食管与胃连接的位置称为贲门，
贲门上方有一环状肌肉
称为食管下括约肌。

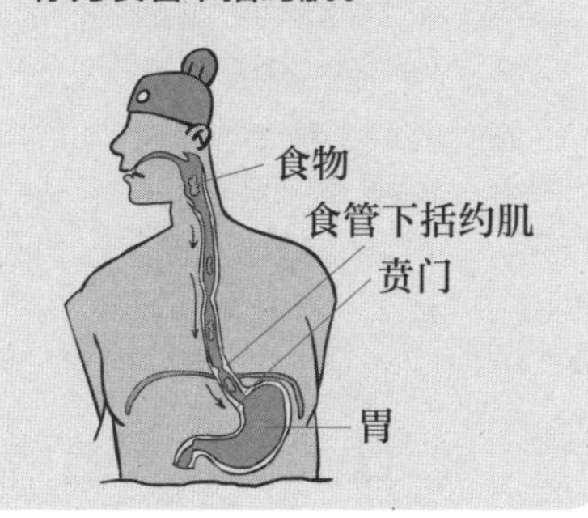
食物
食管下括约肌
贲门
胃

12

吞咽之后，
食管下括约肌会放松，
令食物进入胃，
然后收缩以防止食物
和胃酸反流入食管。

13

食管下括约肌比较薄弱
或者由于胃过于饱胀
而松弛的时候，
胃里的液体
就可能会冲进食管，
形成反流。

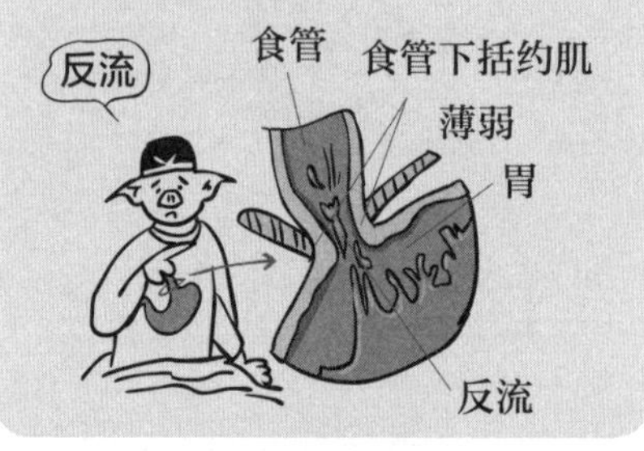
反流
食管
食管下括约肌
薄弱
胃
反流

14

此外，
还有些人患上胃食管反流病
是因为存在食管裂孔疝。

15

食管裂孔疝是什么?

倪

16

人的胸腔和腹腔
由一块扁平的肌肉——
膈肌分隔开。
它在肺脏的下面，
随着呼一吸而松弛、收缩。

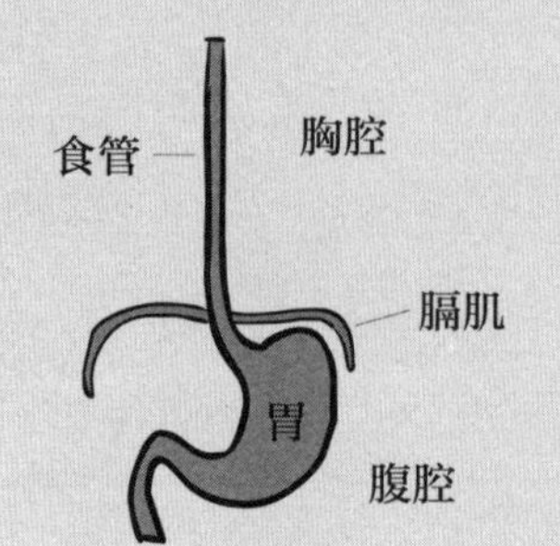
食管
胸腔
膈肌
胃
腹腔

17

食管从膈肌上的食管裂孔穿过，
从而与胃相连。
膈肌收缩能对食管下括约肌
起到一定的辅助作用。

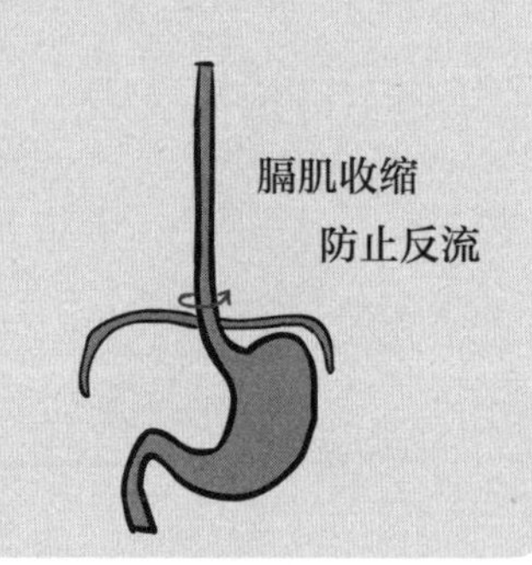
膈肌收缩
防止反流

18

如果膈肌在裂孔的位置
较为薄弱，
胃的一部分
就可能穿过横膈进入胸腔，
从而形成食管裂孔疝。

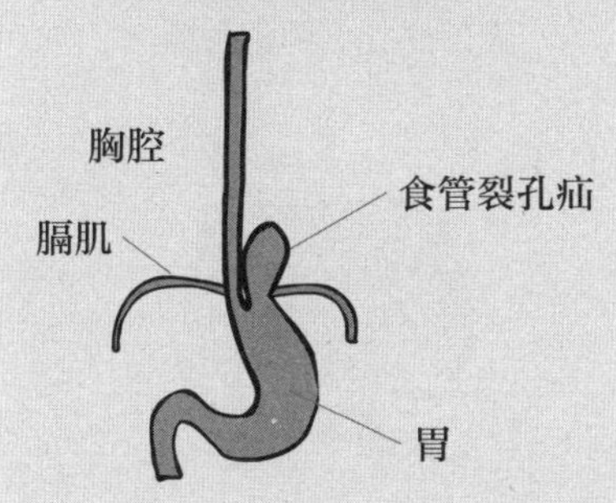

胸腔
膈肌
食管裂孔疝
胃


19

食管裂孔疝使胃酸反流
更易发生。
这种情况常见于肥胖、
怀孕或 50 岁以上的人群。

肥胖、
怀孕时
易发生


20

我需要在医院做
什么检查吗？

军


21

不一定。
有时候根据症状和对治疗的反应
就可以下诊断；
也有时候需要做一些检查，
如胃镜、24 小时食管 pH 监测、
食管压力测定等。

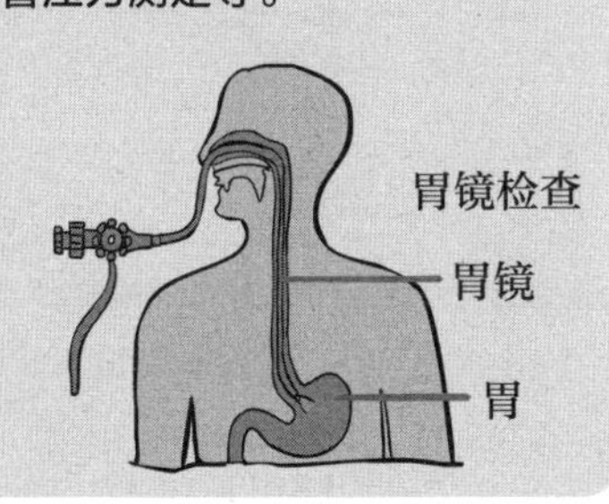

胃镜检查
胃镜
胃


22

得了胃食管反流病
怎么才能治好呢？
刘


23

如果症状较轻，
首先调整生活方式。
减重和抬高床头
都是公认有效的方式。
把烟戒掉，
衣服也别穿太紧。

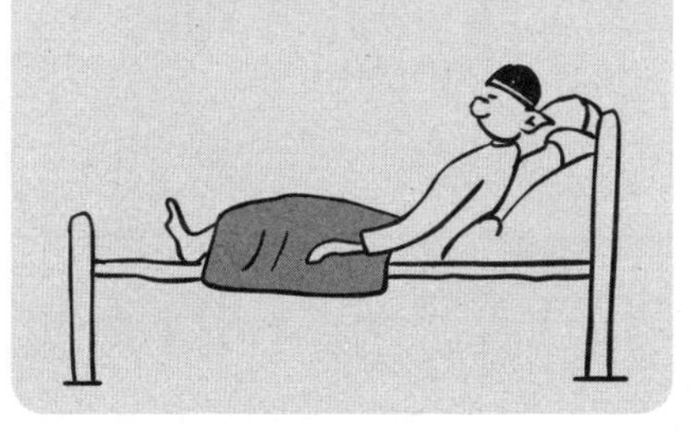

24

不要太晚吃东西，
也别吃多了。
避免容易导致胃酸反流
的食物如咖啡、巧克力、
酒精、薄荷和高脂食物。

“吃货”的世界里，
只有吃，没有饱。

25

其次是药物治疗。
抑酸药能够减少胃酸的分泌
从而缓解反流的症状，
包括质子泵抑制剂、
$H_2$受体拮抗剂等。
常用的药物有奥美拉唑、
雷尼替丁等。

该吃药了

26

如果症状较重，
还可以增加使用
一些促进胃肠动力药物
及胃黏膜保护剂，
如多潘立酮（吗丁啉）、
莫沙必利、铝碳酸镁等。

药来了

27

如果存在食管裂孔疝，
吃了药也没有好转呢？

李豪英

28

那就要考虑外科治疗了。
手术可以达到修补食管裂孔疝、
强化食管下括约肌的效果。
常见的术式为胃底折叠术。

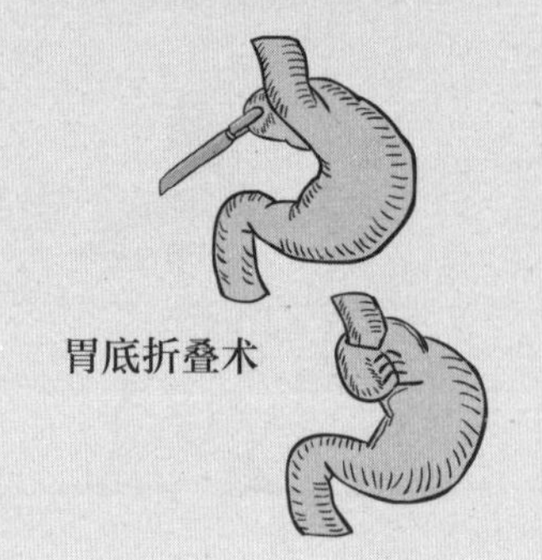
胃底折叠术

29

让医学变得简单

主审：北京天坛医院 缪中荣
文字：北京大学肿瘤医院 符　涛
绘画：上海中山医院 二师兄

熊猫医生阿缪

危险！你天天做的
这个动作可能会伤到孩子

熊猫医生漫画

1

昨晚上给宝宝脱棉袄，
他没玩够，不愿意配合，
我就用力拽了一下他的胳膊。
结果他就喊疼，不停地哭闹，
胳膊也不能动了。

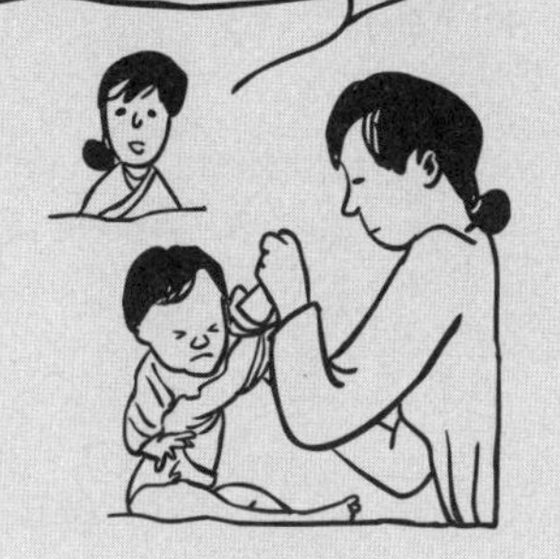

2

任大侠给宝宝
诊断一下吧。
阿缪
面馆

3

宝宝一侧的肘部不能活动，
并且不让碰触，
这很可能是我们常说的牵拉肘。

首都儿科
研究所
任刚大侠

4

什么是牵拉肘？

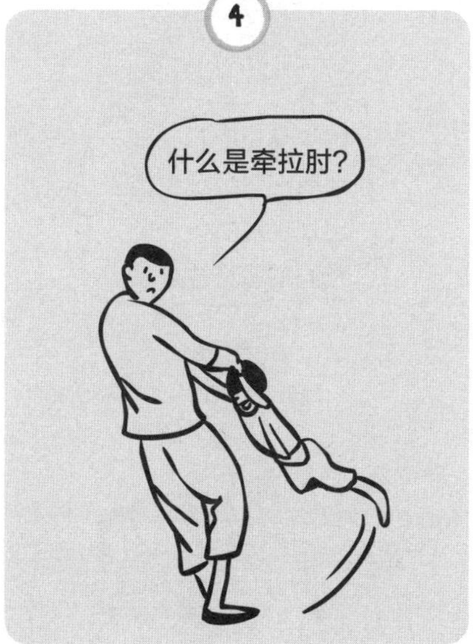

5

牵拉肘在医学上称为桡骨小头
（小胳膊肘位置）半脱位，
多发生在 5 岁以下的幼儿。

6

幼儿期的宝宝
桡骨头发育尚未健全，
环状韧带的结构也比较松弛，
不能很好地稳定桡骨小头。

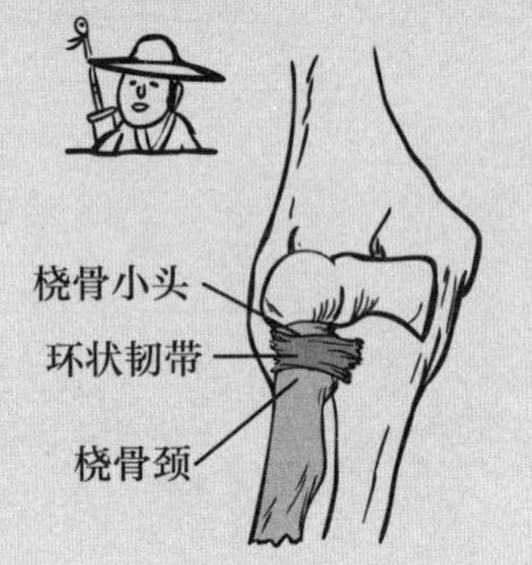
桡骨小头
环状韧带
桡骨颈

7

当宝宝的肘关节处于
伸直状态时，
如果手腕或者前臂
突然受到来自纵向的牵拉，
桡骨头就会从环状韧带
向下脱位。

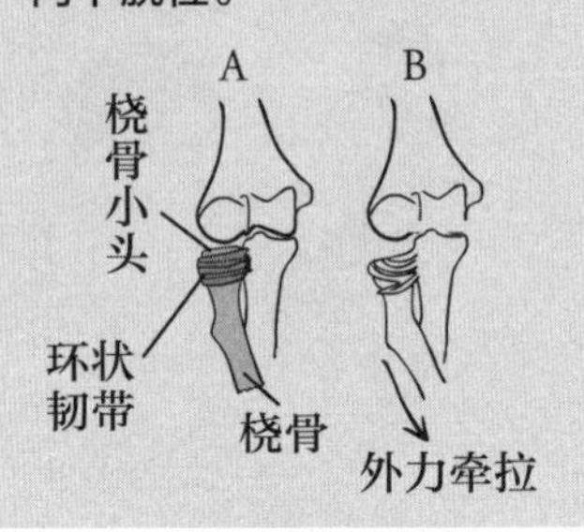
A
B
桡骨小头
环状韧带
桡骨
外力牵拉

8

而环状韧带会滑过桡骨小头
远端并嵌顿于关节间隙，
从而阻止了桡骨小头
恢复到原来的位置，
于是造成桡骨小头半脱位。

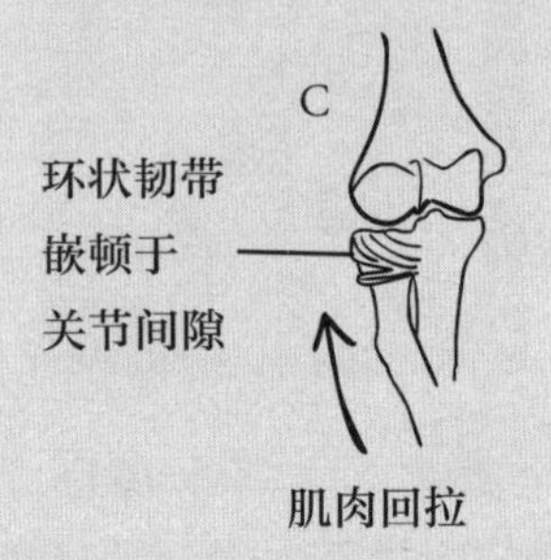
C
环状韧带
嵌顿于
关节间隙
肌肉回拉

9

啊，
真没想到就这么一个动作
会导致宝宝的关节受伤。

10

是啊，
除了常见的脱衣服，
还有一些情况也容易
出现牵拉肘，
爸妈们可得注意了。

11

爸妈牵着小宝宝行走时，
由于身高差，
宝宝的上肢就经常处于肘关节
伸展并且向内侧旋转的位置，
行走停留中，爸妈的轻微
用力牵拉都可能引起牵拉肘。

牵拉
脱位

12

平时，
宝宝喜欢爸妈牵着手打秋千，
这种玩耍的动作
也很容易出现牵拉肘。

打秋千
也容易
脱位

13

也有胳膊没有受到牵拉，
却因为宝宝自身活动
而造成的桡骨小头半脱位，
多数是宝宝玩耍时胳膊
“别了一下”，同时还伴有
“嘎巴”样的弹响的声音。

嘎巴

14

桡骨小头半脱位后
宝宝会有哪些表现呢？

15

当宝宝发生牵拉肘后，
通常会哭闹不止，
脱位一侧的胳膊拒绝活动
或者按压；一般肘关节
会有轻微的屈曲或者伸展，
前臂会向内侧旋转。

痛

16

轻触宝宝桡骨头的外侧，
因为会有明显的压痛，
宝宝会哭闹加重。
如果出现上述情况，
可以判定宝宝发生了牵拉肘。

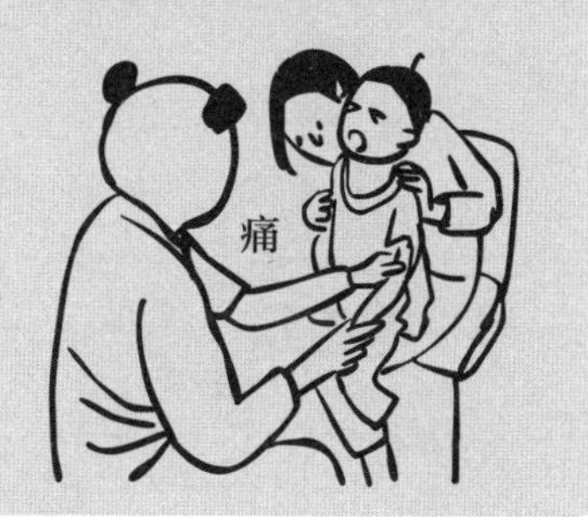
痛

17

宝宝发生牵拉肘时
我们该怎么办呢？

18

尽量到最近的医院就诊，
求助于医生。
常用的复位方法比较简单，
易于操作，
在初次发生牵拉肘的时候，
家长也可以帮助宝宝复位。

19

以右侧肘关节为例：
复位时面对宝宝，
右手托起并握住宝宝的前臂，
将肘关节屈曲约 90°，
左手掌拖住肘的内侧，
大拇指按在桡骨小头的位置
并施加一定的压力。

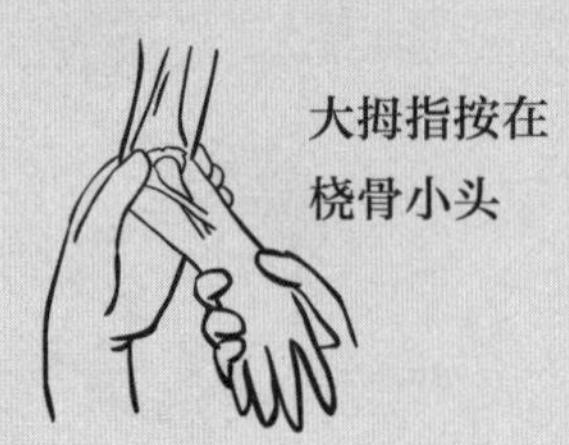
大拇指按在
桡骨小头

20

右手突然用力“过度旋前”
旋转宝宝的前臂，
这时通常按压在桡骨小头的
大拇指会有明显的弹跳感，
这表示桡骨小头已经复位。

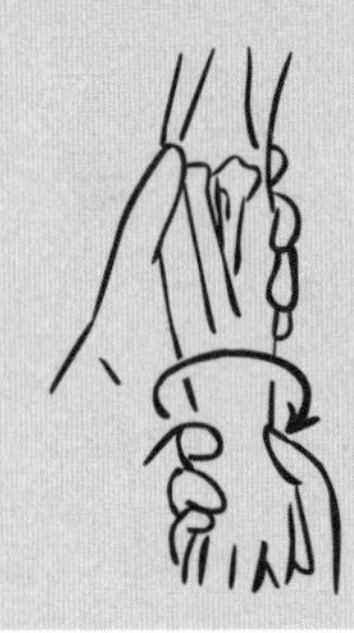
右手突然
“过度旋前”
前臂

21

随后宝宝就可以自由的活动，
并能屈伸肘关节。
如果一次复位不成功，
不建议家长帮宝宝再次复位，
应到最近的医院进行治疗。

不行就不要再试了，
赶紧找熊猫医生吧！

22

复位后，
一般可用三角巾
将上肢悬吊 3 ~ 5 天，
减少活动，
以防止造成习惯性脱位。

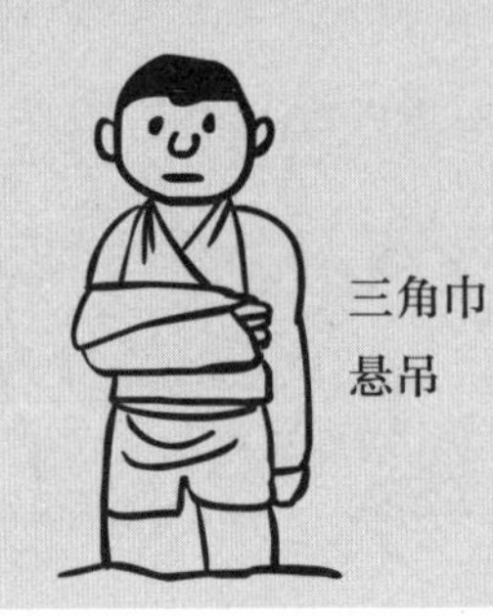
三角巾
悬吊

23

对于经常复发的习惯性脱位，
家长们一定要注意避免牵拉
患侧肢体。

桡骨小头脱位
牵拉

24

对于宝宝比较严重的
习惯性脱位，
在手法复位后，
可用上肢石膏托
固定肘关节于 90° 位置，
前臂稳定 7～10 天。

小朋友，
要固定在 90°
严重的
可用
石膏托

25

宝宝长大了就不容易
出现牵拉肘了吧？

26

一般到 5～6 岁就极少发生了。
因此，在给 5 岁以前的宝宝
牵手、脱上衣时，
一定避免用力牵拉
宝宝的前臂。

避免用力牵拉！

27

如果宝宝比较活跃，
可以扶着宝宝的腰部等部位行走等，
既可以防止宝宝跌倒，
又可以有效避免发生牵拉肘。

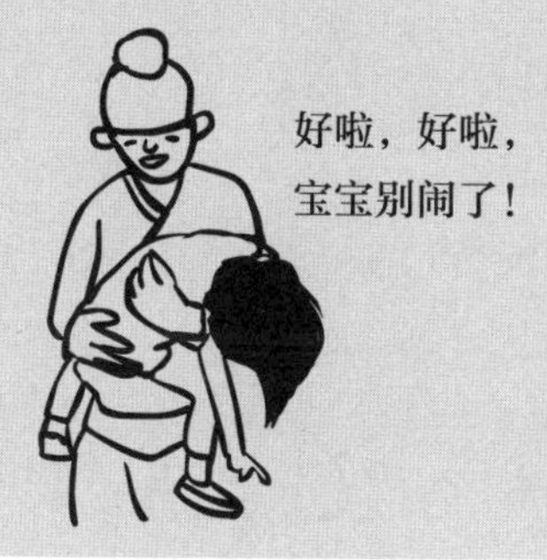
好啦，好啦，
宝宝别闹了！

28

让医学变得简单

文字：北京天坛医院 缪中荣
　　　首都儿科研究所 任　刚
指导：首都儿科研究所 邓京城
绘图：上海中山医院 二师兄

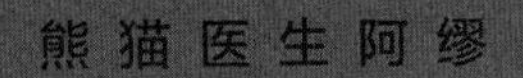
熊猫医生阿缪

# 这些洗牙的谣言，你信了几个

熊猫医生漫画

1
好郁闷，最近虎嫂老催我去洗牙，我这口牙全靠牙石支撑着，一洗牙就全松了。

2
牙靠牙石支撑，你要把我的牙笑掉了……

3
潇大侠是牙科医生，你告诉我洗牙会不会使牙变松？

4
这是误解。真相是你的牙齿因牙周病本来就松动了，牙石起到了假性固定的作用，洗牙把牙石去掉后觉得牙齿变松了。

5
听说洗牙会让牙缝变大，那该多难看啊。

6
这与洗牙无关，
其实是因为你的牙缝
原本就被牙石堵住了，
洗干净后牙缝自然就
暴露出来了。

7
洗牙会洗掉牙齿表面的
牙釉质吗？
刘

8

洗牙又称洁牙，
专业术语为超声洁治术。
正规的洗牙是通过
超声波的震动（超声洁牙）
或者手用刮治器械（手工洁牙）
将牙面上的牙石、菌斑和色渍去除，
然后会对牙齿进行抛光处理，
所以并不会对牙齿表面造成磨损。

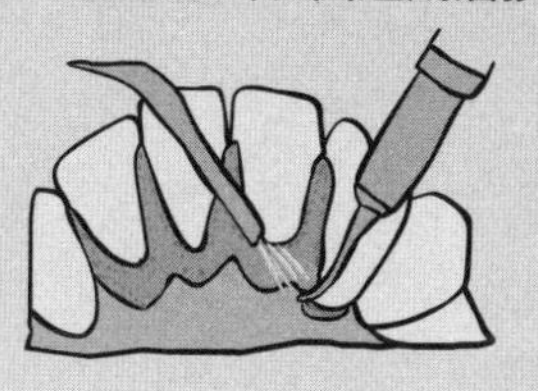

9
洗了牙是不是牙齿
就会变得白白哒？
雪

10
牙齿表面的牙石及色素洗掉后，
牙齿看起来会变白，
但牙齿本身的颜色是
不会改变的。

11
听说洗了牙以后，
牙齿会变得很敏感，
遇冷遇热都会酸痛，
这是怎么回事啊？

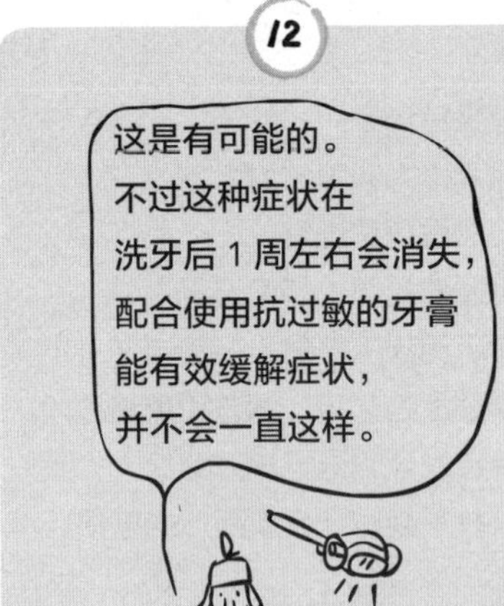
12
这是有可能的。
不过这种症状在
洗牙后 1 周左右会消失，
配合使用抗过敏的牙膏
能有效缓解症状，
并不会一直这样。

13
网上说用鲜柠檬汁
去牙结石是真的吗？

14
柠檬汁是酸性的，
其在腐蚀牙石的同时
也会对牙釉质造成伤害。
所以千万不要这么做。

15

牙石到底从哪儿来的？
我每天都刷牙
怎么还有牙结石？

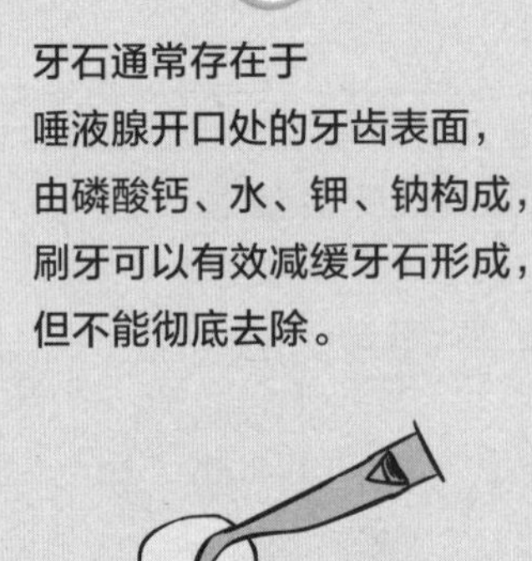
16
牙石通常存在于
唾液腺开口处的牙齿表面，
由磷酸钙、水、钾、钠构成，
刷牙可以有效减缓牙石形成，
但不能彻底去除。

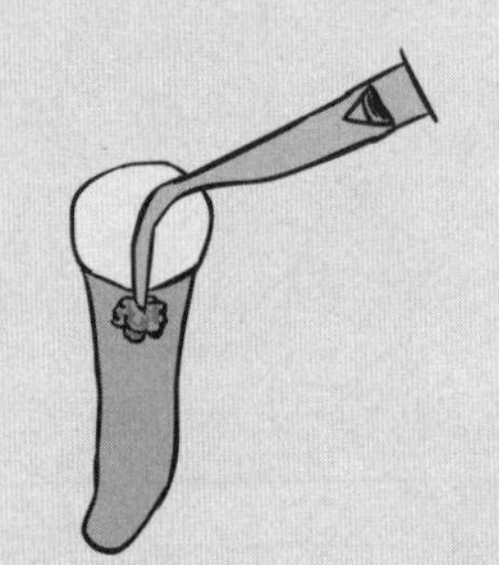

17
多长时间洗一次牙？
军

18
一般建议每半年一次或一年一次。
该洗牙了！
19
洗牙前需要注意什么？
女性经期可以洗牙吗？
哲
20
洗牙前要告诉医生
是否患有高血压、糖尿病、
心脏病、血液病等疾病；
有无药物过敏，是否正在服药等。
女性经期凝血功能会下降，
最好不要洗牙。
潇
21
洗牙以后吃的方面
有啥需要注意的？
邵
22
洗牙后要注意暂时少吃过冷、过热、
刺激性的、深色的食物。
今朝有酒今朝醉，
没心没肺人不累。
缪酒馆
酒
23
小虎呢？他跑了，
快快把他抓回来洗牙。

24

口腔健康不容忽视，
健康中国，
从健康牙齿开始！

25

让医学变得简单

缪

指导：北京天坛医院 缪中荣
文字：赤峰学院二附院 汪　潇
绘图：上海中山医院 二师兄

熊猫医生阿缪

## 腰围过百容易得癌？“小腰精”不只为了好看

熊猫医生漫画

1
一闪一闪亮晶晶，满街都是“小腰精”……
面

2
呆呆又在看美女了。你也要学学人家“小腰精”，要知道腰围超标的人更容易患心脑血管疾病。

3
不仅是心脑血管疾病，只要腰围超过 100cm，患结直肠癌的风险都会增加 2 倍以上。
符涛大侠
北大肿瘤医院
符

4
我只是想看美女，你们就这么吓唬人，腰粗和结直肠癌怎么会扯上关系了？
面

5
当大家都在研究肥胖和高血压、糖尿病的关系时，有一位美国学者却通过动物实验证实了肥胖和结直肠癌的发病密不可分。

壹

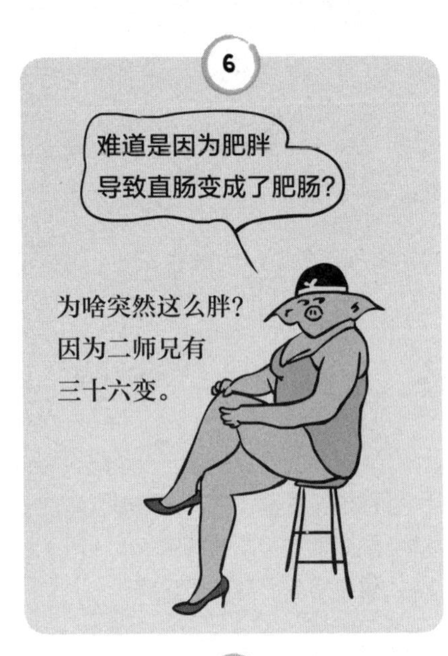
6
难道是因为肥胖
导致直肠变成了肥肠？
为啥突然这么胖？
因为二师兄有
三十六变。

7

先说说导致肥胖的元凶——
高热量饮食。此种饮食会影响
肠道黏膜的正常修复与更新，
致使肠道上皮细胞功能失调，
从而给肿瘤发展创造了条件。

符

8

从这一点看，热量是肥胖与
结直肠癌之间的桥梁，
它使二者相联系并相互作用。

为啥不能吃？
我又不是
吃不起？！

9

一旦肥胖了，腹部的赘肉
和水桶般的腰围还会远吗？
这就回到了你前面的问题：
“水桶腰”和结直肠癌是啥关系？

10

这是因为腰腹部堆积的脂肪
会引起机体的慢性炎症反应，
而慢性炎症状态可诱发癌症
的发生和发展。

好可怕

11

与皮下脂肪、
大腿肌肉脂肪相比，
堆积在内脏器官的脂肪危害
尤其大，它与结直肠癌的发病
风险有着明显的相关性。

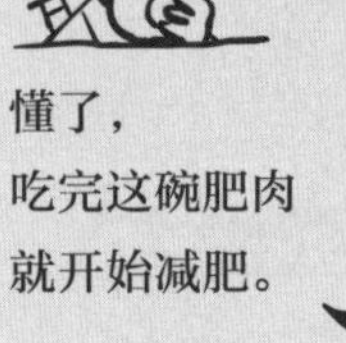

懂了，
吃完这碗肥肉
就开始减肥。

12

所以，有研究表明，
腰围超过 99cm 的女性和
腰围超过 101cm 的男性
与正常人群相比，
结直肠癌风险增加不止 2 倍！

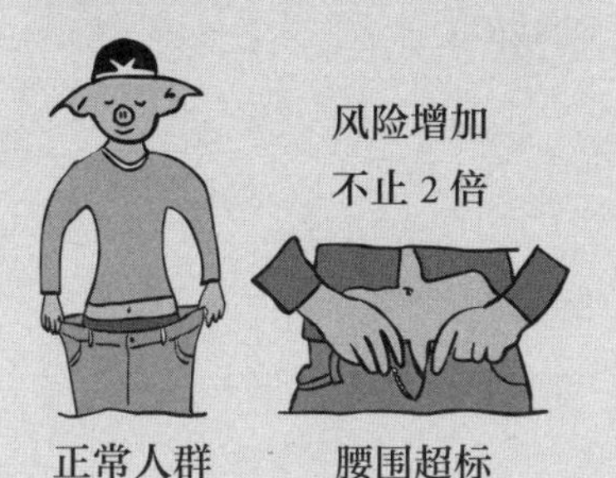

风险增加
不止 2 倍
正常人群
腰围超标


13

我明白了，
就是说高热量饮食
或腰腹部的脂肪堆积
都会增加癌症的发病风险。

14

还有，长期进食大量的
动物蛋白、高脂肪饮食会
增加肠道内胆汁酸的分泌，
胆汁酸分解脂肪也会形成
致癌物质。

符


15

摄入太多脂肪还会降低肠道
的运动功能，导致便秘、
肠道毒素积累、排泄困难，
亦成为致癌的潜在因素。

赶紧吃碗阿缪拉面压压惊！

16

看来腰围的超标
只是我们看到的表象，
不良饮食习惯才是真正的
罪魁祸首。

17

所以，对于肥胖患者最好的
解决方法莫过于“开源节流”。
减少动物蛋白和脂肪的摄入，
尤其是红肉类如牛肉、猪肉等。

符

18

过多摄入红肉是结直肠癌发生的一个直接危险因素，要尽量少吃红肉尤其是烧烤肉类。
少吃红肉

19

膳食纤维是消化道“小卫士”，可以促进肠道蠕动，减少肠道垃圾的沉积，大大降低肠癌的发生概率。

这是阿缪面馆招牌菜，富含膳食纤维。

20

要保证适量的运动，忌久坐。有数据表明，积极运动的人群结直肠癌发生的相对危险度与其他人群相比下降了 50% 以上。运动也是预防和治疗恶性肿瘤不可缺少的组成部分之一。

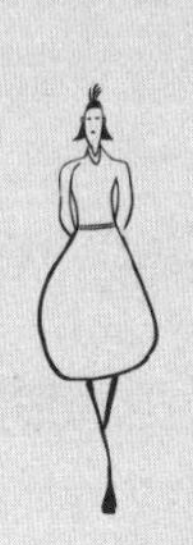

适量运动，预防疾病。

21

说了这么多，到底怎样才算肥胖呢？
啊？！又重了！只喝凉水也不管用呀！

22

年轻的姑娘会说当然是“水桶腰”和“小蛮腰”的区别了。其实这样来判断肥胖与否并不准确。

23

身高和体重是有一定比例的，常用身体质量指数（BMI）来进行评价，即体重千克数除以身高米数的平方。

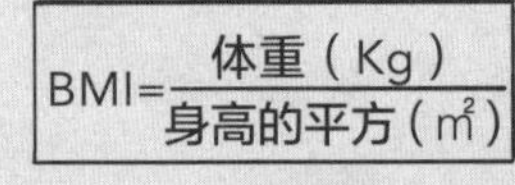

$$BMI=\frac{体重（Kg）}{身高的平方（m^2）}$$

| BMI | 含义 |
|---|---|
| <18.5 | 体重过低 |
| 18.5～23.9 | 正常范围 |
| ≥ 24 | 超重 |
| ≥ 28 | 肥胖 |

24

我得去量一量腰围，
称一称体重，
就算不是“小蛮腰”，
我也坚决不要做“肥肠”！
傻呆呆，不用称了，
你身材正好！

25

让医学变得简单

主审：北京天坛医院 缪中荣

文字：北京大学肿瘤医院 符　涛

绘图：上海中山医院 二师兄

面

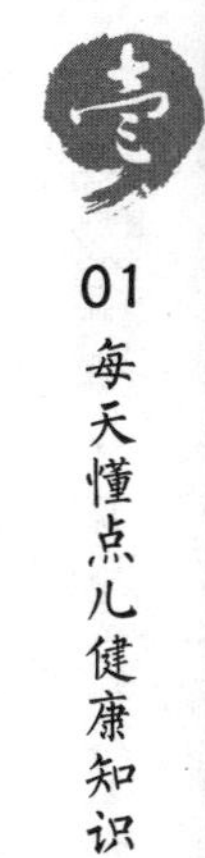
壹
01
每天懂点儿健康知识

熊猫医生阿缪

# 乙肝接种了疫苗就没事了吗

熊猫医生漫画

1

我有个朋友体检时
发现感染了乙肝病毒，
这种病毒会对身体
产生很大的危害吗？

可请郭大侠讲讲。

2

人体感染乙型肝炎病毒后
如果不能将其清除，
有可能引发乙型病毒性肝炎，
简称“乙肝”。
乙肝容易慢性化，
慢性乙肝可以发展为肝硬化。

郭伟大侠
北京友谊医院

3

肝硬化继续进展，
部分患者可转变为肝癌。
乙肝病毒导致的
这一系列后果
将使人的体质明显下降。

三步曲

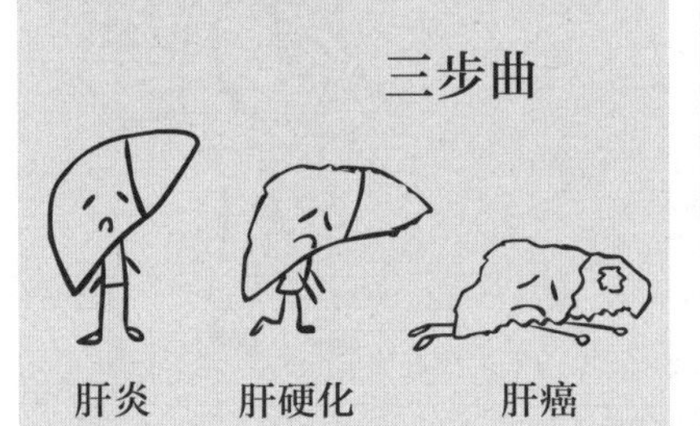
肝炎
肝硬化
肝癌

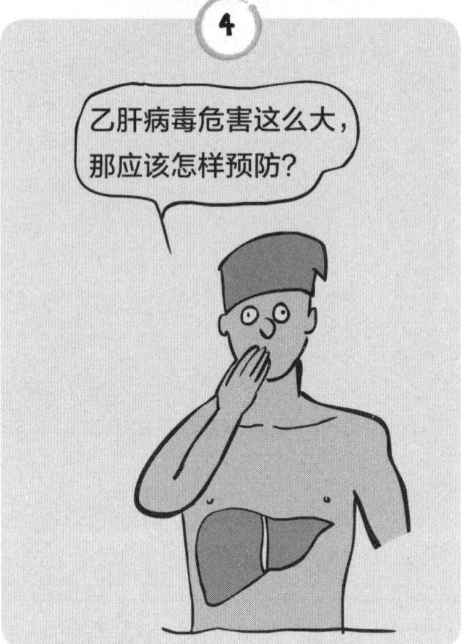
4
乙肝病毒危害这么大，
那应该怎样预防？

5
目前最为有效的手段
是接种乙肝疫苗。
快，快给我
接种疫苗！
乙肝病毒
疫苗

6

接种乙肝疫苗可刺激
免疫系统产生保护性抗体，
该抗体存在于人体体液中。
乙肝病毒一旦出现，
抗体会立即将其清除。


7

这个疫苗会不会
对肝脏有伤害呀？

8

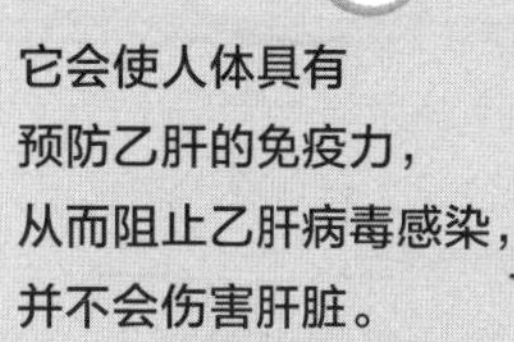

它会使人体具有
预防乙肝的免疫力，
从而阻止乙肝病毒感染，
并不会伤害肝脏。

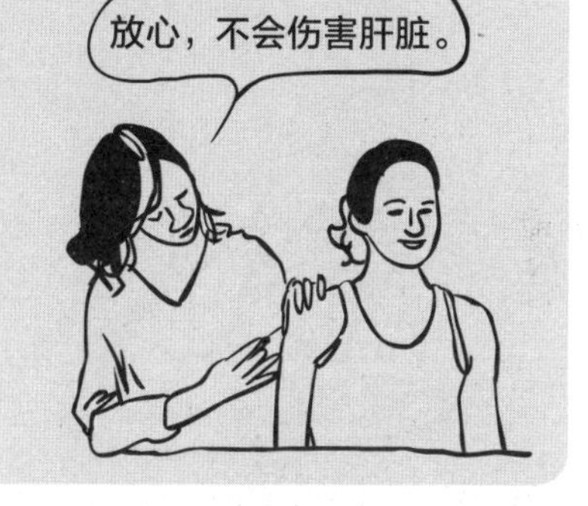

放心，不会伤害肝脏。


9

乙肝疫苗应该怎样
接种呢？


10

从理论上讲，
未感染乙肝病毒者、
无乙肝病毒携带者
和非乙肝患者都是
乙肝病毒易感者，
均需进行预防接种。


11

尤其是密切接触
乙肝病毒携带者
或乙肝患者的人，
更应该及时进行接种。

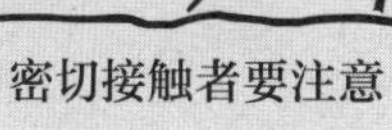

密切接触者要注意

12
接种疫苗之前
需要做什么检查吗?

13

常规要检测肝功能和
“乙肝五项”。
感染乙肝病毒后或是
乙肝病毒携带者一般
均无自我不适感，
验血检查才能知道。

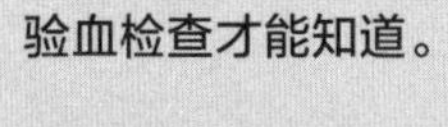

大部分人没有症状

14
肝功能正常和“乙肝五项”
全部阴性者需全程注射
乙肝疫苗。

15
接种乙肝疫苗
有什么禁忌呢?

16

各种急性病期间
不可接种乙肝疫苗。

等你不发热了，
再来接种吧。

17

查出肝功能异常者，
先不要急于注射乙肝疫苗，
应查明原因，进行治疗，
待肝功能正常后再接种。

宝贝，
先找熊猫医生看看。
好的

18
第一次注射乙肝疫苗之后一般需要间隔多长时间再接种呀？

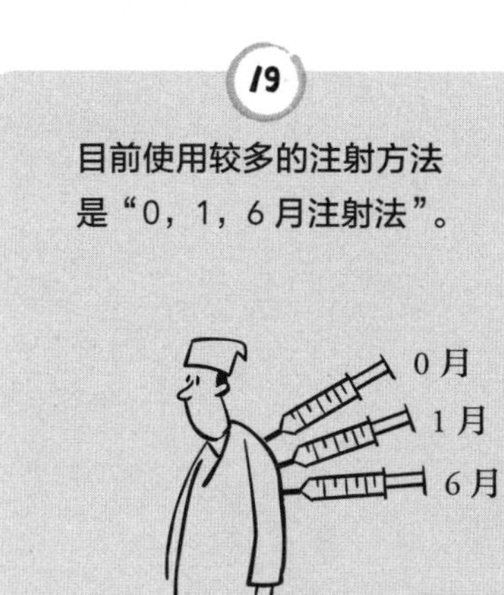
19
目前使用较多的注射方法是“0，1，6月注射法”。
0月
1月
6月
三针终于打完了！

20
什么意思？
具体怎样注射啊？

21

注射第一针时间为0月，
第二针于第一针后1个月注射，
第三针于第一针后6个月注射。
第7个月检查接种结果，
只需查“乙肝五项”。

我研究的新成果，只需打一针，要不要试试？

22
注射之后怎样才能知道疫苗是否有效？

23
出现“乙肝表面抗体”为有效。“乙肝表面抗体”为保护性抗体，说明机体对乙肝病毒已有免疫力。
熊猫诊所

壹

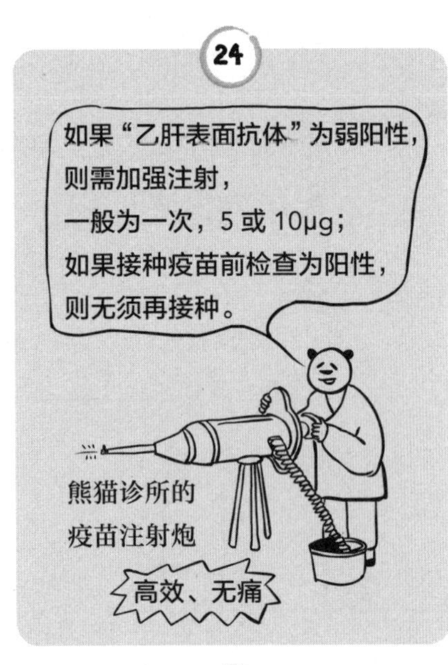
24
如果“乙肝表面抗体”为弱阳性，
则需加强注射，
一般为一次，5 或 10μg；
如果接种疫苗前检查为阳性，
则无须再接种。
熊猫诊所的
疫苗注射炮
高效、无痛

25
那这个“乙肝表面抗体”
会在人体内存在多久呀？

26
“乙肝表面抗体”在体内
时间长短因人而异，
一般 5 年就要复查一次。

27
现在注射的乙肝疫苗
质量怎么样，
安全吗？

28
目前所用的国产和进口疫苗
均为基因工程疫苗，
非血源性疫苗，
不会传播乙肝病毒，
大家可以放心接种。
您放心，很安全。

29
让医学变得简单

主审：北京天坛医院 缪中荣

文字：北京友谊医院 郭　伟

绘图：上海中山医院 二师兄

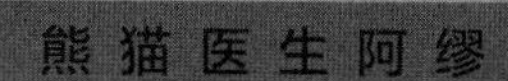
熊猫医生阿缪

## 一岁内的婴儿能吃蜂蜜吗

蜂蜜

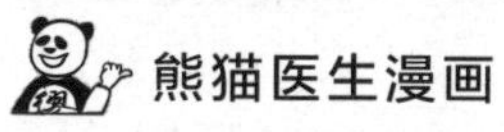
熊猫医生漫画

1
嗨，傻呆呆，你去哪弄了一大桶蜂蜜啊？
马

2
我家宝宝最近有点便秘，我刚才看到有人在卖新鲜的蜂蜜，就买了一桶。

3
你家宝宝多大了？

4

还不到一岁，
这几天他拉粑粑不太好，
就想让他吃点蜂蜜润润肠。

拉粑粑不太好

5

你不知道吗？
前几天有新闻报道，
说日本一个 6 个月大的婴儿
因为吃了添加蜂蜜的
断乳期食物导致死亡。

马

壹

6

啊？！仅仅是因为吃了
添加蜂蜜的食物就夭折了吗？
军

7

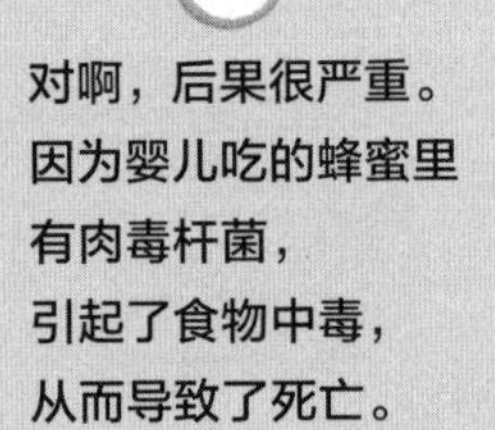
对啊，后果很严重。
因为婴儿吃的蜂蜜里
有肉毒杆菌，
引起了食物中毒，
从而导致了死亡。

小心
肉毒杆菌
蜂蜜

8

大侠，快告诉我！
肉毒杆菌是什么呢？
为什么会那么危险？

9

肉毒杆菌对人体健康最大
的危害是它所产生的肉毒毒素，
它是一种强烈的神经毒素，
成人吃了都有可能中毒的。

马

10

啊？如果不小心吃了，
会出现什么症状呢？

11

中毒后刚开始表现为乏力、
头晕、头痛，走路不稳，
随后会出现肌肉麻痹
和神经功能不全。

只是头晕，
不要打 119，
不要叫救护车。

12

这么严重！
哪些食物里会带有
肉毒杆菌呢？

13

在我国，
肉毒杆菌食物中毒
大多数是那些家庭自制
的发酵食品，
比如豆豉、豆酱、
面酱里面都会有。

阿缪面馆自制美味

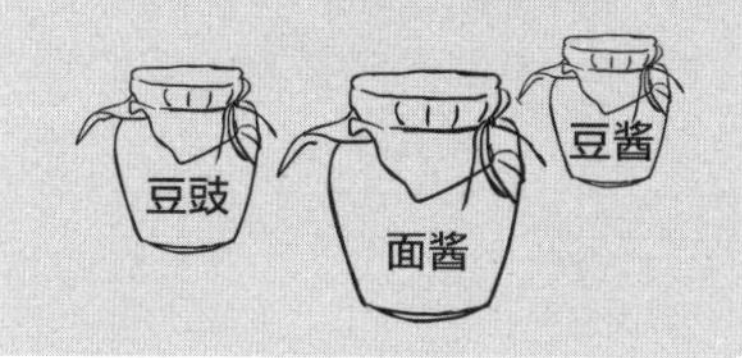
豆豉
面酱
豆酱

14

只有我们国家的食物里
才有肉毒杆菌吗？

15

不是的，
肉毒杆菌在自然界中广泛分布，
在土壤、水及海洋中都有，
特别是在山区和
未开垦的荒地里比较多。

风景虽好，
但要小心肉毒杆菌。

16

那么蜂蜜里怎么
会有肉毒杆菌的呢？
哲

17

肉毒杆菌易在密封、
厌氧和适宜的温湿度中滋生，
高温可以消灭它们。
但蜂蜜一般在野外采集，
加工和食用的过程中
很少会经过高温处理，
所以很容易被肉毒杆菌污染！

我采的蜜，
不要直接吃。

18

可是我每次吃了
蜂蜜都没有什么不良反应，
也没有中毒啊！

19

蜂蜜中可能含有
肉毒杆菌芽孢，
一般成年人的肠道环境
并不适宜芽孢的复苏，
所以即使食用了蜂蜜也无大碍。

你太老了

20

而一岁以内的婴儿
消化道还很稚嫩，
发育尚不健全，
自身的肠道菌群不成熟，
不足以抵抗肉毒杆菌的侵袭。

小鲜肉

21

幸好
遇到了马大侠，
要不然给我的宝宝吃了蜂蜜，
后果将不堪设想啊！

22

对啊，
为了保护婴儿的健康，
防患未然，各国建议或警告
1 岁以内的婴儿是勿食蜂蜜的。

年轻人啊，
让我告诉你，
一岁以内的婴儿，
勿食蜂蜜。

23

那成人在吃蜂蜜时
应该注意什么呢？

波

24

如果有便秘的情况，
那么可以在早晨空腹的
情况下食用以冷开水或
低温水冲泡的蜂蜜，
水温一般要低于60℃！

25

那如果平时想吃呢，
什么时候吃比较好呢？

26

一般在下午三四点的
时候吃比较好，
大半天的工作体力消耗很多，
选择在下午吃点蜂蜜
可以适当补充能量。

下午吃比较好

27

除了婴儿不适合吃以外，
还有哪些人群不可以吃呢？

28

糖尿病患者是要远离蜂蜜的。
蜂蜜可是一种血糖
生成指数很高的食品，
一杯蜂蜜水下肚，
血糖会很快升高的！

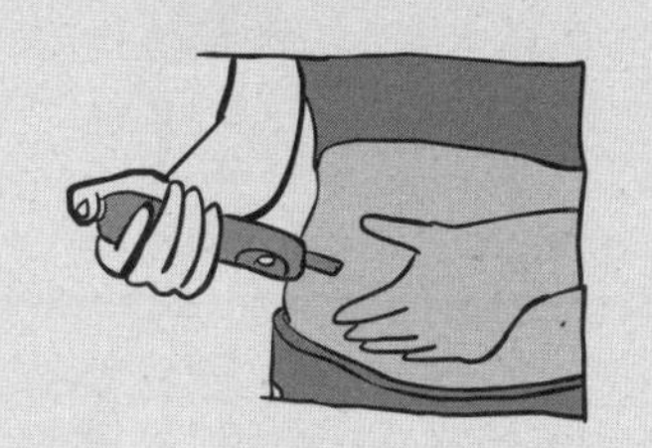

29

阿缪面馆
想不到喝个蜂蜜水
还有这么多的讲究啊！
大侠，这罐蜂蜜送你了，
谢谢你教给我这么重要
的医学常识！

文字：北京大学公卫学院 马冠生

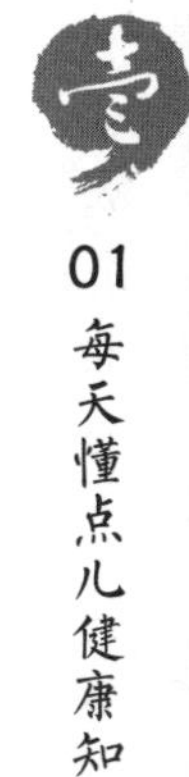
壹
01
每天懂点儿健康知识

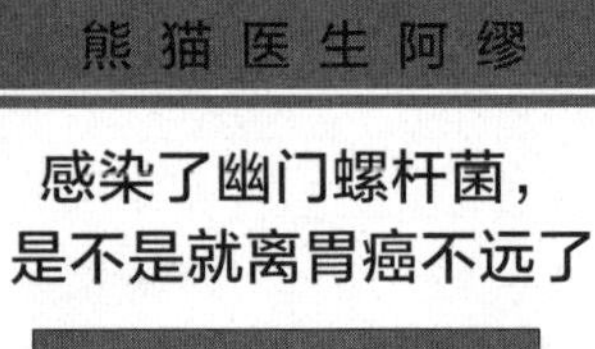
熊猫医生阿缪
感染了幽门螺杆菌，
是不是就离胃癌不远了

熊猫医生漫画

1
唉，
心情不好。
中招了。

2
怎么了？

3
医生说我感染了
幽门螺杆菌……

4
我还以为多大的事呢……
我们全家都感染了，
还不是好好的？

5
我上网查了，
有人说感染了幽门螺杆菌，
等于一只脚跨进了胃癌的大门！

6
啊？这么吓人！
正好北京大学肿瘤医院
胃肠肿瘤中心的符涛大侠来了，
赶紧让他说说是怎么回事吧！

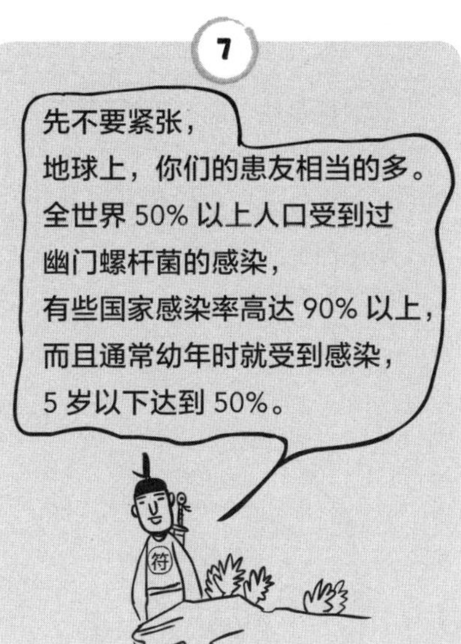
7
先不要紧张，
地球上，你们的患友相当的多。
全世界 50% 以上人口受到过
幽门螺杆菌的感染，
有些国家感染率高达 90% 以上，
而且通常幼年时就受到感染，
5 岁以下达到 50%。
符

8
所以，
它可能在你们的胃
里存在了几十年啦。

9

幽门螺杆菌（Hp）是一种
生存于胃幽门部位的细菌，
也是目前已知能够在人胃
中生存的唯一微生物种类。

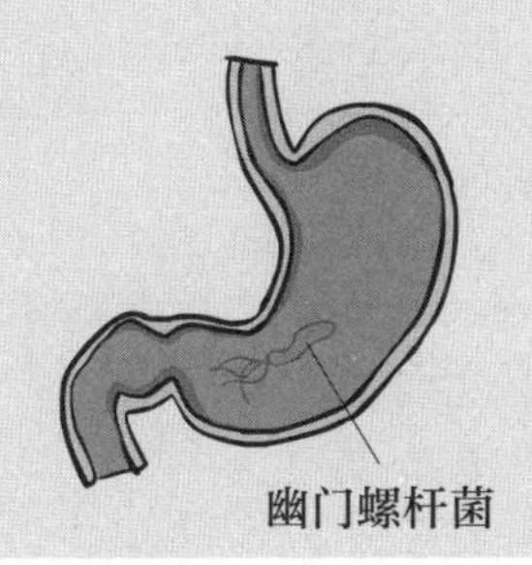
幽门螺杆菌

10
为什么会有这么高的
感染率呢？
晓虎偶谈

11

这是由它的传染途径决定的。
不洁的手、餐具、饭菜等，
或粪便污染是主要传播途径，
因为我们习惯共同用餐，
所以经常一人感染，全家生病。
这些家庭最好采取分餐制吧。

壹

12

经常在外就餐的人，
不能保证就餐环境的卫生
以及共同进餐人群的健康，
所以被感染的概率也很大。
长期喜欢生吃食物的人也存在
感染幽门螺杆菌的隐患。

13

刺激性食物容易刺激胃黏膜，
致使胃的中和自护能力下降，
从而导致幽门螺杆菌入侵，
所以胃炎患者尽量
少吃刺激性食物。

14

好可怕！
处处都是坑啊！
军

15

这几年大家对 Hp 感染的
知晓率明显提高，
但无谓的恐惧也随之增加。
其实，即便感染了，
根除幽门螺杆菌
也有成熟有效的治疗方案，
无须恐惧。

16

怎么治疗呢？

倪

17

幽门螺杆菌根治主要是以
药物治疗为主，
根治标准为药物治疗结束后
至少 4 周无 Hp 复发。

药

18

尿素呼吸试验与内镜检查Hp阳性者可用三联法，即质子泵抑制剂+2种抗生素连服2周；或四联疗法，即三联疗法+枸橼酸铋。

联合疗法

19

可是幽门螺杆菌被
世界卫生组织列为
胃癌的第一类致癌物啊。
波

20

虽然从世界流行病学来看，
幽门螺杆菌感染与胃癌
有一定的相关性，
但最终患胃癌人数只占
感染人群的1%左右，
不同种类的幽门螺杆菌
产生的毒力强弱也各有不同。
符

21

患者的遗传背景、饮食因素、营养、获得感染的年龄，以及其他环境因素都可能致癌。通俗地说，幽门螺杆菌不是致癌的“元凶”，而是“帮凶”。

胃癌
幽门螺杆菌

22

萎缩性胃炎一肠上皮化生一不典型增生一胃癌，这是一个漫长的病变过程，幽门螺杆菌感染主要作用于癌变的起始阶段。

熊猫诊所

23

所以，幽门螺杆菌的最佳治疗时机为萎缩性胃炎发生之前，即慢性浅表性胃炎时期，这样能够有效预防胃癌的发生。

24

看来只要乖乖按照医生的
治疗方案坚持治疗，
保证良好的卫生习惯，
幽门螺杆菌没有那么可怕！

熊
猫
科
普

25

让医学变得简单

主审：北京天坛医院 缪中荣
文字：北京大学肿瘤医院 符　涛
绘图：上海中山医院 二师兄

## 熊猫医生阿缪

# 院士教你如何在安静的情况下做运动

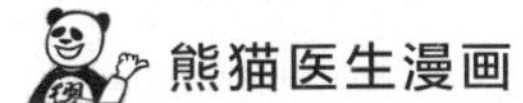
熊猫医生漫画

1

最近王陇德院士
在中央电视台《开讲啦》栏目，
讲了很多健康生活常识。

科普中国
开讲啦

2

而且还展示了
哑铃操和拉力器对抗练习方法，
让我太佩服了。

3

你们知道吗，
王陇德院士给熊猫医生科普独家
传授了一套安静状态下也能
做运动的秘籍。

4

啊！真的吗？
什么是安静状态啊？

5

安静状态是指开会时、
等飞机、等火车，
甚至在出租车上等不适合
做大幅度运动的环境。

熊猫
航空

壹

6

怎么做呢?


7

第一，颈部肌肉轻松对抗。
双手交叉，十指相扣，
放在颈部，同颈部对抗，
脖子向后仰，双手向前拉。

8

连续做 10 次，每次持续 6 秒左右。
放松颈部肌肉，
锻炼肱二头肌。

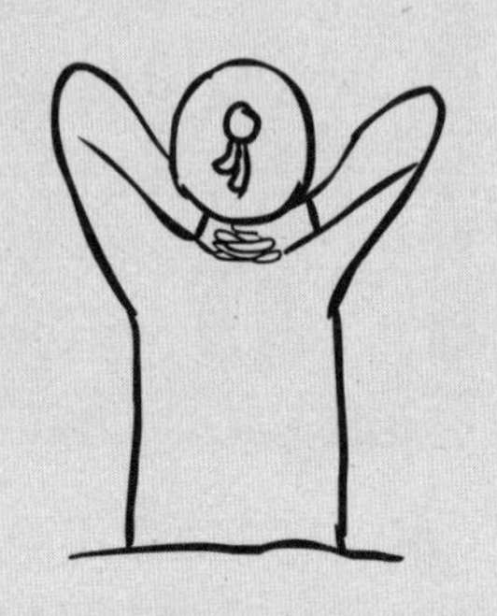

9

第二，转颈运动。
颈部保持正直头部向左侧转动到
不能转为止，
然后停住保持 3 秒转回来，
再向相反方向转动。
同样方法，连续 10 次。

10

第三，十指对抗。
双手十指相互拉动对抗，
每次 6 秒，连续 10 次。

11

第四，腕部肌肉对抗。
一只手握拳，顶住另一只手掌心，
用力对抗，每次 6 秒，
做 10 次后换另一只手握拳。

12

第五，腕部推拉对抗。
先用左手握住右手腕，两手对抗，
每次 6 秒，做 10 次后交换。

13

第六，呼吸运动。
深吸气，将气流导入下腹部，
让膈肌充分张开，
屏气 6 秒钟左右，
然后呼出，连续 10 次。

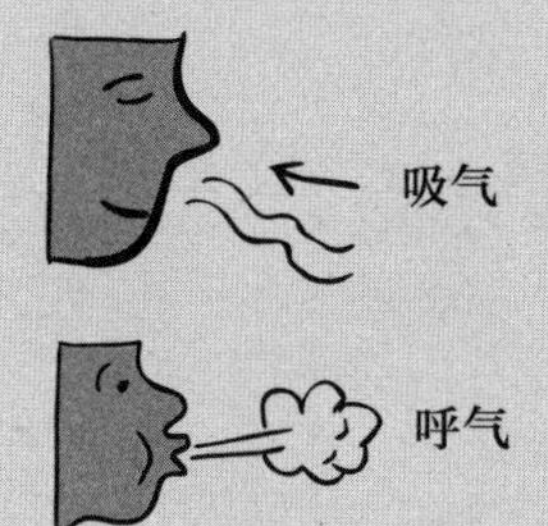
吸气
呼气

14

第七，提肛运动。
双手交叉放在丹田位置，
均匀呼吸，
做收缩肛门运动，
连续 20 次。

收缩
肛门
连续
20 次

15

第八，脚步肌肉对抗。
用左脚前部顶住右脚踝部，
做肌肉对抗运动，
每次 6 秒，连续 10 次后交换。

每次 6 秒
肌肉对抗运动

16

第九，足跟运动。
双脚跟同时用力，双脚尖翘起，
持续 3 秒，然后双脚跟抬起，
双脚尖着地用力，反复 10 次。

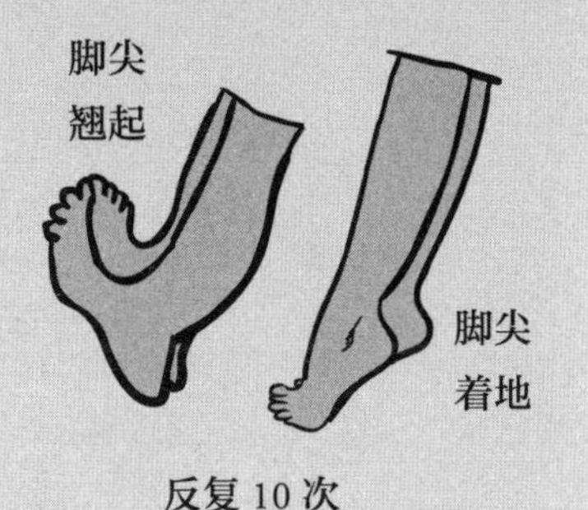
脚尖
翘起
脚尖
着地
反复 10 次

17

听院士的话，
咱也运动起来。

文字：北京天坛医院 缪中荣

熊猫医生阿缪
做饭被热油烫伤了怎么办
阿缪
面馆
熊猫医生漫画

1
一做饭就伤痕累累，
热油总是溅到手上、身上。
哲

2
烫伤了是应该涂酱油
还是牙膏来着？
还听说过涂了面粉
就不会起水疱，
真的假的？

3
起不起水疱，
油、盐、酱、醋、面粉和牙膏
都无效。

4
别再听信那些“偏方”了，
学学正确的处理方法吧。

5
如果被烫伤了，
要做的第一件事就是
打开水龙头用冷水冲洗创面。

冷水可以带走热量，
防止余热进一步加重灼伤。
另外，
也可以有效止痛。

当然，
盖住了伤处的衣物要去掉啊。
如果有黏连，
千万不要自己撕扯，
要让专业的医务人员进行处理。

敷点冰块降温更好，
对吧？
雪

那可不是。
冰的温度太低，
直接接触皮肤
反而会加重损伤，
要用毛巾等包住冰块冷敷。

冲洗之后冷敷
也要注意这一点。

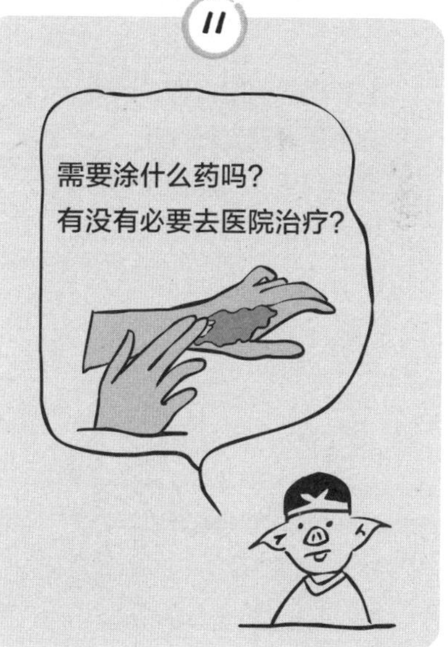
需要涂什么药吗？
有没有必要去医院治疗？

壹

12

这取决于伤得有多重。
皮肤由表皮层和真皮层构成，
灼伤由浅到深分别涉及
皮肤的表皮、真皮浅层、
真皮深层直至真皮全层。

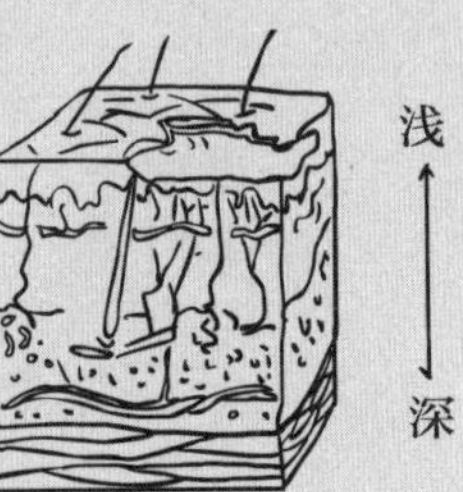
浅
深

表皮灼伤的创面干燥、发红，
伤及真皮往往会形成水疱，
疼得厉害；
更严重的全层烧伤反而
感觉不到疼了。

14

小面积的表皮或真皮浅层灼伤
可以自己处理，
涂点芦荟胶或者抗生素软膏
如百多邦都是可以的。

阿胶烫伤膏

15

较严重的情况就得去医院了。
你可能需要定期换药、
清洁创面、口服镇痛药，
也许还得注射破伤风疫苗。

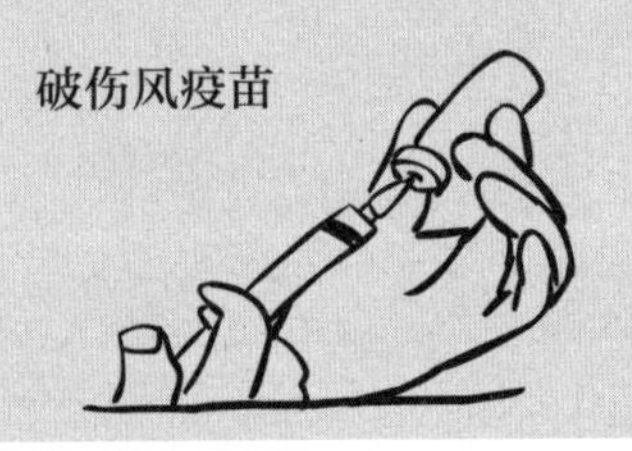
破伤风疫苗

16

如果起了水疱
自己能挑破吗？

刘

17

别去挑它，
水疱会自己破的，
里边的渗出液也会随之流出。

18

那多长时间能好？
会不会留瘢痕？
军

19

表皮灼伤几天就好，不会留瘢痕。
真皮浅层灼伤需要 1～3 周愈合，
皮肤颜色会有变化但很少留瘢痕。

20

伤到真皮深层甚至更重的，
愈合时间就会更长，
难免留下瘢痕。

21

所以还是要小心，
尽量别把自己烫着了。
万一烫伤了，
也要按正确的方法处理伤口，
才能愈合得又快又好。

阿缪
面馆

22

让医学变得简单

文字：北京天坛医院 缪中荣
绘图：上海中山医院 二师兄

贰

# 02 写给女性的私信

熊猫医生阿缪

反复流产

熊猫医生漫画

1
傻呆呆，
你刚刚不是去庆祝朋友
怀小宝宝了吗，
怎么回来就垂头丧气的？

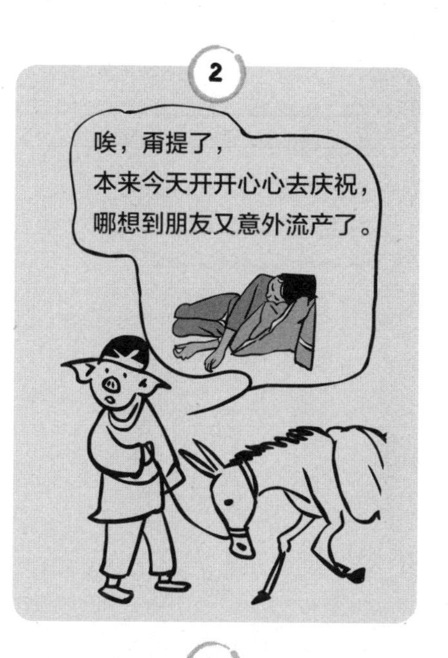
2
唉，甭提了，
本来今天开开心心去庆祝，
哪想到朋友又意外流产了。

3
“又”是什么意思，
去医院看了吗？

她之前也怀过宝宝，
但也流产了。
去医院检查，
医生说她这属于复发性流产。

伤心……

5
这复发性流产跟普通的流产
有什么不一样呢？

6

复发性流产强调的是复发性，复发是指和同一个配偶连续发生两次或两次以上的流产。
刘

7

这样啊。可是有一点很奇怪，医生让她去风湿免疫科治疗，流产不应该是妇产科吗？
?

8

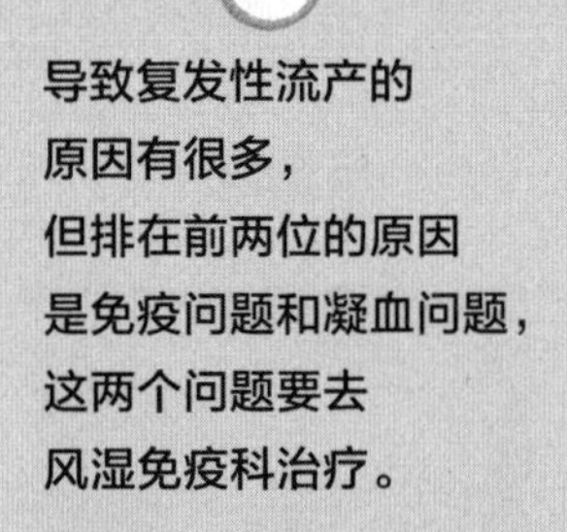
导致复发性流产的原因有很多，但排在前两位的原因是免疫问题和凝血问题，这两个问题要去风湿免疫科治疗。

风湿免疫科

9

免疫？凝血？请刘大侠仔细解释下，我有点听不懂了。
倪

10

复发性流产实际上涉及免疫系统的问题。为了方便理解，免疫系统可以比作保护咱们身体的士兵。
士兵
刘

11

“士兵”异常一般会出现两个问题：一是自身免疫，即“士兵”自身有了矛盾，互相残杀，形成了血管阻塞、血栓等，导致胎死腹中。

啊！自己人！
互相残杀

12

第二个问题是同种免疫。
宝宝的形成，
一半来自爸爸，
一半来自妈妈。

妈妈　　爸爸

13

当妈妈的“士兵”
过于敏感时，
会把来自爸爸的部分，
当成侵入身体的“坏蛋”，
就会努力排除掉它，
让自己保持通畅。

妈妈的士兵　　爸爸的士兵

14

原来是这样啊，
那我们该如何治疗
复发性流产呢？
军

15

治疗原则肯定是要抑制免疫。
一般的治疗主要是使用一些激素和免疫制剂。

激素
抑制免疫
刘

16

服药就可以治好吗？

17

对于自身免疫，
要以药物治疗为主，
但是同种免疫异常，
就需要做主动免疫治疗了。
刘

18
主动免疫治疗?
我也有点听不懂了。
19
所谓的主动免疫治疗，
是指从丈夫的血中
提炼出淋巴细胞，
注射到妻子的前臂上，
使它产生封闭抗体。
抽一点你的血
20
也就是给妈妈的免疫系统
的“士兵”做工作，
让它们慢慢地去接受孕育
宝宝时来自爸爸的那一部分。
什么人?
别开枪，
自己人。
21
照你这样说复发性流产
应该是可以治好的，
还是有机会生宝宝的吧?
张
22
能治好，
据不完全统计，
治疗有效率能达到
百分之八九十。
23
那真是不错了，
成全了那么多家庭。
怎样才能防止这种情况呢?

24

目前复发性流产没有任何征兆。
但是只要流产过一次，
就应该全面彻底地查清楚，
好好检查夫妻双方的身体状况，
看看到底是哪里出了问题。

夫妻双方都要查

25

夫妻双方？
导致复发性流产的原因
不只是女性，
也有男性的原因吗？
波

26

对，
只不过女性因素占得比例较大，
但也不能忽视男性的原因。

生孩子
是男女双方的事，
不要老责怪女方。

27

例如男性超过 40 岁的，
或者是男性染色体异常、
精子的碎片增多、有畸形，
都会使女性胚胎的
质量不好，
就有可能导致流产。

种子很重要

28

复发性流产和女性年龄
有关系吗？
是不是年龄越大，
女性发生复发性流产的
可能性也越大呢？
雪

29

是的，
所谓的高龄孕妇指的
就是 35 岁以上。
年龄越大，
复发性流产发生率就越高。

35 岁就算高龄了？
我也想早点生，
可是现实压力大呀！

30

现在国家开放二胎政策，
“70 后”“80 后”都想要二胎，
但发生问题的也很多。
刘

31

所以，生孩子还是要趁早。
在适合的年龄做适合的事情，
这样对自己的身体也好。

不管现实压力多大，
生孩子还是要趁早。

知 音

我读书多，不会骗你。

32

说得对。
你记得给你朋友些忠告吧，
让她保持心情愉悦，
不要太焦虑。

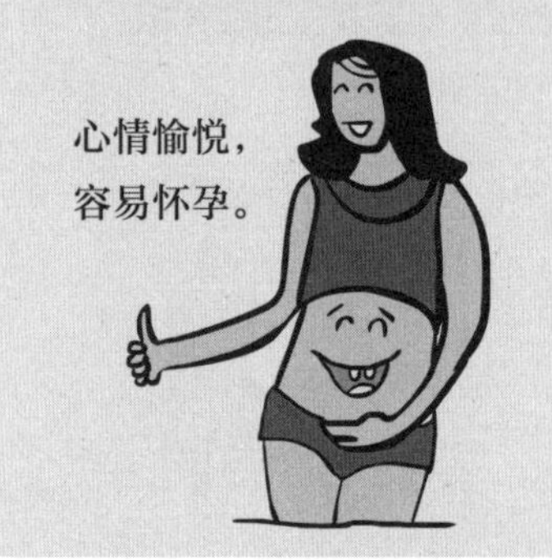

心情愉悦，
容易怀孕。

33

在饮食方面也要注意
营养均衡，荤素搭配。
如此养成良好的生活习惯，
加之听医生的话，
怀上宝宝应该不成问题。

刘

34

好，
我要赶快告诉她，
不让她一直沉郁在
流产的悲伤里。

35

让医学变得简单

主审：北京天坛医院 缪中荣
文字：北京大学第三医院 刘湘源
绘图：上海中山医院 二师兄

熊猫医生阿缪

## 靠谱的宫颈癌筛查该怎么做

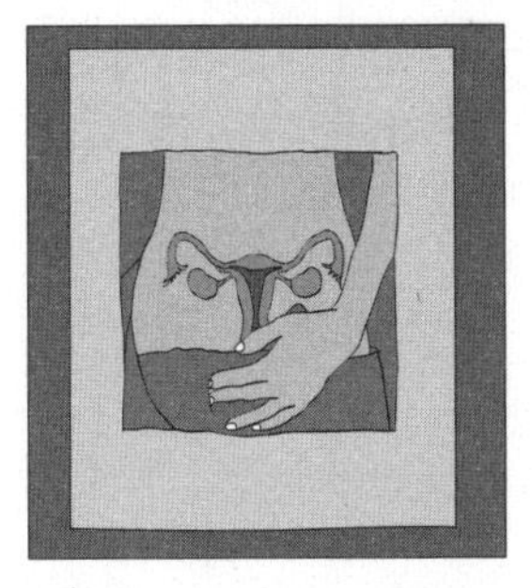

熊猫医生漫画

1

春节已过，
北京城逐渐回暖，
大家聚在面馆聊天喝茶。

面
阿缪面馆
天坛西里

2

最近总听见有人说查出 HPV 阳性，都吓坏了，担心会得宫颈癌。

3

HPV 感染确实是宫颈癌发病的必要条件，但并不是充分条件呀。

4

大家还是对宫颈癌这个疾病不够了解，才会这么容易被吓着。熊猫你快来给大家科普一下吧。

5

好的。宫颈癌是女性最常见的恶性肿瘤之一，好发年龄在 25～45 岁。

6

宫颈癌是由癌前病变
逐步发展而来的，
先是宫颈上皮内瘤变（CIN）
Ⅰ级、Ⅱ级、Ⅲ级到原位癌、
早期浸润癌，
再到浸润癌。

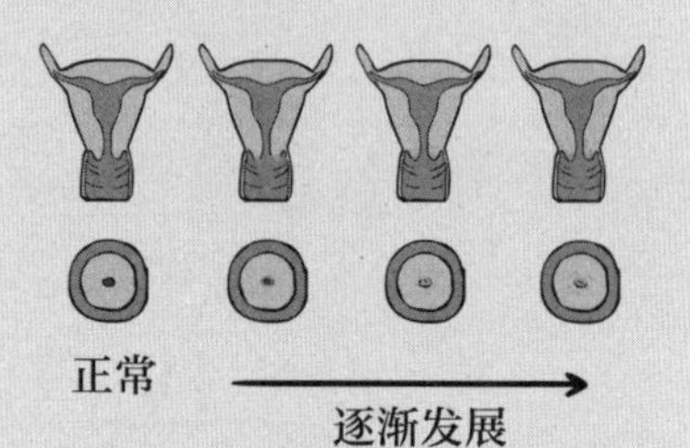

正常
逐渐发展


7

宫颈癌的病因明确，
与高危型人乳头瘤病毒（HPV）的
感染密切相关。

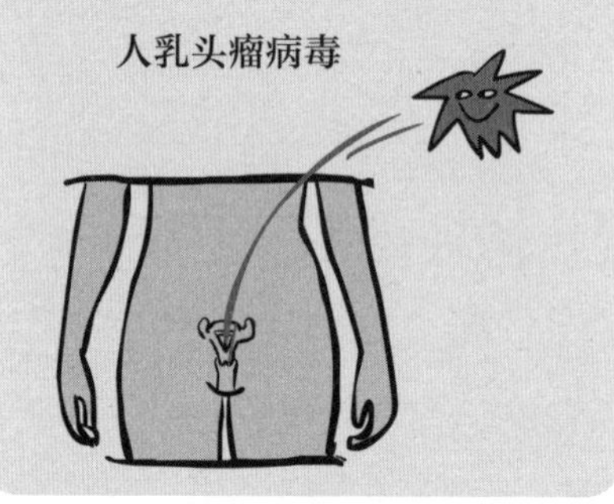

人乳头瘤病毒


8

HPV 感染其实是个非常普遍的现象，
约 90% 的 HPV 感染者
可在两年内将体内病毒自动清除，
称为一过性感染；
约 10% 的感染者会发生
HPV 持续性感染。

9

持续感染的女性
是宫颈癌的高风险人群，
其中约 30% 会发展成 CIN Ⅰ，
10% 发展成 CIN Ⅱ，
10% 进一步发展成 CIN Ⅲ。
如果不治疗，
约有 1% 最后发展成为宫颈癌。

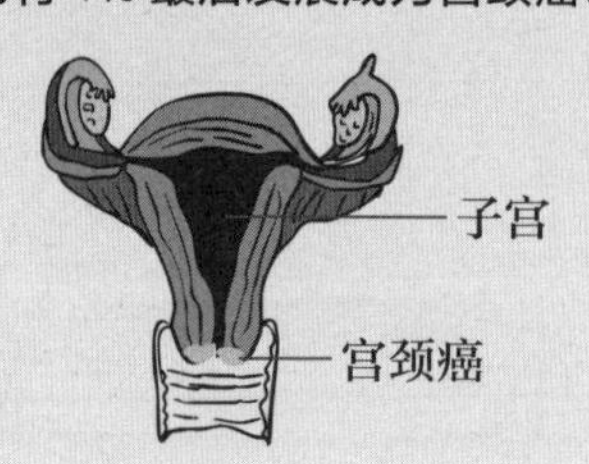

子宫
宫颈癌


10

从感染 HPV 到发展成为宫颈癌
需要 9～25 年的时间，
所以定期筛查
是预防宫颈癌的关键。

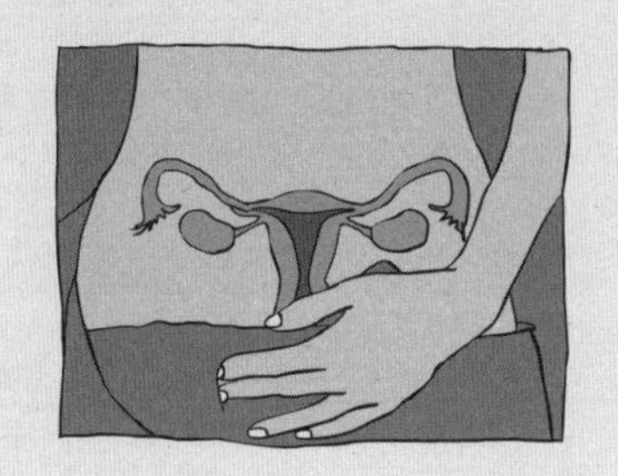

11

“定期”怎么解释呢？
所有人都需要筛查吗？

12

由于宫颈癌好发于 40 岁以上的中年女性而不是 20 岁以内的年轻女性，所以筛查始于 21 岁以上有性生活史的女性。

13

到了 65 岁以上，如果此前规律筛查且结果均为阴性就可以停止筛查了。

14

筛查方案推荐超薄液基细胞学检测（TCT）+HPV 检测。如果细胞学正常且 HPV 阴性，常规筛查间隔 3 年。

熊猫检验

15

如果细胞学正常而 HPV 阳性，那么 12 个月后就要重复 TCT 及 HPV 检测。

熊猫诊所

16

如果细胞学检测不正常，即检测结果出现了 ASCUS 等各种你看不懂的字母时，就要请妇产科医生来解读，告诉你下一步该怎么做了，你也许会需要做阴道镜检查。

17

接种过 HPV 疫苗是不是就不用筛查了？

18

并不是。
接种过 HPV 疫苗的女性
同样是要按上述方法进行
定期筛查。

19

万一真的查出来
宫颈癌该怎么治呀？

哲

20

宫颈癌的治疗需要根据
临床分期、患者年龄、
生育要求、全身状况、
医疗技术水平及设备条件等综合
考虑制订适当的个体化治疗方案。

21

手术主要用于早期宫颈癌患者。
对要求保留生育功能的年轻患者，
属于特别早期的
可行宫颈锥形切除术或
根治性宫颈切除术，
其他的行全子宫切除术。

22

中晚期患者采用放射治疗；
晚期或复发转移的患者
主要用化学治疗，
常用化学治疗药物有顺铂、卡铂、
紫杉醇、氟尿嘧啶等。

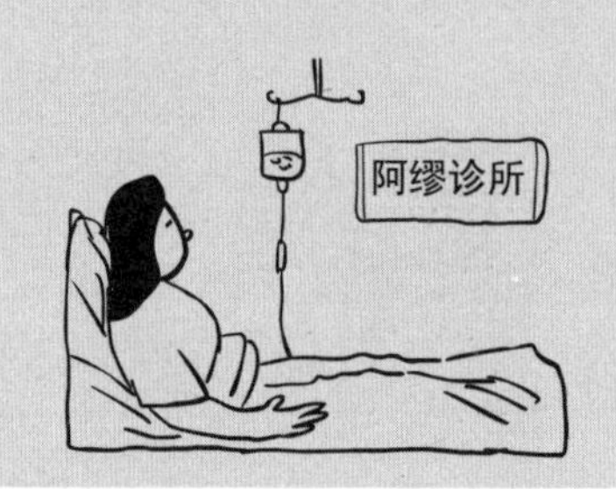
阿缪诊所

23

疾病进展的程度
越深治疗就越痛苦。
所以一定要预防为主，
定期进行宫颈癌筛查，
早发现、早诊断、早治疗。

**24**

对于疑难杂症，
在当地医院治疗效果不佳的，
可用远程会诊，
听取第二诊疗意见，
获得正确的诊治。

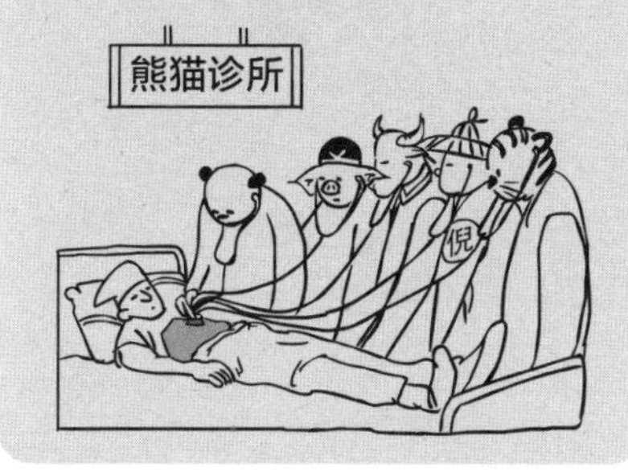
熊猫诊所
倪

**25**

让医学变得简单

文字：北京天坛医院 缪中荣
绘图：上海中山医院 二师兄

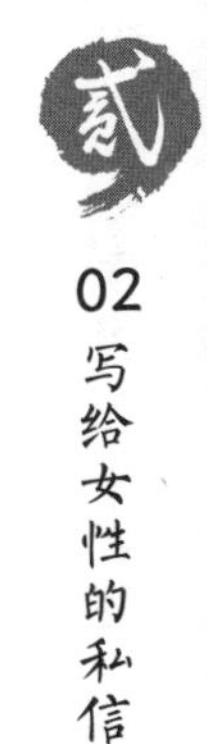
贰
02
写给女性的私信

熊猫医生阿缪

## 乳腺增生三大诱因：熬夜、嗜辣、压力大

痛

熊猫医生漫画

1

王姐前段时间刚做完
乳腺癌手术，
转眼间的工夫，
办公室小李的乳腺增生
也越来越严重了。

2

乳腺增生是最常见
的妇科疾病，
它既不是肿瘤
也不是乳腺炎。

3

乳腺增生都有
什么症状呢？

4

乳腺增生会出现乳房胀痛、
刺痛等症状，
一些疼痛严重的患者
都不可触碰乳房，
导致影响日常工作和生活。

王

5

疼痛不仅是
在乳房肿块部位，
也会向患侧的腋窝、
胸部或肩背部放射。

痛

6

女性月经前疼痛感会加重，
只有在行经后疼痛
才会减轻或消失。

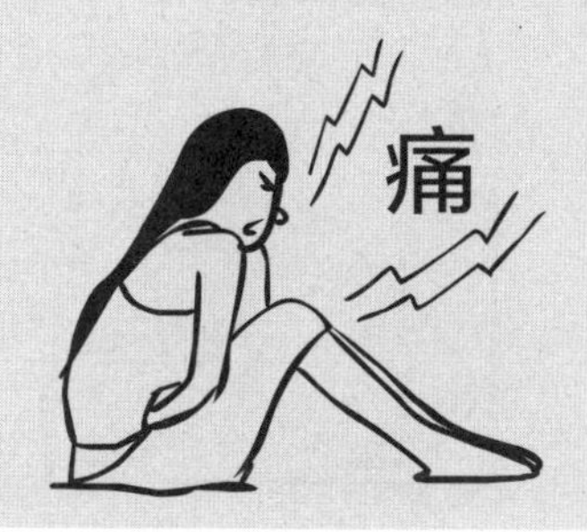
痛

7

是什么引起乳腺增生的呢?

8

1. 情绪问题。
工作压力大使女性长期
心情郁闷、气血不畅、
肝气郁结，从而导致内分泌
失调，引发乳腺增生。

压力大

9

2. 生活不规律。
有的年轻女性作息颠倒，
早晨不起，晚上不睡，
长期下来导致内分泌功能紊乱，
引发乳腺增生病。

10

3. 饮食。
常食用火锅、麻辣烫、
酸辣粉、热干面等辛辣食品，
也是引起内分泌失调，
诱发乳腺增生的原因之一。

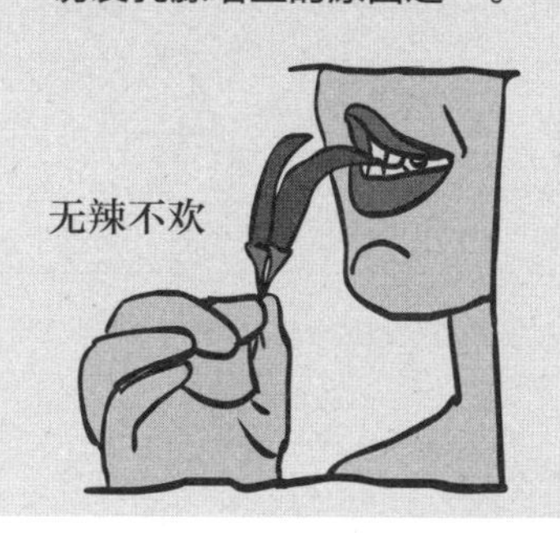
无辣不欢

11

此外，还要注意人工流产
或哺乳期患急性乳腺炎治疗
不彻底、长期口服避孕药
等致病因素。

贰

12

那已经患有此病的小李该咋办啊？
玲

13

如果已经患有乳腺增生，
应根据病情制订合理的
治疗方案，及时消除
内分泌失调、肿块、胀痛
等病症。

门诊

14

若是患了急性乳腺炎，
则需及时用药缓解疼痛。

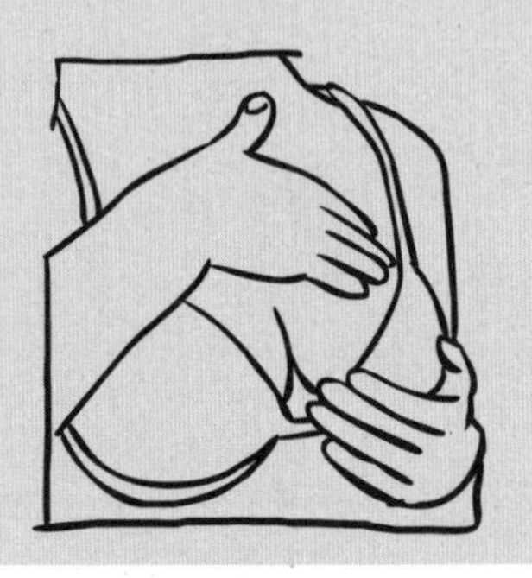

15

女性该如何预防乳腺增生
保护自己的健康呢？

16

首先要注意饮食习惯，
少吃油炸食品、动物脂肪、
甜食及保健品，
积极锻炼身体，防止肥胖
引发的内分泌失调。

避免嗜辣

17

年轻女性一定要注意
生活规律，劳逸结合。
多喝水，多吃新鲜水果，
保持大便通畅，如此可以减轻
乳腺胀痛，预防乳腺增生。

生活规律，不再熬夜。

18

面对压力要学会调节情绪，
不良的心理会使精神紧张，
导致神经衰弱，加重内分泌
失调，诱发乳腺增生。

19

还有，
爱美的女孩子要注意，
预防乳腺增生还应避免使用
含雌激素的美容用品。

举个例子，
二师兄护肤霜避免使用。

20

凡使用护肤品都要谨慎，
女性朋友们真的是
要格外小心了。

21

女性朋友要学会
预防乳腺增生，
平时多多关注自己，
自己好才是真的好。

22

让医学变得简单

审稿：北京天坛医院 缪中荣
文字：北京友谊医院 王子函
绘图：上海中山医院 二师兄

熊猫医生阿缪

## 要命的痛经，多与疾病有关

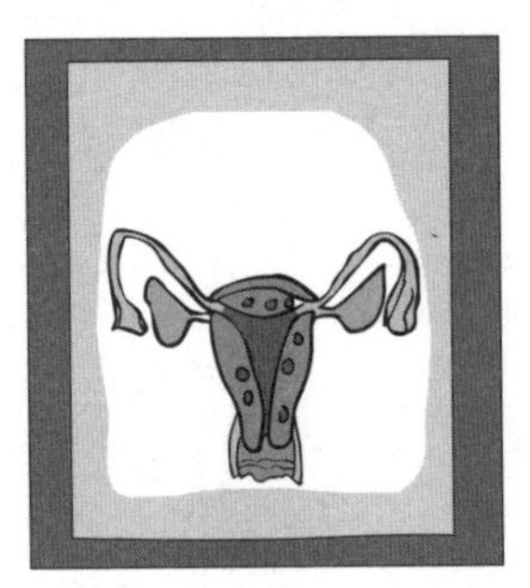

熊猫医生漫画

1

阿缪面馆

李小姐脸色苍白，
额头冒着冷汗被朋友
扶着来到阿缪面馆。

2

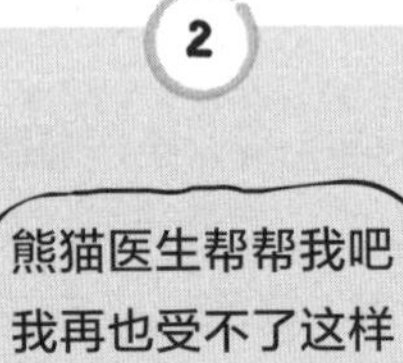

熊猫医生帮帮我吧，
我再也受不了这样
的折磨了。

3

慢慢说
是怎么回事？


4

原本我是不痛经的，
可是半年前开始出现痛经症状，
不仅小腹痛，还伴有恶心、
呕吐、腹泻、头晕、乏力
等症状，每次“大姨妈”一来
我都没法上班了。

痛


5


痛经是女性普遍存在的问题。
周玲周女侠是妇科专家，
让她来帮你看看是咋回事。

6

痛经分两种，
一种是原发性痛经，
即没有器质性
病变的经期腹痛。

7

另一种称为继发性痛经，
是因为疾病造成的。
往往比前者更严重，
还可能伴随其他问题，
比如不孕、月经改变。

痛

8

那导致痛经的有
哪些疾病呢?

9

慢性炎症或者既往
手术会造成瘢痕黏连以
及盆腔充血、子宫内膜
异位症、子宫腺肌病等。

卵巢
子宫

慢性炎症 / 黏连　子宫内膜异位症

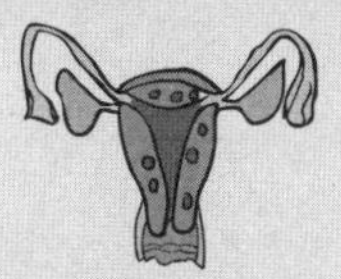

子宫腺肌病

10

不同的病因导致的
痛经表现也不同。

痛

11

1. 慢性炎症或者既往手术造成的，
表现为下腹部坠胀、疼痛
及腰骶部酸痛。
除了经期，
在劳累、性交后也会疼痛。

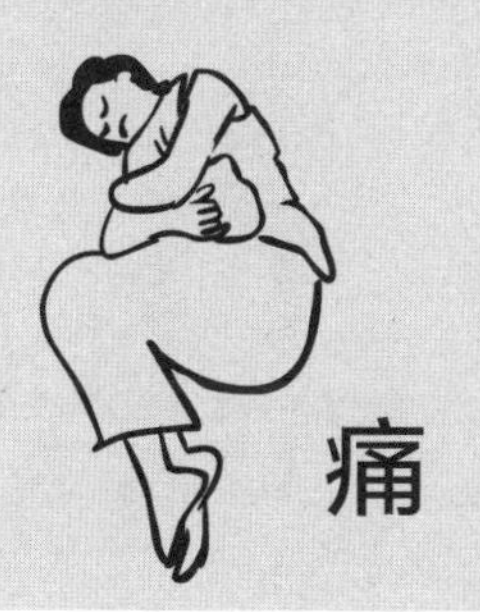
痛

贰

12

2. 子宫内膜异位症引起的疼痛多位于下腹深部及直肠区域，以盆腔中部为多，也可以牵涉到盆腔两侧和骨盆壁。

痛


13

3. 子宫腺肌病引起的疼痛多伴有经量增多，经期延长，并且呈进行性加重。通常从月经前一周就开始，至月经结束。

别惹我，烦着呢！
血
泪


14

4. 子宫肌瘤通常不会引起经期腹痛。但若浆膜下肌瘤扭转会引起急性腹痛；肌瘤红色变性时会引起腹痛，经期加重。

痛


15


怎么判断痛经的原因呢？


16

病史很重要，医生通常需要了解以下情况：

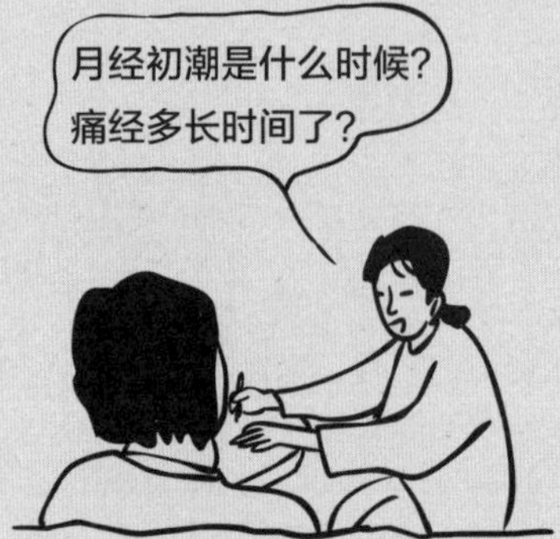

月经初潮是什么时候？
痛经多长时间了？


17

疼痛的表现：
阵发性还是持续性，
轻微还是严重，
是否需要药物治疗。
周

18

随着时间推移，
痛经越来越重还是越来越轻，
是否有过盆腔炎，
是否做过手术。
熊猫诊所

19

了解病史后，
还需要做盆腔检查来判断
盆腔有无触痛性结节或子
宫旁有无不活动的囊性包块，
以判断有无炎症或黏连。

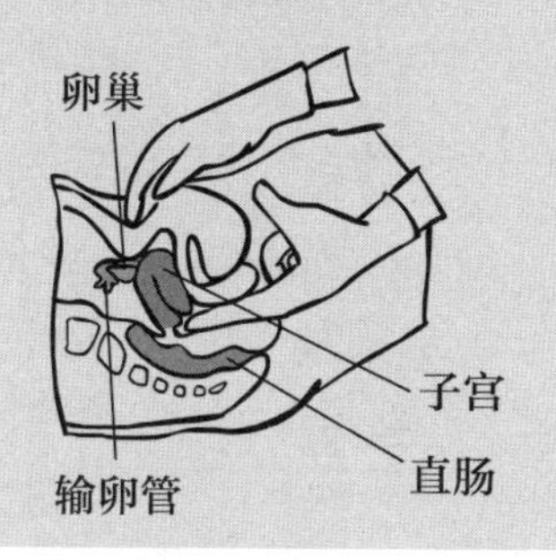
卵巢
子宫
直肠
输卵管

20

但是盆腔检查很少能明确诊断，
多数还需要以下辅助检查才可
以明确：1.B 超。

熊猫超声检查室

21

2. 抽血检查
（中、重度内膜异位症
血清 CA-125 可能升高）。

不要怕，
我抽血不痛的。

22

3. 腹腔镜检查。

熊猫医生说要腹腔镜检查，
有必要吗？
痛经有那么痛吗？
痛吗？！
让你来体验一下！

23

继发性痛经该
如何治疗呢？
哲

贰

24

因为“继发性痛经”
往往较严重，
一般治疗不一定奏效，
通常需要药物治疗：

继发性痛经
往往较严重！

25

1. 口服避孕药。
轻度盆腔子宫内膜异位症
使用此方法能减轻疼痛，
也能预防子宫腺肌病加重。

快去给我买药！

26

2. 促性腺激素释放激素
激动剂（GnRH-α）。
用于盆腔子宫异位症。

痛

27

3. 抗生素。
盆腔炎症引起的痛经可以使用。

吃一粒就够了

28

4. 中药治疗。
用于慢性盆腔炎引起的疼痛。

中药治疗

29

使用含孕激素的宫内节育器
可以造成子宫内膜脱落和萎缩，
既可以治疗痛经，
又能起到避孕的作用。

30

除了药物，
还有什么治疗方法？

31

还有手术治疗。
最常见的是腹腔镜，
目的就是切除病灶。

周

32

但有些严重的痛经
可能需要切除子宫，
甚至需要切除双侧输卵管、卵巢。

本姑娘“大姨妈”来了，
少惹我！

严重的痛经

33

痛经虽然多数是原发性的，
即没有器质性病变，
但有些痛经（继发性痛经）
与疾病有关。

34

熊猫医院

所以，
一旦有痛经，
请及时到医院就诊，
排除器质性病变，
以便早期治疗。

35

否则等到严重的时候再去治疗，
不仅治疗效果不好，还会引起不孕、
长期慢性疼痛、月经改变，
甚至需要手术切除子宫。

要重视痛经，
把科普知识告诉更多的人，
避免悲剧发生。

36

从我做起，
了解痛经，
关爱女性。

37

让医学变得简单

主审：北京天坛医院 缪中荣
文字：战略支援部队特色医学中心
周　玲
绘图：上海中山医院 二师兄

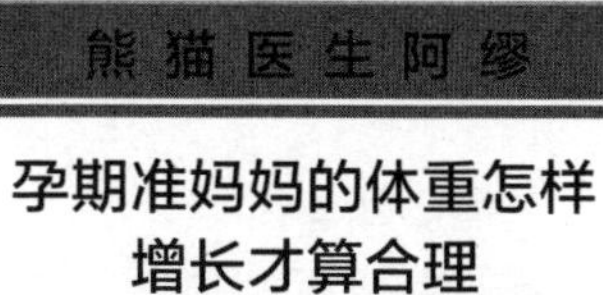
熊猫医生阿缪
孕期准妈妈的体重怎样
增长才算合理

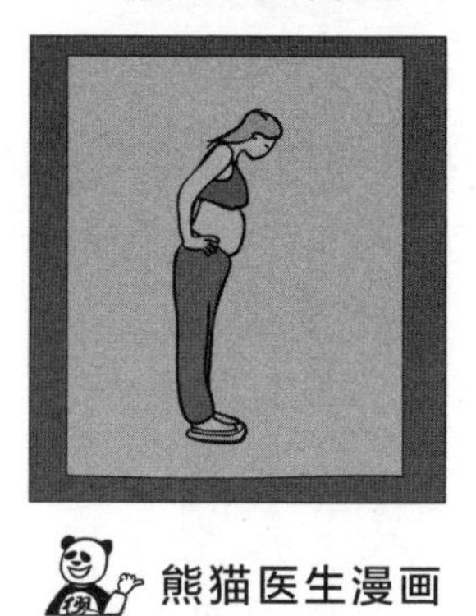

熊猫医生漫画

1
那位女客官怎么点了
三碗阿缪拉面呀，
吃得完吗？
面

2
你没看出来她怀孕了吗？
她说得替宝宝多吃点儿。

3
那可不对。
孕期吃胖了
对自己和宝宝的健康都不利。

4
会怎么不好呢？

5
如果准妈妈体重增长过多，
会有患妊娠期糖尿病、
妊娠期高血压以及
自然分娩困难的风险。

贰

6

对于宝宝来说，
可能一出生就面临肥胖的风险。
在后期生长发育过程中，
也更容易出现糖尿病、
肥胖等问题。

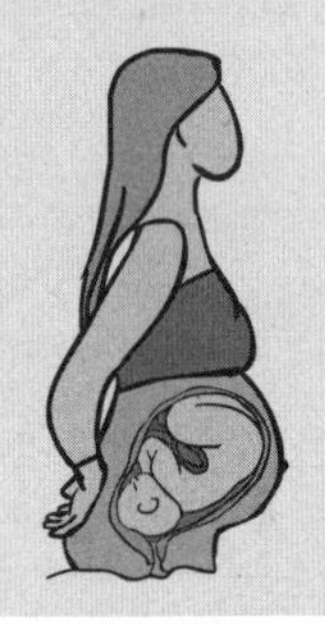

肥胖
糖尿病


7

那孕期就尽量少吃，
越瘦越好对不对？


8

那也不行。
孕期体重如果增长太少，
容易导致宝宝出生
体重过轻或者早产。

啊？！
你也是孕 8 个月？


9

强调一点，
宝宝出生体重过轻是指低于 2.5 千克，也就是 5 斤。

10

瞬间觉得担心宝宝出生时太瘦都是多余的。
哲


11

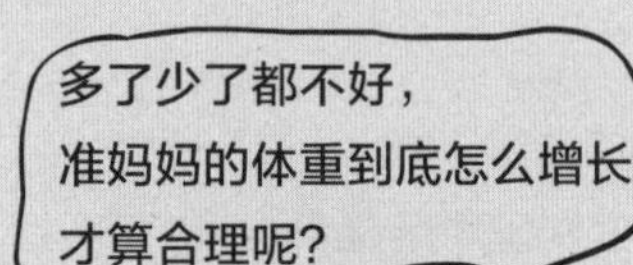

多了少了都不好，
准妈妈的体重到底怎么增长
才算合理呢？

雪

12

在前文中我们已讲过
英文缩写 BMI，
看清楚了不是 IBM
也不是 BMW 啊。

13

BMI 是体重指数，
它是测量身高和体重关系的指标。
算法公式要记住了：
体重指数（BMI）
=体重（公斤）/
身高的平方（平方米）

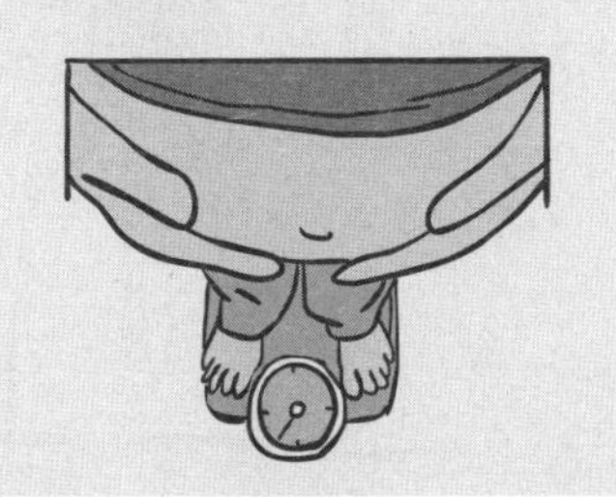

14

在没怀孕的一般情况下，
正常体重指数（BMI）为 18.5-25。
考虑 BMI 在不同种族人群中
要求略有不同，
目前中国推荐为 18.5～23.9。

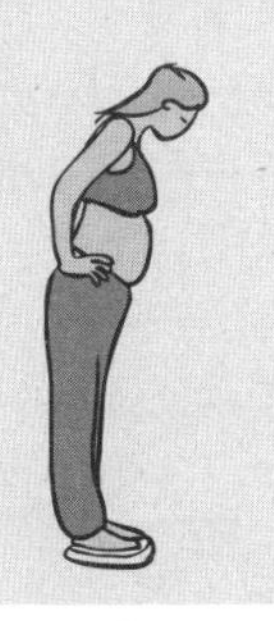

15

如果孕前 BMI 在这个理想范围内，
孕期体重增长 20～30 斤较为合理。

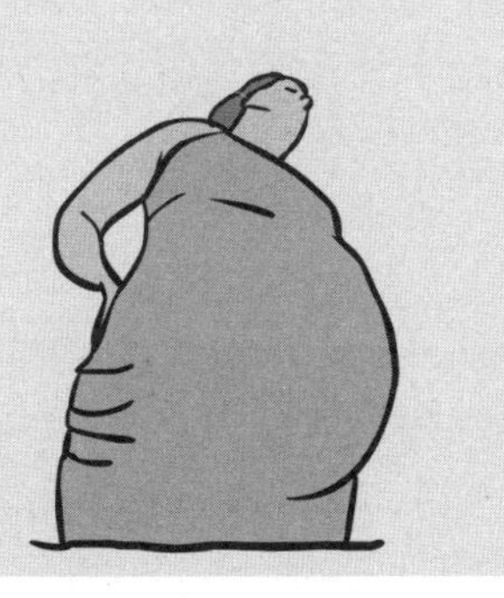

16

若是孕前体重过轻，
即 BMI<18.5，
那么孕期体重可增加 25～35 斤。

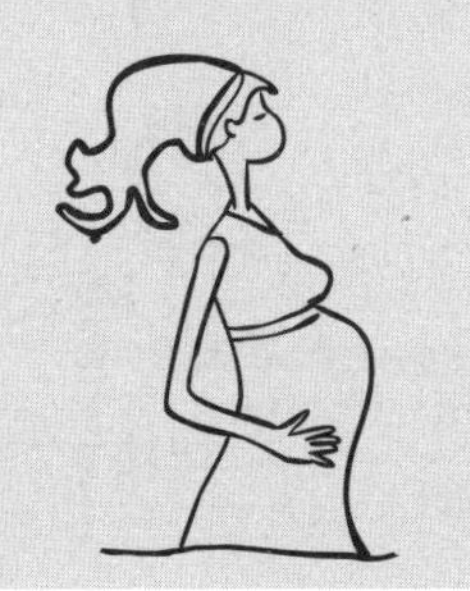

17

若是孕前已经超重（BMI>25）
甚至肥胖（BMI>30），
则孕期只能增重 10～20 斤。

贰

18

为自己和未来宝宝的健康着想，
还是推荐大家在备孕期间
就把体重调整到理想范围内。

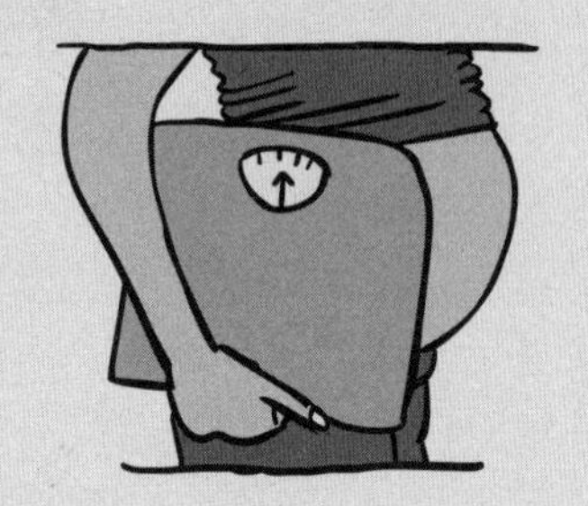

19

增长这么多斤平均到每周是多少啊？

20

孕中期到孕晚期，
即怀孕 14 周之后，
每周增重约 0.4 千克，
也就是不到 1 斤的样子。

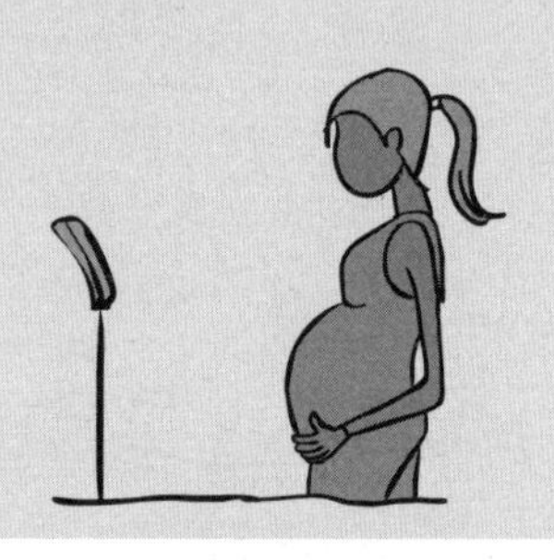

21

孕早期因为有早孕反应，
经常恶心、呕吐，
体重增长很少甚至略有下降
都不用担心，
注意补充水分和少量多餐
就可以了。

22

如果体重增长太快了怎么控制啊？

23

均衡饮食是最重要的。
高脂、高糖等高热量的食物
再爱吃也要控制，
烹饪方式也要健康。

24

除了吃还得动吧？
可挺着肚子怎么运动啊？
是呀！我
想运动，可总是
躺在床上不愿起来呀！

你这个问题提得很好，
下次咱们讲孕期运动，
敬请期待。

26

让医学变得简单

文字：北京天坛医院 缪中荣
绘图：上海中山医院 二师兄

卷
03
血压

熊猫医生阿缪

## 33 岁的年龄 70 岁的脑血管

熊猫医生漫画

1

熊猫医生查房，
一位 33 岁的年轻女性
得了脑干梗死。

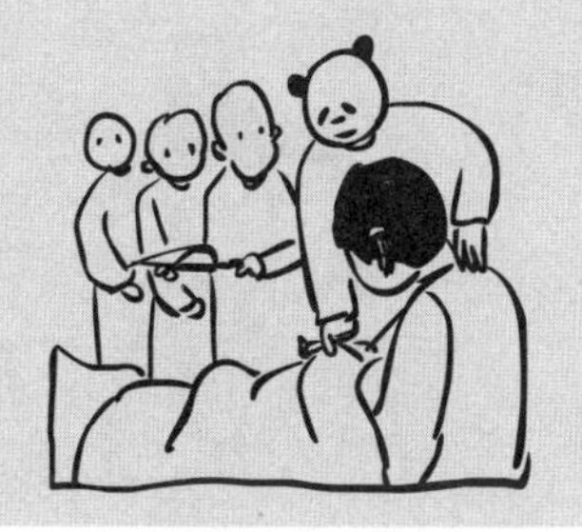

2

脑干是生命中枢啊？
她还有救吗？

3

幸运的是梗死的面积不大，
后遗症很轻，还有救。

4

怎么这么年轻
就得脑中风呢？

5

高血压 8 年，
收缩压最高 220mmHg，
偶尔测一下也 170、180mmHg。

6
高血压降压药不能停啊！
7
后果很严重吗？
刘
8
她根本就没有服用降压药。
吃什么降压药？！
我这么年轻，
肯定没事，
先吃几个鸡腿再说。
9
啊？！
10
而且她还肥胖，
肥胖指数（BMI）29。
最近几年发现血糖高，
也没有服用降血糖药物，
怀孕前还有几年吸烟史。
11
这么多危险因素都没有控制，
难怪她会得脑中风，
这么年轻有高血压，
会不会是遗传啊？
邵

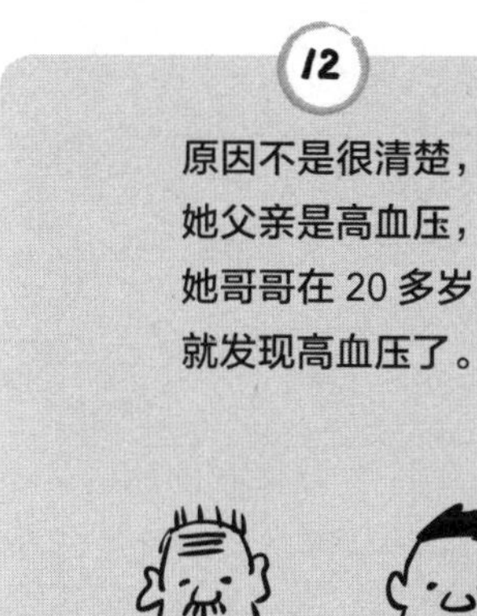
12
原因不是很清楚，
她父亲是高血压，
她哥哥在 20 多岁
就发现高血压了。
父亲
哥哥
高血压

13
她哥哥脑中风了吗？
哲

14
没有，
她哥哥发现高血压后
就规律服用降压药了，
血压控制得很好。

15
她这次脑中风的
原因是什么？
军

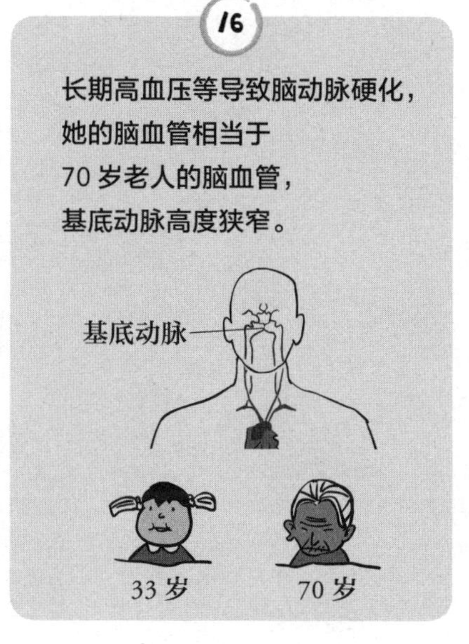
16
长期高血压等导致脑动脉硬化，
她的脑血管相当于
70 岁老人的脑血管，
基底动脉高度狭窄。
基底动脉
33 岁
70 岁

17
那怎么办啊？

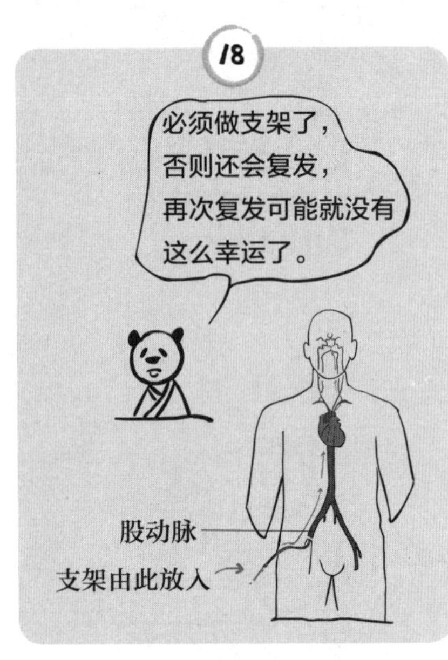
18
必须做支架了，
否则还会复发，
再次复发可能就没有
这么幸运了。
股动脉
支架由此放入

19
基底动脉做支架
风险高吗？
雪

20
打个比方说，对于她来讲做
支架相当于从 2 楼跳下去，
不做支架相当于
从 5 楼跳下去。
6
5
4
3
2

21
让医学变得简单
文字：北京天坛医院 缪中荣
绘图：上海中山医院 二师兄

熊猫医生阿缪

## 吃降压药，喜新厌旧好不好

熊猫医生漫画

阿缪和傻呆呆闲来无事，
去石家庄找郭大侠玩。
郭记

却看到他严肃地在批评一位患者。
朋友告诉我，只要血压不是特别高，能不吃药就不吃，否则吃上药就不能停了。

所以你三天打鱼两天晒网，不好好服用抗高血压药。我还纳闷呢，你这血压怎么不降反升了。

我也听说过这种说法，原来是错误的啊。

是啊，高血压是病，有病就要治！

叁

6
还有不少患者认为，不能用太好的抗高血压药，用“老药”就行了，否则将来血压继续升高，没法选药。这样想也是错的！

7
我觉得挺有道理的啊，为什么又错了？

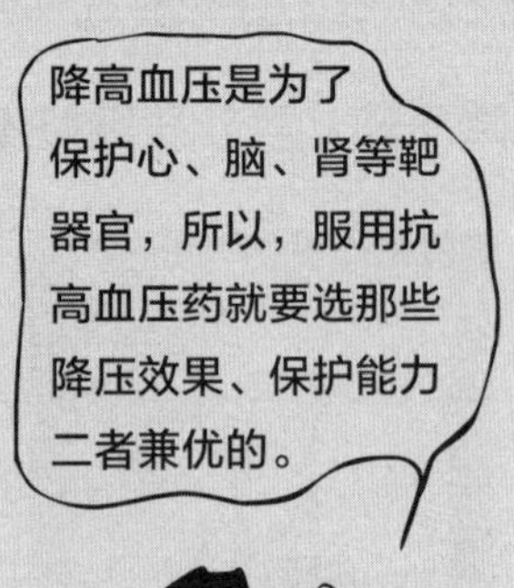
8
降高血压是为了保护心、脑、肾等靶器官，所以，服用抗高血压药就要选那些降压效果、保护能力二者兼优的。

9
啥叫靶器官？

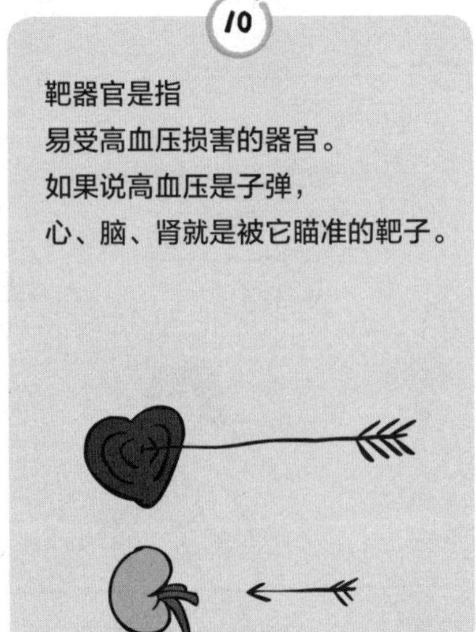
10
靶器官是指易受高血压损害的器官。
如果说高血压是子弹，
心、脑、肾就是被它瞄准的靶子。

11
一些老的抗高血压药虽然能降压，但缺点也不少，比如不良反应发生率高。

12

另外，降压作用时间短，
每天多次服药，
容易漏服，
血压波动大，
对心、脑、肾的保护作用差。

13

而新型降压药，
虽然价格有点高，
但是优点多多。

14

比如，降压效果好，
不良反应发生率低，
能更好地保护心、脑、肾，
延长寿命。

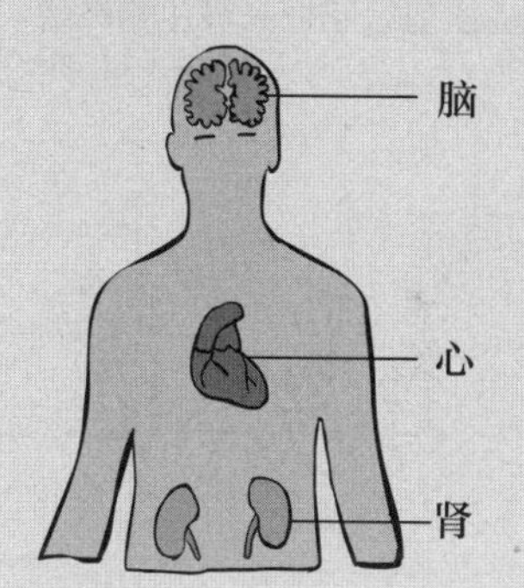
脑
心
肾

15

还有两个好处：
能在 24 小时内持续平稳降压；
每天只服用一次药，
想忘都忘不了。

16

虽然新长效药优于
老短效药，
但也不是说
老药就该被抛弃了。

17

为什么？

18
经济条件不好的患者，便宜的老药一样能抗高血压，在一定程度上也能降低脑出血、脑梗死发生的风险。
药

19
不管新药老药
降压才是王道

20
让医学变得简单

改编：北京天坛医院 缪中荣
文字：河北省人民医院 郭艺芳
绘图：上海中山医院 二师兄

熊猫医生阿缪

## 电子血压计测得不准，是真的吗

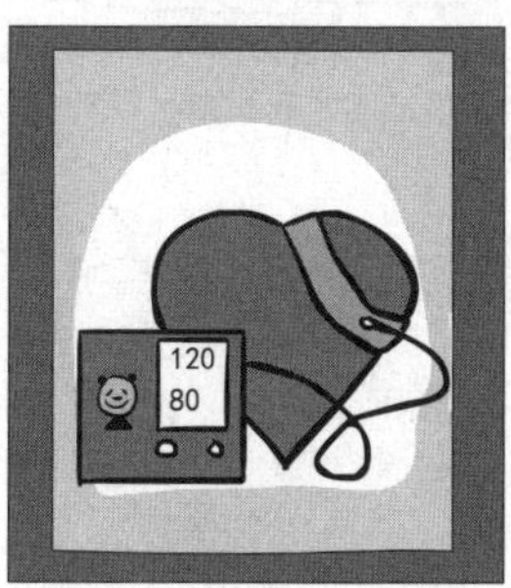

120
80


熊猫医生漫画

1

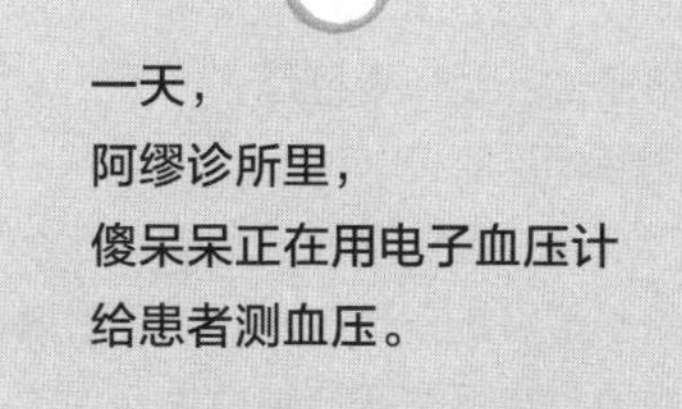

一天，
阿缪诊所里，
傻呆呆正在用电子血压计
给患者测血压。


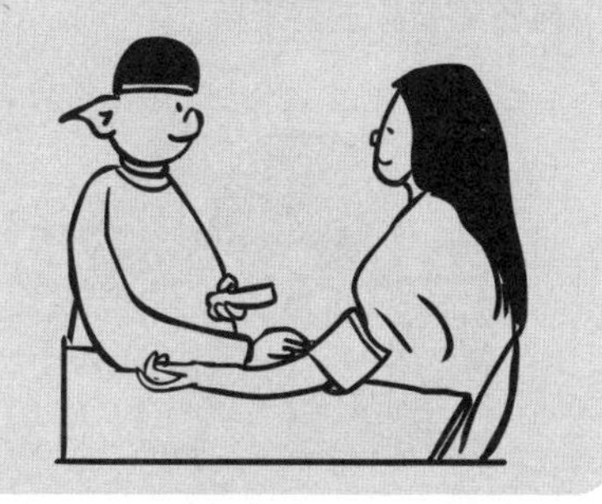

2

为什么每次来
你们都要给我量血压？


3

高血压的诊断
主要是测量血压。

4

可是我一看见“白大褂”就血压高。


5

是的，很多人看见医生就会血压高，
如果在医院测血压≥ 140 / 90mmHg，
或者在家里测血压≥ 135 / 85mmHg，
就可能是高血压了。

我一看见医生
就会血压高。

6

听说电子血压计测得
不准，是真的吗？
波

7

电子血压计只要经过了
国际标准验证，
其准确性都是可以信赖的。
由于传统血压计有水银泄漏的潜在
威胁，电子血压计将成为
血压测量的主要工具。

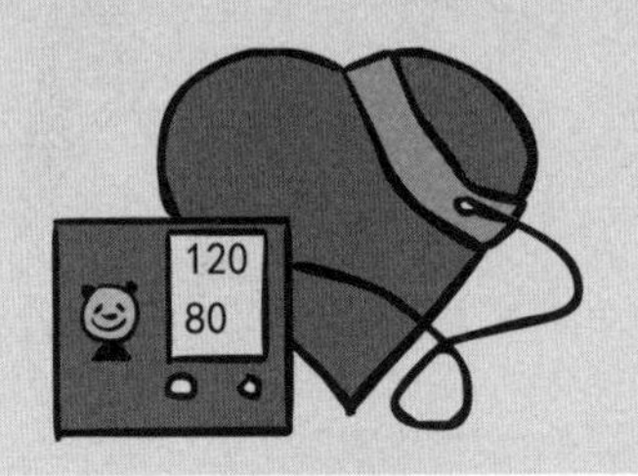
120
80

8

电子血压计分几种啊？

军

9

分为臂式血压计
和腕式血压计。

臂式

腕式

10

那臂式和腕式的
血压计测得结果都一样吗？
哪种好？

11

臂式血压计更准确一些。
但腕式血压计更方便，
适合于上班族、经常出差的人
或一天需要测量
很多次的患者使用。

12

腕式血压计不适用于
患有糖尿病、高血脂、
高血压等疾病的人群。
因为这些人的手腕血压与
上臂的血压测量值误差较大。

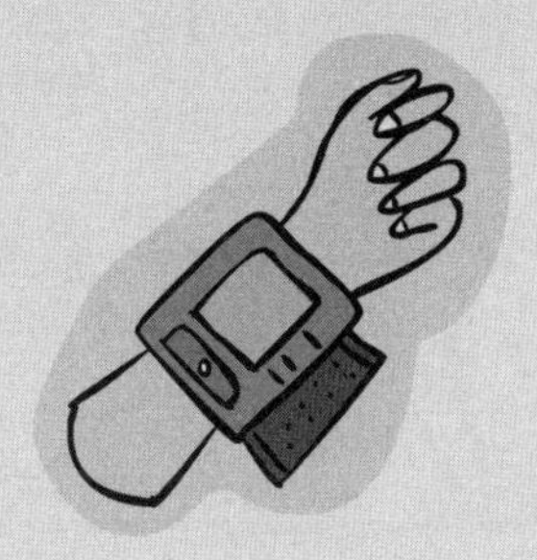

13

那臂式电子血压计测
的时候应注意什么呢?

14

尽量做到“四定”:
定时间、
定体位、
定部位、
定血压计。

15

首先,
应选择在安静、放松、
自然的环境中,
裸露上臂或穿较薄的衣服,
坐位或平卧位,
将臂带缠绕在上臂处。

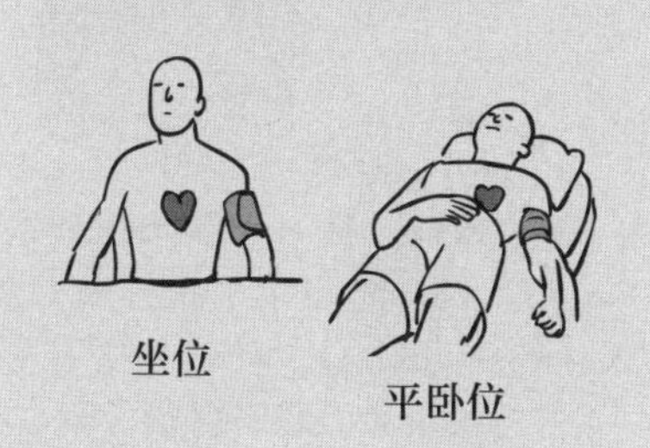
坐位
平卧位

16

血压计袖带中心应与心脏保持
大致相同的水平位置,
气管端口应位于胳膊内侧,
其延长线与中指在同一直线上。

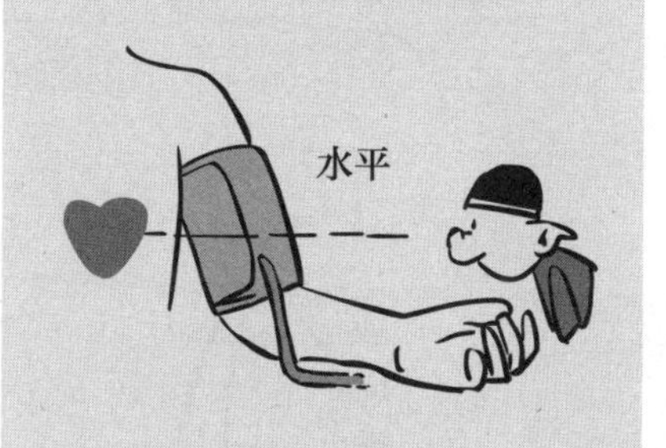
水平

17

袖带的下边缘应处于肘关节
以上 2～3cm 处。
松紧以刚好能插入一指为宜。

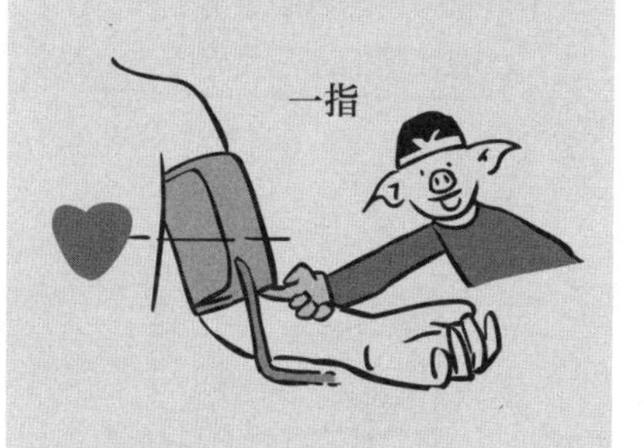
一指

18

那为什么每次测量的血压
都不一样呢？
倪

19

人每时每刻的血压都不一样，
一个健康人在一天内会有
15～30mmHg 的变动，
高血压患者的波动则更大。
它随人的精神状态、时间、
季节、体温等的变化而变化。

20

哪些人不适合使用
电子血压计？

哲

21

主要包括：
过度肥胖者；心律失常者；
脉搏极弱，
严重呼吸困难和低体温患者。

啊？！怎么会这样？！
刚才量的血压肯定不准。

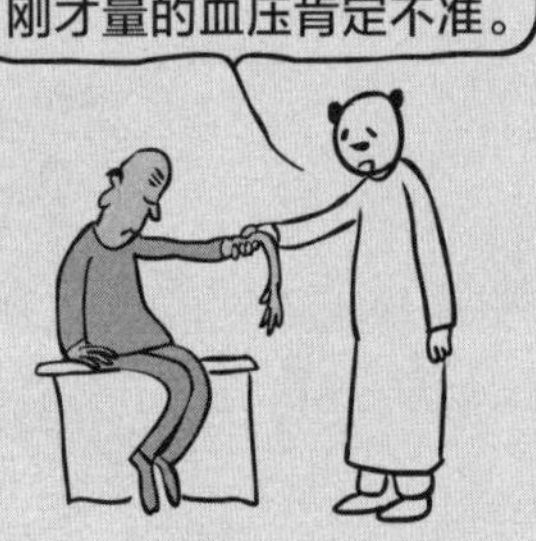

22

心率低于 40 次 / 分和
高于 240 次 / 分的患者；
大出血、低血容量、
休克等血压急剧变化的患者；
帕金森症患者。

23

老先生，
您的心率太快了！
血压不准。
现代舞表演

文字：北京天坛医院 庞　珂

熊猫医生阿缪

## 高血压病的那些事怎样预防

熊猫医生漫画

1

昨天聊高血压，
我一直担心我的血压升高，
测了 20 遍，
还好，虚惊一场！

2

今天早餐犒劳一下自己，压压惊。


3

小二，
来一碗阿缪稀饭，
再加半斤咸菜，
5 块腐乳，
3 个馒头。

4

你这样吃饭血压会升高的！这里面含盐量非常高，盐是导致高血压的重要原因！


5

我一直这样吃啊，昨天科普你没有说盐的事啊。而且我妈说了“好厨子一把盐”，盐放的越多味道就越好。

6

那是指用盐要恰到好处。
低盐饮食
是预防高血压的方法之一。
我国的居民有一个饮食习惯不好，
就是重口味，
尤其是北方人。

加点盐，
比较香。

7

“婆婆一把盐媳妇一把盐”，
这饭最后还得吃了，
不然会导致婆媳矛盾。

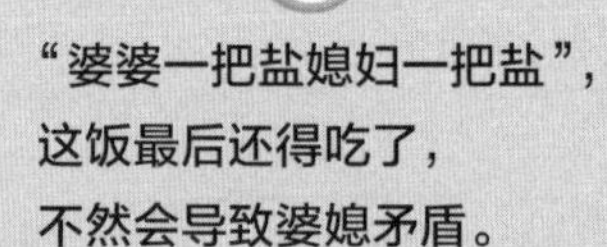

8

西方国家很多人已逐步养成
吃生菜和水煮蔬菜，
根据自己的口味适量用盐。
日本人平均摄盐量
已经降到很低，
所以西方人和日本人
高血压发病率逐年下降。

要限盐

9

那我不吃早餐了

10

忘记了？
之前科普过，
不吃早餐会增加高血压发病率。
早餐一定要吃，
但是要吃健康早餐。

11

之前科普过，
肥胖也会导致血压升高啊？

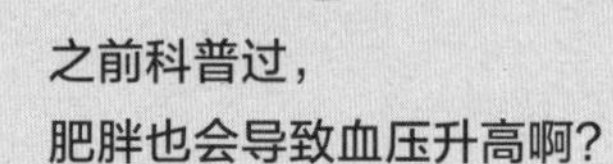

12

体重减少 1kg，
血压下降 1mmHg。
肥胖会导致很多疾病，
如高血压、糖尿病等。

13

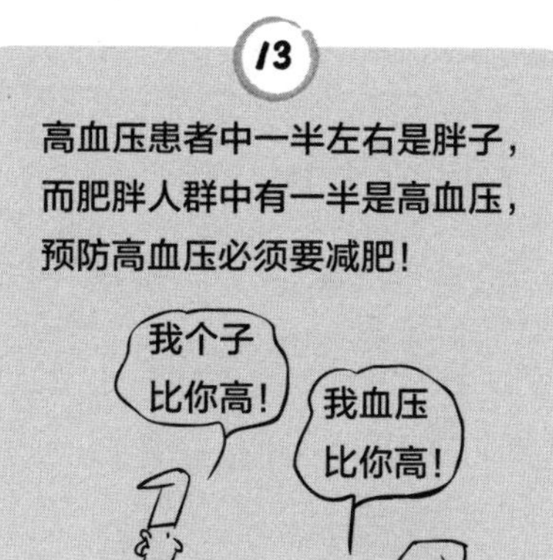
高血压患者中一半左右是胖子，
而肥胖人群中有一半是高血压，
预防高血压必须要减肥！
我个子
比你高！
我血压
比你高！

14

猴哥回花果山了，
师父被妖怪抓走了！
最近我特别烦特别烦！
悟空，
快来救我！

15

人世间太多烦恼，
压力太大会导致高血压。

16

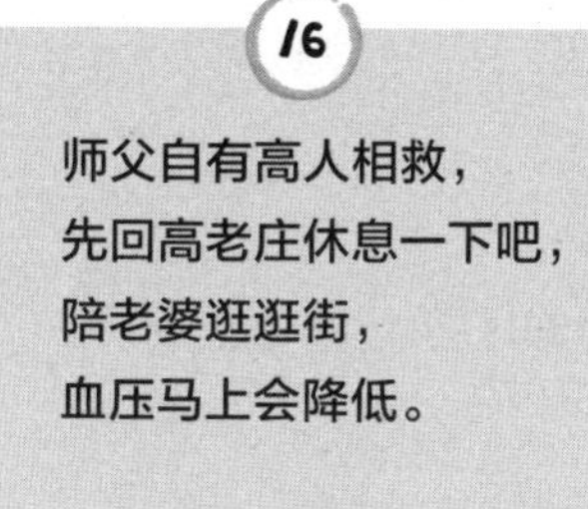
师父自有高人相救，
先回高老庄休息一下吧，
陪老婆逛逛街，
血压马上会降低。

17

重要事情说三遍：
戒烟限酒、
戒烟限酒、
戒烟限酒。
低盐饮食、减轻压力、
改变不良生活习惯
是预防高血压的重要手段。

酒

18
已经有高血压的患者不能再喝白酒了。
19
无酒不成席啊，喝点阿缪红酒可以吗？
20
……
21
还是少喝点酒，要不，来个西红柿炒鸡蛋吧？
22
西红柿炒鸡蛋怎么炒？
23
往锅里倒点油，放 3 个鸡蛋、2 个西红柿，炒一会儿就行了。

24

过了一会儿……

25

阿缪，
你看行了吗？

26

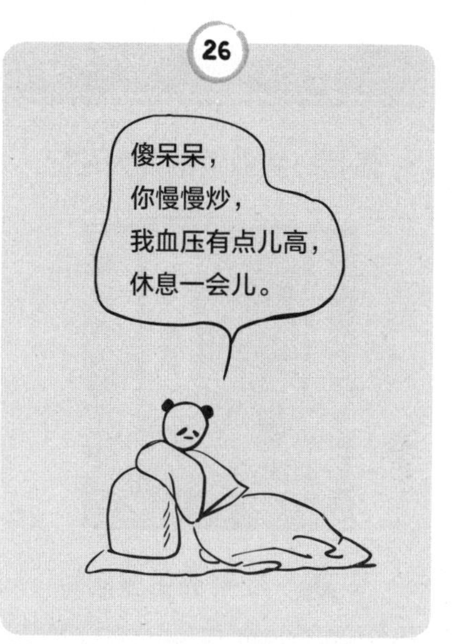
傻呆呆，
你慢慢炒，
我血压有点儿高，
休息一会儿。

27

让医学变得简单

文字：北京天坛医院 缪中荣

绘图：上海中山医院 二师兄

熊猫医生阿缪

## 强壮心脑血管的九大秘籍

九大秘笈


熊猫医生漫画

1

王女侠最近很火，
因为她在研究“九大秘籍”！

王氏剑法，
九大秘笈，
独步江湖。


2

九大秘籍？
很神秘的样子，
王女侠也给我们
说道说道。


3

其实就是简单
生活秘籍“7+2”：
戒烟、体育运动、
饮食、体重指数、
血压、胆固醇和血糖，
再加上阳光的心态
和健康的睡眠。

4

“7+2”听着确实很简
单，具体要怎么做呢？

5

1. 戒烟。
目标：从不吸烟
或者戒烟超过 1 年。

我一不小心
又占领了封面
不戒烟，
占领封面
也没用。

6

2. 体育运动。
目标：一周中度运动不少于 150 分钟或剧烈运动不少于 75 分钟。
目的是减轻体重，改善血压血脂，控制血糖。

走，
跟熊猫医生
一起运动。

7

3. 健康的饮食习惯。
目标：每日 4～5 杯或更多的水果、蔬菜，
每周 2～3.5 盎司的鱼，
每周少于 450 千卡的高糖；

这些是高糖的，
大家不要吃。

8

每天 3 盎司或更多富纤维的全谷类食品，
每天钠摄入量少于 1500mg。
（1 盎司 =28.35 克）

人气
必点

阿缪面馆健康食品

9

4. 检测身体体重指数 BMI。
目标：BMI 小于 $25kg/m^2$。
肥胖会增加高血压、糖尿病及高血脂的发生率。

秤不准
吧？！
准得很

10

5. 测量血压。
目标：血压低于 120/80mmHg。
高血压是心脏疾病的第一危险因素。
如在美国每 3 个人中就有一个高血压病患者，
且很多患者都没有被检测。

11

6. 控制胆固醇。
目标：总胆固醇水平低于 200mg/dl（5.1mmol/L）。
高胆固醇增加冠心病和脑卒中的发生率。
（1mmol/L=38.7mg/dl）

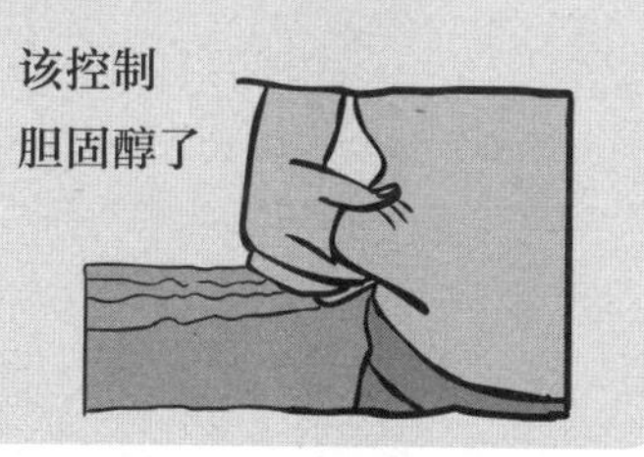
该控制
胆固醇了

7. 降低血糖。

目标：空腹血糖

低于 100mg/dl（5.6mmol/L）。

研究表明，

如果严格控制高血压、高血糖和高血脂可以在 20 年内比至少一项控制不良者减少 70%～85% 的心脑血管疾病死亡率。

14
这 7 种生活方式达标情况越好，心脑血管疾病的发病率就越低。
晓虎偶谈

15

是的。

与不达标的人相比，7 项指标达到理想状态的人群，以下几种疾病的患病风险会显著降低：

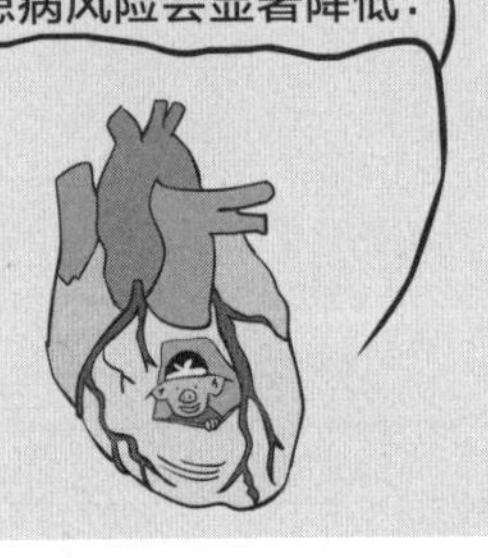

16

癌症风险下降 20%；

慢性肾病风险下降 62%；

肺炎风险下降 43%；

慢性阻塞性肺病风险下降 49%。

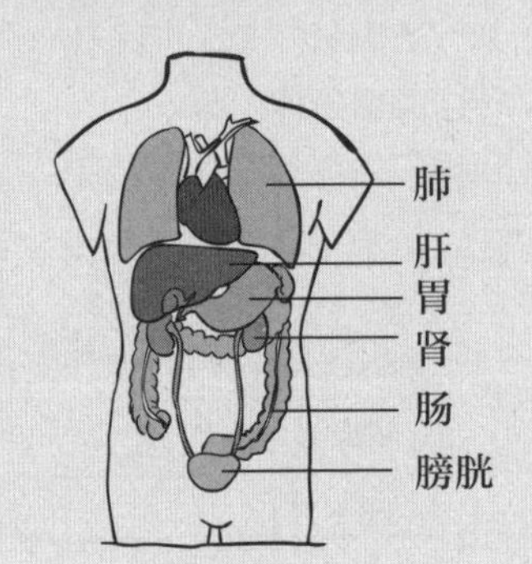
肺
肝
胃
肾
肠
膀胱

17

每天平平淡淡的日子同样影响着心脑血管的健康，阳光心态与健康睡眠是健康的最好保障。

18

心理因素与
心脑血管健康关系密切。
我们倡导：
一天很短，
开心了就笑；
不开心，
就过一会再笑。

哈
哈
哈
哈
哈
哈


我不禁发出了杠铃般的笑声

19

睡觉是养生的最好方法，
充足的睡眠能有效地
保证心脑血管健康。

先生，
该睡觉了。

20

保护心脑血管健康，
简单生活秘籍“7+2”，
我们从现在开始做起。

从现在开始，
不拖延。

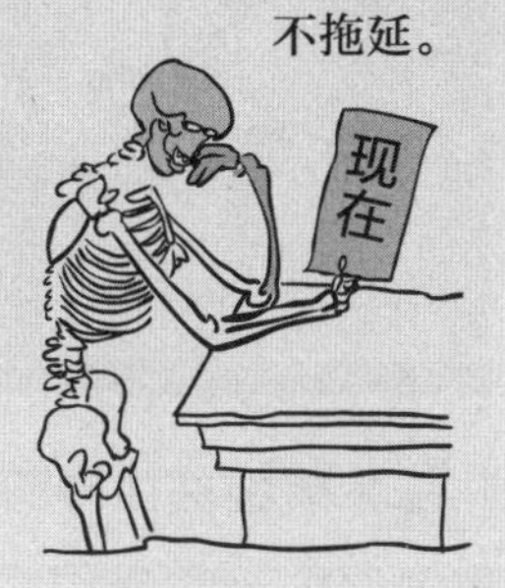

现在


21

让医学变得简单

主审：北京天坛医院 缪中荣
文字：北京天坛医院 王春雪
绘图：上海中山医院 二师兄

熊猫医生阿缪
如何治疗高血压病
熊猫医生漫画

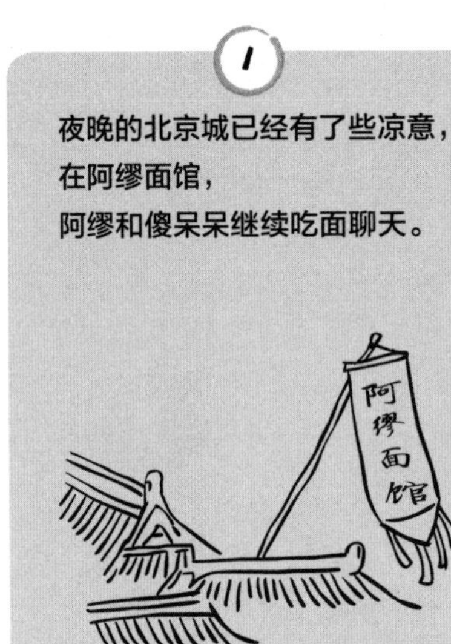
1
夜晚的北京城已经有了些凉意，
在阿缪面馆，
阿缪和傻呆呆继续吃面聊天。
阿缪面馆

2
这两天聊了高血压的话题，
我感觉血压快要高了，
如果已经确诊是高血压病了，
怎么办？

3
降压，
降压，
降压！
重要的事情说三遍。

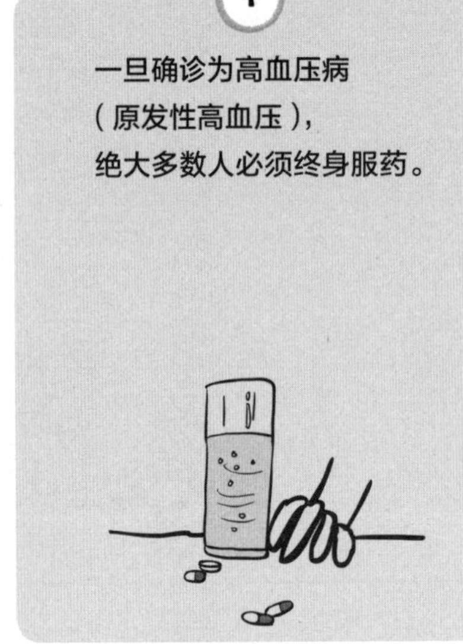
4
一旦确诊为高血压病
（原发性高血压），
绝大多数人必须终身服药。

5
有哪些药物可以降低血压呢？

6

目前的抗高血压药主要有 5 种:
(1)利尿药。
(2)β 受体阻滞剂。
(3)钙通道阻滞剂。
(4)血管紧张素转换酶抑制剂。
(5)血管紧张素Ⅱ受体阻滞剂。

7

你把我搞糊涂了，
这些是不是根据药物的
作用机制分类啊?

8

是的。药店和医院的抗高血压药名都是商品名。如同你经常使用的喵哥一样，其规范名称应该是枸橼酸西地那非。化学名更复杂:
1-[4- 乙氧基 -3-(6,7- 二氢 -1- 甲基 -7- 氧代 -3- 丙基 -1- 氢 - 吡唑并 [4,3d] 嘧啶 -5- 基 ) 苯磺酰 ]-4- 甲基哌嗪枸橼酸盐。

9

抗高血压药也一样，
不同厂家不同的种类
可以有很多商品名。

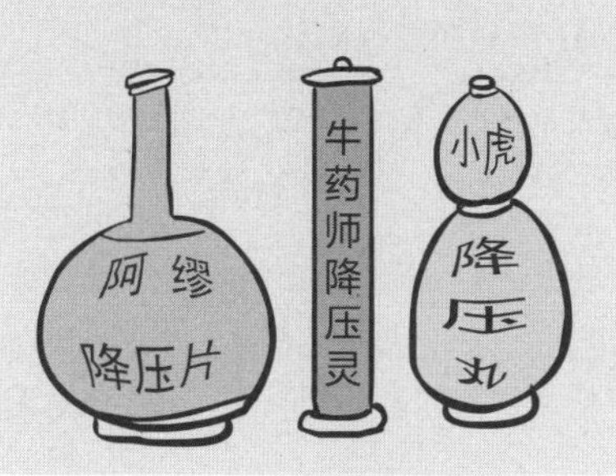

阿缪
降压片
牛药师降压灵
小虎
降压丸


10

我就知道喵哥!
这么多降压药品，
哪一种适合我啊?

11

要听医生的。
医生会针对不同患者的身体特质
建议服用相应的药品。
医生会根据患者的危险因素、
器官损害及合并临床疾病的情况，
选择单一用药或联合用药。

12

有人说降压药物用的太早
会导致以后无效了，
是真的吗？

13

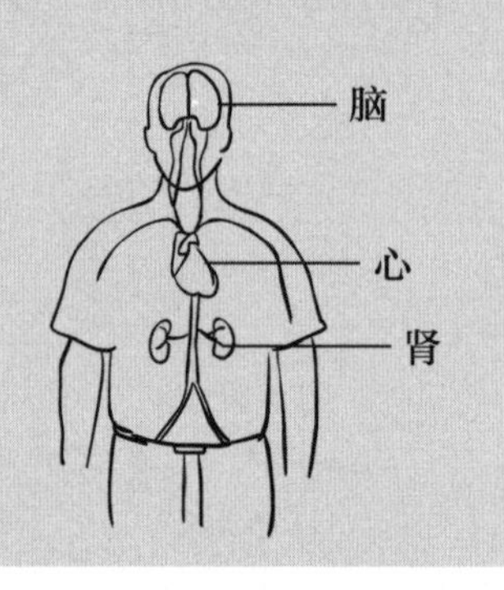
一旦患有高血压病，
对心脑肾等重要器官的损伤
就开始了，
所以使用抗高血压药越早越好。
脑
心
肾

14

服用降压药物会影响
肝肾功能吗？

15

是药三分毒。
凡药品都有或多或少的
不良反应。
但是与高血压对心脑肾
等器官的损伤相比可以
忽略不计了。

16

保健品会有降压作用吗？

17

目前没有任何医学证据显示
哪一种保健品可以达到
降压药物的作用。
所以必须规范服用抗高血压药，
切莫盲目跟风，酿出
心脑血管疾病的悲剧。

18

长期用一种降压药物会产生耐药性而不起作用吗？

19

目前没有证据显示长期服用任何一种降压药会耐药而疗效下降。如果在血压控制良好的情况下，那么不要轻易换药。

20

降压药物会不会和其他药物比如阿司匹林、降血脂药物有冲突啊？

21

不会

22

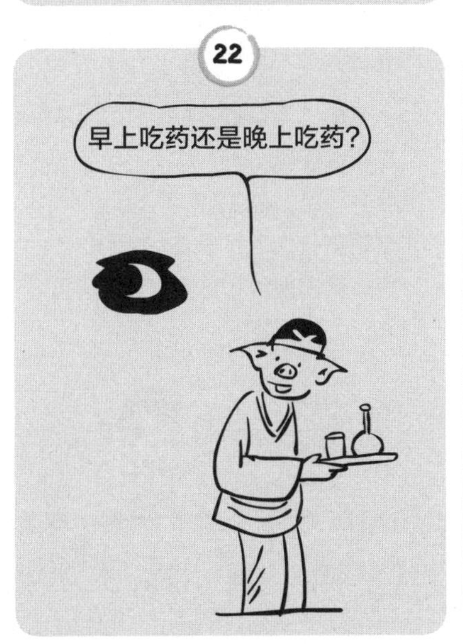
早上吃药还是晚上吃药？

23

抗高血压药都有一个最佳血药浓度，所以根据个人的习惯固定一个时间服用。另外根据医生建议来服药。有些药物有时间要求，例如早晨服药。

24
血压降到什么程度？是不是越低越好？

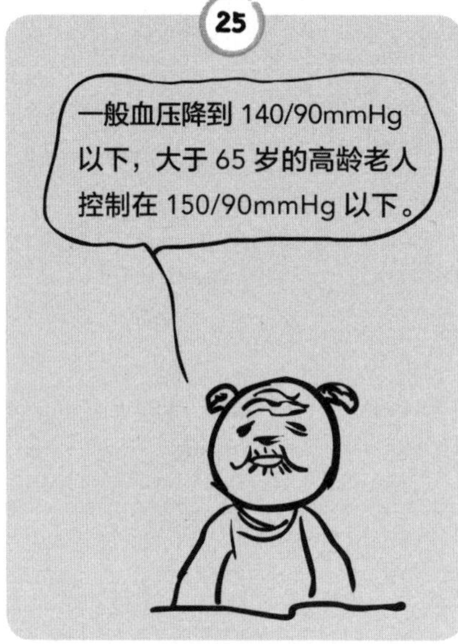
25
一般血压降到 140/90mmHg 以下，大于 65 岁的高龄老人控制在 150/90mmHg 以下。

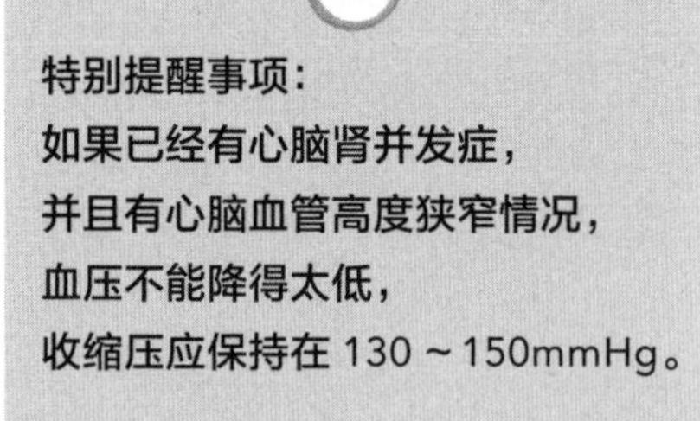
26
特别提醒事项：
如果已经有心脑肾并发症，
并且有心脑血管高度狭窄情况，
血压不能降得太低，
收缩压应保持在 130 ~ 150mmHg。

不能太低

27
青少年高血压病需要服药吗？

28

一旦确诊为高血压病，
都应该服药。
很多年轻人就是因为
自己年轻忽略了服药，
导致脑出血或者心肌梗死发生。

年轻、年老一样要吃药

29
服用降压药物，是不是就可以随意抽烟喝酒了？

30
改变不良生活习惯是基础，
如果服药后仍然吸烟、过量
饮酒、高盐饮食，那就抵消
了抗高血压药带来的好处了。

31
服药后血压保持正常，
是不是可以停药看看，
如果反弹再服药？

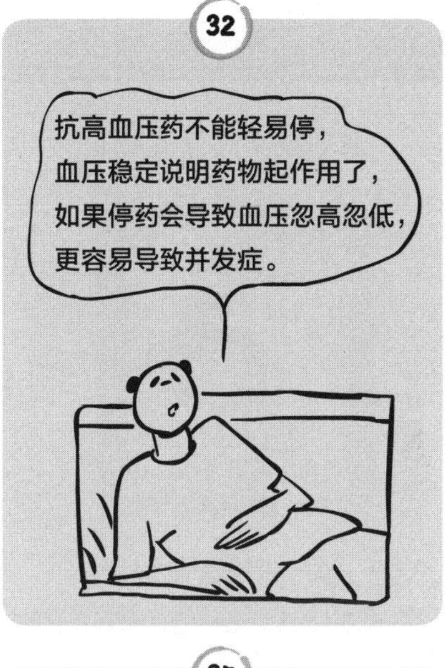
32
抗高血压药不能轻易停，
血压稳定说明药物起作用了，
如果停药会导致血压忽高忽低，
更容易导致并发症。

33
坚持服药，
臣妾做不到啊！

34

不要紧，
先定一个能达到的小目标，
像它一样。

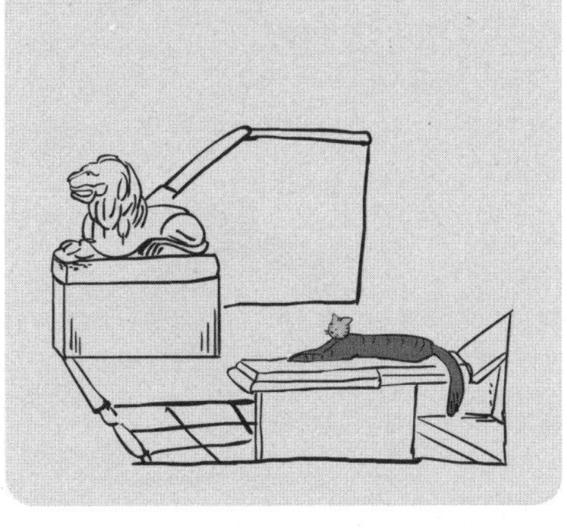

35

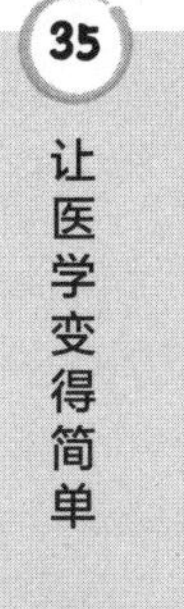
让医学变得简单

文字：北京天坛医院 缪中荣
绘图：上海中山医院 二师兄

熊猫医生阿缪

## 谁需要吃药治高血压

药不能停


熊猫医生漫画

1

马上中秋节了，
阿缪面馆很热闹。
面馆自做月饼，
送给前来聊天的各位江湖朋友。

阿缪，
傻呆呆，
我来吃
月饼啦！


2

阿缪，
你说的高血压
一般的定义是？


3

一般而言，
小于 60 岁，收缩压≥140mmHg；
≥80 岁，收缩压≥150mmHg；
任何年龄，舒张压≥90mmHg。
就是患了高血压病了。


4

收缩压、舒张压是什么，
原谅我比较笨，
不是很理解。


5

就是指心室收缩时和舒张时的血压。即平常所说的高压和低压。
例如 120/80mmHg，
120 就是收缩压、高压；
80 就是舒张压、低压。

6
哦，我明白了。

7
这时候，
嵩山派的少侠常有福来了。

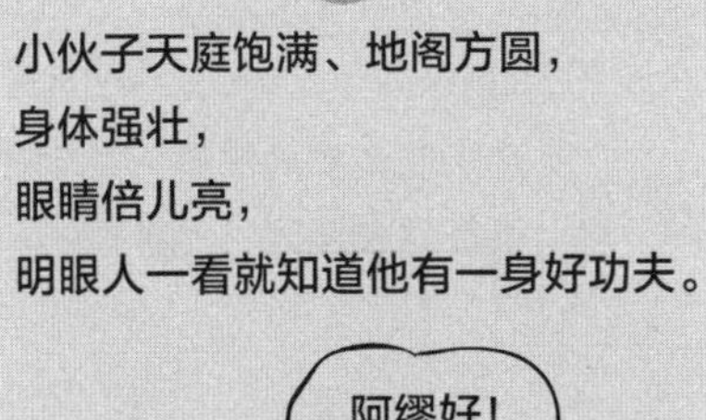
8
小伙子天庭饱满、地阁方圆，
身体强壮，
眼睛倍儿亮，
明眼人一看就知道他有一身好功夫。

阿缪好！

9
阿缪，
我去医院量血压，
高压是 145mmHg，
但是我在家量，
就降到 120mmHg 了。
您说我要吃药控制吗？

10
先不用
不用？
高血压不要吃药吗？

11
常少侠年纪轻轻，
身体强壮，
到医院因为紧张，
所以血压才高。
在家血压正常，
并且没有器官损伤的证据，
建议先动态监测，
确定有无高血压病。

12
那哪些人需要吃药治疗高血压呢？
13
其实，
高血压一般都是先用非药物治疗。
14
非药物治疗？
15
是的。
俗话说：是药三分毒。
抗高血压药不但花费高，
而且多有不良反应，
有些不良反应反而会增加心脏病的风险。
16
当然，
如果确诊患了高血压病，还是要吃药的。所以，
治疗需要依人而定。
17
非药物治疗主要有：
限盐、
减肥、
少喝酒、
锻炼身体。
今天平板
明天支撑

18

我也想知道，
哪些人需要吃药呢？

19

1. 已经用了非药物治疗办法的。

$>$ 80 岁者，收缩压≥ 140 和（或）舒张压＞ 90mmHg，就该服药了。

≥ 80 岁者，收缩压≥ 150 和（或）舒张压＞ 90mmHg，也该吃药了。

锻炼不管用，该吃药了。

20
简单地说，
单纯收缩压高，
单纯舒张压高，
或者二者都高，
都该吃药。

21

2. 有器官损害的。
例如有蛋白尿性慢性肾疾病、心血管疾病，
收缩压大于 130 和（或）舒张压大于 80mmHg，
就该服药了。

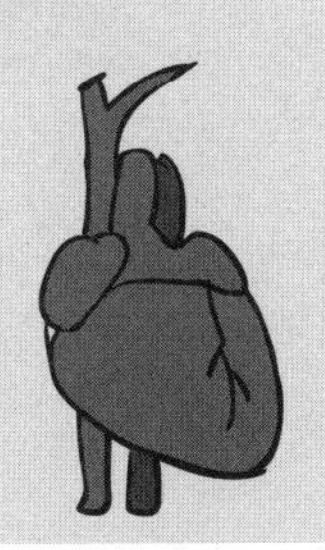

22

3. 对于不伴糖尿病、慢性肾脏病、或心血管疾病的高血压前期，
收缩压 120～139 和（或）舒张压 80～89mmHg，先不用药，
给予限盐、减肥、限酒和锻炼治疗，
同时随访血压。

一起来减肥

23
我明白了，
多谢阿缪！

24
来来来，
吃月饼了。
25
八戒，
在干嘛呢？
傻呆呆坐着干啥？
26
阿缪，
你说，
月亮上的嫦娥姑娘
有月饼吃吗？
27
让医学变得简单
文字：北京天坛医院 缪中荣
绘图：上海中山医院 二师兄

熊猫医生阿缪

## 天冷了血压不正经，咋办

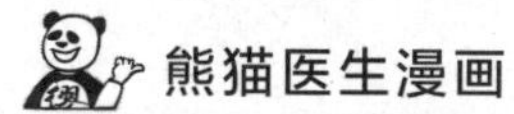
熊猫医生漫画

1

最近雾霾严重，
单位都放假了，
大家在面馆聊天。

阿缪面馆

2

最近天冷，
李老伯的血压升到 180mmHg，
于是晚上自己多加了一颗药。
半夜不舒服，
一量血压居然跌到了
130 / 60mmHg，
家里人吓得赶紧送他去了医院。

3

冬季因为昼夜温差大，
血管容易收缩，
所以，
血压即便平时很“听话”，
这个时候也开始犯事了。

4

那碰上血压突然升高，
该不该加药呢？

5

到了冬季，高血压
患者一般都需要调药，
药量会比夏季大。
怎么加，加多少，
这些都得医生说了算，
自己随便“加一片”很危险，
容易降压过度。

叁

6
怎么掌握血压的波动？
晓虎偶谈
7
要想控制血压，
先要掌握它的变化，
所以冬季要多量血压，
一天至少 3 次：
早上 6 ~ 8 时；
下午 15 ~ 17 时；
晚上睡觉前。
8
血压有什么样的变化
是不正常的呢？
9
晚上测血压波动范围
在 20% 内是正常的。
但是如果 < 10% 就要注意了，
因为晚上的血压
本来就会偏低。
10
听说降压药分长效和短效
两类，是什么意思？
刘
11
顾名思义，
长效药是指
长时间维持降压效果的药，
只需早餐后服用一次就能
管 24 小时。
但是它也有缺点：
吸收慢，起效慢，
几天才能见效果。

12
短效药正相反，
吸收快，起效快，
但维持时间短。
一天服 3 ~ 4 次药，容易漏服。
所以，建议短效降压药
作为长效降压药的补充。

13
如果血压一直都很平稳，
没有“犯过事儿”，
是不是可以停药呢？

14
要明白一个道理，
正因为严格用药，
所以血压才控制得好，
而控制得好和完全治愈是两回事。
如果经过治疗
患者的血管状况得以改善，
那么减药是可以的。

15
长期服用降压药
会影响肝肾功能吗？
哲

16
服用抗高血压药确实
会有一定的不良反应；
但相比高血压致残、致死的
严重后果而言，
服用抗高血压药的获益更大。

17
那么一直吃一种药
会不会产生耐药性？
要经常换药吗？
军

18
目前没有证据显示
长期服用同一种降压药
会出现耐受性而导致疗效下降。
所以，如果血压控制得好，
就无须换药，
以免血压波动发生意外。
药房
19
看到很多保健品广告
宣传自己是“降压神药”，
是不是真的？
邵
20
对此我只能呵呵，
患了高血压病应当到医院
就诊，所谓能够根除高血压
的说法都是伪科学。
不要信
21
如不遵医嘱采取一些不
科学的治疗方法，反而
容易导致脑卒中（中风）、
心肌梗死的发生。
22
看来只要听医生的话，
正确服药，
控制血压很简单。
23
傻呆呆，
慢点，
你快把我打爆了！

熊猫医生阿缪

## 天冷注意高血压

熊猫医生漫画

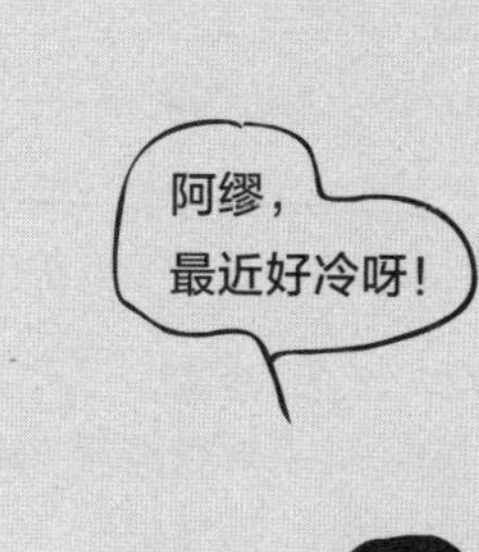

1
阿缪，
最近好冷呀！

2
是呀！
没想到冬天来得这么快！

3

李华为

看朋友圈，
有些地方已经下雪了。
这里已经下雪了：

4
是呀，
天气寒冷，
我们应该做一组漫画，
提醒高血压读者注意安全。

5
天冷和高血压有关系吗？

叁

6

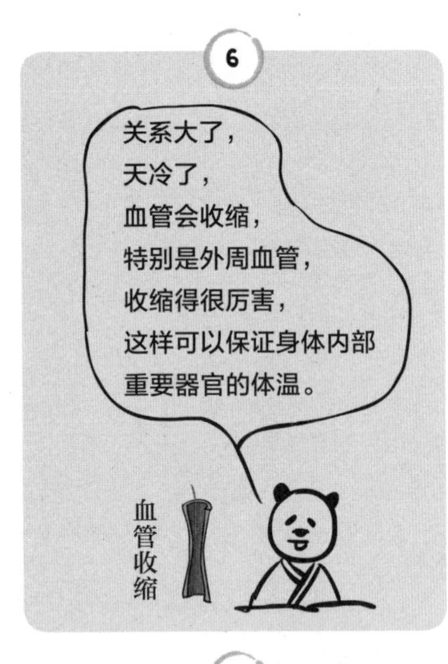

关系大了，
天冷了，
血管会收缩，
特别是外周血管，
收缩得很厉害，
这样可以保证身体内部
重要器官的体温。
血管收缩


7

血管收缩，
血压会比夏天天热的时候
高一些。

冬天，
血管收缩，
血压高。

夏天，
血管舒张，
血压低。

8

怪不得我一到冬天，
手脚就会冰凉。

9

这是身体的一种自我保护
机制。收缩外周血管，
保证心肺等重要器官的灌注，
所以冬天的时候，手、脚、
脸和耳朵容易冻伤。

10

女性对体温更敏感一些，
女性的体表体温一般比男性低，
冬天来了，
女性的手脚更容易冰凉。

哇！好凉啊！


11

阿缪，
我昨天看文献报道，
女性的心比男性要暖一些。

12

是的，
一般情况下，
女性体内温度比男性高。

13

手脚冰凉要紧吗？

14

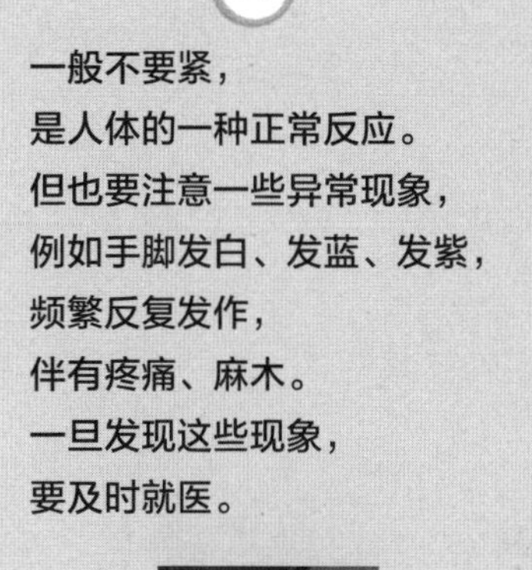
一般不要紧，
是人体的一种正常反应。
但也要注意一些异常现象，
例如手脚发白、发蓝、发紫，
频繁反复发作，
伴有疼痛、麻木。
一旦发现这些现象，
要及时就医。

15

那冬天高血压患者要
注意些什么呢？

16

有几条建议：
下雪路滑
注意安全

17

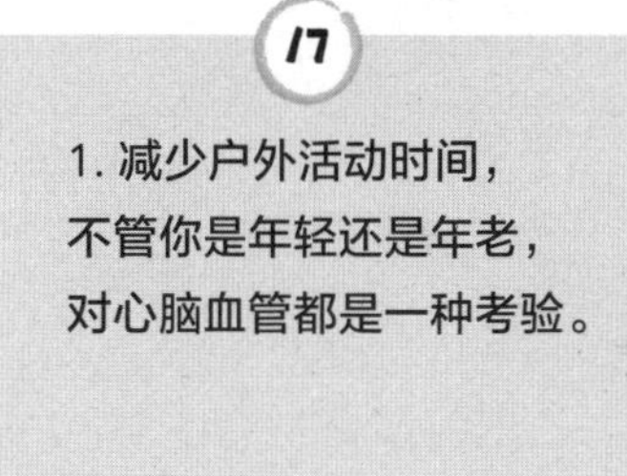
1. 减少户外活动时间，
不管你是年轻还是年老，
对心脑血管都是一种考验。

18

2. 穿得暖和一些。

19

3. 最好戴帽子。

20

4. 注意膳食营养。
食物能产生热量，
不吃饭的时候会更冷。

喝一碗牛肉面，
身体暖洋洋。
阿缪面馆

21

5. 最好戴不分指头的手套，
这种保暖效果好。

22

6. 避免大量饮酒，
饮酒后会加快散热。

阿缪面馆
酒

23

天冷的时候，
如果醉酒在街头，
很容易冻伤，
甚至有生命危险。

24
好的，
我知道了，
希望高血压患者
能顺利度过寒冷的冬天。

25
原来你藏
在这里！

26
让医学变得简单
文字：北京天坛医院 缪中荣
绘图：上海中山医院 二师兄

熊猫医生阿缪

# 为什么血压正常了，反而头痛头晕

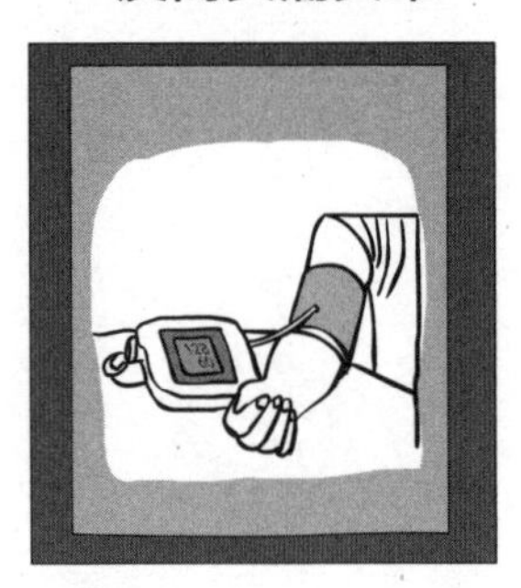

熊猫医生漫画

1

我要找郭大侠。
医

2

你有什么事啊？

3

我平时血压高压 170～180mmHg 的时候，没有任何不适症状。近日医生劝我一定要服用降压药，我听了医生的话，几天后血压降到 140/90mmHg 左右。

4

这不挺好嘛。
医

5

好什么啊，紧跟着就出现了头痛、头晕、全身乏力的症状，我马上停用了降压药。但是心里不踏实，想找郭大侠咨询一下，可不可以停药？

6

当然不可以。你得马上恢复服用抗高血压药。

7

但是我血压高的时候没什么症状啊，为什么一定要吃降压药？

8

血压高平时却没有任何症状的人很多。
然而，
高血压的危害只取决于血压高低，不取决于有无症状。

9

只要血压增高，
即便没有任何不适，
也会显著增加
心脑肾并发症的风险，
因此只要血压升高就应该治疗。

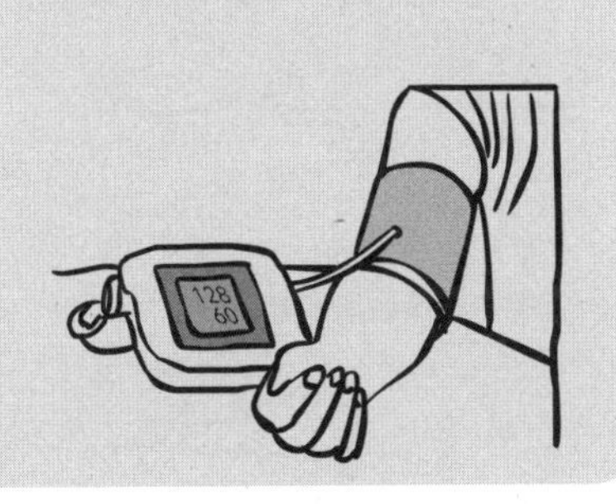
128
60

10

那是不是说血压控制平稳了就可以停药呢？
倪

11

也不可以。
血压平稳后应继续长期用药，
擅自停药可使血压再次升高，
严重者可导致脑梗死或脑出血。

叁

12
但是这位患者血压高时
没有不适症状，
血压降下来了反而头疼头晕，
又是为什么？
军

13

这种现象很常见。
这是因为患者长期血压增高，
脑血管已经适应了较高的压力，
如果在短期内迅速将血压
降到较低的水平，患者一时
不适应会出现不舒服的感觉。

14

看来降压太快也不是好事。

15

是的，
服用抗高血压药不能急于求成，
从小剂量开始，
尽量使用长效抗高血压药，
在 2～3 周内把血压
缓慢地降到目标值，
可以有效避免上述不适症状的发生。

16

另外，
有些抗高血压药具有扩血管作用，
开始服药时也会出现头痛症状。
但无论属于哪种情况，
患者均不应停用抗高血压药。

17

不能停用抗高血压药，
头痛、头晕怎么解决？

18

若头痛症状严重，
可在医生指导下减小药物剂量
或更换其他药物。
随着时间的推移，
绝大多数患者会逐渐耐受，
头痛、头晕症状会逐渐消失。

19

除了高血压，
还有什么疾病是要终身服药的？
波

20

绝大多数心脑血管疾病如冠心病（包括心肌梗死）、心力衰竭、脑梗死等都需要终身用药治疗。

药不能停

21

很多药物对于
维持病情稳定至关重要，
例如阿司匹林、氯吡格雷、
他汀类降脂药、降糖药等。

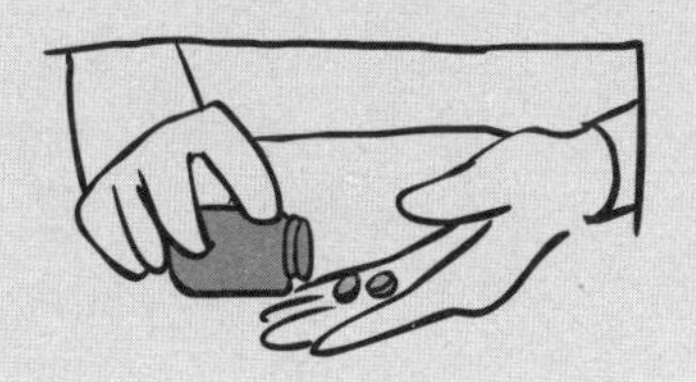

22

但是一些任性的患者经过治疗
病情渐趋稳定，
不适症状消失，
就不经医生同意私自停药或减药，
这样做很危险。

血压太高了，
太危险了。

23

会有什么样严重的后果？
刘

叁

24

例如心力衰竭患者需要长期服用普利类或沙坦类与美托洛尔或比索洛尔等药，即便病情稳定后仍需常年用药。若突然停药，可能导致心力衰竭加重甚至更严重的后果。

25

又例如冠心病患者（特别是心肌梗死或反复发生心绞痛或刚刚植入支架的患者）需要长期服用阿司匹林，有时还要联合氯吡格雷等药。

26

若擅自停药，
会大大增加发生心肌梗死的风险。

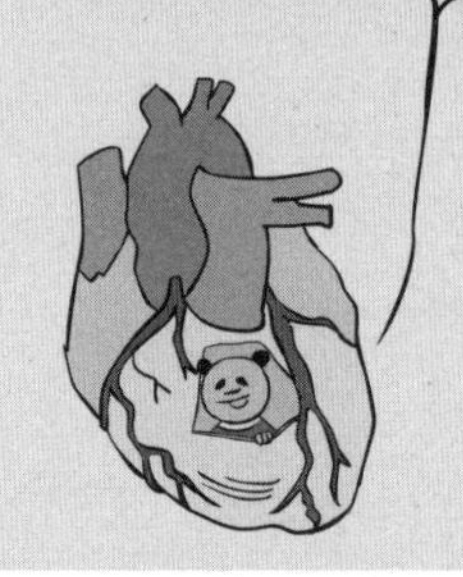
听医生的话，
不能随便停药。

27

让医学变得简单

主审：北京天坛医院 缪中荣

文字：河北省人民医院 郭艺芳

绘图：上海中山医院 二师兄

6
错！研究显示二甲双胍与糖尿病患者的预期寿命的增加有关，但想靠它来长寿，可没有科学证据支持！

7
但减肥总没问题吧？

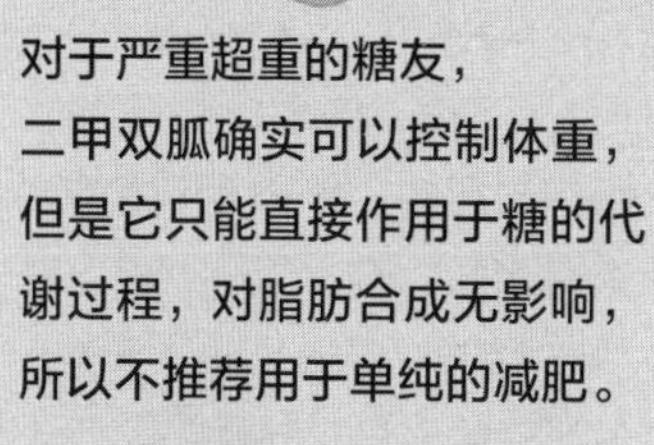
8
对于严重超重的糖友，
二甲双胍确实可以控制体重，
但是它只能直接作用于糖的代
谢过程，对脂肪合成无影响，
所以不推荐用于单纯的减肥。

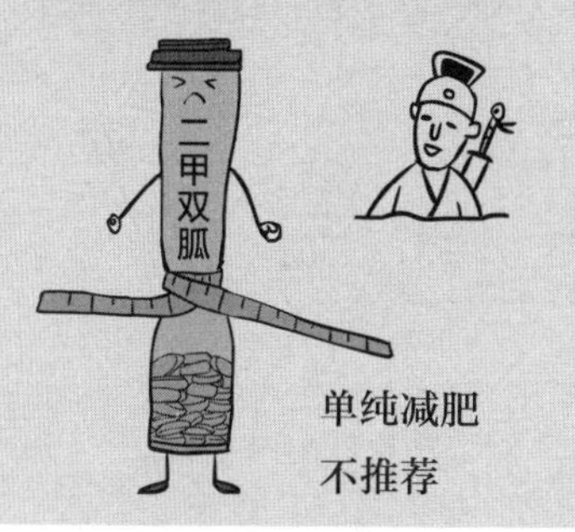
二甲双胍
单纯减肥
不推荐

9
是药三分毒，
二甲双胍有什么不良反应？

10
二甲双胍跟其他的一些药物合用可能会发生风险，产生不良反应。

11
啊？
哪些情况不能吃？

12
对二甲双胍过敏的、酗酒的、组织缺氧的、外科大手术的，还有叶酸、维生素 $B_{12}$ 缺乏的、重度肾功能不全的等，患者在使用二甲双胍时都要非常慎重！

13
好可怕！
会引起什么不良反应呢？

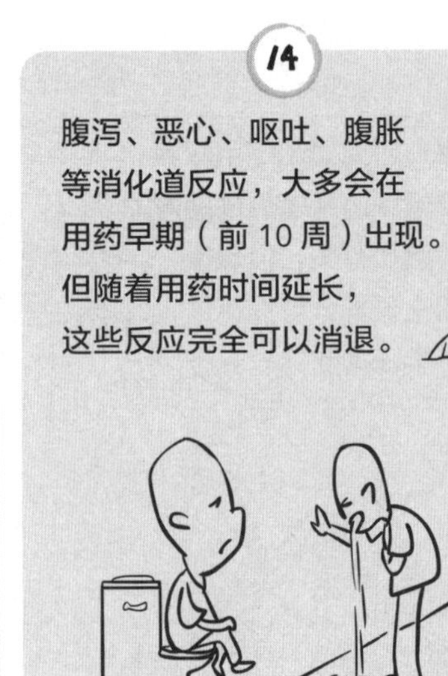
14
腹泻、恶心、呕吐、腹胀等消化道反应，大多会在用药早期（前 10 周）出现。但随着用药时间延长，这些反应完全可以消退。
腹泻
呕吐

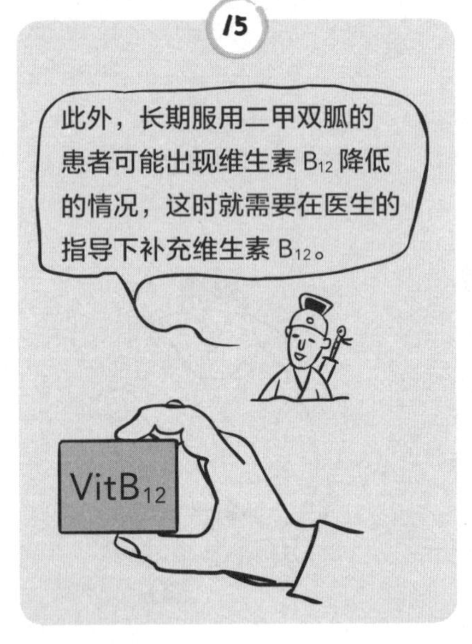
15
此外，长期服用二甲双胍的患者可能出现维生素 $B_{12}$ 降低的情况，这时就需要在医生的指导下补充维生素 $B_{12}$。
VitB12

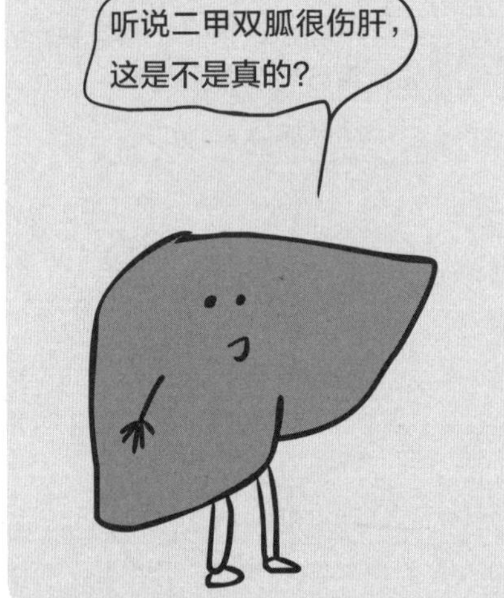
16
听说二甲双胍很伤肝，这是不是真的？

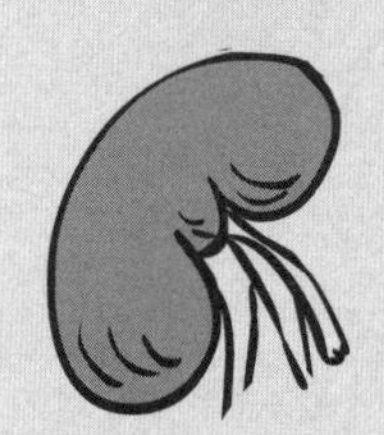
17
二甲双胍对人的肝、肾并没有毒性，肝、肾功能正常的患者长期服用是很安全的。最新修改的说明书提示，对于中度肾损害患者也可以使用。
中度肾损害的
也可以使用

18

但是对于已经出现了肝损害的患者，使用二甲双胍时需要非常谨慎，谨防乳酸酸中毒。

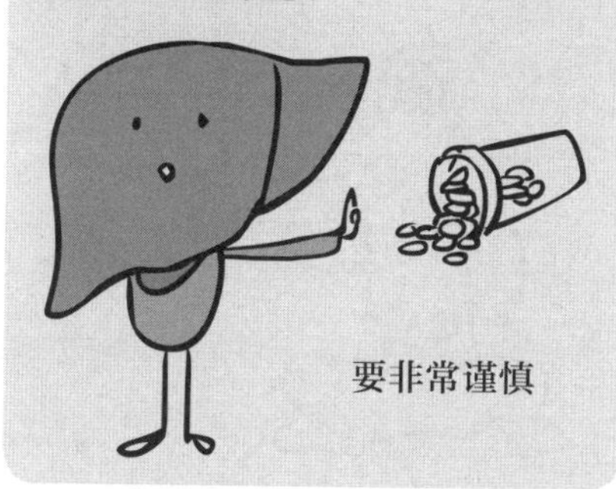
要非常谨慎

19

记住了！
还有哪些需要注意的问题呢？

20

首先是用药剂量：
二甲双胍用于降糖时，最小的用药剂量应每天 500mg，成人可用的最大剂量是 2550mg/d，而最佳剂量为 2000mg/d。

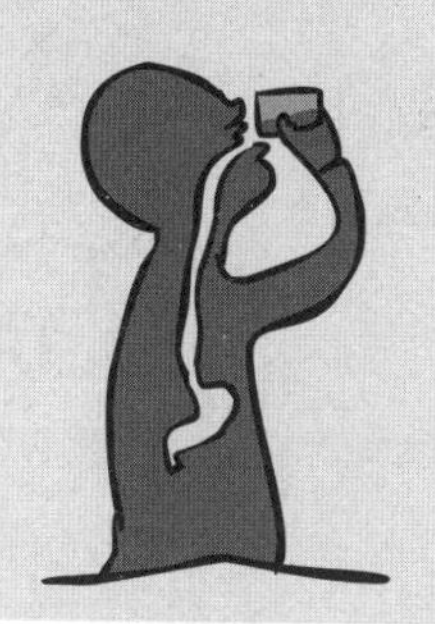

21

调整剂量时，应遵循“小剂量起始，逐渐加量”的原则。建议开始时服用 500mg/d 或小于 1000mg/d，根据患者个体状况，1 ~ 2 周后增至维持剂量。

小剂量起始
逐渐加量

22

通常每日剂量 1500 ~ 2000mg，分 2 ~ 3 次服用，应该在进餐时或餐后立即服用。

23

其次是用药人群：
鉴于二甲双胍的优良安全性，10 岁以上的患者都可以服用。

10 岁以上儿童
都可以服用

**24**

对于老年人来说，
只要肾功能正常，
没有具体年龄限制。
但 65 岁以上的患者
应定期监测肾功能。

65 岁以上
监测肾功能

**25**

对于肝功能不全的患者，
尤其是转氨酶高于正常值
3 倍以上的患者，
不应继续用药。

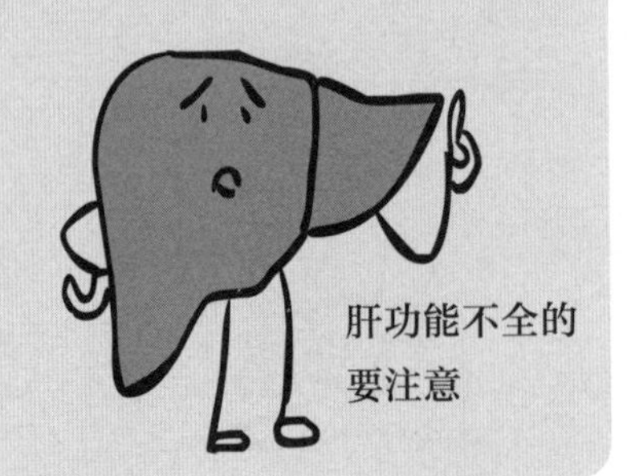
肝功能不全的
要注意

**26**

肾功能不全的患者
应该根据肾小球滤过率
来调整具体用药剂量。

肾小球滤过率

**27**

如果要做心脑血管造影检查，
是不是要停用二甲双胍啊？

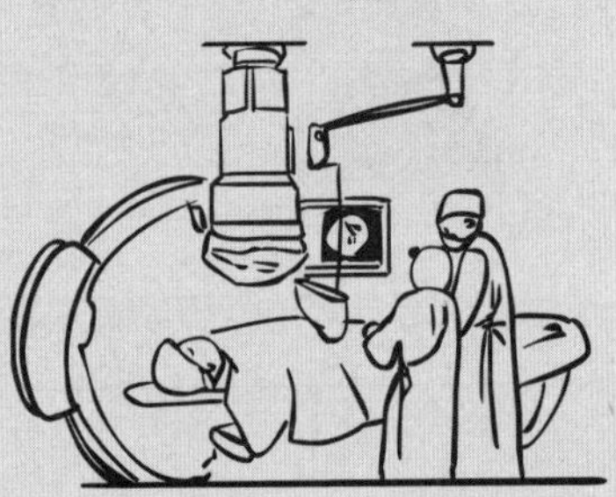

**28**

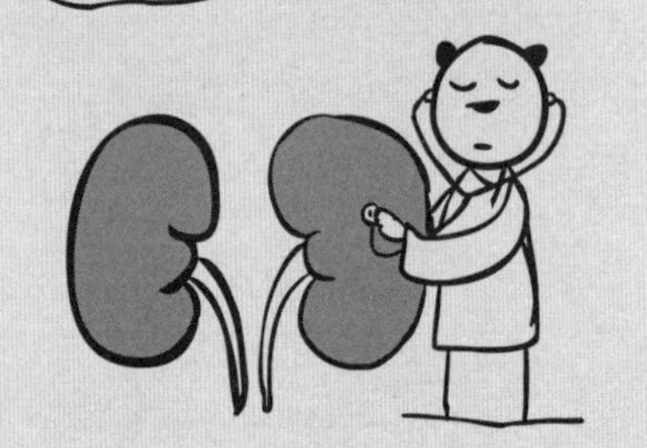
肾功能正常的患者
造影前不用停药，
但使用对比剂后应在
医生的指导下停药 48 ~ 72h，
复查肾功能正常后恢复用药。

**29**

肾功能异常的患者，
使用造影剂及全身麻醉术前
48h 应暂停服药；
检查后还需停药 48 ~ 72h，
复查肾功能正常后可恢复用药。

二甲双胍

30

切记！千万别把二甲双胍当成什么长寿减肥的特效药，话可以说错，药不能吃错！
减肥

31

让医学变得简单

主审：北京天坛医院 缪中荣
文字：北京天坛医院 赵志刚
绘图：上海中山医院 二师兄

熊猫医生阿缪

## 高血糖不等于糖尿病

注意高血糖！
后悔药半价
药


熊猫医生漫画

1

阿缪，快帮我看看，
我的化验单上的血糖
高于正常值了，
我是不是得糖尿病了？

2

别慌。
高女侠在此，
请她帮你看看。

3

血液生化检查报告中一般
表示为葡萄糖、血糖或者 Glu。
正常人空腹血糖浓度为 3.9 ~ 6.1mmol/L，超过 7.0mmol/L
称为高血糖症。

高娇女侠

4

经常有人一看到自己的血糖
高于正常值就惶恐不已，
怀疑自己是不是得了糖尿病，
赶紧跑来看医生。
得到的答案当然是否定的。

熊猫医生，
帮我看看
有没有糖尿病。

5

并不是所有的血糖升高
都是糖尿病，
高血糖不是一个疾病诊断标准，
而是一项检测结果的判定，
高血糖不等于糖尿病。

高血糖
≠
糖尿病

6

那就是说高血糖
也可能是其他原因引起的？

7

是的。
常见血糖升高的原因如下。
1. 饮食不规律。
经常过量、暴饮暴食，
尤其检查前摄食过多，
特别是甜食或含糖饮料。

嗯，好酒，
今天得大喝一顿！

8

2. 不良生活习惯。
工作压力大，运动量小，
胰岛素不能有效发挥作用，
加之常吃汉堡等快餐，
不喜食蔬菜和水果，
久了易导致血糖升高。

压力大

9

3. 环境污染。
据报道，摄入空气负离子
能有效降低人体内高血糖，
但环境污染导致空气中
负氧离子含量剧减，
从而导致血糖不断增高。

PM2.5

10

4. 睡眠不足或者睡眠障碍。
该类人群松果体素（可改
善胰岛素抵抗的激素）
的分泌较少，
削弱了体内胰岛素的作用，
从而影响糖代谢。

不要
熬夜

11

5. 剧烈精神刺激。
大喜、大悲或暴怒等大的情绪
波动均可使肾上腺素分泌增多，
导致血糖升高。

中了！中了！我中了！

肆

12

6. 应激因素。

一些严重的疾病如严重烧伤、大手术、脑血管意外、急性心肌梗死等会使体内升糖激素分泌增加，拮抗胰岛素而出现血糖升高。

痛！

13

7. 药物因素。

服用利尿剂、抗癌药、降压药、女性避孕药和某些止咳糖浆，都会引起血糖升高。

后悔药半价
注意高血糖！
药

14

8. 某些慢性病。

据报道，肝炎、肝硬化、肝脏广泛性损害使肝脏合成糖原功能障碍，肝糖原储备能力下降，易发生餐后高血糖。

肝病专科

15

胰腺切除、胰癌、胰腺急性炎症反应等，可以直接使胰岛受损，抗体应激反应大，导致一过性血糖升高。

16

9. 妊娠。

受孕后，性激素分泌增多，部分孕妇胰岛代偿能力不够好，可能会表现出糖代谢异常，或者胰岛素敏感性不够。

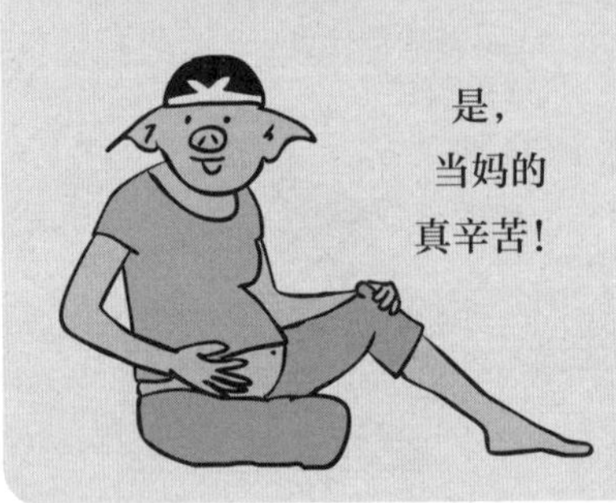
是，
当妈的
真辛苦！

17

10. 糖尿病。

糖尿病患者停用胰岛素后，可能会产生反应性高血糖。

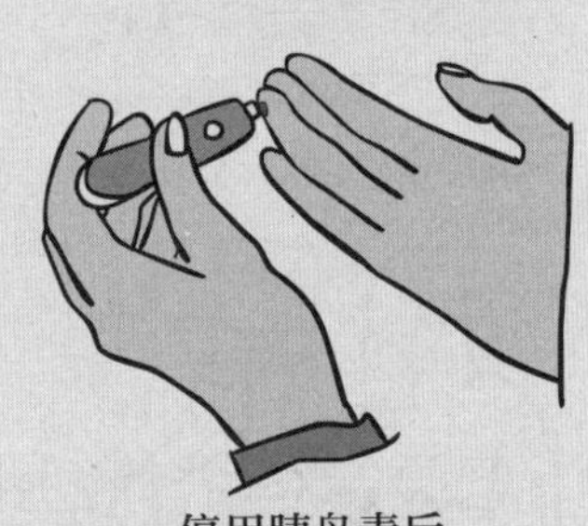
停用胰岛素后
会有反应性高血糖

18

11. 牙病。
据报道，牙病细菌可产生毒素，
削弱人体胰岛受体的敏感性，
减少胰岛受体与胰岛素的结合量，
一定程度上会导致血糖升高。

19

12. 其他一些内分泌疾病。
如甲状腺功能亢进症会使餐后
血糖明显增高并出现尿糖，
糖耐量试验也可异常；
肢端肥大症也可引起
糖代谢紊乱。

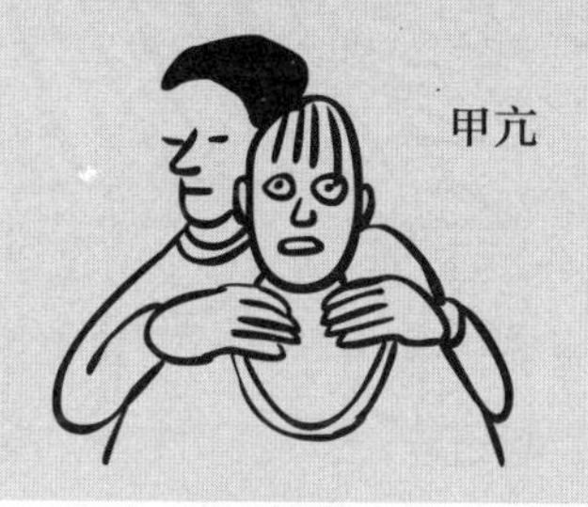
甲亢

20

13. 遗传。
据报道，I型肝糖原沉着症、
急性阵发性血卟啉病、
脂肪萎缩综合征、先天性
卵巢发育不全症等遗传疾病，
常伴有高血糖状态。

我这病
是遗传

21

血糖升高不是糖尿病的代名词。
高血糖和糖尿病是不同的病，
其共性是血糖升高。
但血糖高也是糖尿病的前兆。

22

如果健康人长期处于
高血糖的状态，
不能完成体内正常代谢，
最终会导致糖尿病的发生。

老张，你一直高血糖，
找熊猫医生看看吧。

23

当发现血糖升高时不要紧张，
要积极咨询医生，排除其他因
素，经医生确诊为糖尿病后，
方可有针对性的治疗，千万不
要擅自服用降糖药物。

文字：战略支援部队特色医学中心
高 娇董 瑾

肆

## 熊猫医生阿缪

# 关于 2 型糖尿病，必须知道的那点儿事

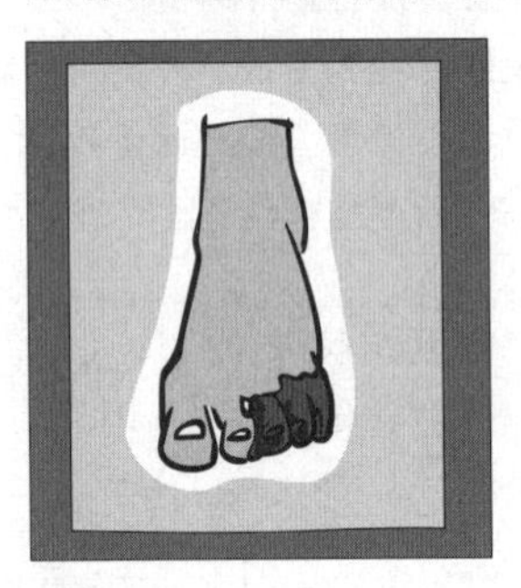

熊猫医生漫画

1

今日无事，
熊猫医生和傻呆呆在面馆聊天。

阿缪面馆

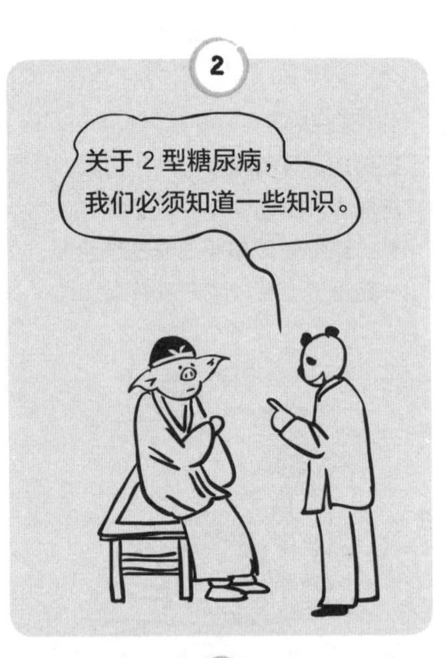
2
关于 2 型糖尿病，
我们必须知道一些知识。

3

2 型糖尿病？
什么是 2 型糖尿病？

4

当人们得这种病的时候，
他们不能把血管内的糖变成能量，
糖会在血里面积聚起来，
变成高血糖，时间长了，
就会损害心脏、视力、神经，
以及其他器官。早期症状往
往比较轻微，大概有 1/3
的患者不知道自己有这
个病。

5
那什么时候
会注意到这个病呢？

6

很多人首先发现自己很渴，
然后就喝很多水；
尿很多；
另外就是吃得多。
总结一下就是“三多”：
吃得多，喝得多，尿得多。
还有就是体重下降。

7

血糖慢慢升高的时候，
还会头痛、
视力模糊、
疲劳。

8

哪些症状
比较严重呢？

9

当有这些症状时，
一定要敲响警钟了。
1. 伤口难以愈合。
2. 经常有真菌感染或尿道感染。
3. 皮肤瘙痒。

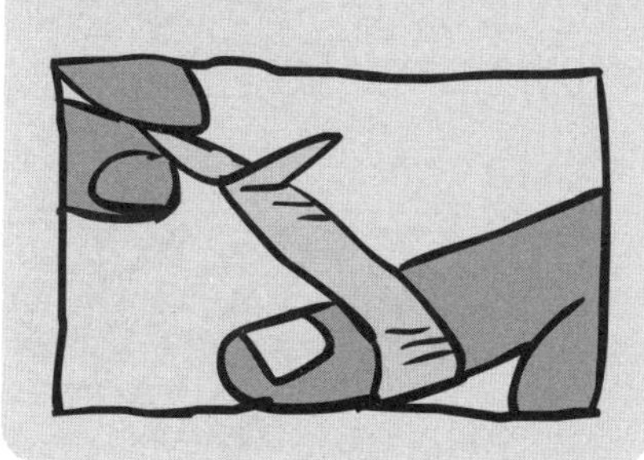

10

你知道吗？
高血糖还会影响生殖系统的
血管和神经，
进而影响性生活。

Z
Z
Z

11

有些危险因素你可以预防：
1. 肥胖。
2. 懒惰，不活动。
3. 吸烟。
4. 吃很多红肉。
5. 吃很多甜点。
6. 不正常的胆固醇和甘油三酯。

12

有些危险因素你没法预防：

1. 遗传。
2. 年龄。

大于 45 岁，
随着年龄增加，
发病率就会随着增加。

13

另外，
对于妇女来说，
如果有孕期糖尿病、
多囊卵巢综合征，
也容易得 2 型糖尿病。

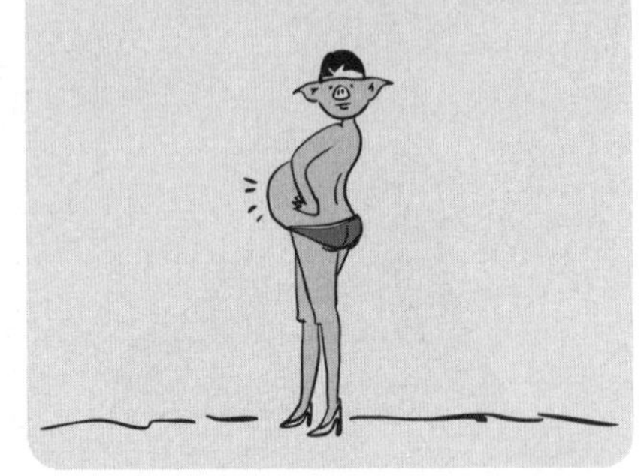

14

2 型糖尿病怎么诊断呀？

15

一般医生会抽血，
查查你的糖化血红蛋白，
它代表了你过去两三个月
的平均血糖水平。
如果你有症状了，
还会测你的随机血糖。

接点儿血，
测个血糖。

16

要让患者知道，
通过饮食控制和减体重，
可以控制血糖水平。

正常　　超重

17

另外，
适当规律的锻炼很重要，
可以降低血糖，
减少脂肪，
保护心脏。

挑担也是锻炼。

18

如果饮食和锻炼
不能有效控制血糖，
医生会开一些口服药。

药不能停！
牛药师药店

19

医生还会开胰岛素，
当出现高血糖，
患者的胰腺不能很好地
产生胰岛素的时候，
就需要补充一些外来的胰岛素，
来降低血糖。

这些胰岛素，
可配合牛药师的药。

20

哦，明白了。
我看很多人测血糖，
测血糖重要吗？

21

很重要！
监测血糖，
可以很好的指导用药。
一般测三餐前血糖
和睡觉前血糖。

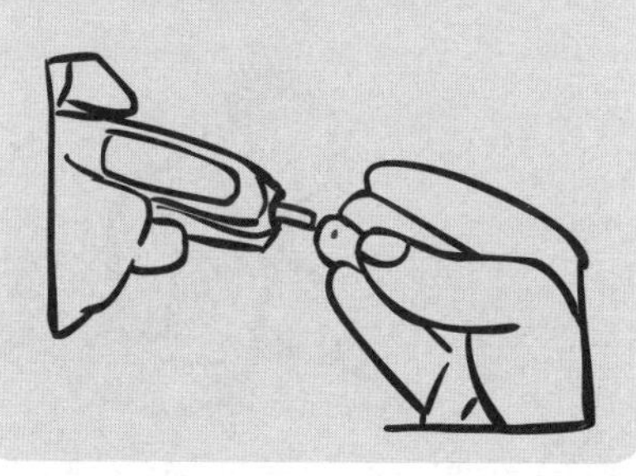

22

你之前提到糖尿病
能损害心脏、视力等，
能不能具体讲讲。

23

好的。
糖尿病患者的动脉血管内容易形成斑块，可使血管变狭窄，血流减慢，容易形成栓子，发生中风和引起心脏病发作。大概 2/3 的糖尿病患者死于心脏病。

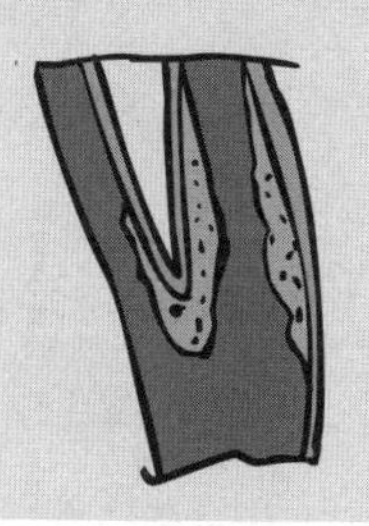

24

关于肾脏并发症，
糖尿病时间越长，
肾脏并发症的概率越高，
糖尿病是导致肾衰竭的
主要原因之一。
控制好血糖、血压、血脂，
可以降低肾衰竭风险。

25

高血糖可以损害视网膜的
营养血管，
导致视力缺失。

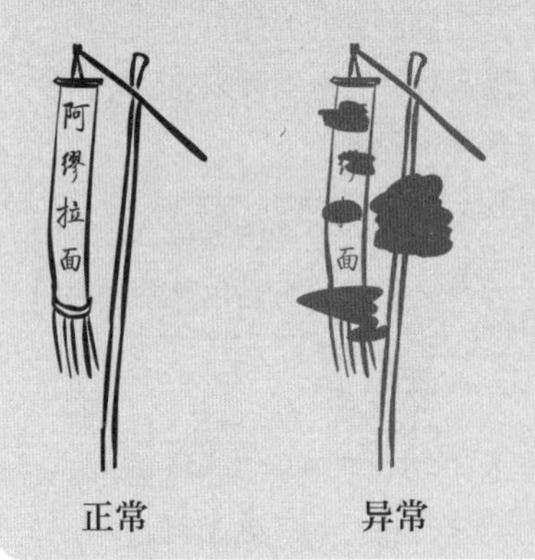
阿缪拉面
面
正常
异常

26

高血糖还可损害神经，
导致刺痛、麻木、针刺感等，
经常发生在手指、脚趾部位。
这些损害通常难以逆转，
所以控制好血糖，
预防很重要。

27

糖尿病足的神经损伤以及
血管病变，
使很小的伤口也难以愈合，
导致脓疮、坏疽，
严重者甚至要截肢。

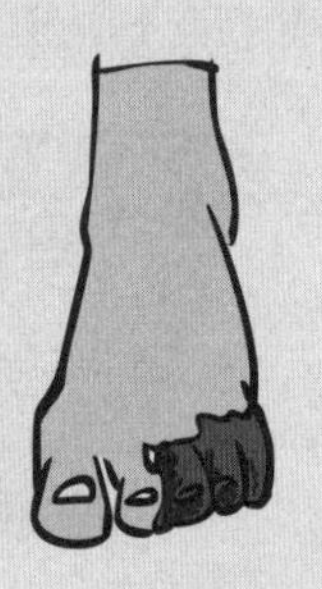

28

高血糖还容易滋养细菌，
产生牙菌斑，
导致龋齿和牙龈疾病。
严重的牙龈疾病
还会导致牙齿脱落。

29

真的挺可怕的，
有没有办法预防呢?

30

健康饮食，适当锻炼，
保持健康体重；
听医生的话，
控制好血糖，并定期体检。

傻呆呆，
你可以吃点肉了，
你吃素吃得太多了。

31

让医学变得简单

文字：北京天坛医院 缪中荣
绘图：上海中山医院 二师兄

熊猫医生阿缪
关于糖尿病足的 10 条建议
熊猫医生漫画

1
今天下班早，
阿缪和傻呆呆到面馆聊天。
药
面

2
糖尿病的科普知识
发出后，很多读者留言，
说明大家很关心这个话题。

3
有一个署名“流泪到天亮”
的读者留言说：
能否再详细说说
糖尿病足的注意事项。

4
好的，
我总结了 10 条建
议给大家。

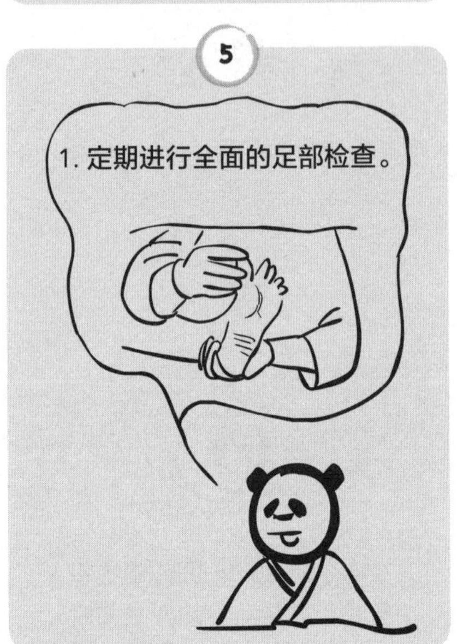
5
1. 定期进行全面的足部检查。

6

看看皮肤是否完整；
有无红斑、发热和胼胝形成；
有无骨骼畸形；
看看关节活动度。

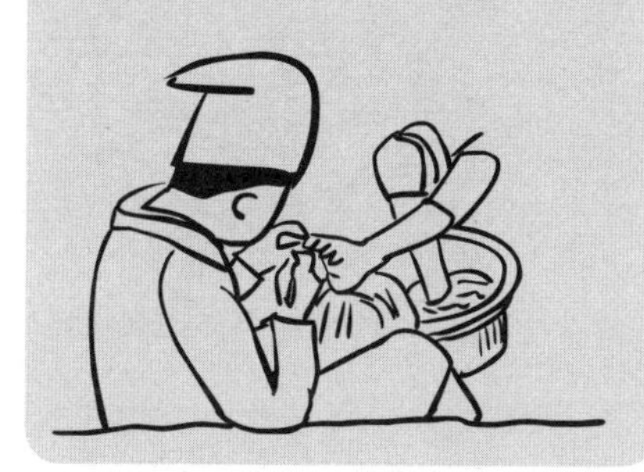

7

2. 走两步，看看步态和平衡。

8

3. 摸摸足部脉搏情况，
及早发现外周动脉疾病。

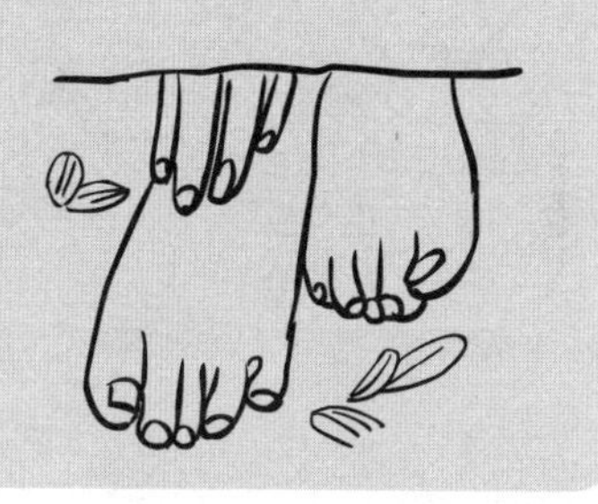

9

4. 进行保护性感觉缺失的测试，
了解有无周围神经病变。

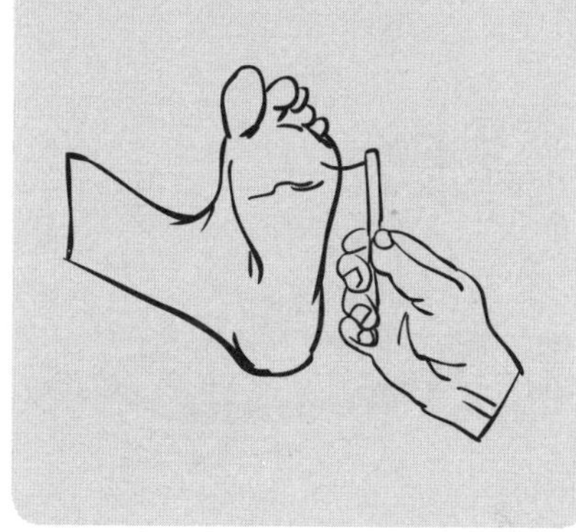

10

5. 不要光脚走，
在家里也不要光脚。

不要光脚

11

6. 洗澡前，要先调好水温，
不要用脚贸然试。

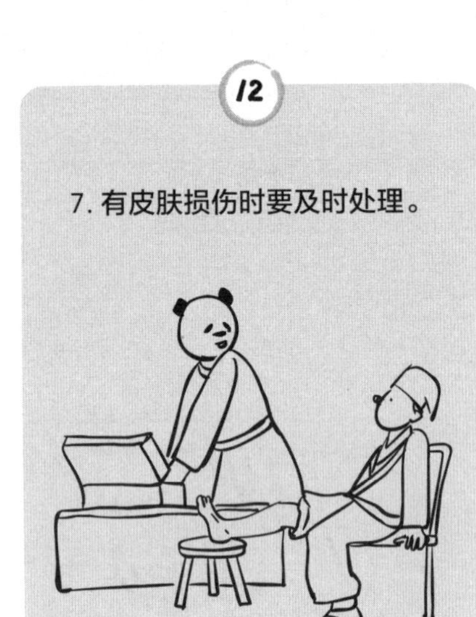

7. 有皮肤损伤时要及时处理。

8. 修剪趾甲要小心。

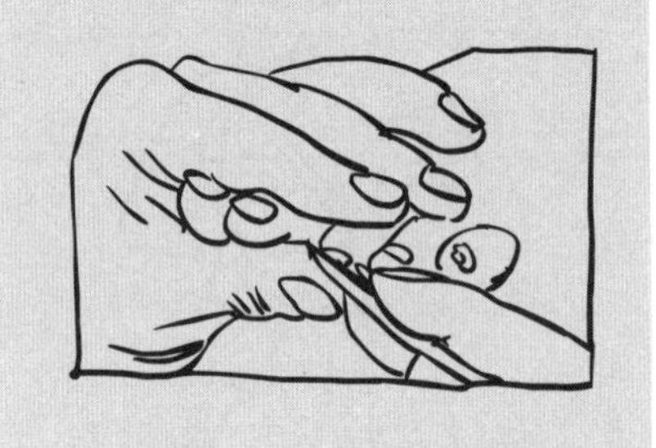

9. 每天清洗和检查双脚。

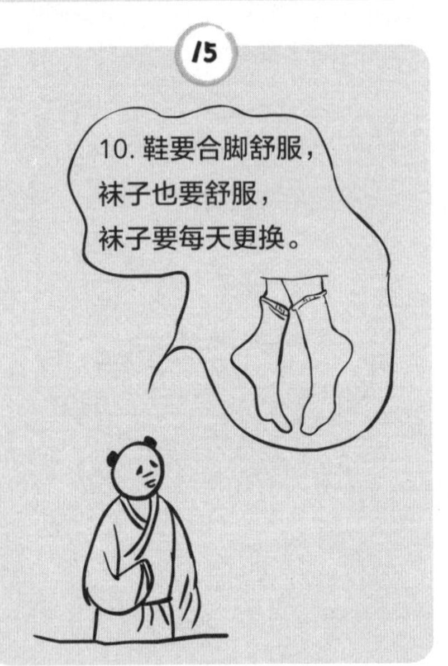
10. 鞋要合脚舒服，
袜子也要舒服，
袜子要每天更换。

当然，
控制好血糖、血压、胆固醇，
是最重要的，
大家一定要牢记！

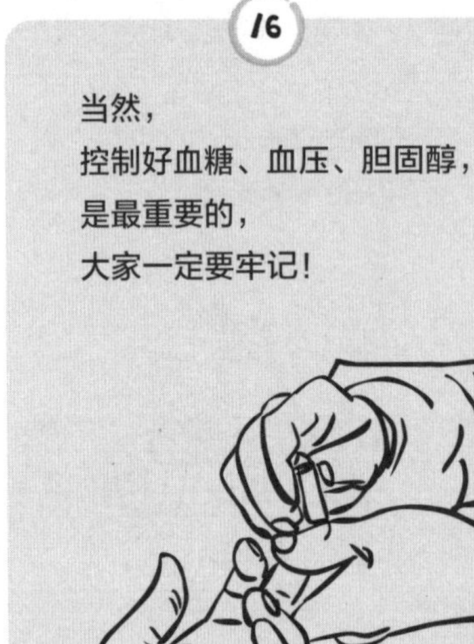

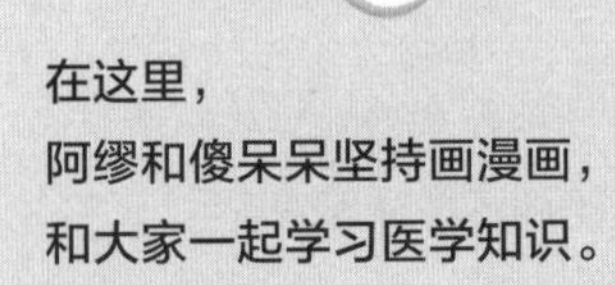
在这里，
阿缪和傻呆呆坚持画漫画，
和大家一起学习医学知识。

18

希望大家都能保持一个健康的身体。

19

让医学变得简单

文字：北京天坛医院 缪中荣

绘图：上海中山医院 二师兄

熊猫医生阿缪

## 糖尿病的 ABC

HDL

熊猫医生漫画

1

立秋以来，
北京城已经不像以前那样酷热，
在望京阿缪面馆，
阿缪和傻呆呆吃面聊天。

阿缪面馆

2
最近在微信后台留言要求糖尿病科普的读者络绎不绝。

3
其实，对于糖尿病患者，最重要的是记住 ABC 三个要点。

4
ABC？什么 ABC？

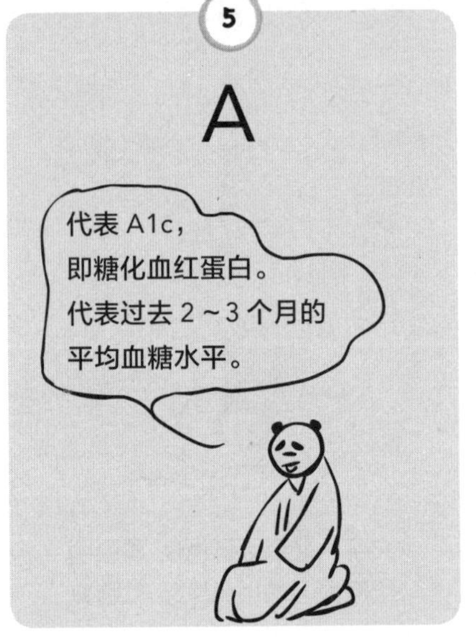
5
A
代表 A1c，即糖化血红蛋白。代表过去 2～3 个月的平均血糖水平。

疾病的真相 熊猫医生科普日记

6

B

代表 Blood pressure，即血压。
控制血压同样重要，
可以预防心脏病、肾病等并发症。

7

C

代表 Cholesterol，即胆固醇。
控制好胆固醇，
也可减少并发症。

8

控制好血糖还不够吗？

9

血糖固然很重要，
但是高血压、高胆固醇产生的
并发症，
往往比高血糖产生的并发症严重。
所以，
血糖、血压、胆固醇都很重要，
只控制血糖是不够的。

10

控制好 ABC 会降低哪些并发症？

11

糖尿病的并发症主要是
心脏病、肾病、中风（脑卒中）。

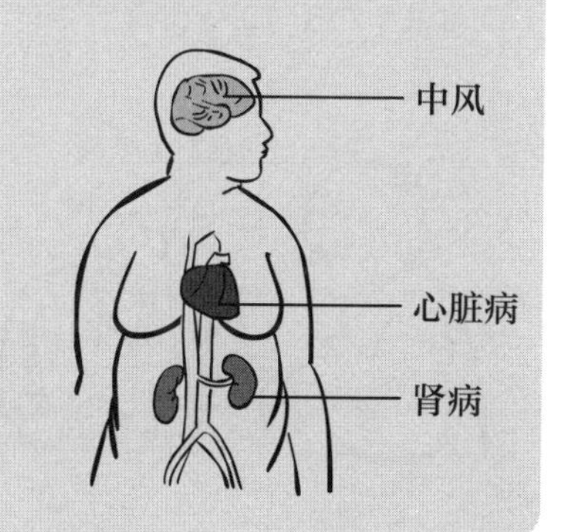
中风
心脏病
肾病

还有眼部疾病
（视力缺失甚至失明）、
神经系统损害
（手脚麻木、疼痛）等，
控制好 ABC，
这些并发症发生率都可以降低。

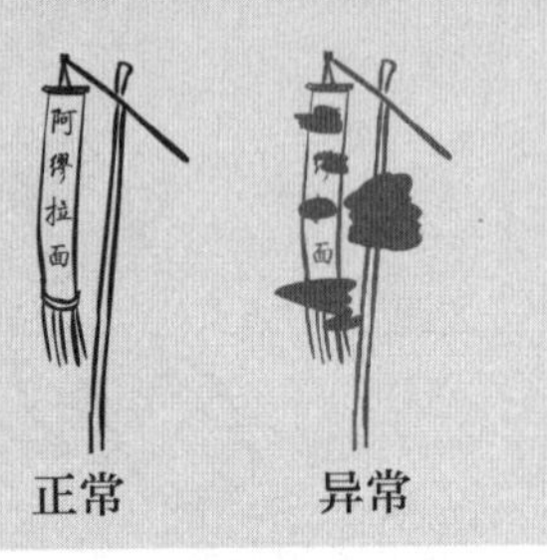

正常
异常

一般控制到什么水平呢？

一般根据糖尿病的
严重程度、
患者的年龄
以及合并疾病来设定。


大部分人的目标是：
A1c：小于 7%；
BP：小于 140/90mmHg；
LDL：小于 100mg/dl

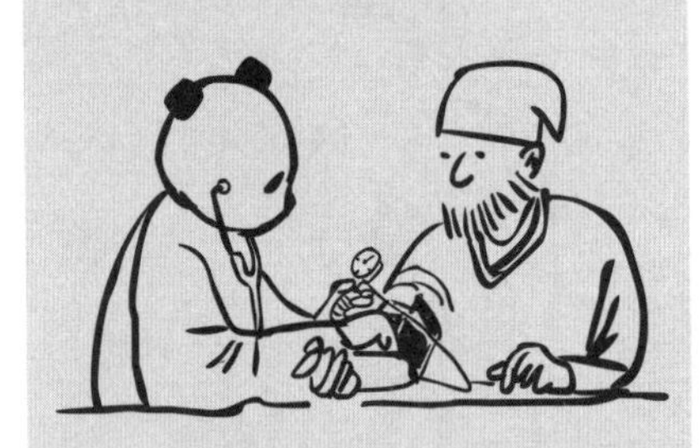

大家记住：
低密度脂蛋白胆固醇（LDL）
是“坏”胆固醇

LDL


高密度脂蛋白胆固醇
（HDL）是好胆固醇，
可以帮助身体清除
血管内的 LDL。

HDL

18
ABC 这么重要，
那怎么才能控制好它们呢？

19
1. 药物控制。
药物对于控制 ABC 是最重要的，
包括治疗糖尿病、
高血压、
降血脂的药物。

20
药不能停！
后悔药

21
2. 健康的生活方式。

22
多吃水果蔬菜，
少吃肥肉。
开封芹菜，
多吃一些。

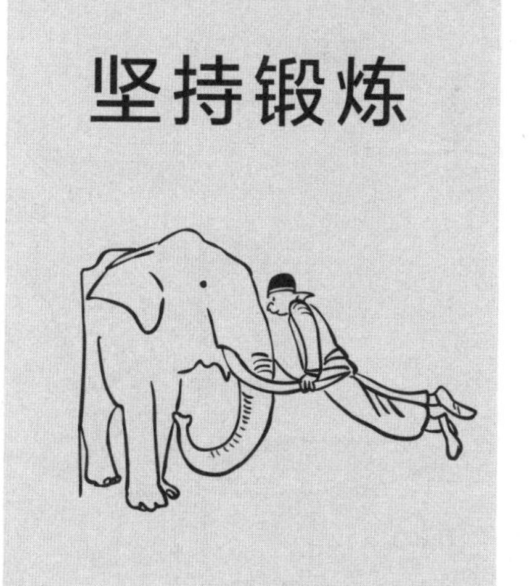
23
坚持锻炼

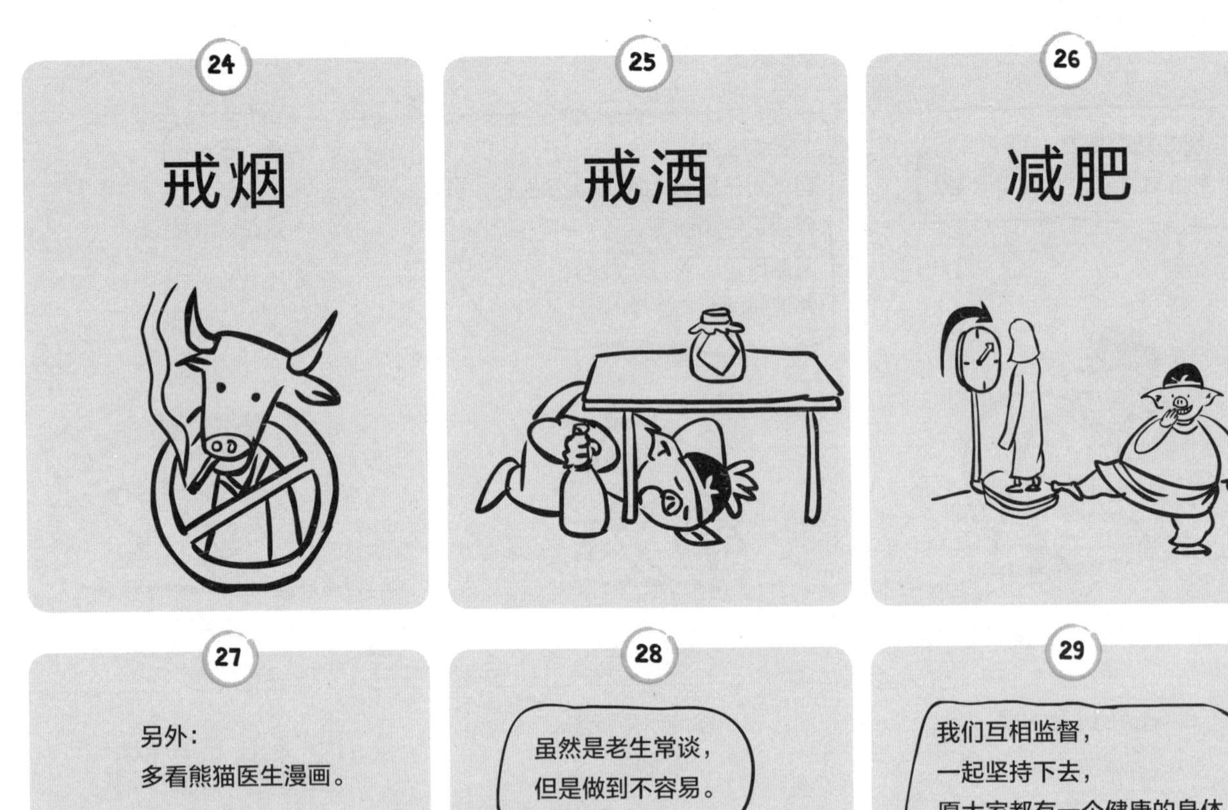
24
戒烟
25
戒酒
26
减肥

27

另外：
多看熊猫医生漫画。

28
虽然是老生常谈，
但是做到不容易。

29
我们互相监督，
一起坚持下去，
愿大家都有一个健康的身体。

文字：北京天坛医院 缪中荣

熊猫医生阿缪

## 糖尿病和心血管疾病有何关系

熊猫医生漫画

1

老李之前有糖尿病，
这次去做体检，
血糖指标有些偏高。

平时要控制好血糖，否则会增加患心脑血管疾病的风险！
熊猫诊所

2

熊猫医生，糖尿病和心血管疾病有什么联系啊？

3

心血管疾病是糖尿病的重要并发症。它造成的死亡占糖尿病患者死亡数的五成以上，被称为“威胁世界人民生命安全的头号杀手之一”。

4

这么严重！竟然还是造成糖尿病患者死亡的主要原因！为什么糖尿病患者容易患心血管疾病？

5

这是因为糖尿病及其所伴随的各种危险因素例如胰岛素抵抗、高血糖、脂质代谢紊乱、高血压、中心性肥胖等可对心血管造成严重损害。

中日友好医院 邢女侠

6

糖尿病患者合并心血管疾病的危害有哪些呢?

7

心血管疾病以缺血性改变为主，容易发生动脉粥样硬化。

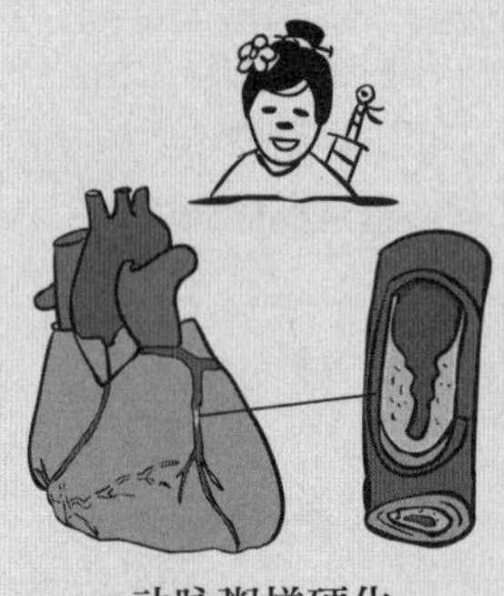
动脉粥样硬化

8

与非糖尿病者相比，糖尿病患者发生心血管疾病的危险高 2～4 倍。

危险高 2～4 倍

糖尿病
正常

9

糖尿病患者患冠心病最常见。心肌梗死和脑卒中对生命的威胁最严重。

10

一项研究结果发现，曾患心肌梗死但无糖尿病的人群与从未患过心肌梗死的糖尿病人群相比，前者发生心肌再梗死与后者发生心肌梗死的机会非常接近，死亡率也相同。

11

这说明糖尿病与心肌梗死患者具有同样的致死危险性，我理解的对吗?

12

傻呆呆终于聪明了一回。
但糖尿病对血管的影响
不止这些。

13

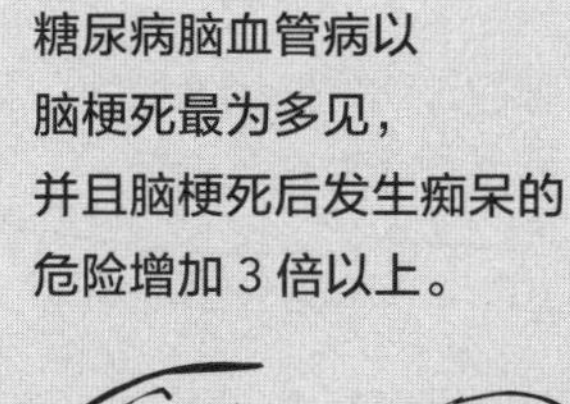
糖尿病脑血管病以
脑梗死最为多见，
并且脑梗死后发生痴呆的
危险增加 3 倍以上。

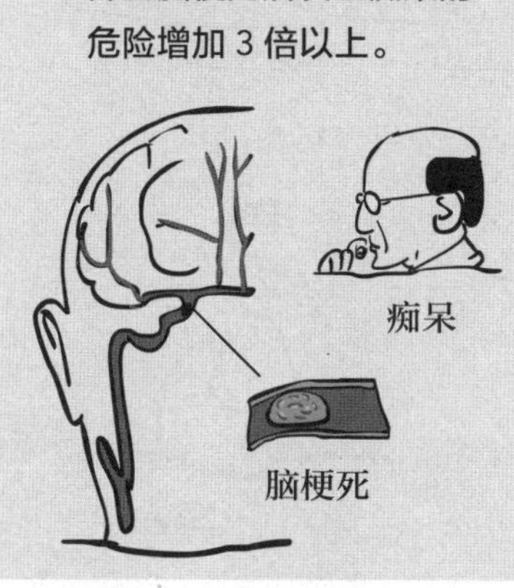
痴呆
脑梗死

14

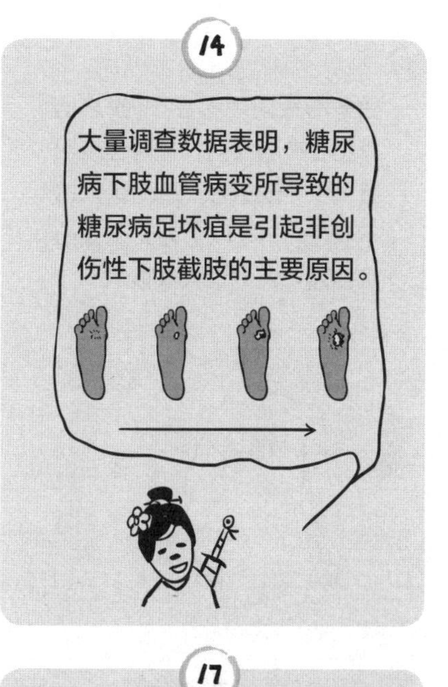
大量调查数据表明，糖尿
病下肢血管病变所导致的
糖尿病足坏疽是引起非创
伤性下肢截肢的主要原因。

15

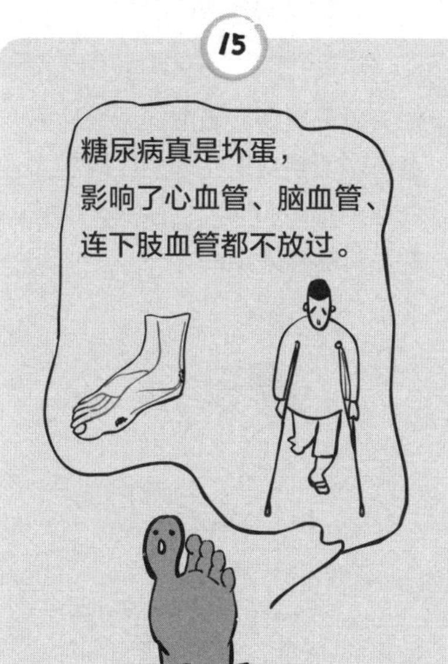
糖尿病真是坏蛋，
影响了心血管、脑血管、
连下肢血管都不放过。

16

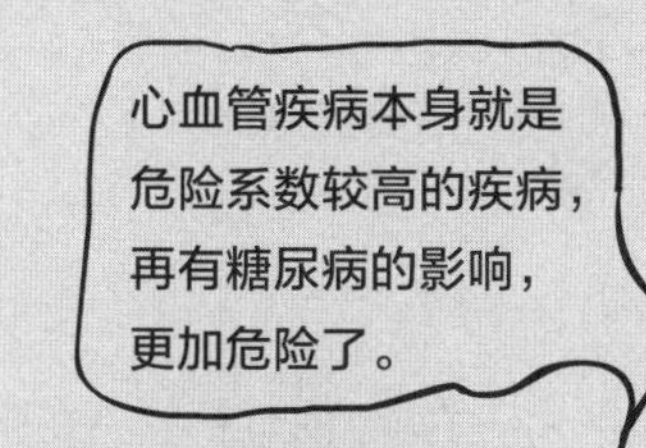
心血管疾病本身就是
危险系数较高的疾病，
再有糖尿病的影响，
更加危险了。

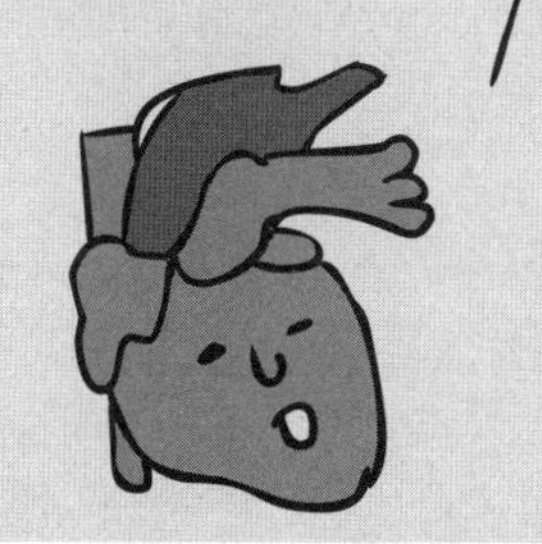

17

据说，糖尿病患者发生心血
管疾病的年龄明显提前了。

是，
提前了。

18

很多糖尿病患者在 55 岁之前发生心血管疾病，危险程度已增加 10 倍以上，且症状常常不典型，1/3 以上为无痛性心肌梗死，还易造成误诊。

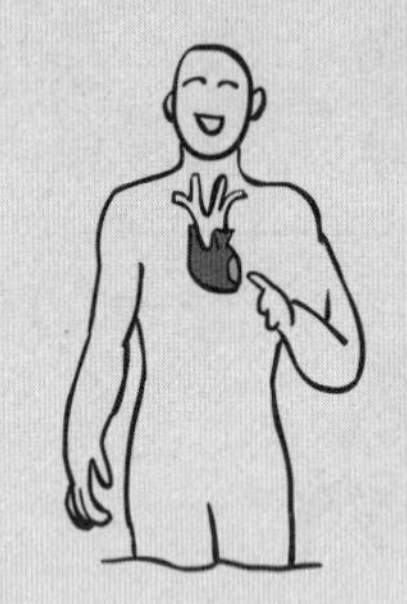

无痛性心肌梗死！
注意

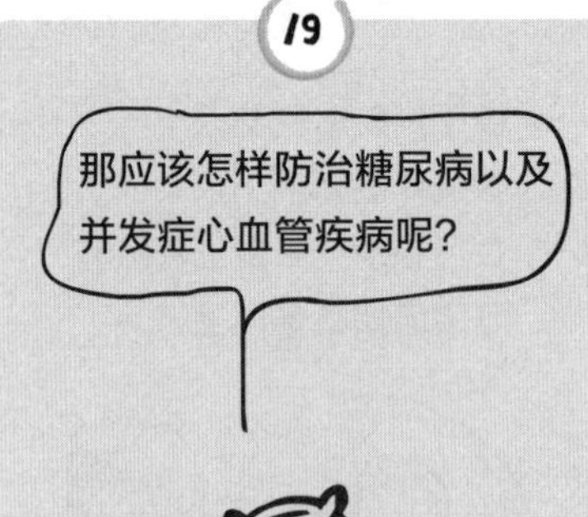
19
那应该怎样防治糖尿病以及并发症心血管疾病呢？

20

研究证实，防治糖尿病大血管并发症需要对血糖、血压、血脂、体重等心血管危险因素进行综合控制。

综合
控制

21

防治糖尿病大血管并发症的措施概括为“一不要，三达标”——不要吸烟，血压、血脂和血糖三项达标。

一不要，
三达标，
记下了！

22

为什么不能吸烟呢？

23

相关研究发现，吸烟的糖尿病患者心血管疾病发生率明显增加，戒烟是预防和治疗糖尿病大血管并发症的有效手段之一。

吸完这根就戒烟

24
那我们该怎样控制血压让血压达标呢？
太高了！！

25
减轻体重、限制钠盐摄入、规律体育锻炼等都是控制高血压的有效方法。
钠
盐

26
那血脂呢，
我听说在 2 型糖尿病患者中，
有 50%～60% 的人存在血脂异常。怎样才能让血脂达标？

27
在饮食上，
要控制脂肪的摄入量，
少吃肥肉和动物内脏，
少吃花生、瓜子等干果，
限制烹调用油。

28
还应该改变与生活方式相关的危险因子，如肥胖、体力活动少、嗜酒、吸烟等。
八戒之戒烟
戒

29
是不是除了控制血压、血脂外，还要严格控制血糖啊？

肆

30

对！
大量研究证明，
高血糖是糖尿病患者发生
心血管疾病的独立危险因素，
应该积极严格地控制高血糖。
高
血
糖

31

听你们说了这么多防治糖尿病的知识，我就去老李家告诉他，让他一定积极地治疗糖尿病。
二师兄夜班辛苦，都瘦了！

32

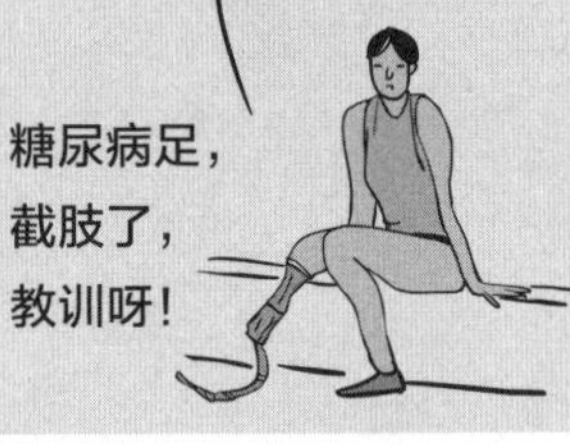
邢女侠说得很对，积极治疗糖尿病，控制和消除各种影响心血管的危险因素，对降低心血管疾病的发病率十分重要。
糖尿病足，截肢了，教训呀！

33

让医学变得简单

主审：北京天坛医院 缪中荣

文字：中日友好医院 邢小燕

绘图：上海中山医院 二师兄

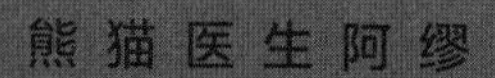
熊猫医生阿缪

## 糖尿病视网膜病变是怎么一回事

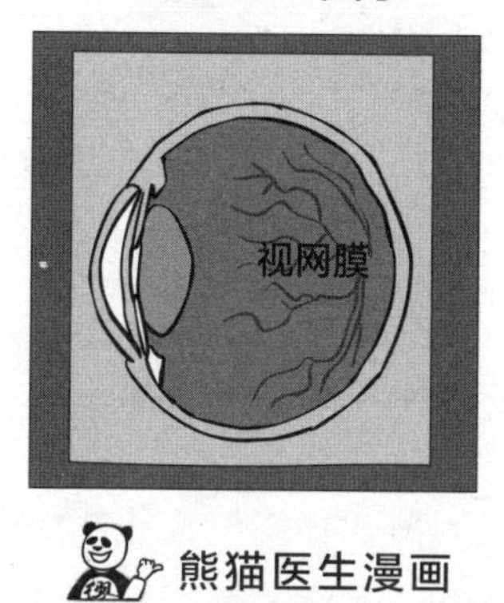
视网膜

熊猫医生漫画

1
阿缪，最近有人问我糖尿病视网膜病变是怎么一回事，我也不清楚，特来问问你。

2
糖尿病视网膜病变是一种能导致视力缺失甚至失明的眼病。

3

它不少见，尤其多见于血糖控制不好的糖尿病人。

4
为什么得了糖尿病血糖控制不好会出现视网膜病变呢？

5

因为视网膜需要充足的血流供应，
而糖尿病可以损伤眼底血管，
导致视网膜缺血。
为了弥补缺血，
逐渐在视网膜上新生一些毛细血管，
这些毛细血管不正常，
不但不能弥补视网膜缺血，
反而帮了倒忙，
容易出血引起视网膜病变。

6
糖尿病视网膜病变有什么症状吗？

7
大部分患者没有症状，直到疾病很严重时，通常太晚了，
已经没有什么办法来治疗视力缺失。

8
这就是为什么早期普查很重要的原因。

9

糖尿病视网膜病变的症状主要有：
视力模糊；
眼前有黑的、浮动的斑点；
读书或者驾车时看不清中央的物体；
分不清颜色。

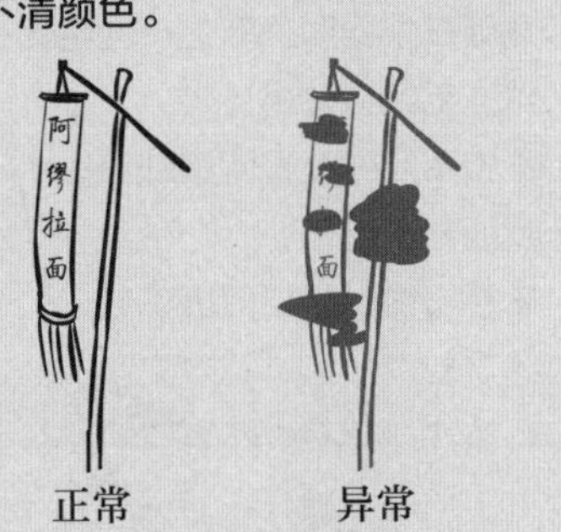
阿缪拉面
面
正常
异常

10
那如何诊断有没有这个毛病呢？

11
两个方法：
1. 散瞳。
在你的眼睛里滴几滴散瞳的药水，
让瞳孔扩大，
医生通过眼底镜直接看到视网膜是否有病变。

12

2. 数字眼底照相。
技师用照相机把眼底照下来，
然后发给眼科医生诊断。

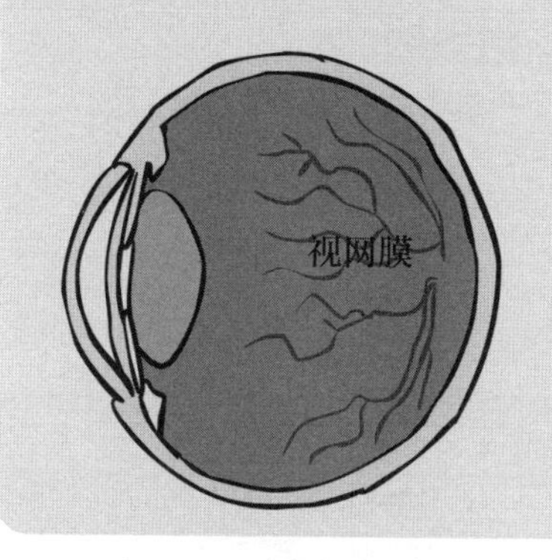
视网膜

13
如果得了这个病，
该怎么治疗呢？

14
轻微的视网膜病不一定要治疗，但是要把血糖和血压控制好，防止进一步恶化。

15

治疗主要包括三种方法：
1. 激光光凝术。
激光治疗破坏或者封闭视网膜上新生的血管防止出血。
2. 玻璃体切割手术。
3. 药物治疗。

16
糖尿病视网膜病变是糖尿病常见的并发症，可惜很多人不知道。所以我们要加大科普宣传，避免患者错过最佳治疗时机。

17
糖尿病视网膜病变能预防吗？
可以的。

18

那具体怎么做呢?

19

1. 控制好血糖、血压和胆固醇。
2. 每年进行一次眼部检查。
3. 每次检查留底备案。
另外，多看熊猫医生漫画，多转发，行善积德心情好。

20

要告诉每一个人：
糖尿病视网膜病变要在
视力好的时候进行检查预防。
一旦发现症状，
多已经很严重，
一定要早检查，早治疗。

早吃拉面

21

让医学变得简单

文字：北京天坛医院 缪中荣
绘图：上海中山医院 二师兄

熊猫医生阿缪

## 糖尿病饮食的十大谣言

熊猫医生漫画

1

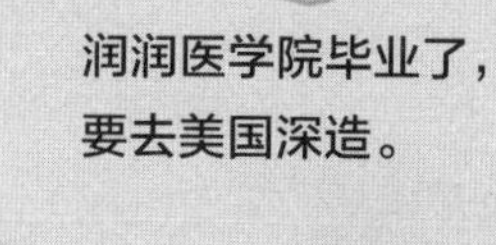

润润医学院毕业了，
要去美国深造。

2

临行前，
特地来到阿缪面馆，
赠送了一张她手绘的脑卒中专家王拥军教授的漫画像。

3

润润说，
自从关注了阿缪医学科普，
学到了很多知识。

4

尤其是有关脑血管疾病的科普，
让她对医学更加感兴趣。

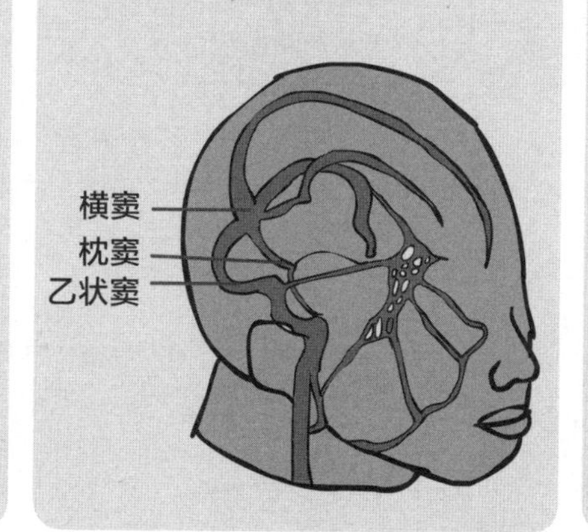
横窦
枕窦
乙状窦

5

最近我听傻呆呆讲了一些关于糖尿病饮食的话题，
不知道对不对？

6
傻呆呆怎么说的呢？

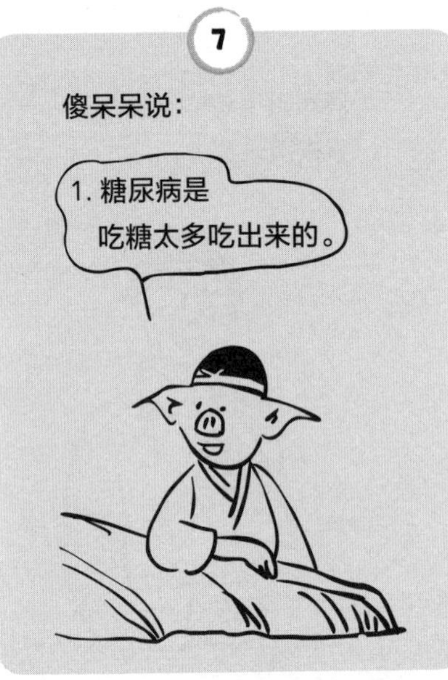
7
傻呆呆说：
1. 糖尿病是
吃糖太多吃出来的。

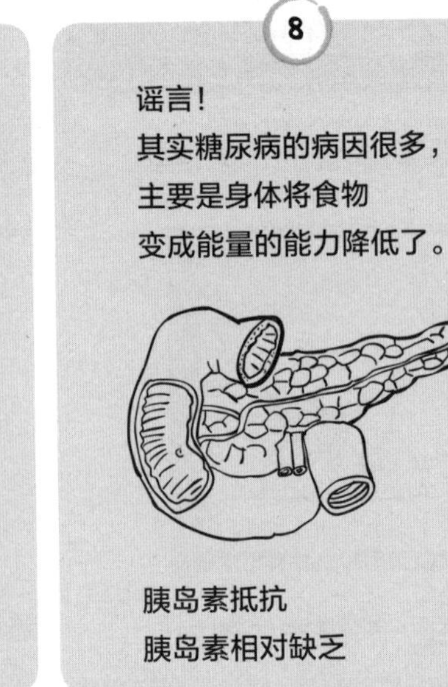
8
谣言！
其实糖尿病的病因很多，
主要是身体将食物
变成能量的能力降低了。
胰岛素抵抗
胰岛素相对缺乏

9
2. 无糖食品可以随便吃。

10
谣言！
无糖食品含有淀粉，
一样能升高血糖。

11
3. 碳水化合物是不好的。

12

谣言！
不管有没有糖尿病，
碳水化合物都是
健康饮食的基础。

但碳水化合物确实影响血糖，
所以要注意摄入量。
可选水果、蔬菜和全谷物，
它们不仅含糖量较低，
而且还含有维生素、
矿物质和纤维素。

4. 蛋白质比碳水化合物好。

15

谣言！
因为碳水化合物能
很快影响血糖，
所以很多人不吃碳水化合物，
而吃一些蛋白质和肉来代替它。
但是要小心，
如果同时吃了太多动物脂肪，
对心脏很不好的。

5. 可多吃一些糖尿病的药
来抵消一些多吃的食物。

17

这个是很危险的，
不要这样做。

18
6. 得了糖尿病，
必须放弃以前喜欢吃的食物。

19
谣言！
完全没必要放弃，
你可改变制作方法，
或者吃少一些。

20
7. 得了糖尿病，
必须放弃甜点心。

21
可吃一些含糖少的，
或者少吃一些。
比如你买一个冰激凌，
可分给我一大半。

22
8. 糖尿病只能吃不甜的
食物，甜的不能吃。

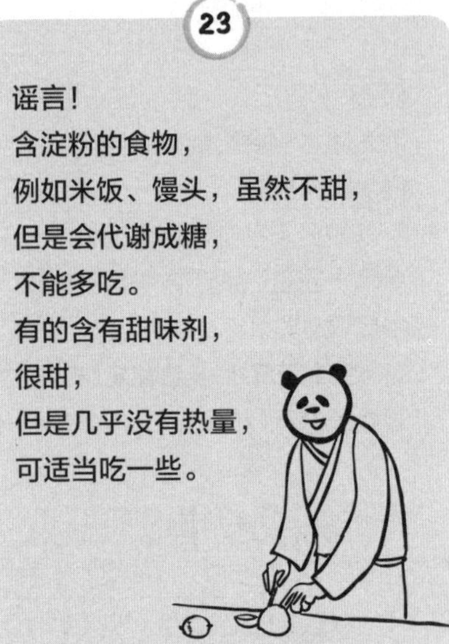
23
谣言！
含淀粉的食物，
例如米饭、馒头，虽然不甜，
但是会代谢成糖，
不能多吃。
有的含有甜味剂，
很甜，
但是几乎没有热量，
可适当吃一些。

24
9. 得了糖尿病，不能吃水果。

25
谣言！
不但可以吃，
而且要吃多种水果。
但是要适量，
含糖量高的要注意。

26
10. 只能吃素，不能吃肉。

27
谣言！
只要合理搭配，
都可以吃。

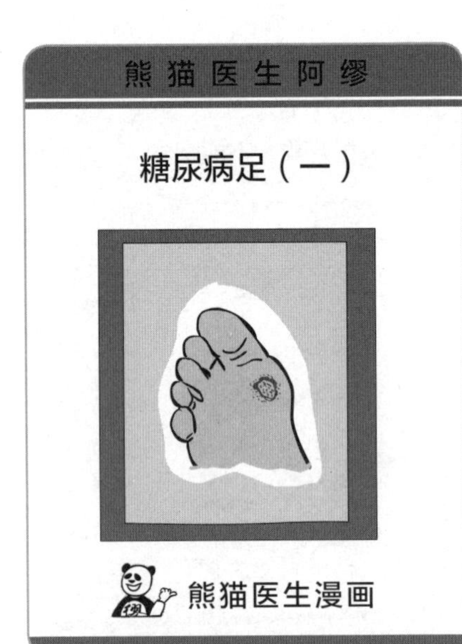
熊猫医生阿缪
糖尿病足（一）
熊猫医生漫画

1
最近阿缪诊所
新添阿缪足部护理中心，
很多大侠都来祝贺。
恭喜恭喜！
谢谢牛药师！

2
温州孙大侠不远千里
昼夜兼程赶来。
阿缪，
听说你开了足部护理中心，
有什么特殊项目吗？

3
先脱掉你的鞋子看看！

4
一股刺鼻的气味
让傻呆呆打了一个趔趄。
好，
我脱啦，
请后撤 50 米！

5
你这是“香港脚”
啊？而且踇趾有点破
溃，烂糟糟的……

疾病的真相 熊猫医生科普日记

6
孙大侠，
你有糖尿病吗？
7
有啊，
十多年了，
血糖一直控制得不好。
8
你这是糖尿病足。
9
什么是糖尿病足啊？
10
糖尿病足是糖尿病常见的并发
症之一，而这种并发症大多数
是可以预防的。
11
糖尿病足都有什么症状啊？

12

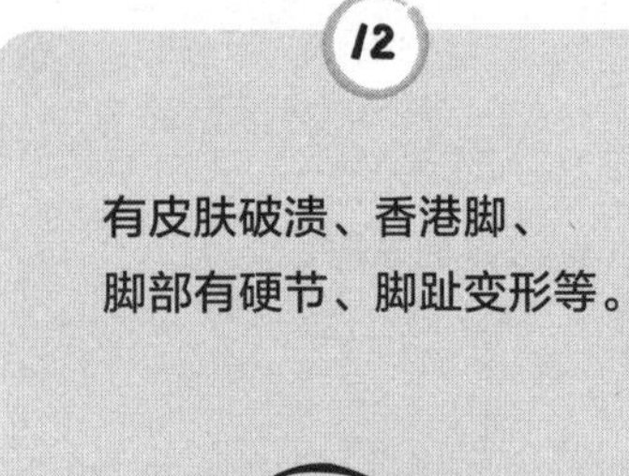

有皮肤破溃、香港脚、
脚部有硬节、脚趾变形等。

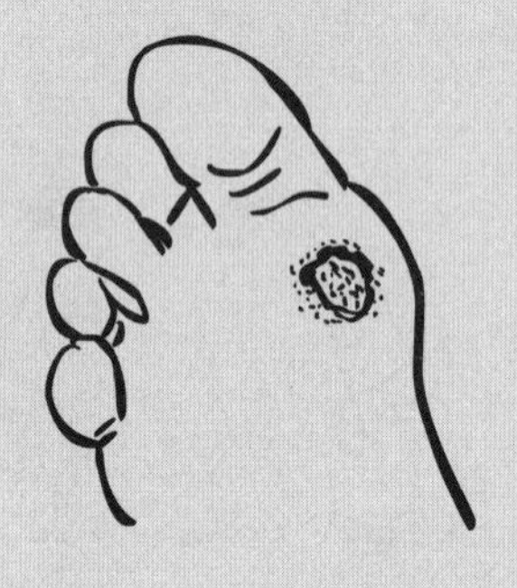

13

为什么会出现足部症状?

14

长期血糖高会损伤全身血管，
导致足部血流减少。
足部供血差，
使皮肤更容易受伤，
形成溃疡。

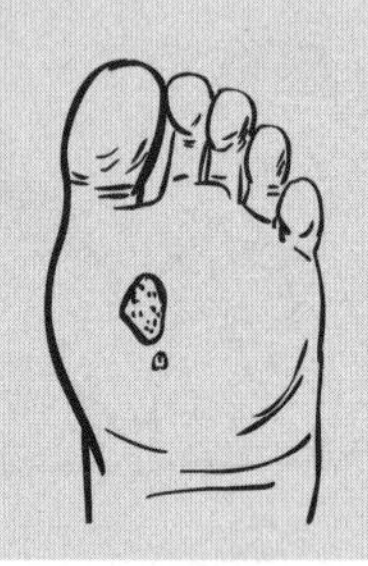

15

这时会有一些细菌和真菌
趁虚而入感染伤口，
进一步加重溃疡，
严重时可以发生坏疽。

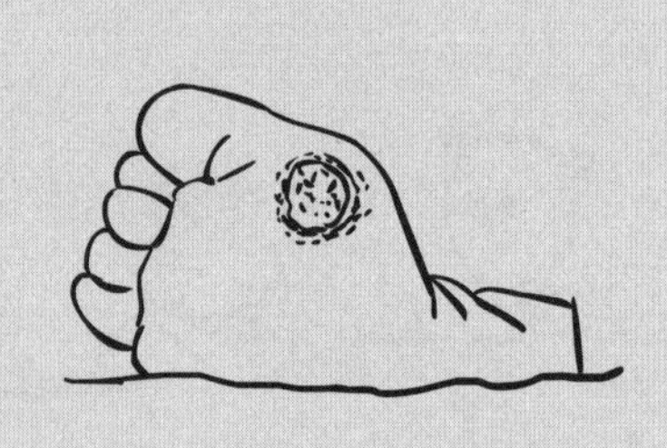

16

什么是坏疽?

17

坏疽就是
皮肤以及深部肌肉
甚至骨头坏死。

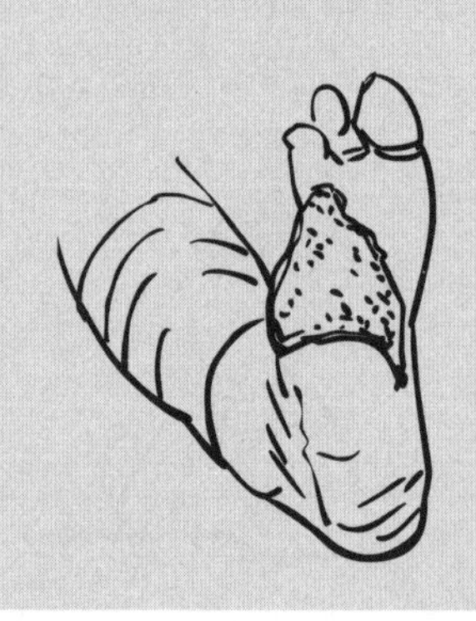

18

如果坏疽扩散，
就可能要截掉脚趾或者整个脚，
大约 5% 的糖尿病患者
有这种截肢的风险。

19

怪吓人的，
那怎样预防呢？

20

如果管理好血糖，
做好足部护理，
这种悲剧还是可以避免的。

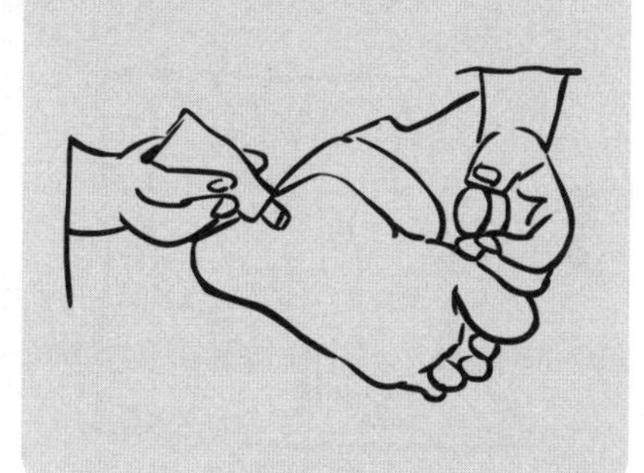

21

怎样管理呢？

22

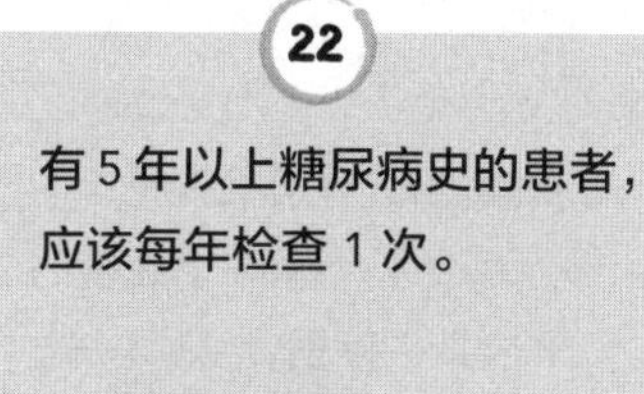

有 5 年以上糖尿病史的患者，
应该每年检查 1 次。

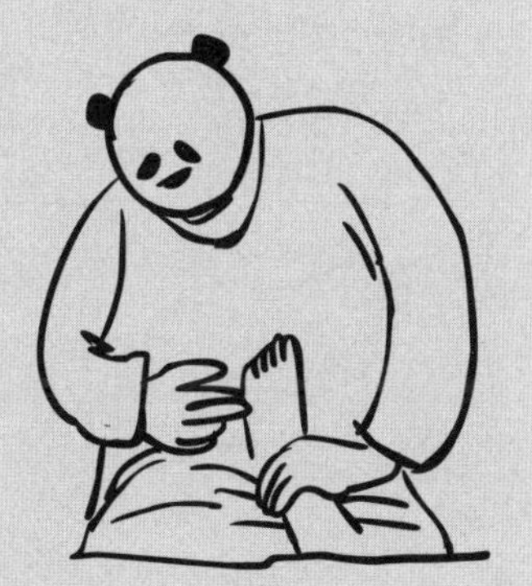

23

检查需要注意哪些问题？

24

1. 检查双足感觉有没有异常，
是否对疼痛刺激降低或缺失，
或者是否对压力、振动、
温度等感觉能力减弱。

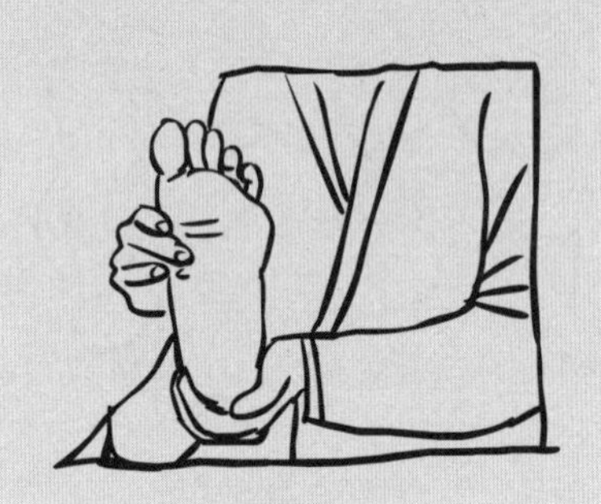

25

2. 是否有脉搏微弱，
足部冰凉，
足部皮肤薄或呈蓝色，
或足部汗毛缺乏。

26

3. 是否有脚和腿不寻常的感觉，
包括疼痛、灼烧感、麻木、刺痛、
疲劳。

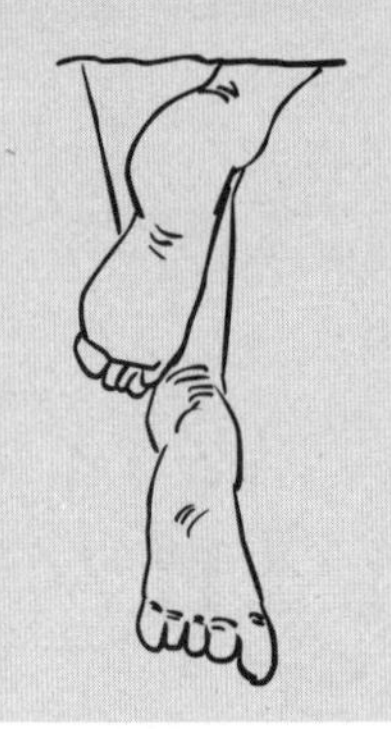

27

4. 是否有皮肤过度干燥，
褶皱和开裂，溃疡。

28

5. 观察脚趾有没有变形。
糖尿病足可能有一个独特的
“爪形趾”外观，
脚弓和其他骨骼
可能出现塌陷。

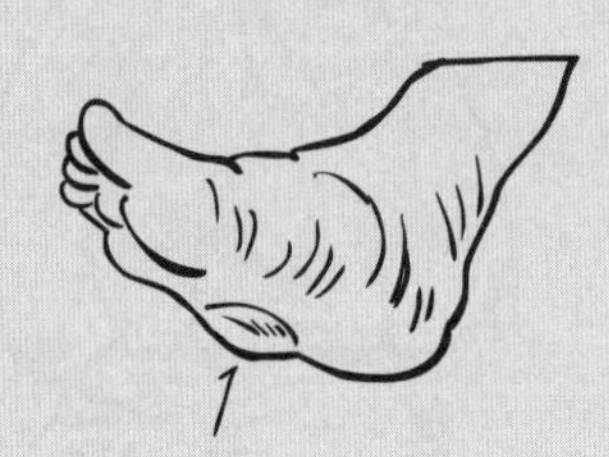

29

怎样预防呢?

30

多来阿缪足部护理中心来做“马杀鸡”。
其他的呢，
且听下回分解。

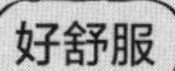
好舒服

31

让医学变得简单

文字：北京天坛医院 缪中荣
绘图：上海中山医院 二师兄

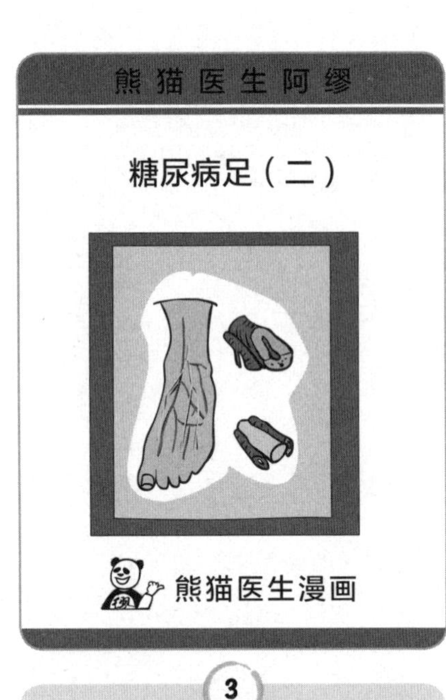
熊猫医生阿缪
糖尿病足（二）
熊猫医生漫画

1
下面接着讲糖尿病足。

2
傻呆呆问：
怎样预防呢？

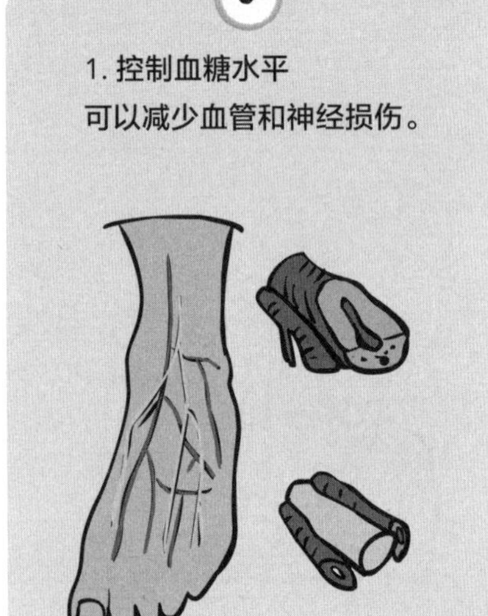
3
1. 控制血糖水平
可以减少血管和神经损伤。

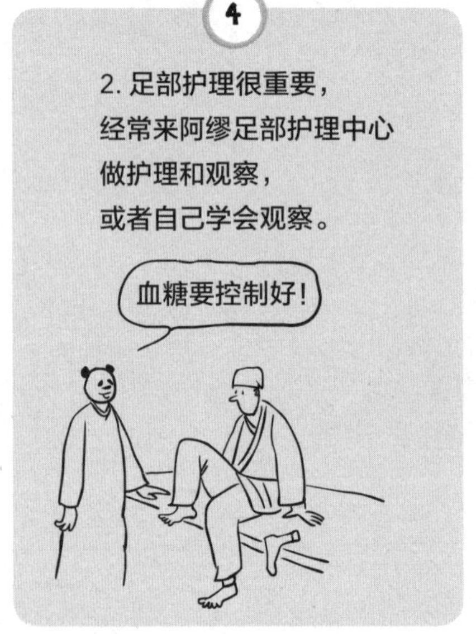
4
2. 足部护理很重要，
经常来阿缪足部护理中心
做护理和观察，
或者自己学会观察。
血糖要控制好！

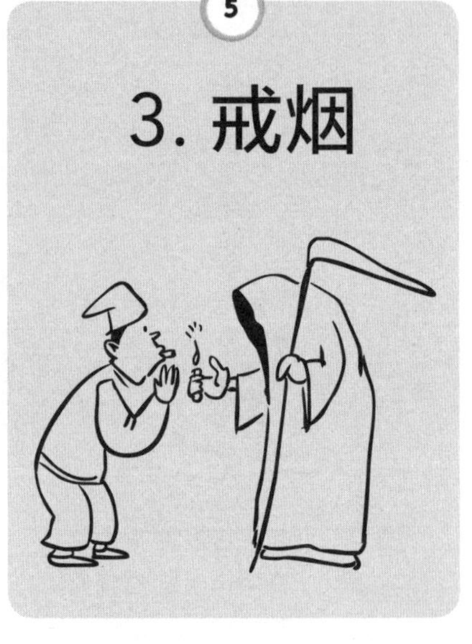
5
3. 戒烟

6

4. 避免赤脚走路，
不要使用加热垫，
也不要用热水瓶烫脚，
不要将脚伸进浴缸里测试温度。

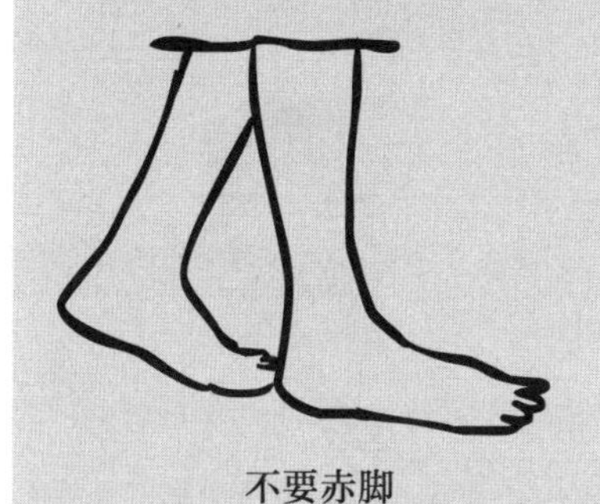

不要赤脚

7

5. 小心地修剪指甲，
不要伤到皮肤，
避免不正规足疗和修脚。

8

6. 坚持每天检查及清洗足部，
用温水和中性肥皂清洁脚。

9

轻拍你的脚待其自然干燥，
然后涂抹保湿霜或乳液。

10

检查双脚的表面皮肤，
看有无水疱、肿胀，
检查脚趾之间有无发红的地方。

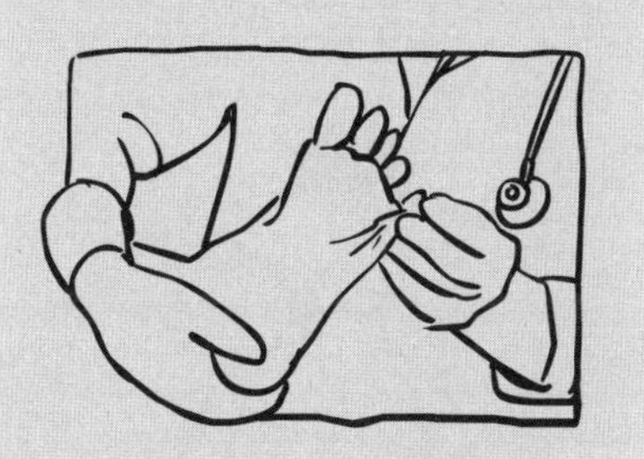

11

看不到的地方，
可以用一面镜子
或请他人帮助检查。

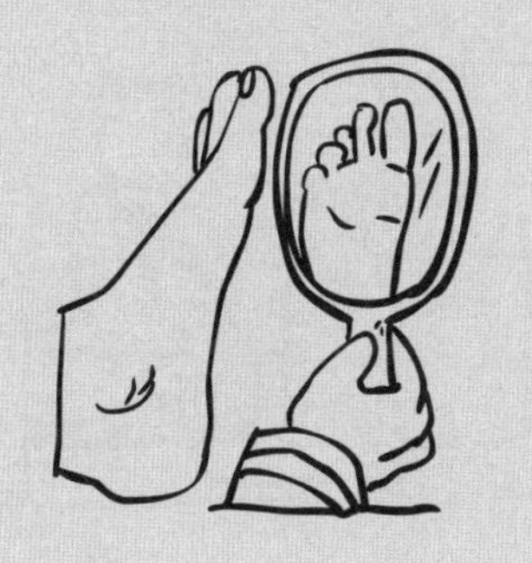

12
7.选择合适的袜子和鞋子，坚持每天换袜子。鞋子不能紧，防止水疱。

13

如果足部有畸形或者溃疡，应定制特殊鞋子。

14
如果已经得了糖尿病足怎么治疗呢？

治疗取决于是否有足部溃疡以及溃疡的严重性。

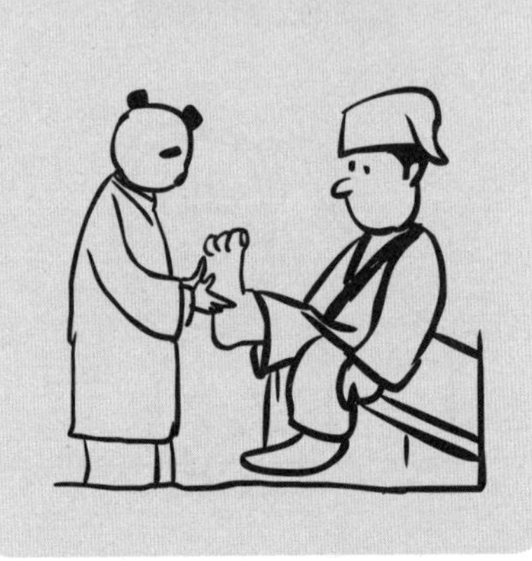
15

16
说来听听。

如果只涉及皮肤表层，清洁溃疡和去除死皮就可以。

17
你一定要控制血糖

18

如果感染了，
一般要用抗生素。
应用清洁敷料，
每天清洁两次溃疡。

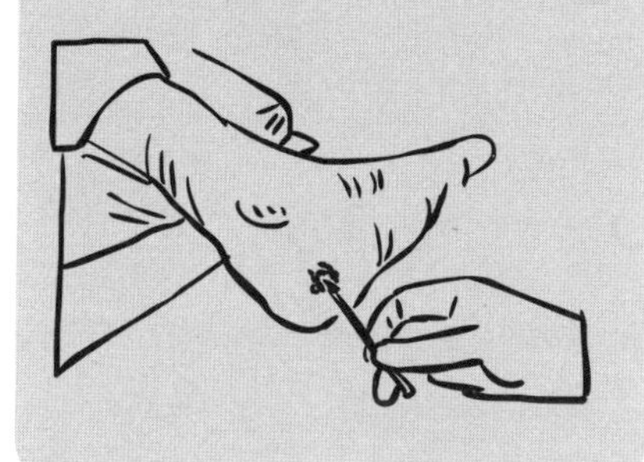

19

如果溃疡累及肌肉和骨骼，
要住院治疗，
必要时要手术。

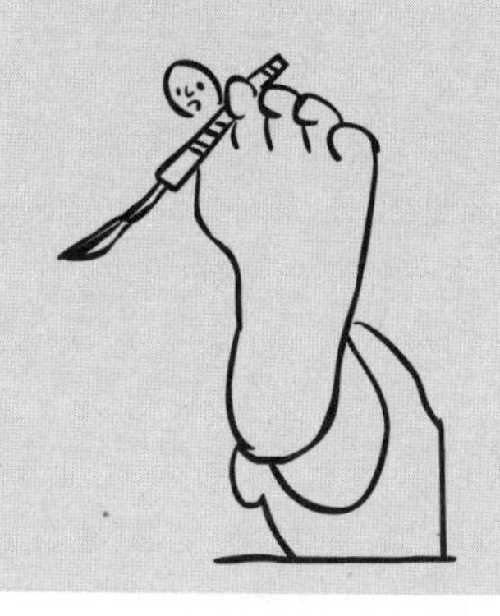

20

如果脚趾的一部分
或足部严重受伤，
或者出现坏疽，
则可能需要部分或完全截肢。

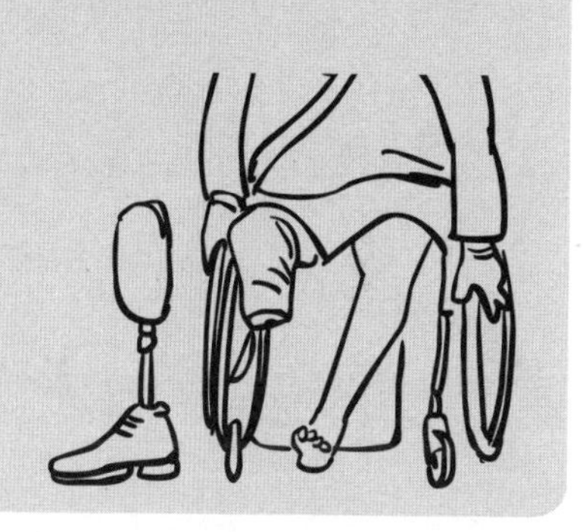

21

那不残废了吗，
能不截肢吗？

22

截肢是迫不得已的选择。
因为坏疽控制不好
会危及生命。

23

我明白了，
坏疽太可怕了。
看来预防最重要，
尽量不要让它坏死。

24

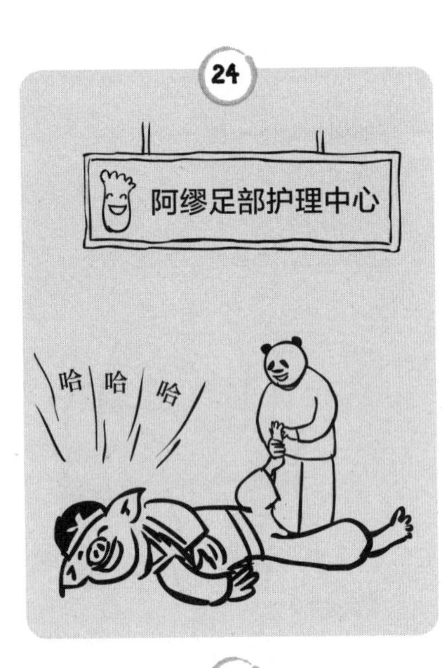
阿缪足部护理中心
哈
哈
哈

25

让医学变得简单

缪

文字：北京天坛医院 缪中荣

绘图：上海中山医院 二师兄

熊猫医生阿缪

# 糖友喝酒
# 容易引发严重低血压

熊猫医生漫画

1
老李，
这么晚了你不回家，
咋扶着墙跑面馆来了？

2
没办法啊，
“感情深，一口闷”，
晚上被“闷”了好几回，
不敢回家了。

3
我记得你血糖高啊，
也敢这么豪放地喝，
当心喝出问题来。

4
糖尿病不能吃甜的我知道，
但是与喝酒有啥关系啊？

5
当然有关系。
糖尿病患者是否可以喝酒，
因人而异；
最好先请教医生，
经允许后方可适量饮用。

6

为什么?

7

酒热量高，
尤其是甜酒，
身体吸收的酒精，
会转化为脂肪积聚起来，
因此已患有高血脂
或过胖的糖尿病患者，
应该尽量避免饮酒。

会转化为
酒精

脂肪

高血脂的人避免!

8

那吃了降糖药
应该能喝酒了吧?

哲

9

仍然不能。
酒精使血糖不稳定，
初期会使胰岛素和口服降糖药在
短时间内发挥过强的功效，
导致血糖偏低；
但当这些药力过后，
血糖就会不受控制而升高。

10

还有一种情况，
大量酒精会导致血糖过低，
尤其是空腹喝酒。
因为酒精会抑制肝功能，
使它在血糖过低时，
不能立即释放葡萄糖，
延迟低血糖的复原，
这种严重低血糖很危险。

低血糖很危险

11

好吓人!
还有什么不良反应吗?

军

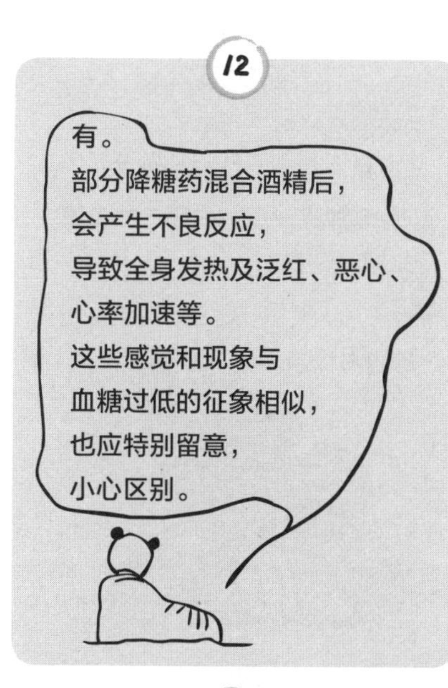
12
有。
部分降糖药混合酒精后，
会产生不良反应，
导致全身发热及泛红、恶心、
心率加速等。
这些感觉和现象与
血糖过低的征象相似，
也应特别留意，
小心区别。

13
如果一定得喝酒，
应该注意什么？

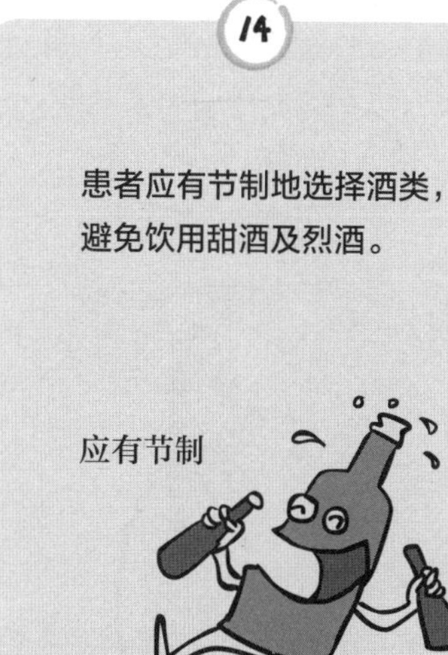
14
患者应有节制地选择酒类，
避免饮用甜酒及烈酒。
应有节制

15
对于糖尿病患者来说，
喝多少是安全的呢？
刘

16
糖尿病患者饮用
含酒精饮品会引起
高血糖或低血糖反应，
不同的反应要看酒精摄入量、
是否惯性饮用酒精
或空腹饮用而定。

17
所以，糖尿病患者须做到
不能空腹喝酒，不能狂饮。
对于普通人，
男士的饮酒量一天不应超过两份，
而女性不应超过一份。
不能狂饮

18

一份是指多少?

19

一份含酒精饮品大概相等于
340ml（一罐）啤酒
或 140ml 红 / 白酒
或 40ml 烈酒（各含 15 克酒精）。

一罐啤酒

40ml 烈酒

140ml 红 / 白酒

20

不管怎么计算，
建议糖尿病患者尽量不饮酒，
以免增加高血压、中风的发生率，
影响血糖控制。

尽量不饮酒

酒

21

谨慎驾驶，醉汉爬行
阿缪面馆

22

让医学变得简单

主审：北京天坛医院 缪中荣
文字：香港威尔斯亲王医院 周振中
绘画：上海中山医院 鲲师妹

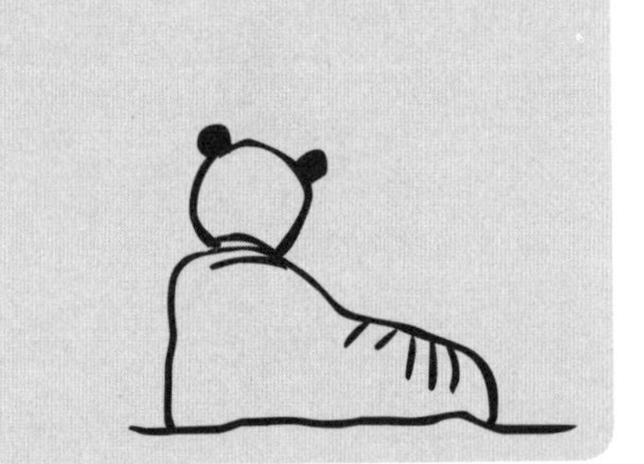

熊猫医生阿缪

## 香港糖尿病专科护士讲述糖友管理那些事儿

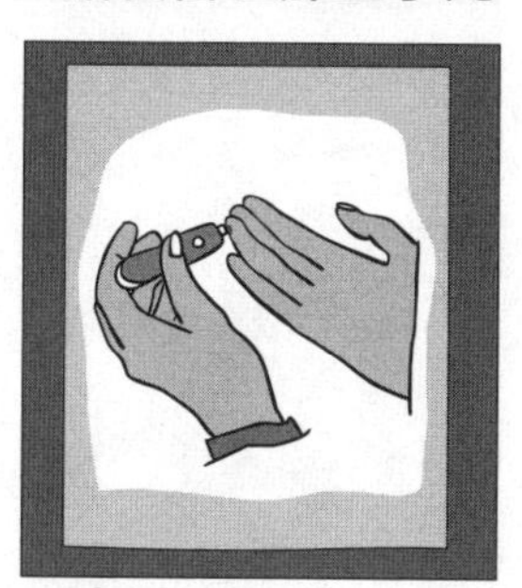

熊猫医生漫画

1

作为一个糖尿病病友，
与你打交道最多的除了医生外，
还有糖尿病科护士。
那么，
你在他们的眼里是什么样的呢？
让我们一起问问来面馆
吃面的小糖护吧。

2
糖尿科医生和护士们
最关注患者哪方面的状况？

3

我们关心的重点
在患者的日常生活，
只要控制好血糖，
便能减少并发症的机会。
除了医治疾病外，我们还有职责
帮助他们接受患病的事实，
积极留意身体状况。

4
患者见你们时
最常问的是什么？
倪

5

他们多数问
可否不打针、不吃药，
又或是什么东西能否吃之类。

什么东西能吃？

可否不打针？

6
不打针、不吃药……
这种问题实在难答！遇到
过最难应付的患者有哪些呢？
军

7

最难应付的是
不肯面对自己病情的患者，
他们对血糖控制持放弃态度。
在我们接触的患者中，
此类患者占两至三成之多，
且病龄越长占比越高。

血糖我不测了，
爱怎么地怎么地！

8
他们难应付的原因又是什么？

9

各种原因。
主要是他们对自己要求不高，
也有因为经历或性格使然，
不肯接受治疗。

我就这样了！
脚踩西瓜皮，
滑到哪里算哪里吧。

10

那该如何处理呢？

晓
虎
偶
谈

11

首先让患者在思想上充分认识到
控制好血糖对病情十分重要；
同时要了解他们的想法、
与他们建立良好的医患关系，
这是最基本的！
家人及朋友的参与和鼓励
也是患者自我控制的原动力。

老李，我作为朋友，
真心地劝你控制血糖。

12

遇到过最难忘的患者吗?

13

最难忘的是十年前有位女患者，
家族有糖尿病史，
哥哥已因糖尿病而失明。
她结婚后怀孕了，
但与丈夫关系不好，
很长一段时间为生育忧心，
而且害怕孩子会被遗传糖尿病。

14

虽然得不到丈夫的支持，
但她仍能坚持控制血糖，
病情控制得越来越好，
之后母女健康，
真是令人欣慰不已。

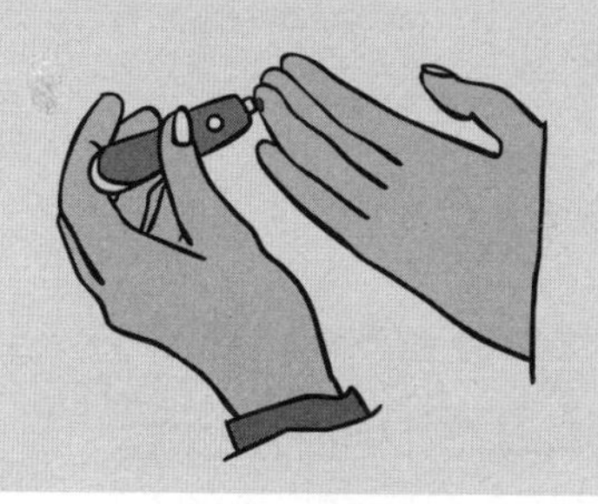

15

确实是个坚强的母亲。
现在她怎么样了?

16

之后她虽然离了婚，
但是仍能独立生活，照顾女儿。
我们和她已不止是医患的关系，
还是很好的朋友了。

17

你们如何推动患者
关注自己的病情?

18

威吓多数行不通，
反而与病友分享，
组成朋辈关系，
互相交流心得经验，
相互支持效果更好。

阿缪面馆

19

糖尿病科医护们会向糖友提供科研资讯和心理辅导，从旁扶助患者一起努力，患者便不会感到孤单。

大家有什么困难，
尽管提出来。

20

未来糖尿病专科的工作
有哪些方面可以加强？
患者又该如何合作？

21

因为糖尿病患者越来越多，
并且越来越年轻化，
糖尿病科医护人手不足的情况
将日趋严重。

人手不足，
我得去找点儿。

22

另一方面，
对患者心理辅导的训练亦需加强。
我们除了医学知识外，
患者心理知识与处理方法
也要有所了解。

熊猫心理咨询

23

当然，
患者能够坦诚面对病情，
积极配合我们控制好血糖
才能令我们的工作事半功倍。

24

小糖护说得很好，
糖尿专科除了“医”身，
也“医”心，
你们同意吗？
熊猫科普

25

让医学变得简单

主审：北京天坛医院 缪中荣
文字：威尔斯亲王医院 周振中
绘画：上海中山医院 鲲师妹

伍
05
血脂

熊猫医生阿缪

## 颈动脉长斑块了，切除是最好的办法吗

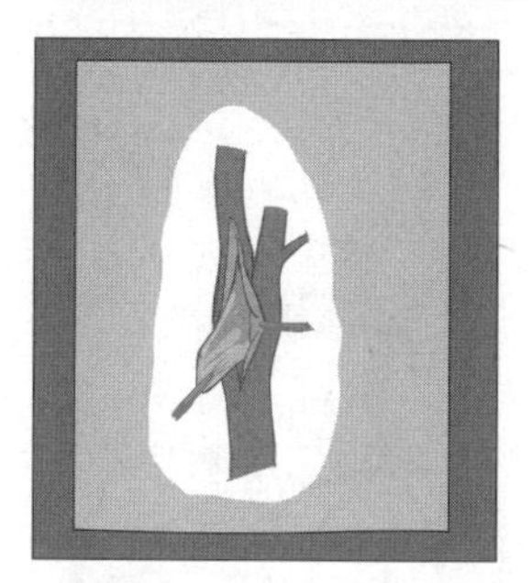

熊猫医生漫画

1

张先生最近偶尔发现左侧胳膊和腿无力，右眼也一阵一阵地看不清东西。

2

到医院检查，发现右侧颈动脉长斑块了，而且已经堵塞了 90% 的血管管腔。

正常

斑块

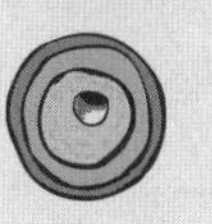

狭窄

3

你的情况需要放支架了，已经造成脑供血不足了！

4

我的颈动脉为什么会长斑块呢？

5

你患高血压多年，血压控制不理想，抽烟、喝酒、血脂高，生活习惯不好，这些都是导致颈动脉长斑块的原因。

6
不做手术可以吗？
7
如果没有症状，
狭窄程度不严重，
可以保守治疗，
不需要手术。
8
哪些情况需要手术呢？
9
狭窄程度大于 70%，
有脑缺血症状，
如肢体麻木、无力、
狭窄一侧眼睛看不清东西，
头晕、智能下降等。
另外，
还要没有手术禁忌证。
10
颈动脉斑块导致狭窄
有哪些手术方法呢？
11
有两种方法：
介入治疗，即放支架；
外科手术，即切除血管内斑块。
支架
外科手术

12
怎么选择呢?
刘

13
绝大部分病变
两种手术方法都可以，
疗效和安全性一样。

14
为什么我需要放支架?

15
因为你的斑块位置高，
手术暴露困难，
建议做支架安全一些!

16
哪些情况做支架好呢?
哲

17
斑块位置比较高的;
脖子短粗的;
有严重心脏病的;
多个脑血管狭窄的。

18
哪些情况
只能做手术取出斑块呢?

19
斑块比较硬,
钙化很重的。

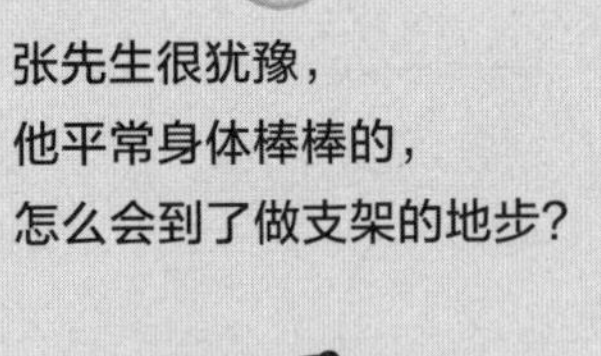
20
张先生很犹豫,
他平常身体棒棒的,
怎么会到了做支架的地步?

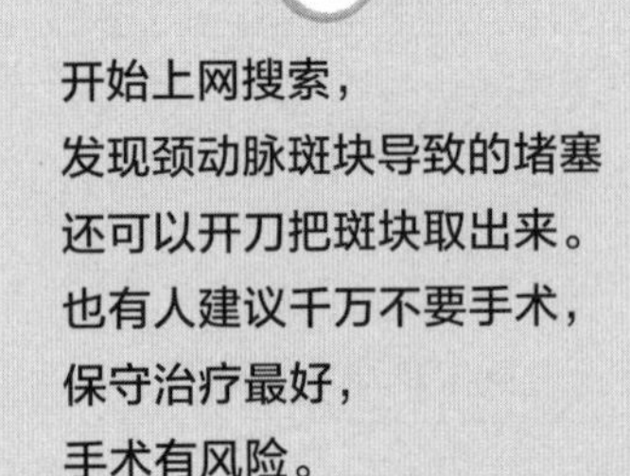
21
开始上网搜索,
发现颈动脉斑块导致的堵塞
还可以开刀把斑块取出来。
也有人建议千万不要手术,
保守治疗最好,
手术有风险。

22

除了上网查阅,
张先生咨询了京城几大名医,
有人建议做斑块切除,
有人建议放支架,
最后拿不定主意了。
再次来到阿缪面馆:

我相信你,
做支架吧!

23
网上流传的一些误解
能否解释一下?

24
哪些误解？

25
颈动脉斑块切除后一劳永逸；放支架后斑块仍然在血管内会很快再堵？
错！

26
颈动脉斑块切除后不用终身服药？
错！

27
放支架后容易挂血栓？
错！

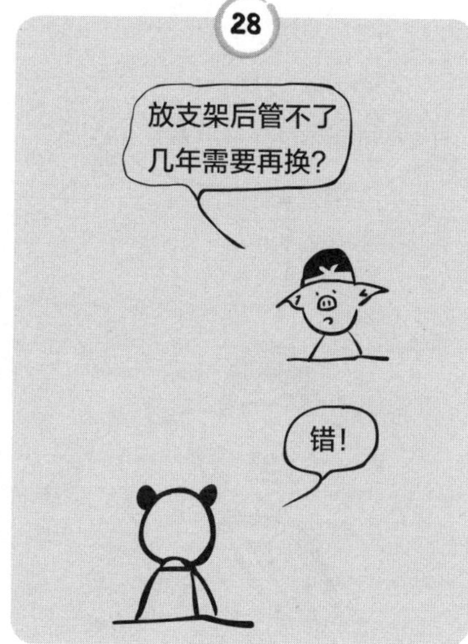
28
放支架后管不了几年需要再换？
错！

29
让医学变得简单

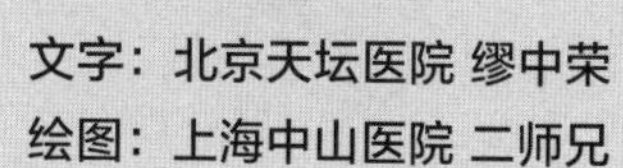
文字：北京天坛医院 缪中荣
绘图：上海中山医院 二师兄

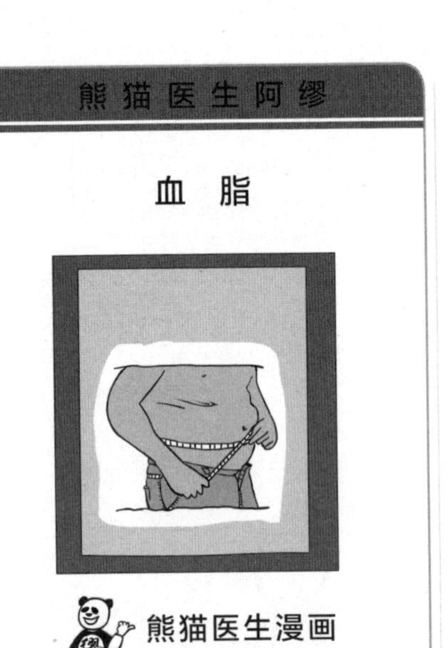
熊猫医生阿缪
血 脂
熊猫医生漫画

1
急死我了，知道吗？刚刚发布的数据，不看不知道，一看吓一跳！
阿缪诊所

2
什么数据，这么急？

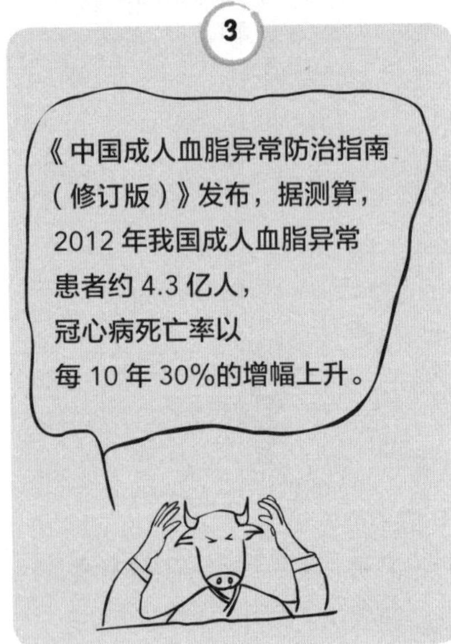
3
《中国成人血脂异常防治指南（修订版）》发布，据测算，2012 年我国成人血脂异常患者约 4.3 亿人，冠心病死亡率以每 10 年 30%的增幅上升。

4
血脂异常有什么危害？

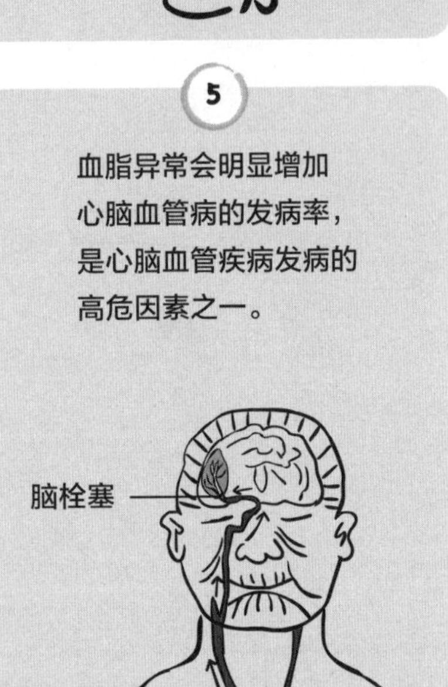
5
血脂异常会明显增加心脑血管病的发病率，是心脑血管疾病发病的高危因素之一。
脑栓塞

什么是血脂?

通常所说的血脂是指
血清中胆固醇、甘油三酯和类脂
（如磷脂）等的总称，
与临床密切相关的血脂
主要是胆固醇和甘油三酯。

经常有人提到低密度脂蛋白
是怎么回事儿?

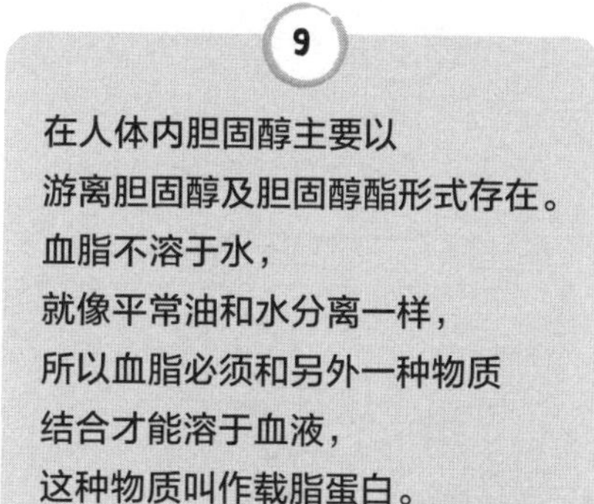
在人体内胆固醇主要以
游离胆固醇及胆固醇酯形式存在。
血脂不溶于水，
就像平常油和水分离一样，
所以血脂必须和另外一种物质
结合才能溶于血液，
这种物质叫作载脂蛋白。
载脂蛋白
胆固醇

这些脂蛋白分为乳糜微粒、
极低密度脂蛋白、
中间密度脂蛋白、
低密度脂蛋白和高密度脂蛋白。

血脂是怎么产生的呢?

12

血脂来源分为内源性和外源性两种。
内源性血脂是指通过人体自身分泌、合成的一类血清脂类物质。
内源性血脂先经过肝脏、脂肪细胞，并与细胞结合后释放到血液中，便可供给人体进行新陈代谢。
外源性血脂大多是人体从摄入的食物中吸收而来的。

13

正常情况下，
外源性血脂和内源性血脂相互制约，二者此消彼长，共同维持着人体的血脂代谢平衡。当人体从食物中摄取了脂质物质后，肠道对于脂肪的吸收量便会随之增加。

14

那什么是“坏胆固醇”？
军

15

血液中低密度脂蛋白胆固醇超标时，低密度脂蛋白胆固醇就会穿过血管内皮进入血管壁内沉积下来，逐渐形成动脉粥样硬化斑块。
其中不稳定的斑块会破裂、脱落，形成栓子造成动脉阻塞，引发脑卒中和心肌梗死。

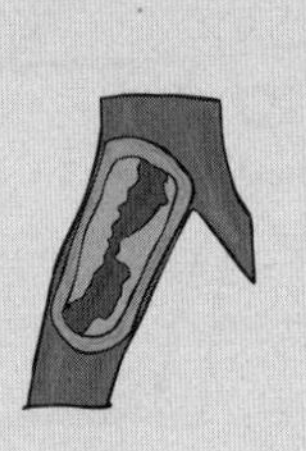

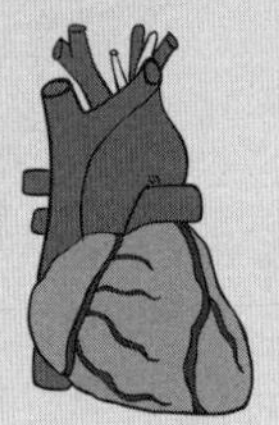

16

因此把这些超标的低密度脂蛋白胆固醇就称为“坏胆固醇”。

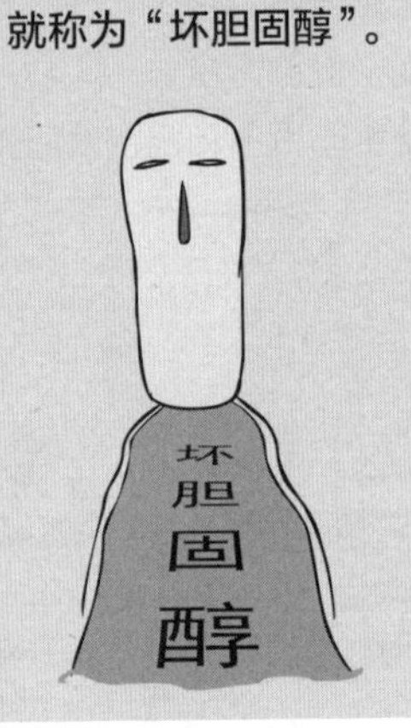
坏
胆
固
醇

17

什么时候测血脂?

18

血脂含量可反映脂质代谢的情况。
食用高脂肪膳食后，
血浆脂质含量大幅度上升，
通常在 3~6 小时后可逐渐趋于正常。
检测血脂时，
常在饭后 12~14 小时采血，
这样才能较为可靠地
反映血脂水平的真实情况。

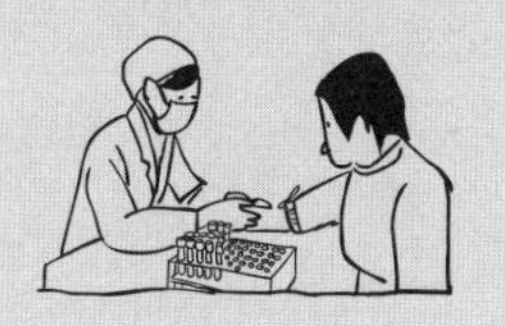

19

多长时间检测一次血脂呢？
刘


20

建议 20~40 岁成年人
至少每 5 年检测一次血脂，
40 岁以上的男性和
绝经期后的女性每年检测血脂。

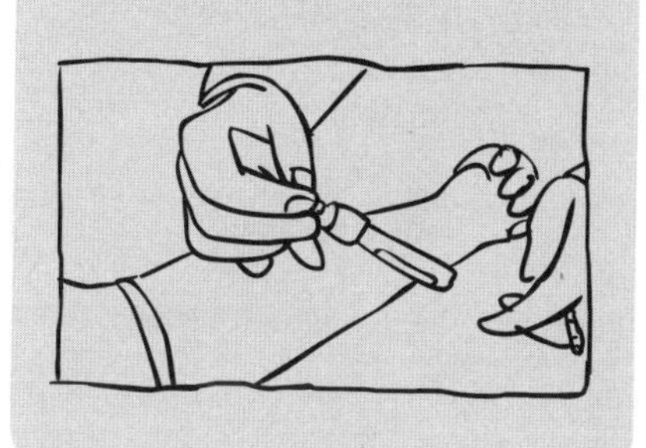

21

一般血脂检查有哪些指标？
正常值是多少？


22

临床上血脂检测基本项目为
胆固醇、甘油三酯、
低密度脂蛋白和高密度脂蛋白。
总胆固醇：2.8 ~ 5.17mmol/L
甘油三酯：0.56 ~ 1.7mmol/L
高密度脂蛋白：
男性：0.96 ~ 1.15mmol/L；
女性：0.90 ~ 1.55mmol/L
低密度脂蛋白：0 ~ 3.1mmol/L

23

哪些患者需要重点监测血脂呢？
倪

24

动脉粥样硬化性心脑血管病患者及其高危人群应每 3~6 个月测定 1 次血脂。因动脉粥样硬化性心脑血管病住院患者应在入院时或入院 24 小时内检测血脂。

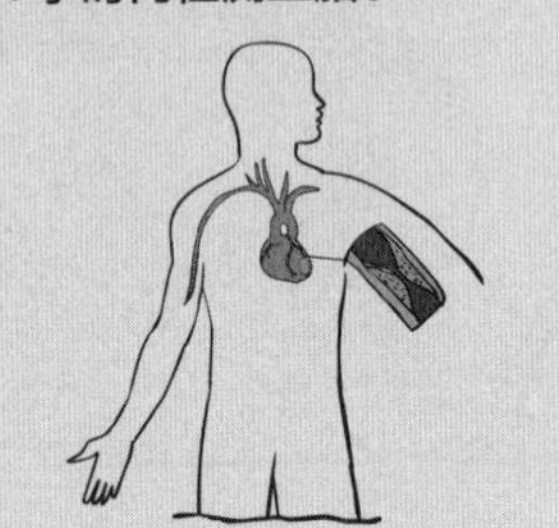

血脂检查的重点对象为：

(1) 有动脉粥样硬化性心脑血管病病史者。

(2) 存在多项动脉粥样硬化性心脑血管病危险因素（高血压、糖尿病、肥胖等）。

(3) 有早发性心血管病家族史者（指男性一级直系亲属在 55 岁前或女性一级直系亲属在 65 岁前患缺血性心血管病）或有家族性高脂血症患者。

(4) 皮肤或肌腱黄色瘤及跟腱增厚者。

26
怎么治疗高血脂?
饮食治疗和药物治疗。

27
什么是饮食治疗?

28

饮食治疗是指治疗性生活方式改变，包括：少吃富含“坏胆固醇”的食物，食品中饱和脂肪酸小于总能量的 7%，每天胆固醇的摄入量少于 300 毫克；增加摄入降低“坏胆固醇”的食物，每天摄入植物固醇 2 ~ 3 克；水溶性膳食纤维 10 ~ 25 克；保持理想体重，保持中等强度锻炼，每天至少消耗 200 大卡热量。

29
药物治疗呢?

坚持服用他汀类药物很关键。
对他汀不耐受或胆固醇水平不达标者
或严重混合型高脂血症者，
应考虑调脂药物的联合应用。

服用他汀类药物是不是
就可以爱吃什么就吃什么啦。
血脂
报告

药物治疗的基础是生活方式的
改变，只有生活方式改变的同
时使用他汀类药物，才能达到
降血脂的作用。
阿缪诊所


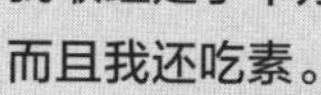

不要相信运动能减肥，
我取经走了十万八千里，
而且我还吃素。
那是你吃得太多啦！


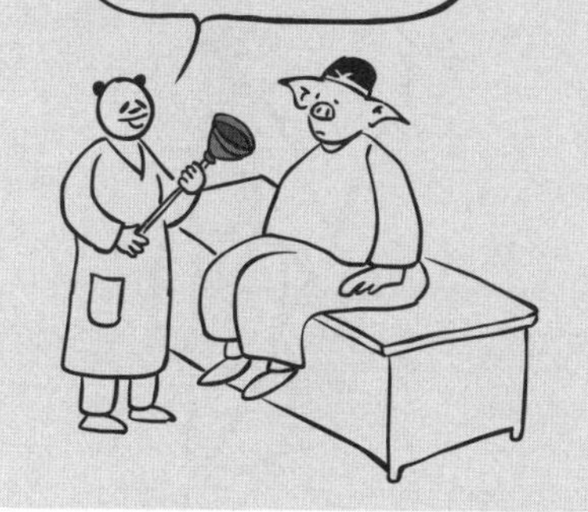

这个吸脂效果很好，
你回家可以自己吸，
独门绝技，秘不外传，
替我保密哟。


让医学变得简单

文字：北京天坛医院 缪中荣

绘图：上海中山医院 二师兄

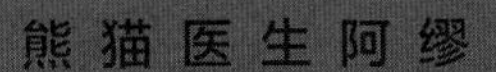
熊猫医生阿缪

## 有颈动脉斑块需要注意哪些问题

熊猫医生漫画

1

昨天华女侠科普了
颈动脉斑块不可怕，
但是后台很多人留言问
怎么治疗颈动脉斑块。

2

有没有消除斑块的药物，
通过吃药把斑块化掉。

3

颈动脉斑块一旦形成，
绝大多数不可逆。
服用一些药物有可能缩小斑块，
但没有大型临床研究报道。

4

什么药物可以使斑块缩小？

5

他汀类药物
可以通过降低血脂水平
达到稳定斑块的作用。
特别是华女侠超声报告的
“易损斑块”患者最好服用。
他汀类药物能否逆转斑块
有待于进一步研究。

6

如果发现颈动脉斑块，
需多长时间复查一次，
是不是需要每天检测？

7

一旦发现有颈动脉斑块，
最初两年内每半年复查一次，
观察斑块有没有增大，
是否稳定；
如果斑块两年内保持不变，
改为一年复查一次。

8

日常活动和体育锻炼
会不会导致斑块脱落？

9

一般不会。
正常生活，
正常工作。

10

有没有食品可以治疗？

11

健康饮食可以预防
动脉粥样硬化，
但是没有特殊食品
能够消除斑块。

阿缪拉面

05
血脂

12

颈动脉已经高度狭窄，
没有症状，
需不需要治疗？

13

有很多人是体检发现
颈动脉高度狭窄，
但是没有任何症状，
一般是因为侧支代偿良好。
必须找专科医师评估
需不需要手术。

14

颈动脉斑块是
如何导致脑卒中的？

15

有两个主要机制：
第一是斑块逐渐长大，
颈动脉管径越来越小，
导致脑供血不足，
严重时会导致脑卒中。

斑块　　狭窄

16

第二是易损斑块
脱落，
斑块堵塞脑血管引起脑卒中。

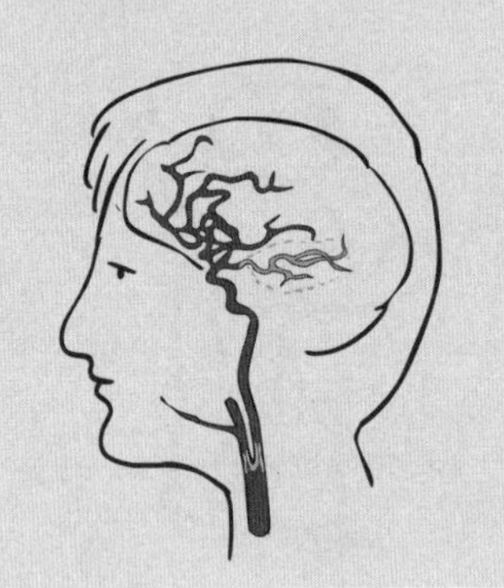

17

颈动脉长了斑块有什么症状吗？

18

颈动脉斑块导致颈动脉狭窄，
会出现以下症状：
一过性单眼发黑，
看不清东西，
说话不清楚，
一侧肢体麻木无力，
口眼歪斜等。

我已经发现颈动脉斑块，
但同时患有高血压，
这两种疾病之间会
有什么冲突和关联呢？

20

高血压、高血脂、糖尿病等
高危因素是颈动脉斑块形成的原因，
存在因果关系。
所以发现颈动脉斑块
一定要更加重视这些危险因素的控制。

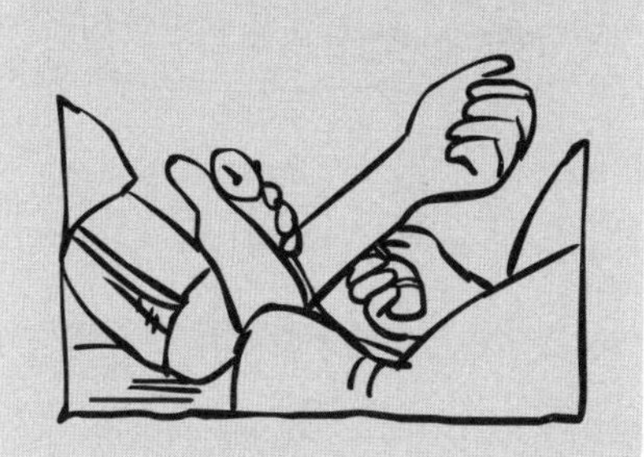

21

斑块一般在中老年人中多见。
我这么年轻怎么会有斑块呢？

22

现在脑卒中年龄越来越年轻化
与很多因素有关，
除了危险因素外，
抽烟、嗜酒、熬夜
都可能会导致动脉粥样硬化
而形成颈动脉斑块。

23

发现颈动脉狭窄，有医生建议我
服用他汀类药物。
这种药有没有不良反应啊？

他汀

24
他汀类药物是
一种比较安全的药物，
服药最初几个月
应复查肝功等，
如果出现肌肉酸痛等症状，
应该及时去找医生。

25
明白了，
谢谢阿缪！
来，
吃拉面。

26
让医学变得简单
缪

文字：北京天坛医院 缪中荣
绘图：上海中山医院 二师兄

陆
06
中老年健康的
误区与真相

熊猫医生阿缪

别再惦记肩周炎了，
85% 的老年人肩膀痛是这个病

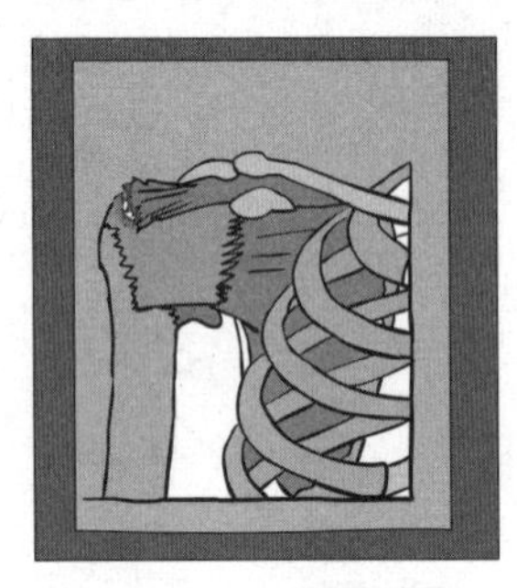

熊猫医生漫画

1

我的右侧肩关节疼痛两年了，
夜晚睡觉会痛醒，
不敢右侧卧，
胳膊抬不起来。

2

肩关节活动到某一角度
就会出现疼痛加重。
现在连穿衣洗澡都很困难，
快帮帮我吧！

阿缪面馆

3

这两年你都没去治疗过吗？
怎么会弄得这么严重了？

4

到过不少医院，
医生都说是“肩周炎”，
吃过西药、中药，
做过理疗、推拿、针灸，
甚至打过封闭。

您这是肩周炎。
哟，疼！

5

也遵医嘱锻炼过爬墙、吊环，
但是不仅没好转反而加重了。

熊猫康复中心

6
今天来吃面的是四川省人民医院骨科的卢冰大侠，快让他给你诊断一下。

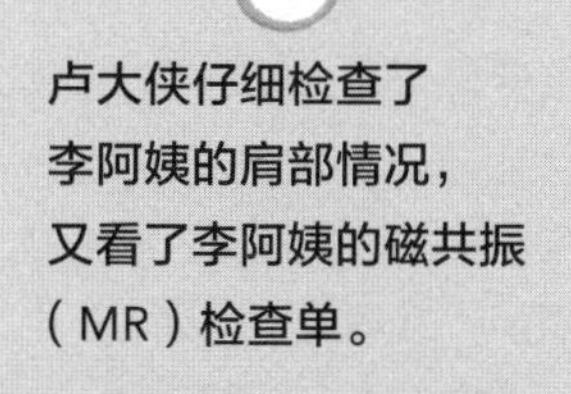
7
卢大侠仔细检查了李阿姨的肩部情况，又看了李阿姨的磁共振（MR）检查单。

李阿姨患的不是肩周炎。
卢

8
啊，不是肩周炎，那是什么病？！我这两年都白治了？
这是一个悲伤的故事，好想哭。

9
您患的其实是肩袖损伤。现在多数老年人有了肩痛、僵硬和抬不起肩，就自认为患了“肩周炎”。
阿缪面馆

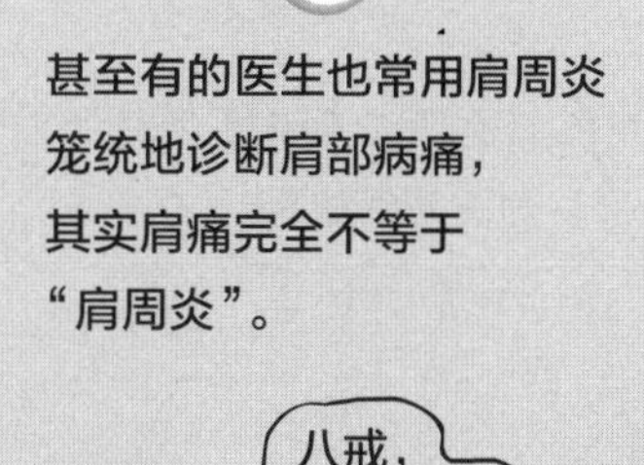
10
甚至有的医生也常用肩周炎笼统地诊断肩部病痛，其实肩痛完全不等于“肩周炎”。

八戒，我肩膀痛，会是啥毛病呀？
估计是肩周炎。

11
那肩周炎到底是什么呢？
波

12

肩周炎这个名词由来已久，
其实是地道的外来语。
1872 年法国外科医生 Duplay
最早系统地描述了该病，
1882 年 Putnam 应用了英文名词
“Periarthritis of shoulder”。

我是 Putnam 医生，
卢大侠说的对。
Putnam 医生

13

虽然是外国人发明了这个词，
但是近 20 年国内外文献中，
仅中文文献仍广泛
使用“肩周炎”一词，
国外文献大多使用的是
冻结肩或黏连性关节囊炎。

对，俺们老外
经常叫冻结肩
Frozen Shoulder

14

为什么有的医生会把
肩膀痛都诊断为肩周炎呢？
军

15

在很多人的概念里，
肩周炎是一个包罗了所有
肩关节周围疼痛疾病的
诊断名词；
但“肩周炎”一词字面含义笼统，
概念模糊，很容易导致
对肩关节病痛的误诊。

肩周炎就是垃圾桶，
搞不清楚的就说肩周炎。

16

什么原因会引起
肩关节疼痛呢？
倪

17

引起肩关节疼痛的疾病很多，
包括肩袖损伤、肩峰撞击症、
喙突撞击症、冻结肩、
肩胛部上盂唇前后位损伤
（SLAP 损伤）、肩关节不稳、
复发性肩关节脱位、腱病等。

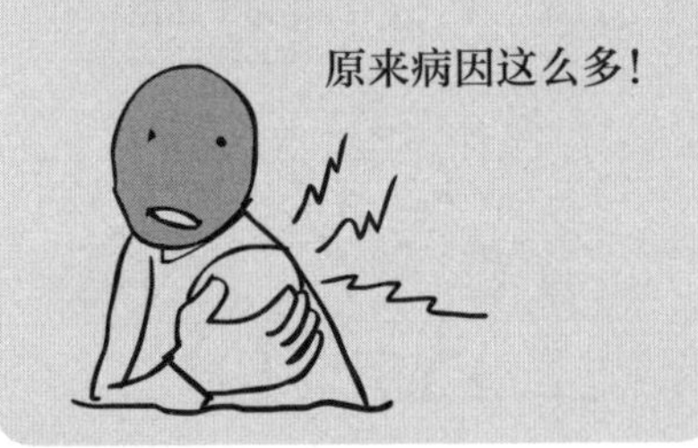
原来病因这么多！

18

长知识了。
原来李阿姨的肩膀痛
是因为肩袖损伤，
不是肩周炎。
晓虎偶谈

19

是的，有统计研究发现，
在 60 岁以上因肩痛
就诊的老年人中，
肩袖损伤和肩峰撞击症的
发病率最高，达 85%，
其发病率远远高于所谓的
“肩周炎”（原发冻结肩）。

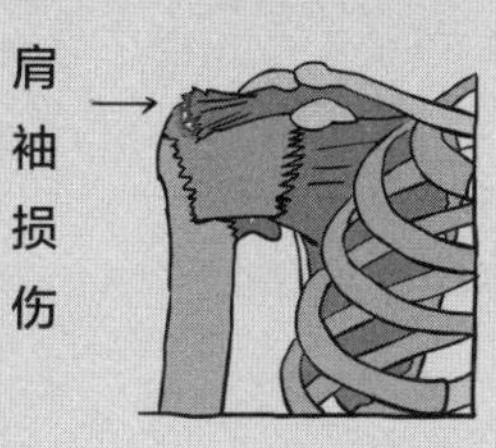
肩袖损伤

20

如果误诊了会有
严重后果吗？
哲

21

当然有。例如“肩峰撞击症”
和“肩周炎”的某些功能锻炼
是相反的，如果按照肩周炎那
样“拉吊环、爬高、甩手臂”
锻炼，就可能造成肩袖撕裂
的严重后果。

方法不对
适得其反

22

那像李阿姨这种肩袖损伤
还能治好吗？
刘

23

可以。
绝大多数肩袖损伤是炎症，
综合治疗可恢复；
少数为肩袖撕裂，需要手术。
肩关节镜是微创手术
疗效很好。

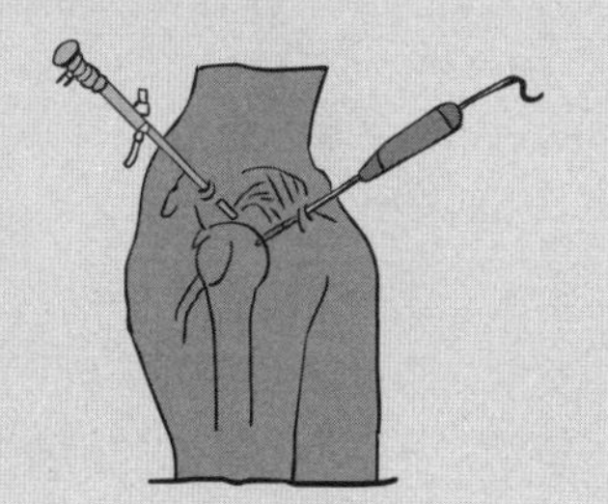
肩关节镜

24

只有给患者一个准确的诊断，
才能谈接下来的正规治疗。

25

让医学变得简单

主审：北京天坛医院 缪中荣
文字：四川省人民医院 卢　冰
绘图：上海中山医院 二师兄

熊猫医生阿缪

## 吃钙片为什么治不好骨质疏松

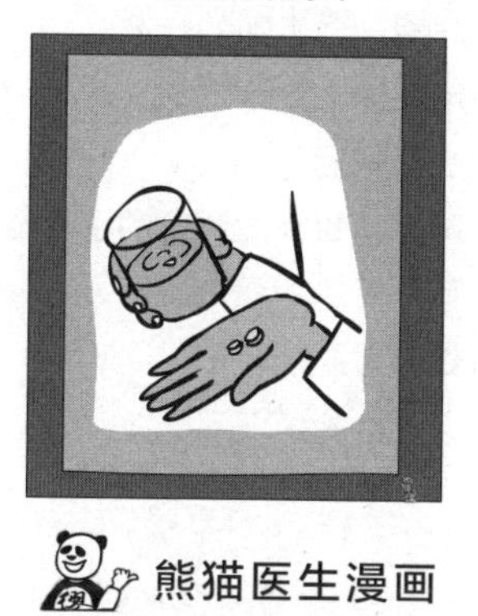

熊猫医生漫画

1

赵大爷前几天逛超市买了袋特价大米，拎回家后就开始腰疼，几天也没见减轻。今天来熊猫诊所看看是怎么回事。

米

2

阿缪大夫说很可能是骨质疏松症导致的腰椎椎体压缩骨折。等赵大爷拍了腰椎 X 片一看，果不其然，第一腰椎椎体有轻微的压缩骨折。

3

骨质疏松咱听说过，可是好好的怎么会有腰椎骨折呢？

4

顾名思义，骨质疏松就是骨质的数量减少、骨的显微结构破坏，导致骨的脆性增加、强度降低。临床最常见的症状是容易发生骨折。

5

由于慢性肾功能不全、甲状旁腺功能亢进等疾病引起的骨质大量流失，称为继发性骨质疏松症。

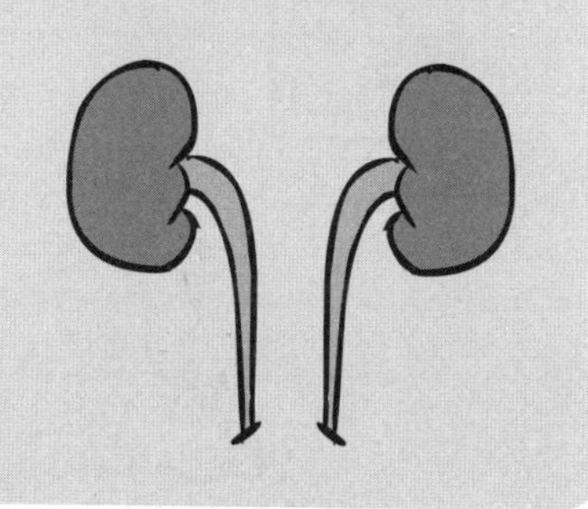

06 中老年健康的误区与真相

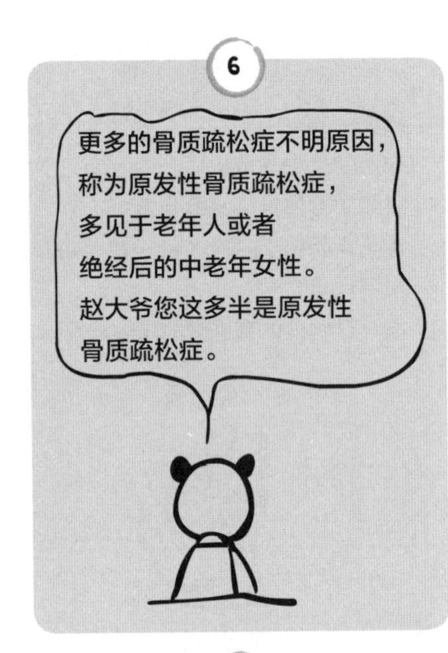
6
更多的骨质疏松症不明原因，称为原发性骨质疏松症，多见于老年人或者绝经后的中老年女性。赵大爷您这多半是原发性骨质疏松症。

7
那么，如何判断一位患者是否患有骨质疏松症呢？
米

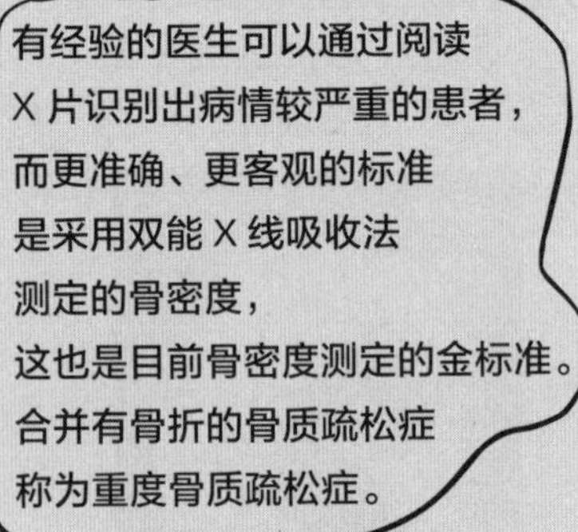
8
有经验的医生可以通过阅读X片识别出病情较严重的患者，而更准确、更客观的标准是采用双能X线吸收法测定的骨密度，这也是目前骨密度测定的金标准。合并有骨折的骨质疏松症称为重度骨质疏松症。

9
骨质疏松咋治呢？我看到电视广告上说，补钙要吃钙片。

10
骨质疏松症和缺钙能画等号吗？单纯的补钙就能治好它吗？

11
答案当然是不！骨质疏松症患者确实缺钙，但是单纯的补钙是不可能治愈骨质疏松症的。补钙和治疗骨质疏松是两码事。
No!

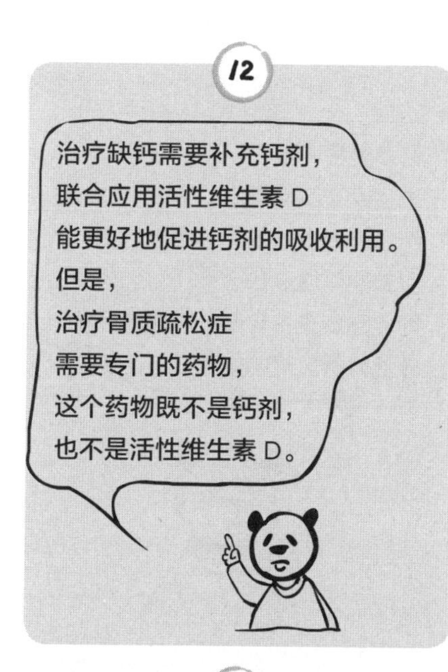
12
治疗缺钙需要补充钙剂，
联合应用活性维生素 D
能更好地促进钙剂的吸收利用。
但是，
治疗骨质疏松症
需要专门的药物，
这个药物既不是钙剂，
也不是活性维生素 D。

13
那需要什么药?
米

14
双膦酸盐是目前应用比较多的
治疗骨质疏松症的新药。
其最大优点是半衰期长，
即在体内的药效
可持续几个月甚至一年，
所以针剂为几个月或一年用一次，
口服制剂则需要每天用药。

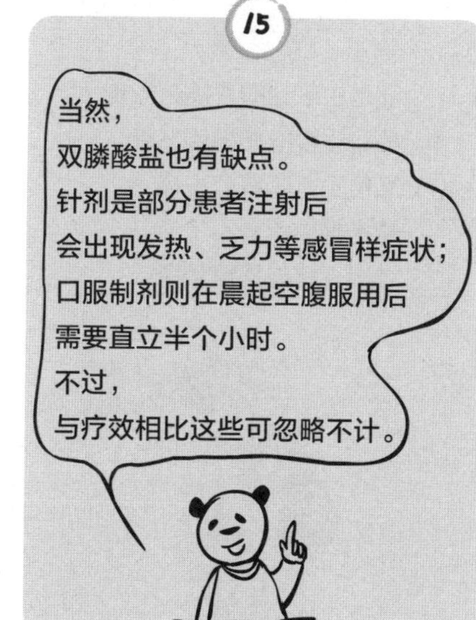
15
当然，
双膦酸盐也有缺点。
针剂是部分患者注射后
会出现发热、乏力等感冒样症状；
口服制剂则在晨起空腹服用后
需要直立半个小时。
不过，
与疗效相比这些可忽略不计。

16
一起打牌的老伙计
说起过降钙素，
是治疗骨质疏松症的药吗?
听说降钙素
很好用。

17
降钙素曾经是
治疗骨质疏松症的主力军。
但因为它长期应用
会增加罹患癌症的风险，
所以临床已经不推荐应用了。

18

那么钙片还该不该吃呢？
米


19

不论何种骨质疏松症
均应补充足量钙剂，
尤其对老年性和绝经后
骨质疏松症患者
充足量的钙剂就更为重要。

20

必须要提一下，
维生素 D 对老年性、
绝经后骨质疏松和糖皮质激素
引起的骨质疏松症
均能起到维持骨量、减少骨丢失、
降低骨折风险的效果。

21

所以说，
治疗骨质疏松症一般要
应用双膦酸盐，
同时给予补充钙剂和维生素 D。
唯有如此，
才能重塑患者的“钢筋铁骨”。

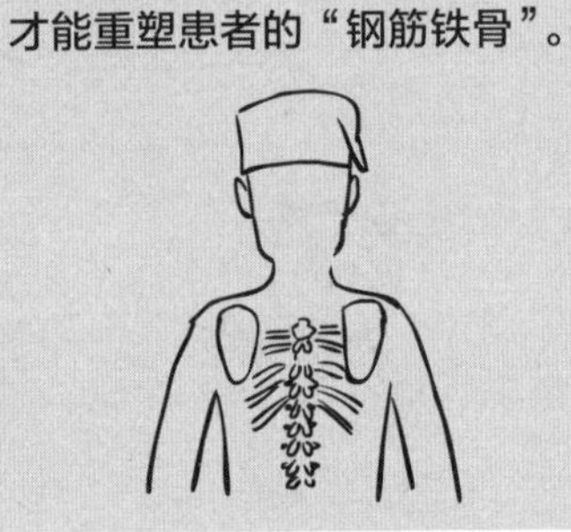

22

可是，
为什么赵大爷
会有腰椎骨折呢？

军


23

那是由于他的骨质疏松症
导致腰椎椎体强度下降，
又拎了比较重的物品，
腰椎椎体承受不了
才出现椎体压缩骨折。

24

那该怎么办呢?

25

根据患者 X 片来看，
由于骨折情况比较轻微，
可以保守治疗，适当休息，
暂不需要手术治疗。
赵大爷以后不能拎太重的物品了，
不然会再次造成椎体的压缩骨折，
到那时恐怕就只能做手术了。

错！

26

听了阿缪大夫的耐心讲解，
赵大爷知道自己的问题并不严重。
只要适当休息，避免负重，
配合适当的药物，
再补充一些钙剂和活性维生素 D，
痊愈指日可待，
心里别提多开心了。

熊猫诊所

27

让医学变得简单

主审：北京天坛医院 缪中荣
文字：郑大二附院 米多吧
绘图：上海中山医院 二师兄

熊猫医生阿缪

## 从“蚯蚓腿”到“老烂腿”，静脉曲张不得不说的痛

熊猫医生漫画

1

我老婆从网上买了瘦腿袜，说能美还能预防蚯蚓腿。可怕的是她追着非要让我也穿，声称是为我好。

2

吐槽的不经意间就撒了一把好狗粮啊，你媳妇是担心你的蚯蚓腿变成老烂腿。不过，这瘦腿袜可不是医疗用的静脉曲张袜。

3

等等，听得有点懵！静脉曲张我知道，蚯蚓腿、老烂腿都是啥？

4

“蚯蚓腿”就是小腿静脉曲张，好发人群在二三十岁时就有苗头，随着年龄的增长，静脉变粗、变硬，就像蚯蚓爬在小腿上。
熊江大侠
解放军总医院

5

老烂腿是静脉曲张的并发症，曲张的静脉越来越重，小腿就会不长汗毛并掉皮、胀痛甚至溃烂。

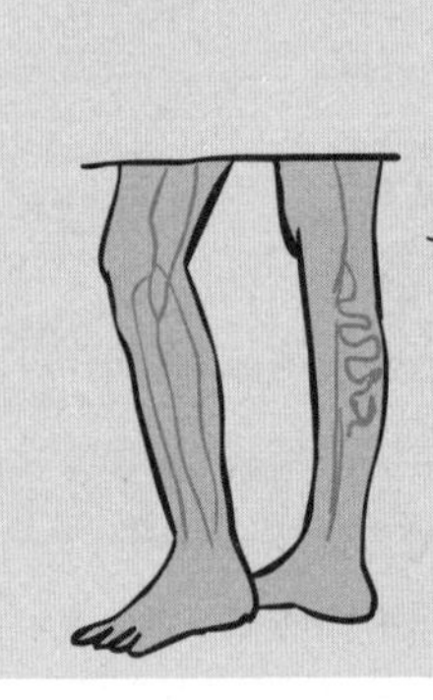
静脉
曲张

6

“曲张”到底是怎么个意思，
为什么小腿静脉会“曲张”？


7

静脉血是回流到心脏的血，
小腿静脉离心脏最远，
俗话说“人往高处走，
水往低处流”，站立时小腿
静脉血要从低处往高走。

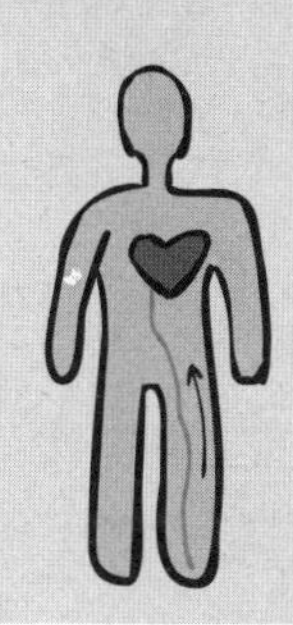

静脉血
往高处走

8

为了克服这一困难，
人类在进化时就在静脉
里长出了几十对静脉瓣，
类似“单向阀门”。

正常静脉

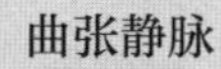

曲张静脉


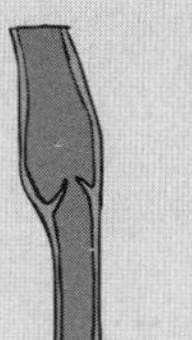

阀门
开放


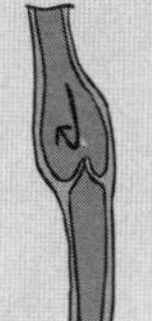

阀门
关闭


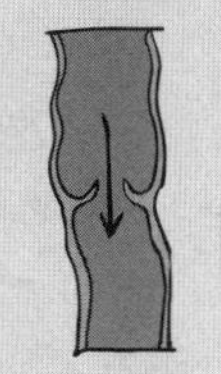

关闭
不全


9

随着“阀门”的老化、年久失修，
免不了出现关闭不全的问题，
这样从低往高回流的静脉血
就会淤积在小腿，
形成静脉高压，
这就是静脉曲张。

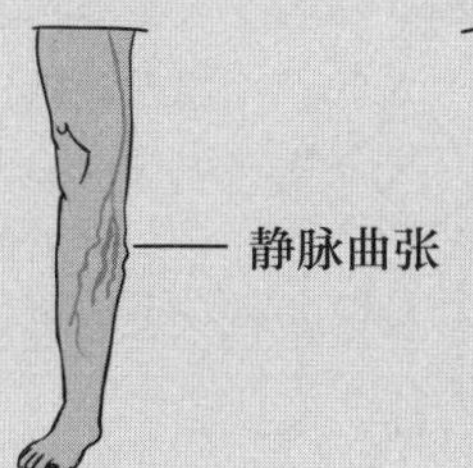

静脉曲张


10

当然，不仅小腿，
人体的其他部位比如肛周静脉，
也会曲张形成“十人九得”的痔疮。


11

您刚才说高发人群二三十岁时
就会有苗头，具体哪些是
高发人群，苗头又是什么？

12

久站、久坐易高发，
像老师、服务员、理发师、
外科医生、护士等，职业
要求他们不得不站着去工作。

好好学习
天天向上

让医学变得简单

13

计算机前的上班族、游戏大神、
老司机、麻朋牌友、各路学霸，
为了生计、学业、荣耀，
恨不得把椅子坐穿……

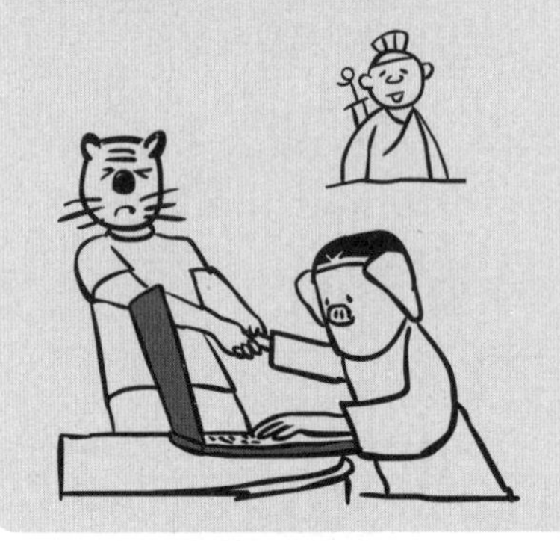

14

他们在二三十岁时小腿上
就会出现毛细血管扩张
导致的红血丝，
这也正是发病的苗头，
但不疼不痒，很容易被忽视。

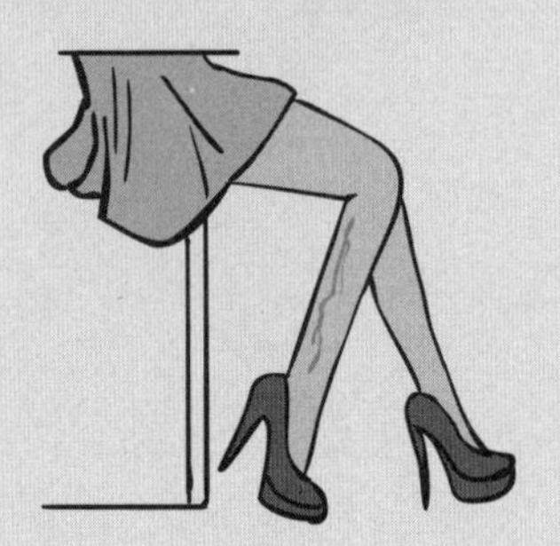

15

瓣膜罢工＋地心引力＋久站久坐，
小腿静脉就会鼓起，麻、累、木、
胀的感觉也会随之而来。

麻、累
木、胀

16

如果不及时诊治，
静脉曲张、肿痛明显，
小腿皮肤变硬、
颜色变深，
一旦形成“老烂腿”，
后果将不堪设想。

静脉曲张—溃疡—慢性骨髓炎—截肢

17

这个过程一般持续二三十年，
而此时您已步入“夕阳红”，
已被“老年标配、
不到万不得已不看医生”
这些观念牢牢绑架！

错误观念：
老年标配、
不到万不得已
不看医生。

18

殊不知，
静脉曲张这一恶果
在年轻时就埋下了隐患，
绝非老年专属。
早早发现，
是完全可以预防的！

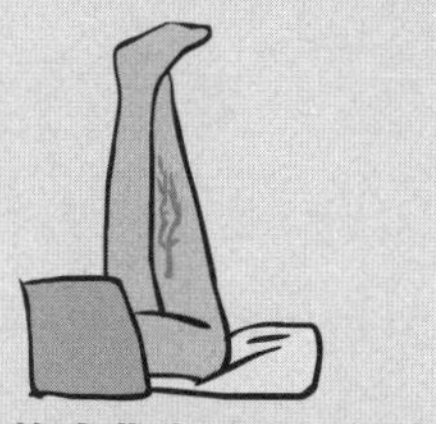

静脉曲张是病，得治！

19

小板凳已拿好，
请大侠快快传授预防秘籍。


20

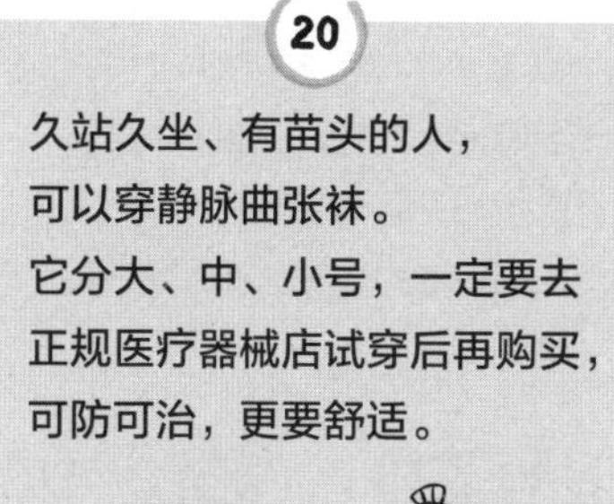

久站久坐、有苗头的人，
可以穿静脉曲张袜。
它分大、中、小号，一定要去
正规医疗器械店试穿后再购买，
可防可治，更要舒适。

渐进式压力


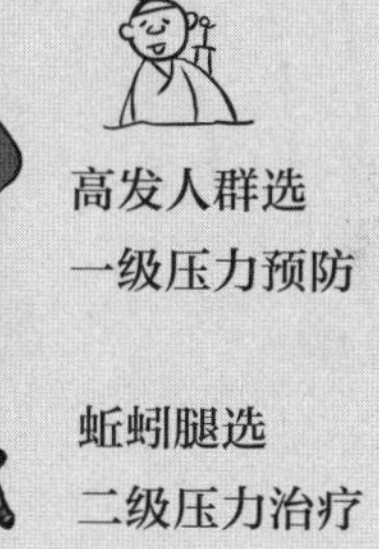

高发人群选
一级压力预防
蚯蚓腿选
二级压力治疗


21

静脉曲张袜不是租来的，
所以晚上睡觉时记得脱下来。
当然，静脉曲张袜还可以瘦腿哟。

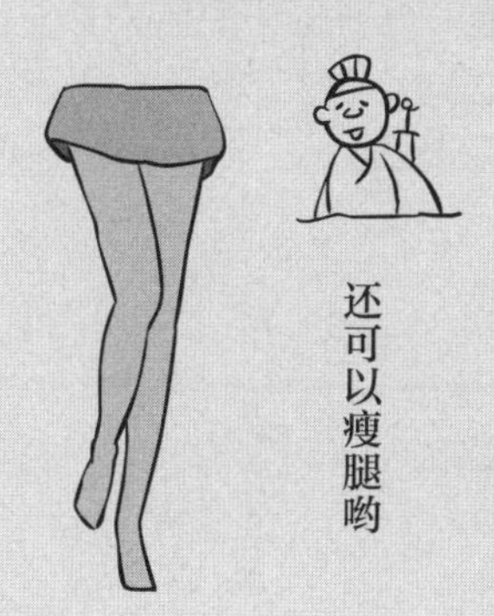

还可以瘦腿哟


22

工作生活动起来，
没时间运动的人教你们一招，
每一两个小时坐在椅子上，
抬高并伸直双腿，
按照图示反复锻炼。

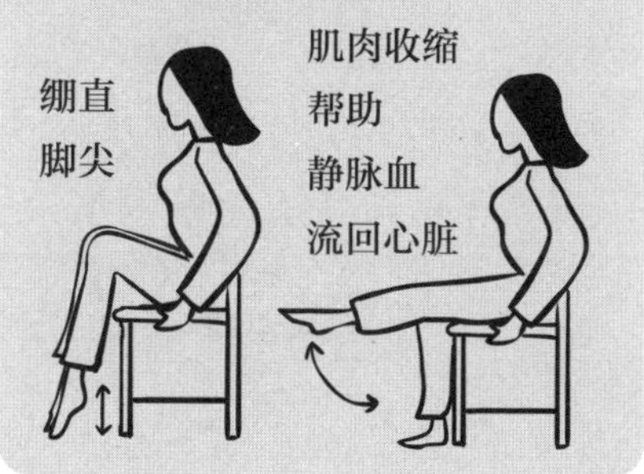

绷直
脚尖
肌肉收缩
帮助
静脉血
流回心脏


23

能运动当然好，
但要注意方式。
推荐游泳、骑自行车等能让
小腿肌肉收缩的运动，
帮助静脉血回流更顺畅。

24

但不推荐跑步、器械训练等重力大的运动。而跑步对于女人膝盖的伤害，你们懂得。

不推荐跑步　　可练练瑜伽

25

便秘会让腹压升高，
下肢静脉回流受阻，
所以为了预防便秘，
饮食要清淡，多吃粗纤维、
新鲜果蔬，避免辛辣。

26

减肥！
因为肥胖本身带来的自重无形就给静脉血回流增加了压力。

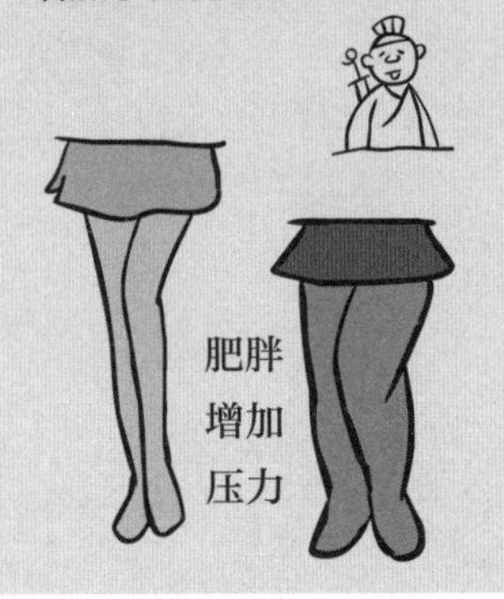
肥胖
增加
压力

27

还有一个特殊群体——孕妇，大肚子会压迫下肢静脉血回流的通路，所以避免长时间站立，适当抬高小腿，注意休息。

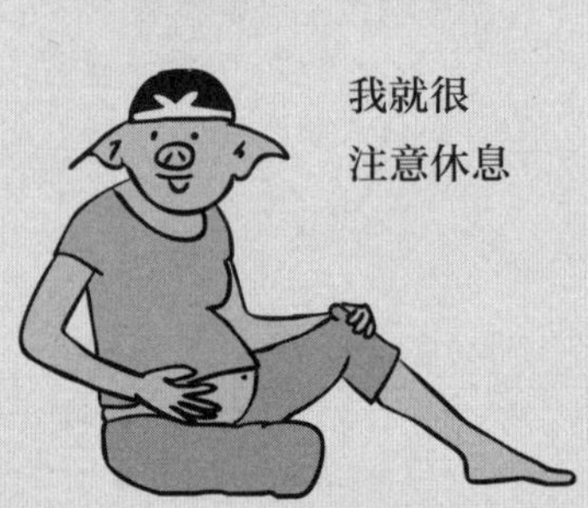
我就很
注意休息

28

吃药可以预防静脉曲张吗?

29

可以，
但只能延缓静脉曲张进展的速度，
并不能完全避免静脉曲张。
服药前一定要先看医生，
别私自购买吃错了药。

30

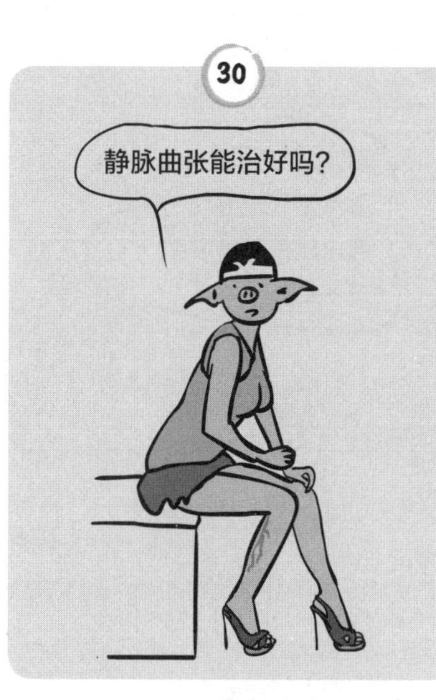
静脉曲张能治好吗？

31

在苗头期发现是可以避免的；
即便曲张了，日间微创手术
也是可以治愈的。
但因为“无知无视”发展成
“老烂腿”，找谁说理都晚了！

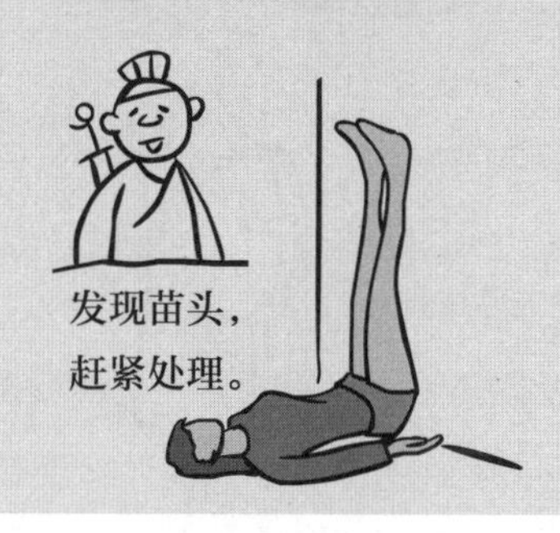
发现苗头，
赶紧处理。

32

呆呆，听老婆话，
好好穿着静脉曲张袜吧，
正好让熊大侠给看看。
科普路十万八千里，
咱们要一步一个脚印地走稳了。

33

听老婆的话，
穿静脉曲张袜。
看熊猫科普，
走健康之路。

34

让医学变得简单

主审：北京天坛医院 缪中荣
文字：解放军总医院 熊　江
绘图：上海中山医院 二师兄

熊猫医生阿缪
老来瘦可能是患了
肌少症，得治
熊猫医生漫画

老张啊，
好久不见了，
怎么瘦了？
千金难买啊！

唉，
虽然没“三高”，
但总觉得浑身没劲，
走不动。

这人老了，
腿脚大都不好了。

会不会得了肌少症？
有请北京医院老年科的赖蓓赖女侠
来瞧瞧是怎么回事。

肌少症？
头一次听说。

6

对，
走路不稳、行动迟缓、
尤其手没力气、
肌肉松弛的老年人，
都得警惕。

7

肌少症因为大都发生
在老年人身上，
所以经常被当成自然老化现象。

8

肌少症是 1989 年才被医学界
命名的一种“人在老化过程中
出现肌量减少和肌肉功能
逐步丧失，可导致体力
活动障碍、跌倒、
涉及多个系统的综合征”。

9

为什么会得这种病呢？

10

概括来讲主要有三大原因。
第一原因是年龄增长，
骨骼肌质量、肌肉力量
会逐渐下降，
这是一个自然趋势。

11

第二个原因是运动较少。
人进入老年后，
如果不经常活动、适量运动，
短时间内肌肉就会大量流失。
有研究表明，老年人卧床 1 周，
其下肢肌肉就会流失 5% 左右。

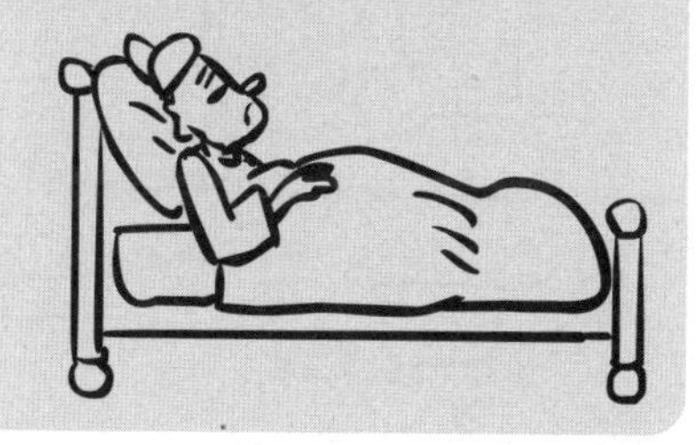

12

第三个原因是营养摄入不足。
很多老年人因为患有糖尿病、
高血压、血脂异常等
基础病和慢性病，
吃得过于清淡，长期营养不足
影响到了肌肉代谢。

另外，
如果人体长期存在慢性炎症，
会使得机体分解代谢增强，
同时也会加速
肌肉的分解及消耗。

14

一些老年人往往几种情况并存，
一些衰弱、肌少症的老年人
还常常合并抑郁、焦虑等情况。

15

怎么才能知道是不是得了肌少症呢?

16

欧洲老年肌少症工作组
对肌少症的诊断有 3 条标准：
1. 肌肉质量减少。
2. 肌肉力量下降。
3. 躯体功能下降。
只要满足第 1 条加上第 2、第 3 条中的任何一条，即可确诊。

17

有没有一些预警信号?
倪

18

患肌少症老年人易摔倒，
一旦跌倒则很容易发生骨折。
如果老年人出现走路变慢、
严重疲劳、体重下降等情况，
尤其是伴不明原因的心情低落、
兴趣减退、厌食时，
最好到老年科做一个综合评估。

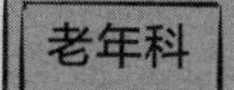
老年科

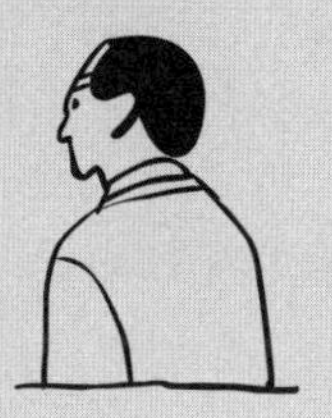

19

可怕！
这种病能预防吗？

20

能！
适当运动，
增加营养。
熊猫科普

21

出门散步、买菜、
做做家务，都是对
肌肉有益的锻炼。

22

蛋白质摄取不足是
肌少症的主要诱因之一。
在能提供充足的热量、
微量营养素的基础上，
保证优质蛋白的足量摄入
至关重要，
而动物蛋白又要优于植物蛋白。

23

要多吃牛肉、
豆制品等食物。

陆

24

肌肉增长起来难，
但流失起来很容易。
预防肌少症
最好从中青年时开始，
做好肌肉储备，
在老年时流失就会慢一些。

25

让医学变得简单

缪

主审：北京天坛医院 缪中荣
文字：北京医院 赖 蓓
绘图：上海中山医院 二师兄

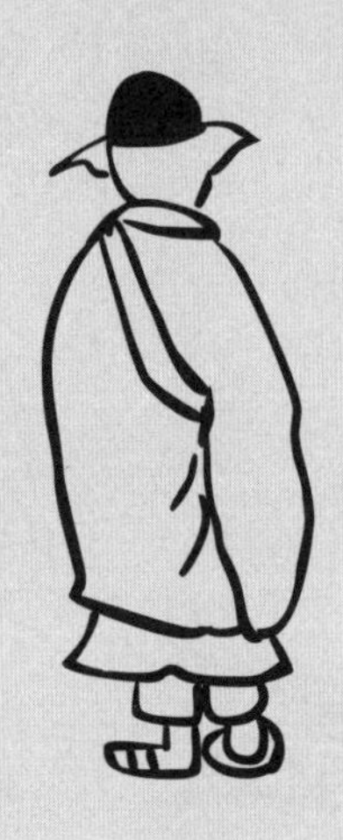

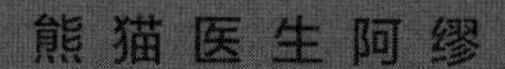
熊猫医生阿缪

妈妈，
您真的认不出我是谁吗

熊猫医生漫画

1
妈妈不认识我了。

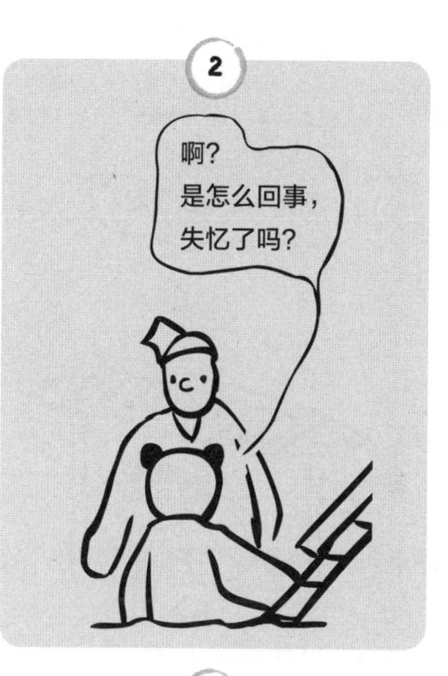
2
啊？
是怎么回事，
失忆了吗？

3

是痴呆了。通俗的说痴呆就是人变得越来越傻，记不住事儿，对周围的世界漠不关心，生活不能自理。

北京天坛医院
王拥军院长

4
世界上最远的距离，
就是儿子站在您对面
您却认不出来。

5

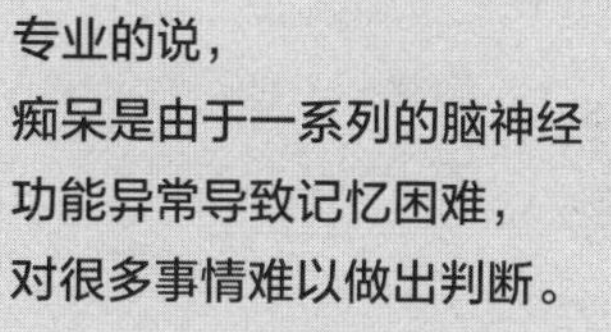
专业的说，
痴呆是由于一系列的脑神经
功能异常导致记忆困难，
对很多事情难以做出判断。

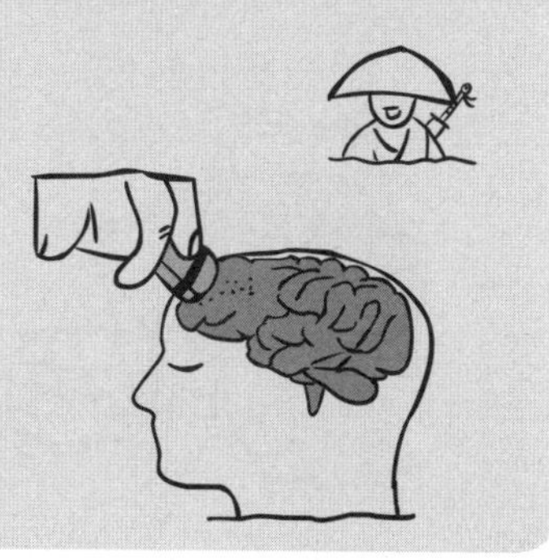

6

痴呆有哪些症状，
怎么才能早发现呢？

7

典型的表现是：
1. 忘事儿，不记事，忘人，
在熟悉的地方迷路。
2. 说话越来越少，
不爱活动。

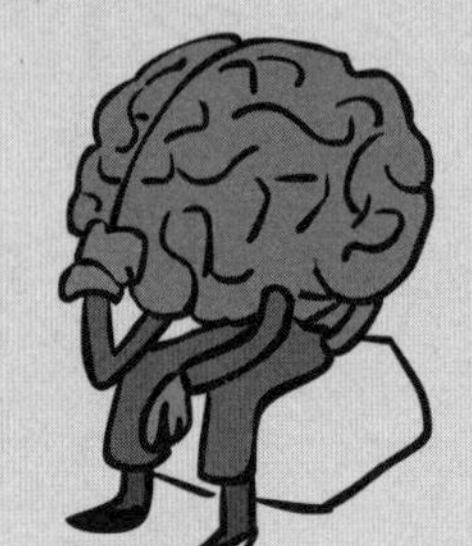

8

3. 不会算数，不会算钱。
4. 性格大变，有时幼稚，
有时反复无常，
有时候还有过激行为。

9

痴呆是不是因为年龄
大了记忆减退啊？

10

痴呆确实多发生在 65 岁以上
的老年人中，但是与老年人
记忆减退还是有区别的。

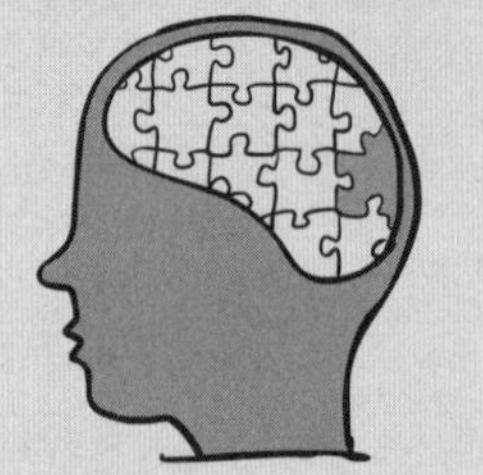

11

老年人的记忆减退初期
表现为短期记忆能力下降
和学习能力减退，但是对
原来的事情越来越清楚
（爷爷经常讲他年轻时
候的故事）。

12

痴呆的老人啥也记不得了，连自己是谁都不知道（我是谁，我从哪里来，我要到哪里去），并且这种情况会越来越严重。

13

举个例子：
年纪大了大脑的记忆力下降，表现为可能将物品放错地方或忘记细节；但痴呆患者则可能忘记整个过程。

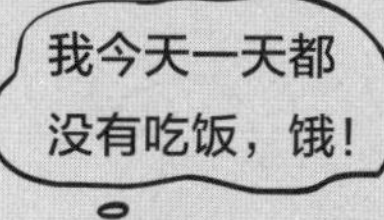
我今天一天都没有吃饭，饿！

14

痴呆都有哪些种类？

15

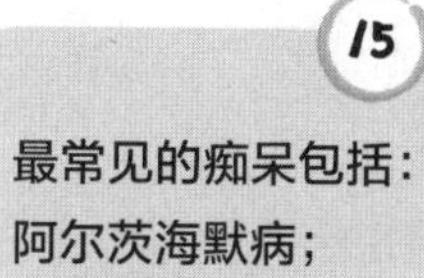

最常见的痴呆包括：
阿尔茨海默病；
血管性痴呆；
帕金森病痴呆。

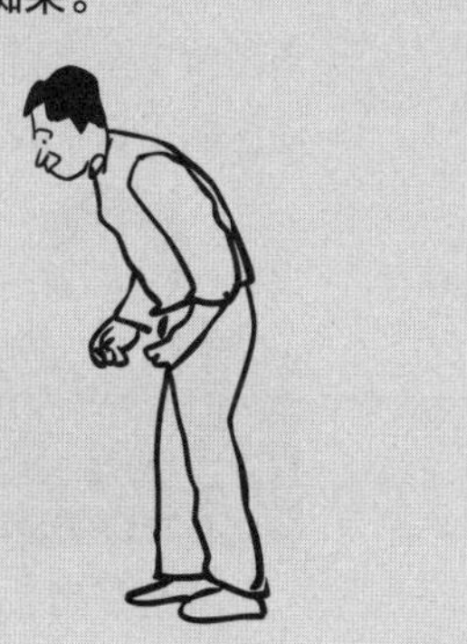

16

痴呆可以治好吗？

17

大多数痴呆都难以治愈，也没有特效药物。

痴呆没有特效药
后悔药半价
药

18

有些疾病引起的痴呆是有可能好转或治愈的，比如脑外伤、脑积水、脑卒中后的痴呆，经过合理的治疗后，痴呆的症状会改善。

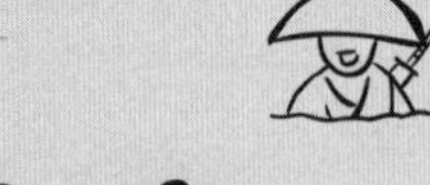

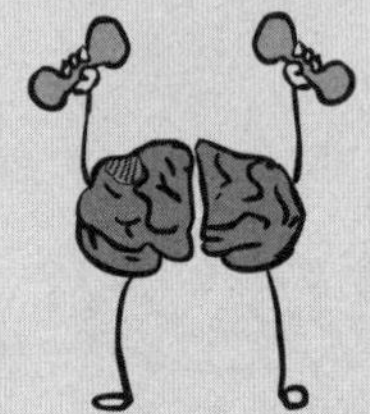

合理治疗
症状改善

19

也有少数疾病引起的痴呆可能会完全治愈，比如烟酸缺乏病及维生素 $B_{12}$ 缺乏症、甲状腺功能减退症患者可能会完全恢复。

20

太可怕了，痴呆的原因是什么啊？

21

最常见的病因是阿尔茨海默病（俗称老年痴呆），占 50% ~ 70%。
其他常见的病因如脑外伤、脑积水、血管性痴呆等。

痴呆病房

22

有些疾病如糖尿病、肺气肿、慢性肾功能不全、肝脏疾病或心力衰竭等疾病可以加重痴呆的症状。

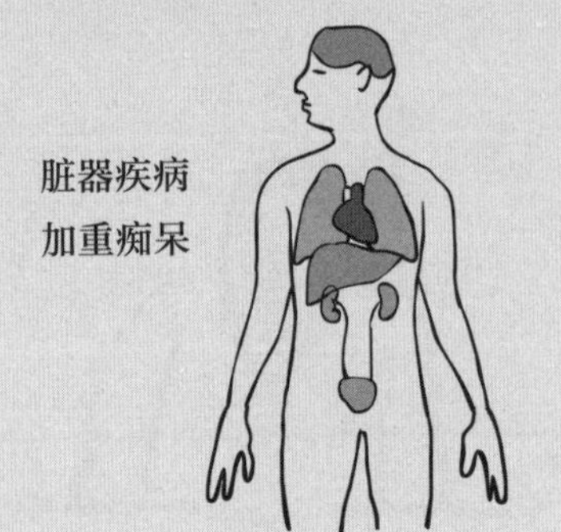

脏器疾病
加重痴呆

23

另外，滥用抗精神病药物、玩命嗜酒等也是痴呆的原因，拳王阿里就是典型病例。

我击败了全世界，而疾病击倒了我。

我是阿里

24

怎样预防老年痴呆啊?

25

最近《柳叶刀》杂志推荐了 9 种预防老年痴呆的方法：
1．听力障碍可能是痴呆的原因之一。如果爸爸妈妈听力越来越不好，一定要高度重视，必要时给他们配戴合适的助听器。

26

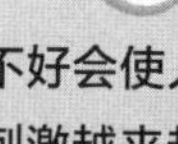

听力不好会使人接受外界的声音刺激越来越少，有些老人问几遍听不清楚就不再问了，怕给身边的人添麻烦。

27

2．活到老学到老。
坚持学习新鲜事物，会刺激大脑接受新鲜事物，让大脑细胞不断处于活跃状态，避免老化。

28

3．戒烟。
抽烟可以导致全身动脉硬化，脑血管因受损导致大脑供血不足，很容易因大脑毛细血管堵塞而发生血管性痴呆。

抽烟损害
脑血管

29

4．治疗抑郁症。
抑郁症会“影响压力荷尔蒙、神经生长因子和大脑海马体容量”，治疗它可以减轻痴呆风险。

留心
抑郁症

30

5．锻炼。

锻炼可以减少心脑血管发生意外的风险，促进与记忆相关的神经细胞的生长，从而对大脑起到保护作用。

锻炼身体

保卫自己

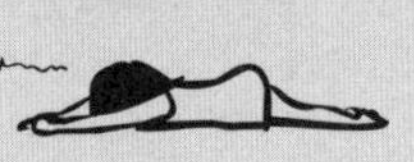
预防痴呆

31

6．控制高血压。

高血压会增加脑卒中的危险，另外高血压还可能会导致脑细胞衰老而导致痴呆。

淡定，
淡定，
血压不能高。

32

7．参加社交活动。

不爱交际会增加痴呆的风险，并且会增加高血压、冠心病和抑郁症的风险。

33

8．维持正常体重。

肥胖会导致大脑损伤，而且会增加氧化应激，这也对大脑不好。

傻呆呆，该减肥了，
小心老年痴呆哦！

人在吃，秤在看。

34

9．定期检查血糖。

糖尿病人更可能是“痴呆候选人”，就像糖尿病会损伤人体的其他器官一样，同样也会损伤大脑。

您的血糖太高了，
以至于一头熊把您的
脑袋当蜜罐了。

35

另外，经常读熊猫医生科普。

预防老年痴呆，
多看熊猫科普。

36
为了预防老年痴呆，
给各位看官出一道题：
如果有一辆车，司机是王子，
乘客是公主。
请问这辆车是谁的呢？
思考题

37
答不出来？
那您已经痴呆了。

38
让医学变得简单
文字：北京天坛医院 缪中荣
绘图：上海中山医院 二师兄

陆

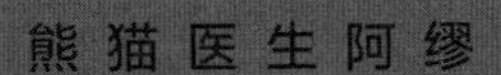
熊猫医生阿缪

“抖、慢、硬、摔”四大症状，你认识真正的帕金森病吗

熊猫医生漫画

1
傻呆呆，
又在看巴金先生的书啊。

2

是啊，巴金先生一生写了一千多万字，哪怕晚年得了帕金森病，仍坚持用颤抖的手继续写作，真是让人叹服！

3

每年的
4 月 11 日是“世界帕金森病日”。
考你一下，
知道“世界帕金森病日”的由来吗？

4
这我真不知道，
快讲讲。

5

200 年前，
英国医生詹姆斯 · 帕金森
最早系统地描述了这种疾病，
所以将他的生日 4 月 11 日定为
“世界帕金森病日”。

帕金森医生

6
在我身边，很多老年人得了帕金森病，这个病在老年人中是不是属于多发病？

帕金森病一般在中年以上发病，
根据北京、上海、西安的一项
流行病学调查资料显示，
我国已大约有 250 万帕金森病患者，
世界上不少人都受到这种疾病的困扰。

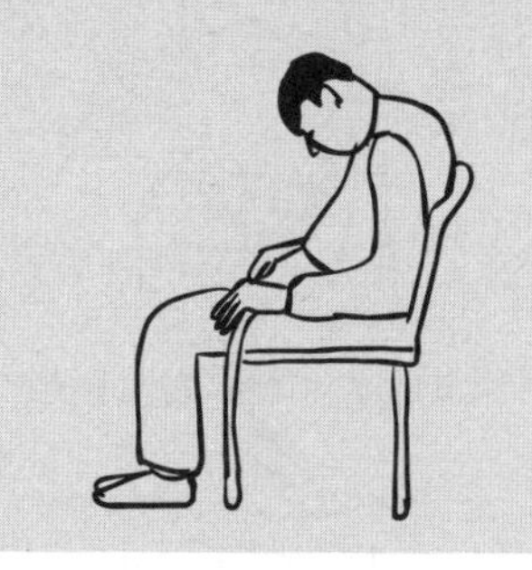

比如那些历史上的名人：
数学家陈景润、
文学家巴金、拳王阿里、
影星凯瑟琳 · 赫本……

拳王阿里

帕金森病都有哪些症状呢？
雪

最常见的症状可以简述为“抖、慢、硬、摔”。

1.“抖”是指抖动。
抖动往往是患者发病初期的表现，
常从某一侧手指开始，出现搓丸
子或数钞票一样的抖动，抖动会
逐渐发展到同侧下肢和对侧肢体。

抖

抖动都是在安静时出现，
如在看电视或与别人谈话时，
肢体突然出现不自主地颤抖，
称为静止性震颤。
激动或紧张时会加剧，
但在睡眠中却可以完全消失。

静止性震颤

是不是出现抖动就一定
是帕金森病？

并不是。虽然有些人在夹菜、
倒茶、端杯子时会出现手抖，
但他们并没有肢体僵硬、行动缓慢
等症状，这种抖动通常是原发性
震颤，与帕金森病并无关系。

另外，患有甲状腺功能亢进症、
服用抗精神病的药物等情况下，
也会出现肢体抖动。

2.“慢”是指动作缓慢。
有一些患者最初的症状并不是抖动，
而是动作缓慢。患者系鞋带、纽扣
的动作比以前缓慢许多；或者患者
很少眨眼睛，面部表情较少，像戴
了一副面具，我们将这种症状称为
面具脸。

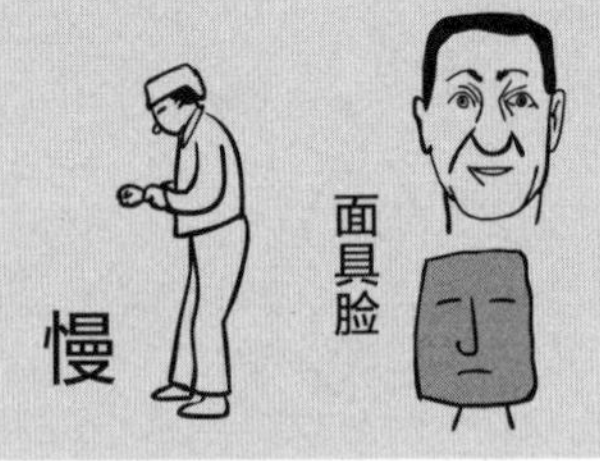
慢
面具脸

行走时上肢不摆臂，一侧脚明显
拖地，导致一只鞋的鞋跟磨损明显；
行走时起步困难，一旦开步，身体
就会前倾，步伐虽小，却越走越快，
不能及时停步，这种症状称为慌张
步态。

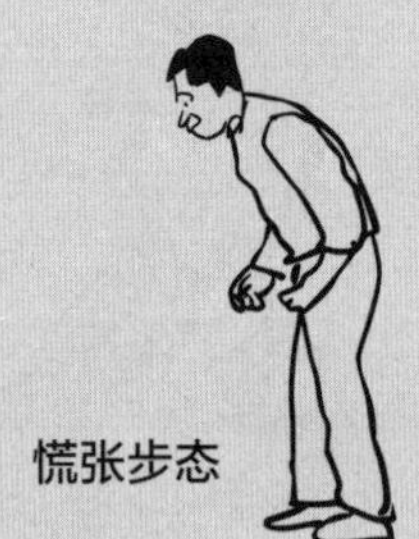

慌张步态

18

这么明显的症状，
很好判断啊，
还有什么表现吗？

19

3.“硬”是指肢体僵硬。
肢体僵硬表现为患病初期某一肢体运动不灵活，后期累及患者的其他肢体及躯体变得僵硬，活动关节较为困难，像跳机器人舞。

20

4.“摔”是指患者容易摔倒。
患者的头部和躯干前倾、上肢略屈曲，膝关节轻度弯曲，导致容易摔倒。

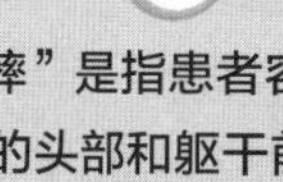

这种姿势，
容易摔倒。

21

你说得真形象，
还有什么特殊症状吗？

22

还有很多，比如前额总是油光发亮；口水增多，要用手帕不停地擦；肩颈、腰腿疼痛，不少患者将这些症状当作椎间盘突出，治疗后也不能缓解；身体某些部位感觉异常温热或是寒冷；排尿次数增多等。

23

在出现这些典型症状前，
早期帕金森病有先兆吗？

波

24

还是有一些蛛丝马迹可寻的，
如多年的顽固性便秘；
常误诊为鼻炎的嗅觉减退；
睡眠中拳打脚踢、大喊大叫，
甚至从床上滚下来；
最近写的字比以往要小或一行字越写越小等。

顽固性便秘

25

虽然正常衰老也会有这些表现，
但如果有上述两个以上的症状，
就应该找相关医生就诊了。

阿 缪
熊猫诊所

26

帕金森病为什么会出现这些症状？
倪

27

大脑中有一种叫作多巴胺的神经递质，负责在大脑内传递信号，以控制和协调各种动作。帕金森患者因为遗传、大脑老化或环境暴露等原因导致多巴胺明显减少，才会出现一系列异常运动。

28

帕金森病的治疗方法有哪些？

军

29

有药物和手术两大类。
患有帕金森病的患者，
需要长期服药，
美多巴是目前治疗帕金森病最有效的药物，
但服药 3～5 年，
就会出现药效减退、开 - 关现象、异动症等不良反应。

美 多 巴

30

这时可以考虑手术治疗。
手术有细胞刀和脑起搏器两种方法，细胞刀是通过杀死脑内特定的异常细胞核团来改善症状。

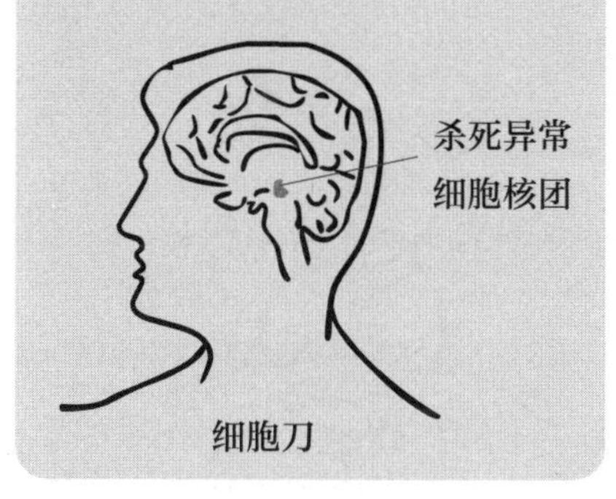
杀死异常
细胞核团
细胞刀

31

脑起搏器是把电极插在大脑特定的位置，通过电脉冲调节大脑的功能而改善症状。它对脑内的核团和神经传导通路不会造成损伤，具有可逆性和可调节性的优势。

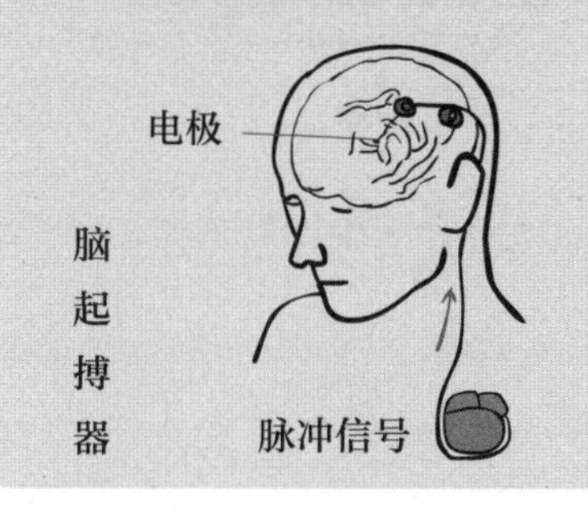
电极
脑起搏器
脉冲信号

32

帕金森病影响寿命吗？

晓虎偶谈

33

帕金森病不是一种致命的疾病，一般不会影响寿命。早期发现、积极治疗、合理锻炼能使患者保持较高的生活质量。

34

帕金森病遗传吗？

刘

35

大多数帕金森患者都不是遗传性的。因遗传因素患病的患者仅占总患者人数的 10%。但如果家族里不止一人有帕金森病，对此就要引起重视。

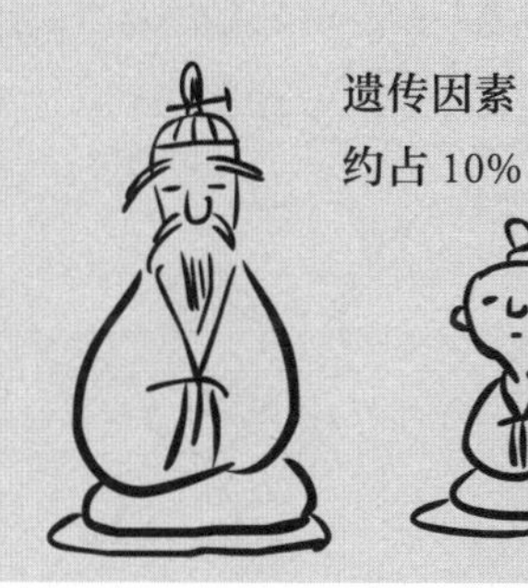
遗传因素
约占 10%

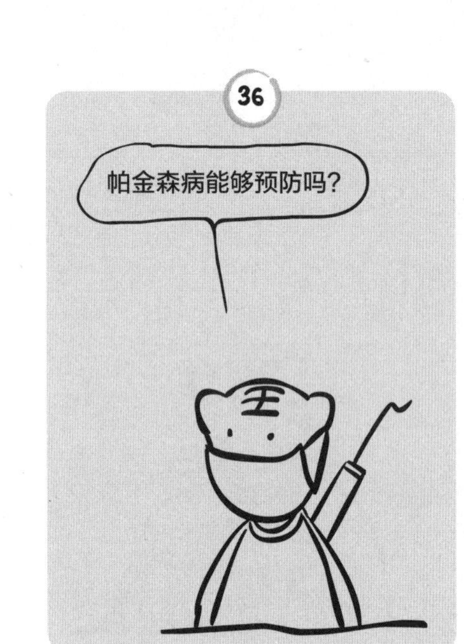

36
帕金森病能够预防吗？


37

目前我们还不清楚帕金森病的致病原因，大多认为与衰老、遗传和环境中接触毒素等因素有关，要想预防帕金森病，就需多管齐下，综合防控。

38


1. 饮食忌高热量、高脂肪食物，宜清淡、粗纤维食物。

39

2. 加强体育运动及脑力活动，选择比较复杂的运动形式。

来，
加强脑力活动，
预防帕金森病。
小学数学题：
几个三角形？


40

3. 尽量避免接触有毒化学物品，如杀虫剂、除草剂、锰、汞以及有毒气体等。

珍惜生命
远离毒物

41

让医学变得简单

审稿：北京天坛医院 缪中荣
文字：北京宣武医院 张晓华
绘图：上海中山医院 二师兄

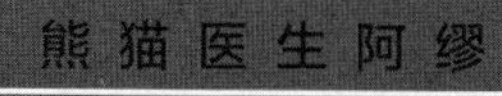
熊猫医生阿缪

## 其实你没有冠心病

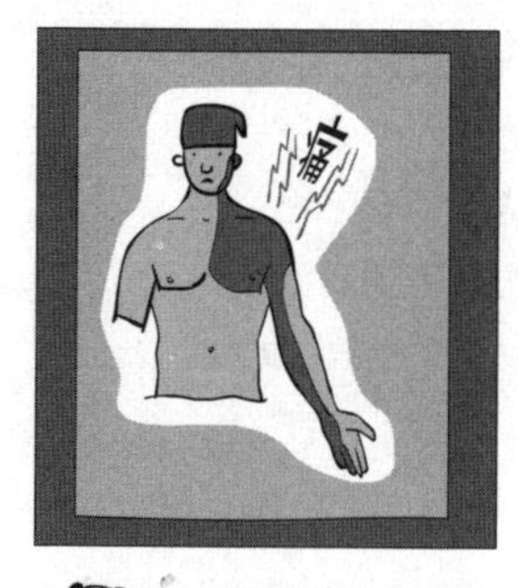
痛

熊猫医生漫画

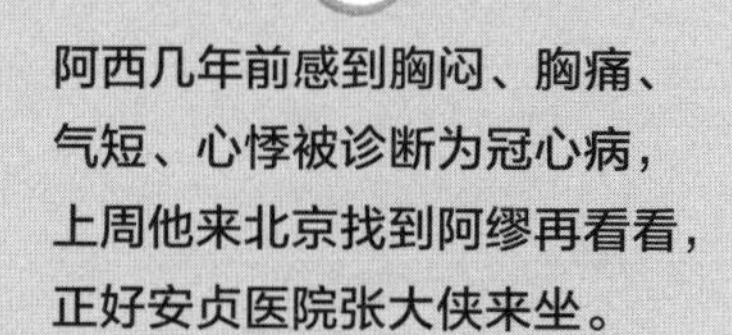
1
阿西几年前感到胸闷、胸痛、气短、心悸被诊断为冠心病，上周他来北京找到阿缪再看看，正好安贞医院张大侠来坐。

2
你可能不是冠心病。
铭

3
啊？怎么回事！

4
我的门诊患者
有三成被摘掉了冠心病的帽子。
铭

5
怎么会被误诊呢？
军

陆

6

这些患者一般都表现为
不典型胸闷、
心电图 T 波长期低平倒置，
再加上合并早搏或心房颤动。

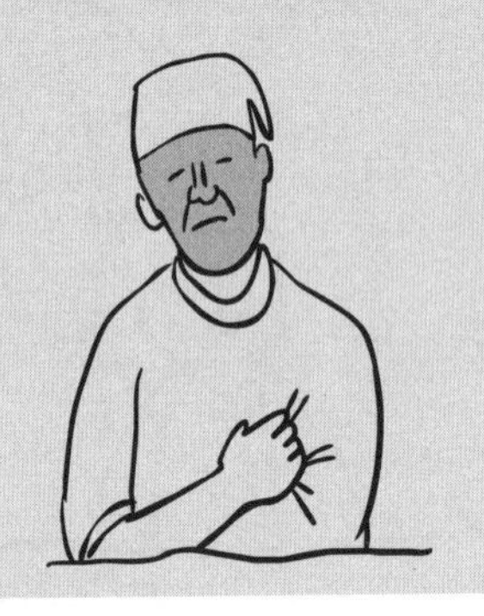

7

这些症状不能确诊为冠心病吗？
倪

8

不能。
心电图即使有 T 波倒置，
ST-T 改变，
但不一定就是心肌缺血。
有些健康人一辈子
就是这样的心电图。
这样的心电图有动态改变
才能提示可能有冠心病
或心肌缺血。

9

为什么会被误诊？

10

1. 从患者角度来看，
对冠心病知之甚少，
一有胸闷、胸痛就以为
自己是冠心病。
实际引起胸闷、胸痛不适的原因
非常多，胸痛不等于心痛！

11

2. 有些时候患者对自身疾病
表达不清楚，
使得医生误解而导致误诊。
所以医生和患者耐心配合，
交流是否清楚到位，
至关重要！

12

3．从医生的角度看，
冠心病临床情况比较复杂，
医生的经验和水平以及
问诊的耐心程度均可能影响
冠心病诊治的准确度。

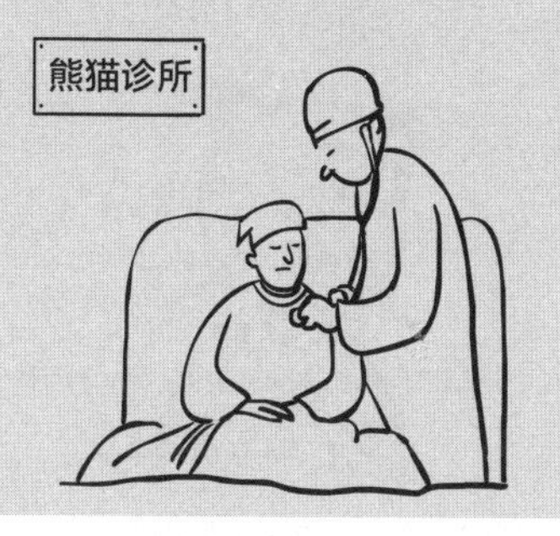
熊猫诊所

13

这么说冠心病很难诊断？
刘

14

并不是。以我个人经验而言，
真正有冠心病的患者一般都有
典型的心绞痛症状。
只要患者表述清楚，
具有丰富经验的医生经过
耐心询问病史，
可准确判别。

铭

15

那么患者怎么才能准确地
自我判断是否患有冠心病呢？

邵

16

患者应该对冠心病的典型的
心肌缺血症状（心绞痛）
有一个基本了解和认识。
真正的血管狭窄引起的心绞痛常
与体力活动、情绪激动密切相关，
多为发作性绞痛或压榨痛，
也可为憋闷感。

痛

17

疼痛从胸骨后或心前区开始，
范围不是局限于一点，
至少一巴掌大小，
可以放射至左肩、臂，
甚至小指和无名指，
有时也可涉及颈部、下颌、
牙齿、腹部等。

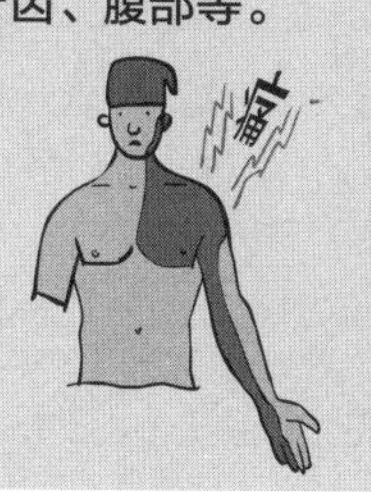
痛

典型
心绞痛
部位

陆

18

当发生疼痛时，
休息或含服硝酸甘油可缓解，
每次发作持续时间一般
不超过半小时。
但需要强调的是持续时间长的
剧烈疼痛就另当别论了！

19

门诊也经常遇到非冠心病的
患者自述服用硝酸甘油或救心丸
缓解了症状，
这种情况可能是心理暗示
起了很大作用，
需要有经验的医生明辨是非！

熊猫门诊

20

冠心病有什么检查方法吗？

21

当无法确诊或仍然有怀疑时，
可以做冠状动脉 CT 检查。

熊猫
医疗

22

或冠状动脉造影（简称冠造），
查看心脏血管狭窄的情况，
这是诊断冠心病的金标准，
准确率达到 90% 以上，
三级医院一般都可以做这项检查。

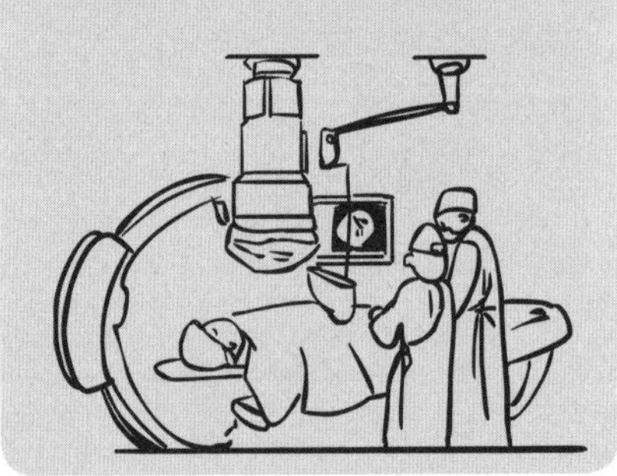

23

没有这些设备条件的医院可以简单
做个运动心电图平板实验，
准确率在 80% 左右。

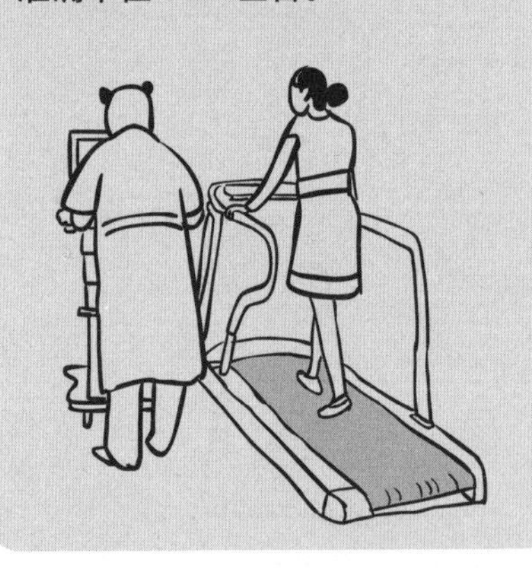

24
看来如果出现心痛、胸闷、
气短及心悸等症状，
也不一定是冠心病。

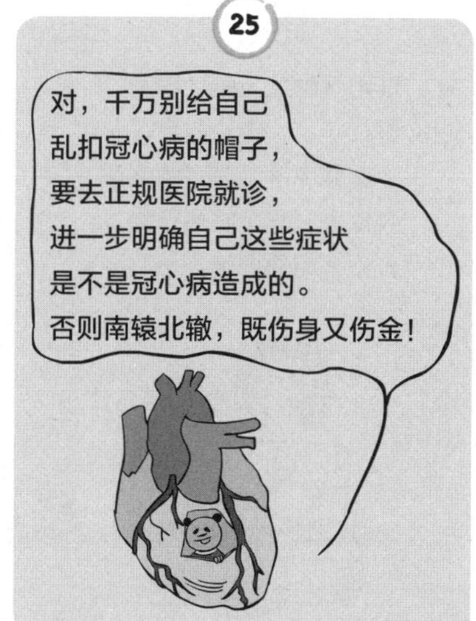
25
对，千万别给自己
乱扣冠心病的帽子，
要去正规医院就诊，
进一步明确自己这些症状
是不是冠心病造成的。
否则南辕北辙，既伤身又伤金！

26
让医学变得简单
主审：北京天坛医院 缪中荣
文字：北京安贞医院心内科 张　铭
绘图：上海中山医院 二师兄

熊 猫 医 生 阿 缪

## 如何才能把骨刺消掉

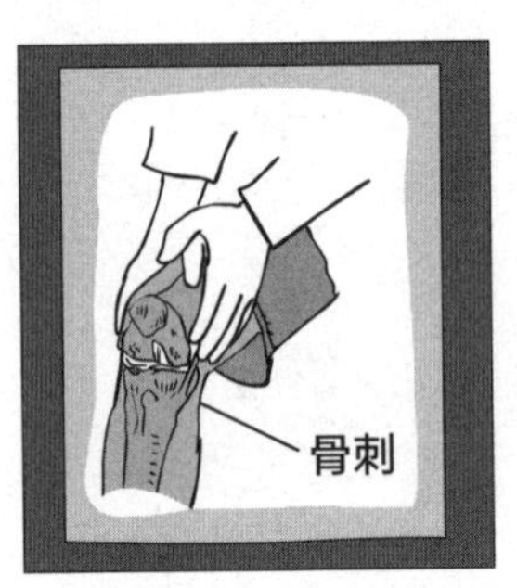
骨刺

熊猫医生漫画

陈阿姨膝关节生“骨刺”好几年了，走路时疼，不走路也疼，有时候睡觉会疼醒，吃了好多药物，也没有明显好转。

痛

2

陈阿姨看到几个同年龄的邻居到医院手术，治好了“骨刺”，想试又害怕。

3

最近在家庭信箱中收到广告，说有一种特效外敷药，可以神奇地软化、消溶“骨刺”。她非常高兴，花了几百块钱购买了一个疗程的药物。

骨刺神药

4

刚用上时，感觉热乎乎，有点舒服；几天过后，疼痛未有明显好转；一个疗程结束时，皮肤又红又痒。

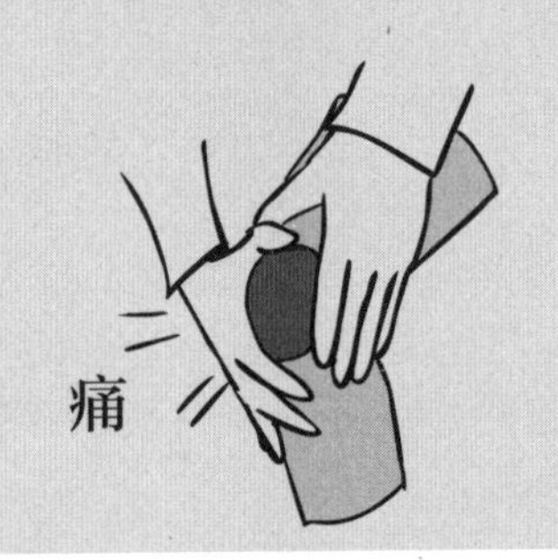
痛

5

阿缪，
她是不是买到了假药？

6

骨刺在中老年人群中普遍存在，
但是还真没听说过用药物
能消掉骨刺的。
郭大侠来讲讲关于骨刺的
问题吧。

7

骨刺是由于关节软骨经过
长期运动产生磨损、破坏后，
诱导了骨头修补、硬化与增生，
产生骨头增生物，
是一种自然的老化现象。

8

骨刺既有骨头的成分，
也有软骨的成分，
不是我们想象中的像
“刺”那样尖锐，
医学术语称为骨赘。

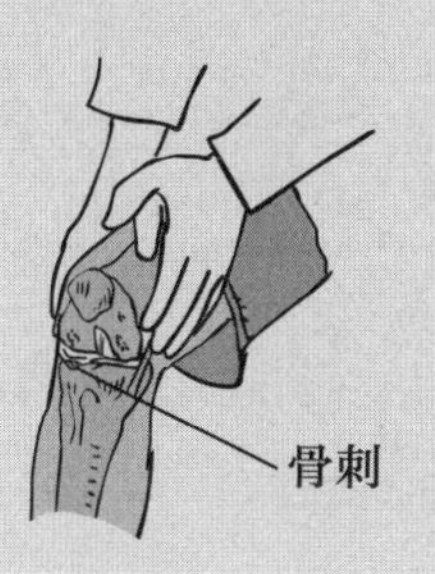
骨刺

9

骨刺就像脸上长皱纹一样，
一般没什么影响。
但少数中老年人可能会造
成神经受压，
引起活动不便和疼痛，
此种情况应该重视。

痛

10

骨刺为什么会
引起疼痛呢？

11

因为骨刺会刺激周围肌肉、
韧带、神经等组织，
产生红肿、发热、疼痛、麻痹。

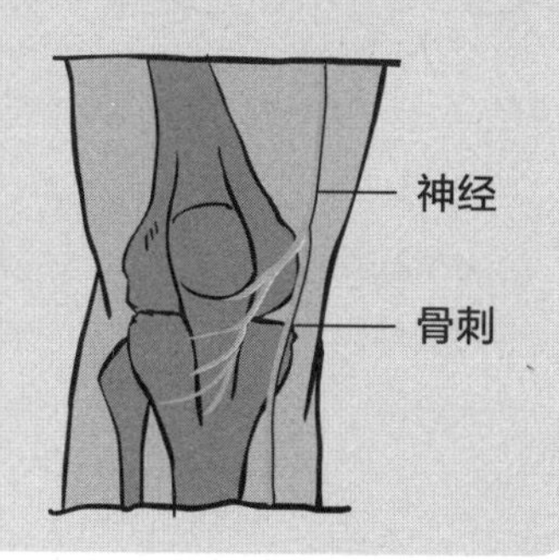
神经
骨刺

12

到了后期会出现关节变形、
肌肉无力等症状，
也就是医学上说的
“骨关节炎”。

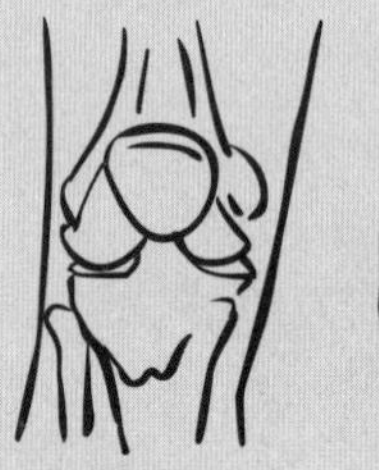

健康关节

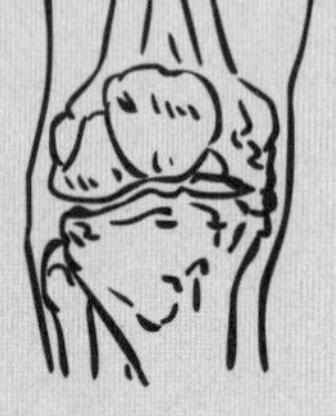

骨关节炎

口服和外用的药物，
可以抑制疼痛，
改善局部血液循环，
但骨刺本身没有变化。

14
那就是说用药不能消除“骨刺”了？

15

是的。
目前治疗骨关节炎的药物很多，但没有一种能溶解或消除掉骨刺的所谓特效药。

郭大侠读书多，
不会骗你。

16

骨刺是一种代偿性骨性物，
其硬度、微细结构与正常
骨骼相似，成分相同，无
任何病理改变。懂得这些
知识，药物能消骨刺的神
话便不攻自破了。

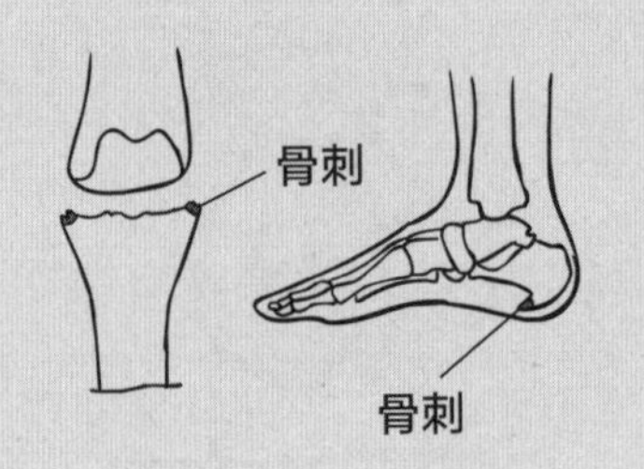
骨刺
骨刺

17
长了骨刺应该治疗吗？

关节生了骨刺后，
通过药物或者物理保健治疗，
可以有效地控制症状，
延缓关节畸形发展。

熊猫骨科

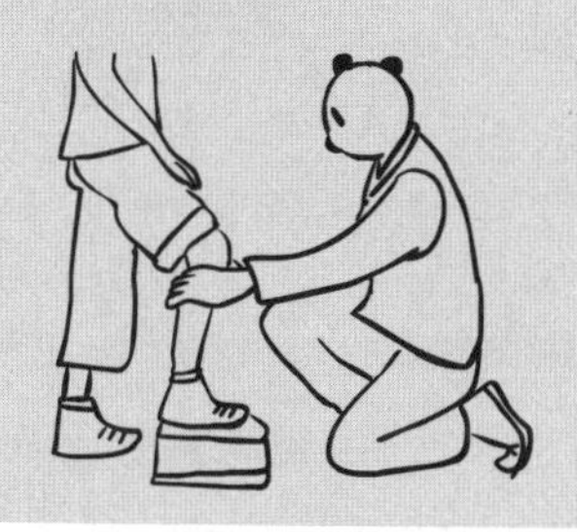

19

若患者没有关节疼痛、麻木等症状，则不需要特殊治疗。

20

但平时要注意劳逸结合，
适当锻炼，改善神经、肌肉、
骨关节的新陈代谢，
延缓衰老进展的速度，
并防止关节僵硬不灵活。

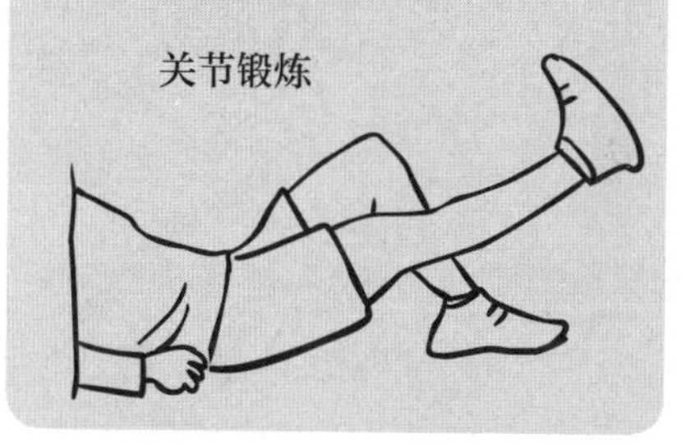
关节锻炼

21
骨刺疼痛，特别是夜间疼痛，会严重影响睡眠和生活质量，该怎么办呢？

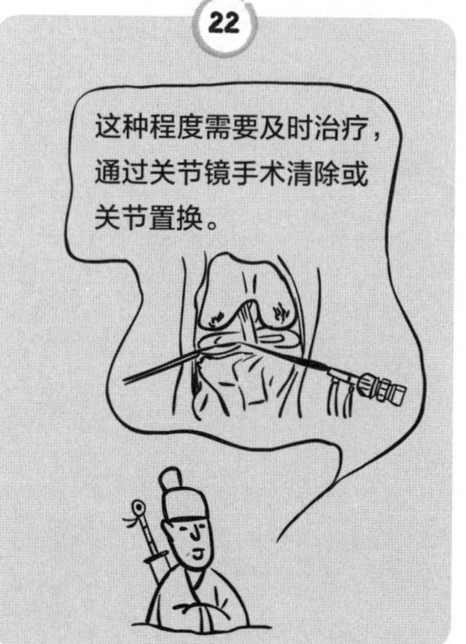
22
这种程度需要及时治疗，通过关节镜手术清除或关节置换。

23
是的，这些都是目前非常成熟和安全有效的治疗措施。

24

阿缪拉面不错，
我有事先走了，
有空再来。

25

让医学变得简单

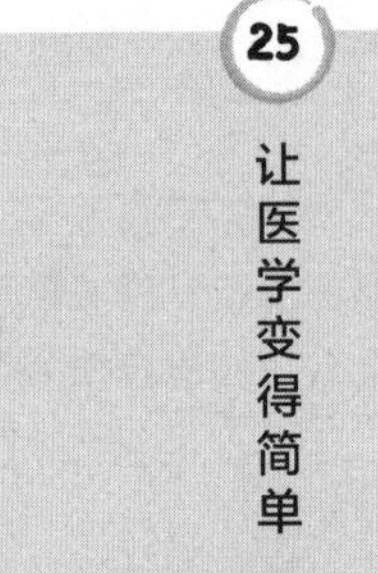

主审：北京天坛医院 缪中荣

文字：上海中山医院 郭常安

绘图：上海中山医院 二师兄

熊猫医生阿缪

心脏病人最怕这个动作！
专家教你 8 招来解决

熊猫医生漫画

1

大家快来看这个新闻：
一名冠心病合并糖尿病患者，
晨起上厕所时因便秘过度用力，
突然心脏病发作晕倒，
在急救医生赶到之前，
已经停止了呼吸。

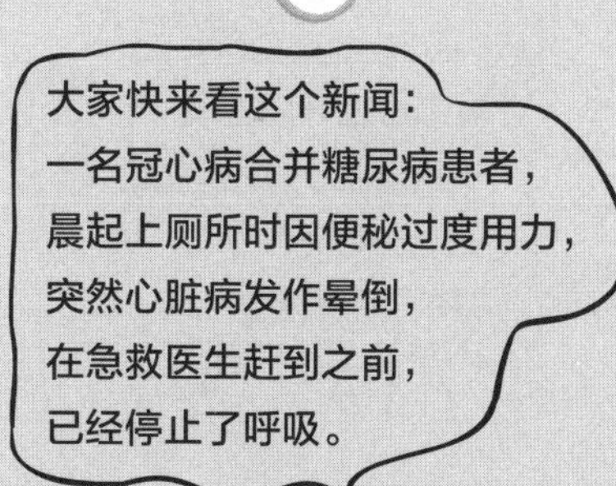

2

便秘居然能要人命，
吓得我赶紧蹲个坑压压惊！

3

很多患者虽然为便秘所困扰，
但由于便秘本身
并不会产生急性致命的危险，
所以部分患者又往往轻视
这个最为常见的消化道症状。

4

实际上，
对于老年人和患有
心脑血管疾病的患者，
便秘诱发心脑血管疾病突发，
是导致猝死的重要诱因之一。

5

阿缪说的对。
当高血压患者便秘时，
因排便用力过猛，使心率过快，
心脏收缩加强，心排出量增加，
血压会突然升高而导致
血管破裂或堵塞，
发生脑出血或脑栓塞。

6

冠心病患者便秘时，
也会因同样的原因诱发心绞痛。
有些患者则可诱发严重的
心律失常，甚至发生心肌梗死、
动脉瘤以及心脏室壁瘤的破裂
等严重并发症。

7

看来心血管病患者
一旦发生了便秘，
一定要到医院就诊
并积极进行治疗。

军

8

除诱发心脑血管急症外，
便秘还有什么其他危害吗？

9

影响美容、产生体臭、
饮食无味、神经衰弱、
引发痛经、性欲减退、
并发其他肛肠疾病、
诱发癌症等。

袁

10

那引起便秘的原因有哪些呢？
晓虎偶谈

11

便秘常见的原因有 4 种：
1. 器质性因素
（1）肠管肿瘤、炎症等
引起的肠腔狭窄或梗阻。

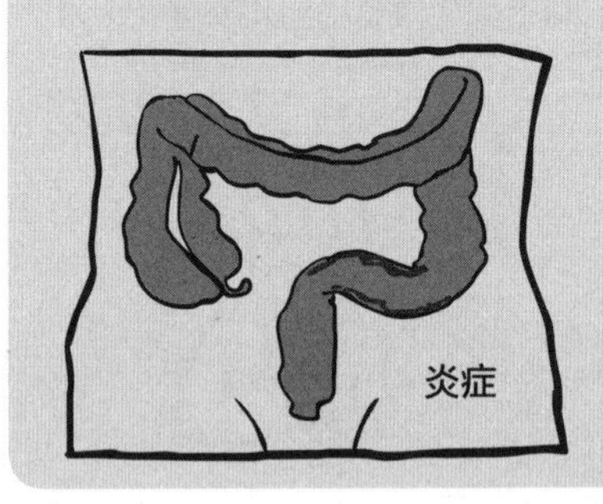
炎症

12

（2）直肠、肛门病变，
如直肠内脱垂、痔疮、
盆底松弛等。

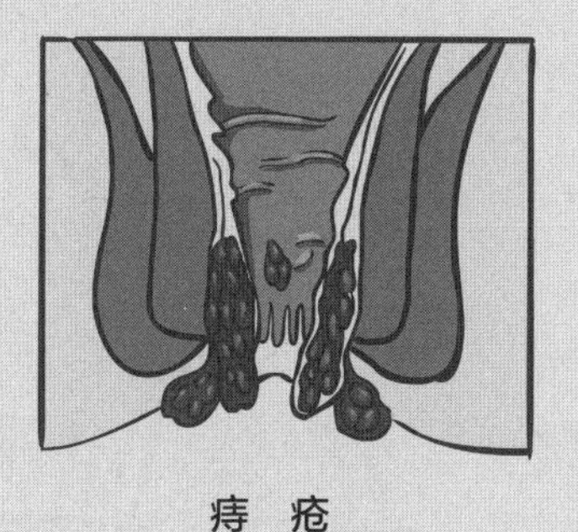

痔 疮

13

（3）肠管平滑肌或
神经源性病变。
（4）结肠神经肌肉病变，
如假性肠梗阻等。

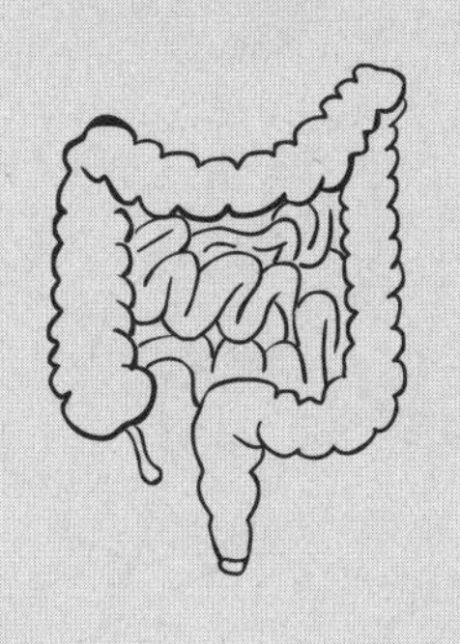

14

2. 全身性因素
（1）内分泌或代谢性疾病，
如糖尿病、甲状腺功能低下等。
（2）系统性疾病，如
硬皮病、红斑狼疮等。
（3）神经系统疾病，如
中枢性脑部疾患、脑卒中等。
（4）神经心理障碍。

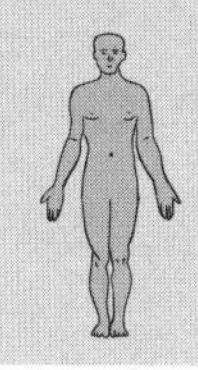

15

3. 药物性因素
铁剂、阿片类药、抗抑郁药、
抗帕金森病药、钙通道拮抗剂、
利尿剂以及抗组胺药等。

熊猫大药房
特价
后悔药
5 元 / 粒

16

4. 功能性因素
（1）进食量少或食物缺乏
纤维素或水分不足，
对结肠运动的刺激减少。

要吃纤维素

17

（2）因工作紧张、
生活节奏过快、工作性质
和时间变化、精神因素等
干扰了正常的排便习惯。

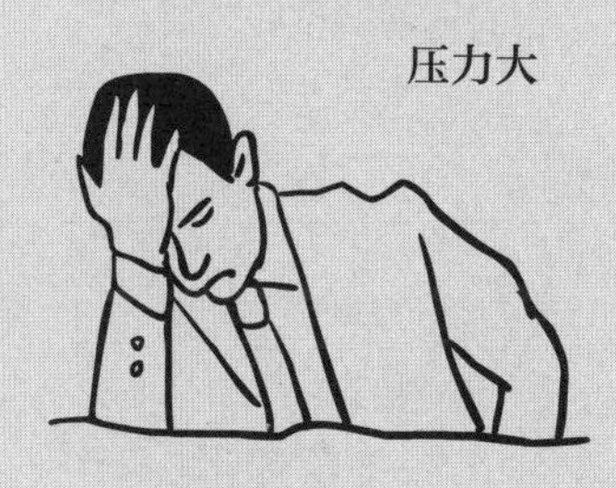
压力大

18

（3）结肠运动功能紊乱所致，
常见于肠易激综合征，
除便秘外同时具有腹痛或腹胀，
部分患者为便秘与腹泻交替。

19

（4）老年体弱、活动过少等。

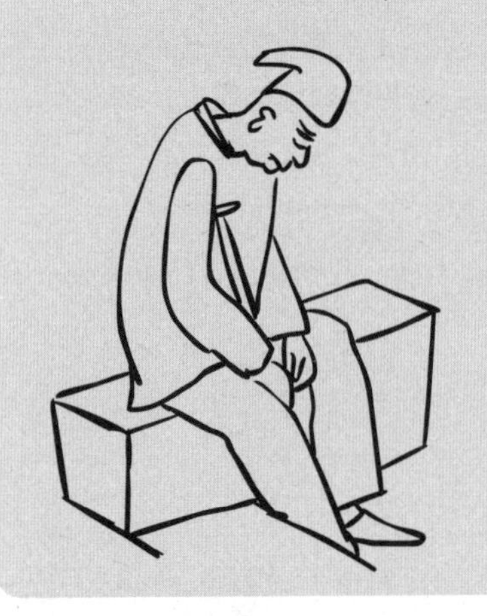

20

有什么办法能缓解便秘吗？

21

1. 晨起或用餐之后最易排便，
选择适合自己的时间，
不管有无便意、能否排出，
都定时、有规律地排便，
长期坚持便可形成
定时排便的良好习惯。

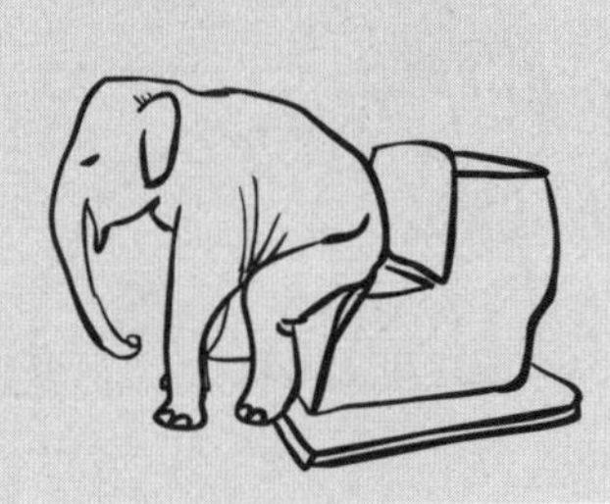

22

2. 改善饮食习惯。
少吃油炸食品，
多吃富含膳食纤维的食物，
如粗制面粉、糙米、玉米，
芹菜、韭菜、菠菜和水果等。

23

3. 补足水分。
每天早晨空腹时最好能
饮一杯温开水或蜂蜜水，
以增加肠道蠕动，促进排便；
日常也应该多喝水，
不要等口渴时才喝水。

24

4. 适当运动尤其是腹肌锻炼。
不适合进行剧烈运动的老人，
每晚睡前按摩腹部，
或用手指按压足三里等穴，
能促进肠蠕动。

25

5. 每天如厕不超过 10 分钟，
不要养成一边排便一边看手机
或看报纸的习惯。

痔
傻呆呆的习惯不好，不要学他。

26

6. 保持好的心情。
不要因为便秘而烦躁、郁闷，
而是积极面对解决。

要微笑

27

7. 合理使用泻药。
泻药不应长期应用，
否则会引起耐药性、依赖性
和大肠黑变病。

你便秘时吃啥药？
都在这里。
药

28

8. 必要时使用肠道水疗机帮助患者解决便秘问题。

29

让医学变得简单

主审：北京天坛医院 缪中荣
文字：北京市二龙路医院 袁建虎
绘图：上海中山医院 二师兄

熊猫医生阿缪

## 胸 痛

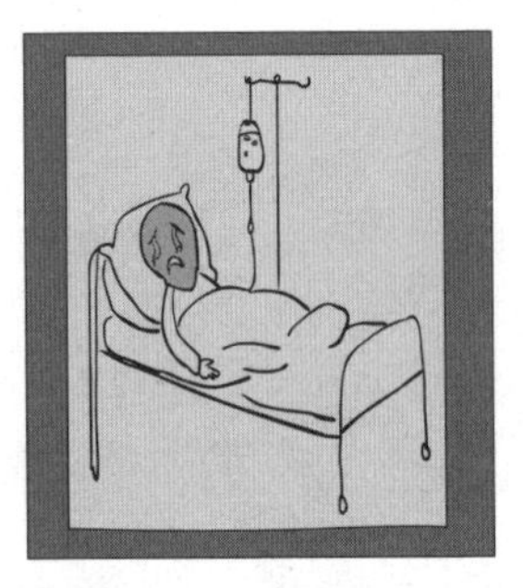

熊猫医生漫画

1

最近朋友圈里
被一条信息刷屏了，
给你们看看：

2

强冷空气将至，医生再次忠告50岁以上的爸爸妈妈们一定要记住，在睡眠时如果心脏病突发，剧烈胸疼足以把人从睡眠中痛醒，立即口含十粒复方丹参滴丸，或者硝酸甘油2片，或者阿司匹林3片（300mg）嚼服！

3

接着立刻联络急救中心，然后坐在椅子或者沙发上静候援助，千万别躺下！心脏科医生强调，每个看到这条微信的人，不要光点赞，请转发，至少有一条生命将会被抢救回来……

不要光点赞，
请转发。

4

这种微信是流言！
搞不好会害人性命，
傻呆呆你可别上当。

5

俗话说得好，
不懂不要紧，半懂害死人。
看来必须得给大家科普科普了。

6

最近，强冷空气来临，
我国大面积降温，
部分地区出现大雪，
确实容易引起心脏病。

冻
成
狗

我要穿秋裤，冻得扛不住。
一场秋雨来，零到十几度。
我要穿秋裤，谁也挡不住。

7

流言里所说的“心脏病”，
一般指心肌梗死，发病的人
多有冠状动脉疾病基础。

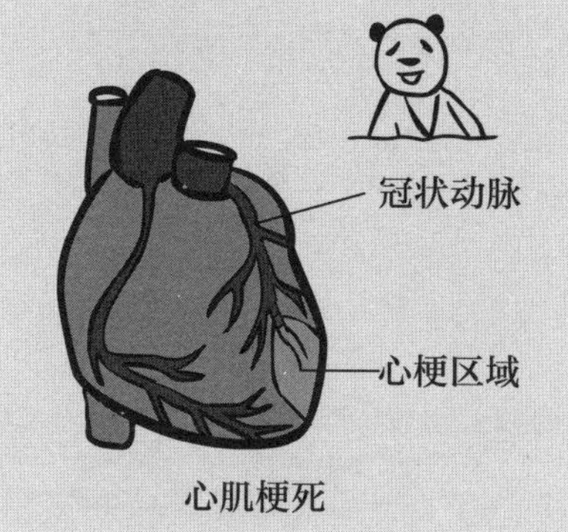
冠状动脉
心梗区域

心肌梗死

8

冠状动脉内的斑块破损，
导致血栓形成，
血栓阻碍血流，
导致心肌缺血、坏死。

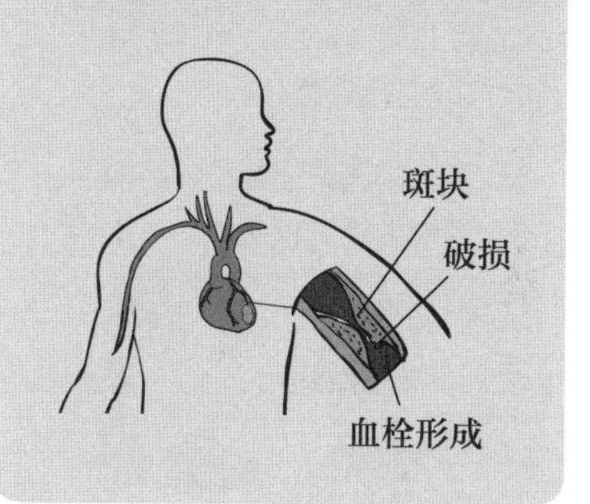
斑块
破损
血栓形成

9

但是心脏病的症状很多，
单一的胸痛不能诊断心肌梗死。

10

心肌梗死的症状包括：
1. 胸部疼痛不适、压迫感。
2. 其他部位的疼痛、麻痛不适。
3. 气短。

痛

11

4. 恶心，呕吐。
5. 出汗、皮肤湿冷。
6. 心率加速，不规律。
7. 头晕，好像要死去。

恶心
出汗
心率加速

12

另外，引起胸痛的原因有很多，
例如：
1. 肺部疾病：肺栓塞、肺炎。
2. 主动脉夹层。
3. 骨关节炎。
4. 活动后肌肉酸痛。

美国前总统尼克松曾经胸痛，
检查发现肺栓塞。

要留心
肺栓塞
尼克松

13

所以，
不要一看到胸痛就下诊断。
因为不同病因，
处理方式完全不同。

14

那微信中说的抢救方法
“立刻口含十粒复方丹参滴丸”
是不是也不能信了？

15

懂点医学常识的小伙伴们都知道，
这种药纯粹是心理安慰。

心理
安慰

16

还有“含服 2 片硝酸甘油”呢？

17

持续胸痛患者若无低血压，
可以舌下含服硝酸甘油。
如果是严重心肌梗死，
血压会很低并可能伴有休克，
硝酸甘油会使血压更低。

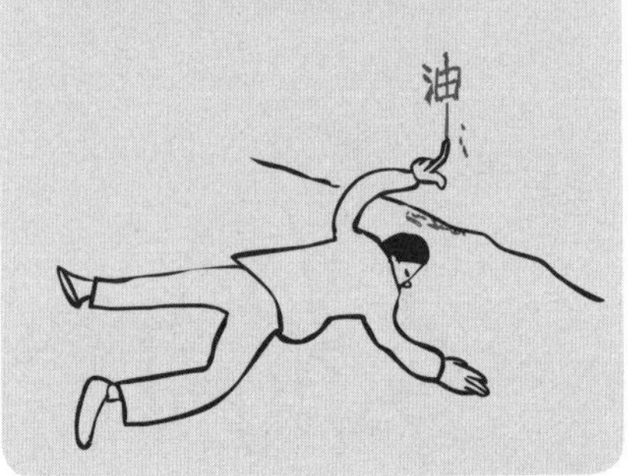
油

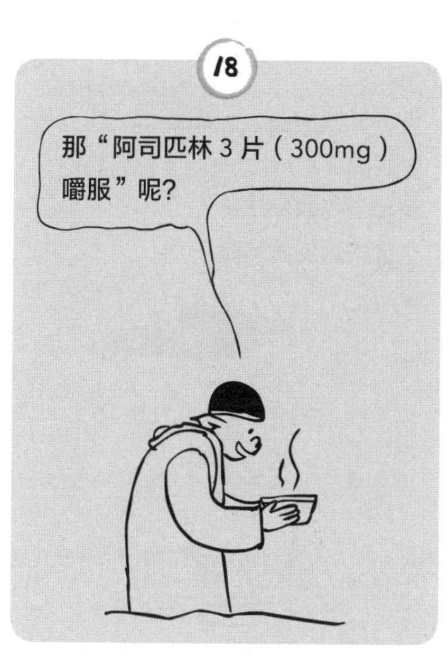
18
那“阿司匹林 3 片（300mg）嚼服”呢？

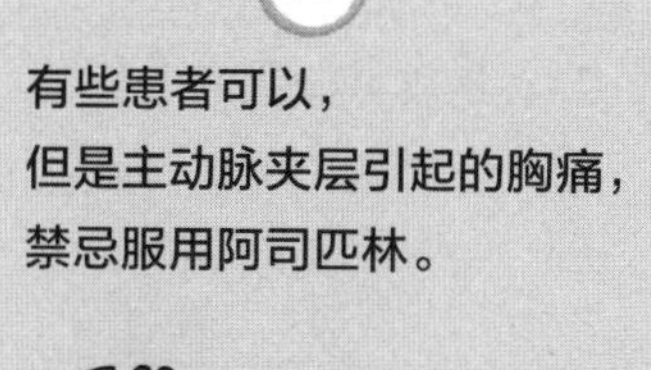
19
有些患者可以，
但是主动脉夹层引起的胸痛，
禁忌服用阿司匹林。

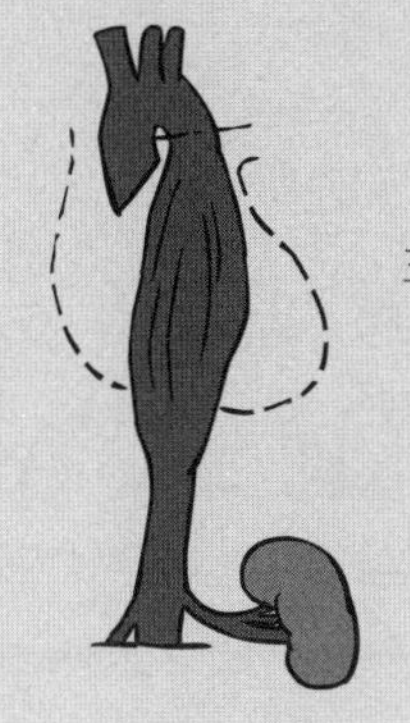
主动脉夹层

20
还有“坐在椅子或者沙发上静候援助，千万别躺下！”也是搞笑，为什么不能躺下？！病重的患者根本坐不住，平卧或者半卧是最好的体位。

21
那爸妈夜里遇到严重的胸痛怎么办？

22
首先，立即拨打急救电话 120！
寻求急救人员的帮助和指导。
然后，给子女打电话。
我是熊猫 120，马上就到！
熊猫 120

23
如果子女在身旁，子女们应立即拨打急救电话，听从医生的指导，千万别盲目用药。

陆

24

让爸妈记住：

1. 一定不要耽搁，
   不要怕麻烦，
   不要等天亮再说。

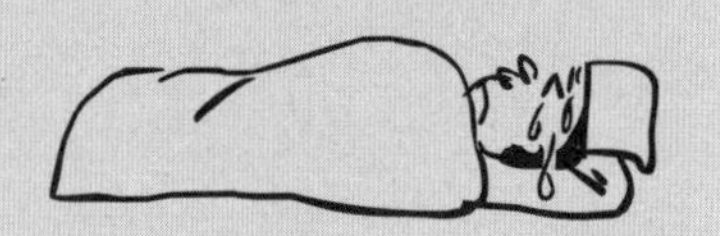

不要等天亮再说


25

2. 在不知道病情轻重时，
   不要急着自己去医院，
   以免路上发生危险。

猝死


26

这些知识适用于所有年龄的人，
不只是“60 岁以上的爸爸妈妈们”，
为事业打拼的年轻人，
也会夜里突发胸痛。

突发胸痛


27

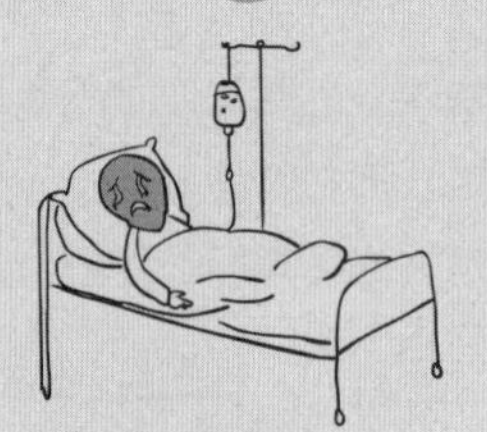

陪孩子写作业，突发胸痛，
幸好看过胸痛科普，及时住院。
原来是心肌梗死。
想想还是命重要，
作业什么的就随其自然吧。
胸痛知识很重要，
请转给你爱的人。

28

让医学变得简单

缪


文字：北京天坛医院 缪中荣
绘图：上海中山医院 二师兄

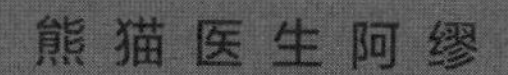
熊猫医生阿缪

## 少了颗牙别磨叽，赶紧镶上

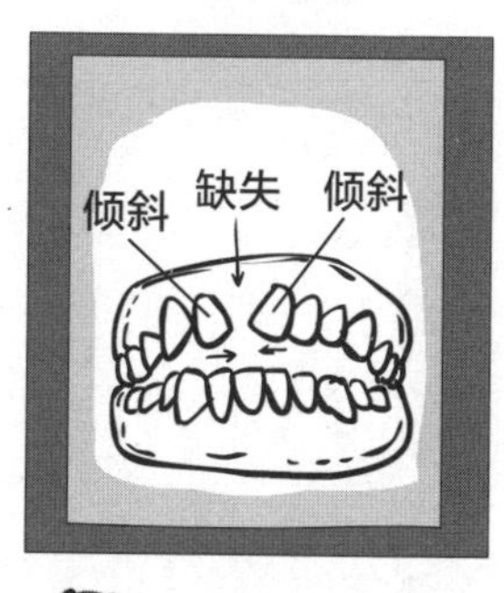
倾斜
缺失
倾斜

熊猫医生漫画

1
老李，现在吃饭怎么细嚼慢咽的？跟你以前大口吃肉大碗喝汤的感觉完全不一样了啊！

2
我这不是牙不好么，左边缺了一颗牙，咬东西感觉不得劲，我就一直用右边的牙吃饭。

3

这右边的牙估计是累着了，最近也不给力了，一咬东西腮帮子就疼，连我最爱吃的阿缪拉面都吃不下了！

4
想吃吃不下，真同情你啊。口腔医生王大侠在这儿，正好给你支支招儿。

5
好的，别急，我来给您先做个口腔检查。

6
左侧缺的这颗牙，
掉了有多久了？
为什么没镶牙呢？

7
有 5 年多了。我是啃鸡脆骨，
一不小心把牙齿咯劈了，
医生说牙齿劈得太深
不能保留，就给拔掉了。

8
那医生应该建议
你镶牙了吧？

9
医生确实建议我
几个月后镶牙，
我觉得自己还年轻，
镶假牙就好像老了几十岁，
所以一直没镶。

10
您遵从医生的建议就好了！
您这咬东西下颌关节不舒服
和缺牙不镶牙很有关系！
拖了这么久，
现在想镶牙都不好镶了！

11
啊？
您快跟我讲讲！

我们的牙齿在颌骨上
排列成对称的弓形牙列，
彼此紧密相邻。
当其中任何一颗牙齿受力时，
其他牙齿均可协助支持，
因而不会歪斜倾倒。

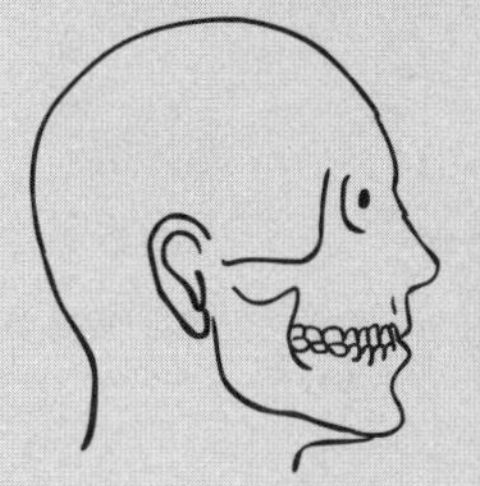

弓形牙列
紧密相邻

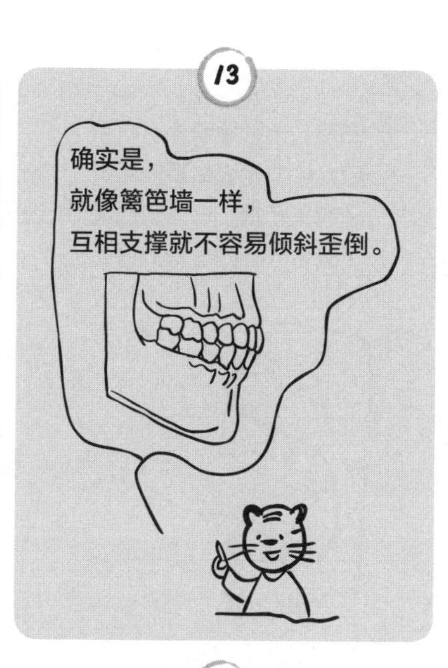
13
确实是，
就像篱笆墙一样，
互相支撑就不容易倾斜歪倒。

14
形容得好！
篱笆墙有一个栏杆缺失了，
其他栏杆就容易倾斜歪倒。

15

牙齿本身具有持续不断地
向前、上方移动的潜在动力，
缺失牙齿如不及时镶上，
左右牙齿会慢慢向空隙靠拢，
造成牙齿的倾斜。

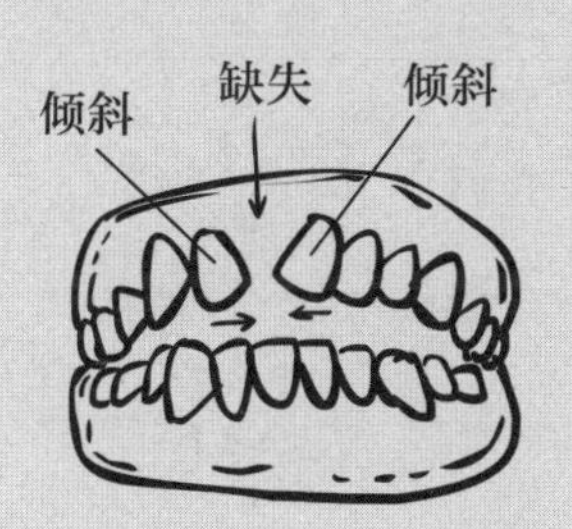
倾斜
缺失
倾斜

16
怨不得我觉得
我的牙齿变歪移位了！

17

牙齿间的空隙随着
牙齿的移动逐渐变宽，
食物残渣易滞留其中，
如不及时清洁干净，
极易发生龋齿和牙周疾病。

18

真是这样！
我这边牙齿就容易塞牙！
每次吃完饭都要用
牙签掏好久！

19

还有，个别牙缺失意味着咬合的力量要由其他剩余牙齿来承担，这样就加大了剩余牙齿的日常负荷。

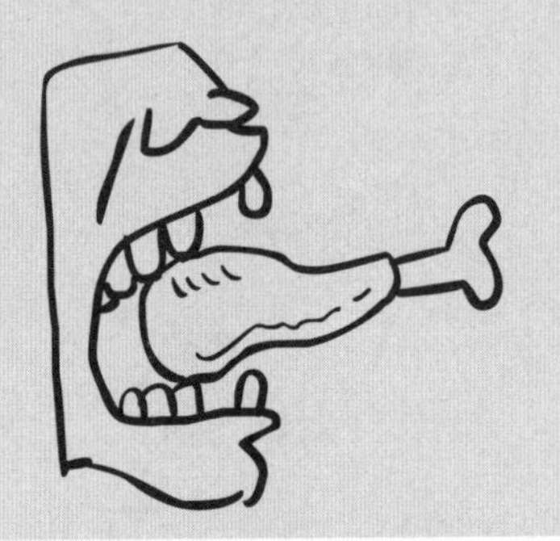

20

因此，
用缺牙侧咀嚼容易累，
不自觉地用另一侧吃饭多一些，
形成了偏侧咀嚼。

这就是
偏侧咀嚼

21

长期偏侧咀嚼，
最容易诱发颞下颌关节紊乱。
就像您这样，一咬东西，
耳前这个关节就疼痛。

痛

22

找到病根了！
早知道这样，
我早点把牙镶上就好了！

23

食物经过咀嚼磨碎，
与唾液混合而润湿，
不仅便于吞咽，
促进胃液和胆汁分泌，
还有助于消化食物。

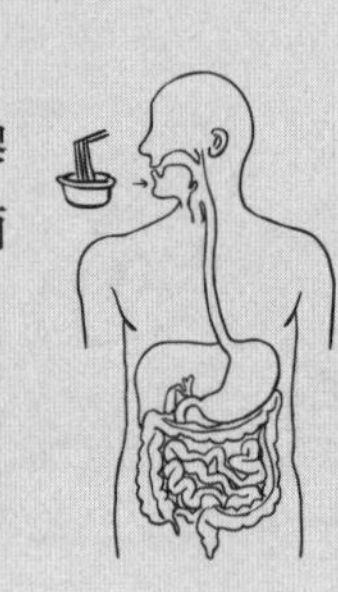
阿缪
拉面

24

因此，
牙列缺损影响咀嚼功能，
使胃肠道的消化功能也
受一定影响。

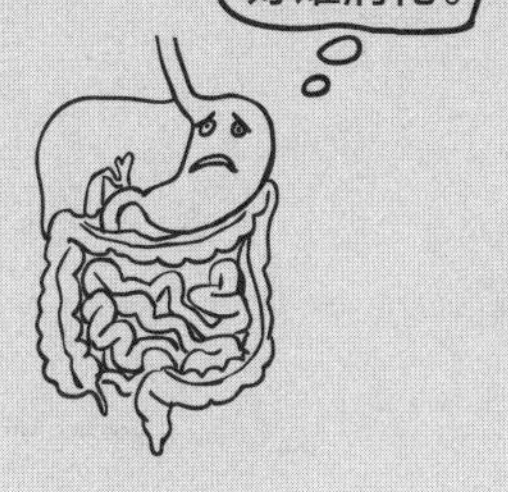
最近的食物
好难消化。

25

您缺的是后牙，
不影响美观。
要是缺失了前牙，
不仅影响美观，
还影响发音呢！

26

是。
看宋丹丹演小品时缺俩门牙，
瞬间就变老太太了！

27

最近的研究发现，
牙齿缺失还与阿尔茨海默病
（俗称老年痴呆）有关呢！

是，
我也听说了。

28

天哪！
掉一颗牙为什么会痴呆啊？
我太后悔没有尽早镶牙了！

29

一个人每天吃饭，
需要进行数万次的咀嚼运动，
颌面部神经与大脑相连，
能把感觉传递到大脑。

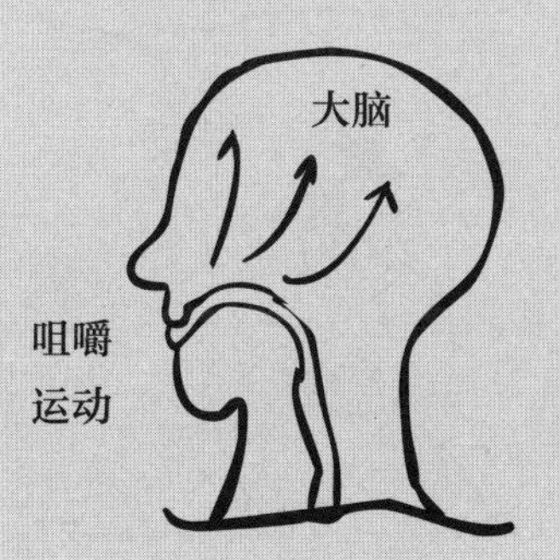
大脑
咀嚼
运动

30

当牙齿掉落后，大脑接受不到来自牙齿的足够神经刺激，支配牙齿的神经中枢就会萎缩，久而久之患者容易失忆、痴呆。

31

有研究报告指出，
与拥有 20 颗以上牙齿的
老人相比，缺牙老人患
老年痴呆的风险高 1.9 倍，
脑中风风险高 57%。

最近老忘事儿，
是不是痴呆了？

32

牙齿几乎掉光的老人患
老年痴呆的风险高 2.5 倍，
脑中风风险高 74%。

真的假的？
吓到宝宝了。

33

某种意义上牙齿也可以算是人体的一个器官。所以，即便少了一颗也得及时处理！

34

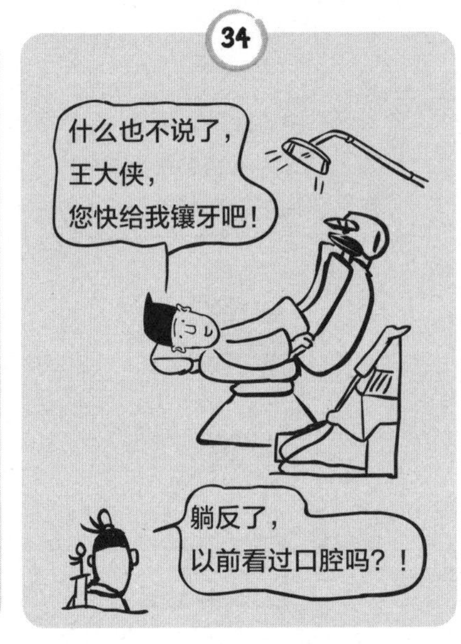
什么也不说了，王大侠，您快给我镶牙吧！
躺反了，以前看过口腔吗？！

35

让医学变得简单

主审：北京天坛医院 缪中荣
文字：北京口腔医院 王　鹏
绘图：上海中山医院 二师兄

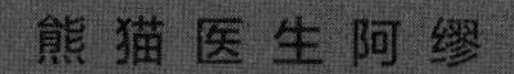
熊猫医生阿缪

腰疼没查出病因？
你可能忽视了它

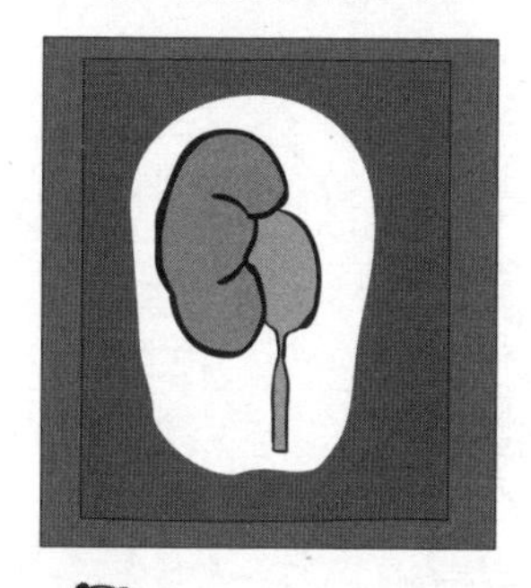

熊猫医生漫画

1
妈，
我腰疼。
一边儿去，
小屁孩儿，
哪儿有腰！

2
我就是听着我妈这么跟我
说话长大的，
嫌弃中带着爱。
不过话说回来，
腰疼是大人的专利吗？
孩子怎么就没有腰呢？
高老庄

3
不光是你，
我妈妈也是这样跟我讲的。
但是，俗话归俗话，
咱们还是听听专家
周女侠来给出正解。
面

4
腰肌劳损、肾结石、
腰椎间盘突出、小伙子打球
闪着腰都会腰疼。
上到老人，
下到孕育中的胎儿都有腰，
所以“腰”不是成年人的专利，
更不是成年人才有腰。
八一儿童医院
周女侠

5
没出生的宝宝
也会腰疼？

陆

6
随着产检的普及和技术提升，
越来越多的胎儿畸形被查出，
泌尿道畸形导致的
肾积水就是常见病之一，
这种病也会腰疼，
只不过胎儿不会说。

7
不问不知道，
人体真奇妙。
肾积水的宝宝
可以生下来吗？

8
这正是孕妈妈的误区，
担心孩子畸形生下来有后患。
引产？
肾功能不好

9
太可怕了！
这究竟是什么病？
为何会让孕妈如此揪心！

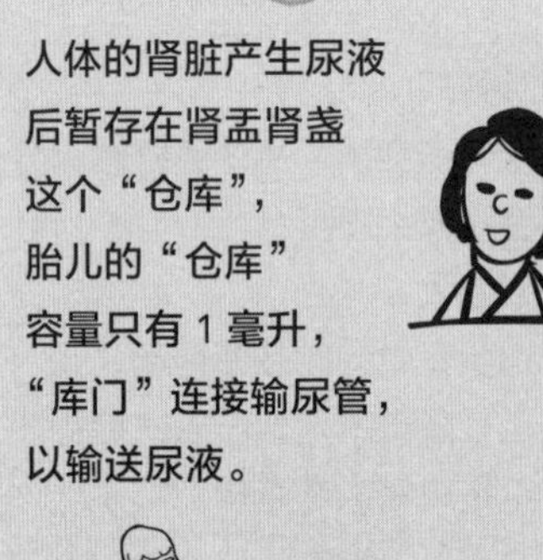
10
人体的肾脏产生尿液
后暂存在肾盂肾盏
这个“仓库”，
胎儿的“仓库”
容量只有1毫升，
“库门”连接输尿管，
以输送尿液。

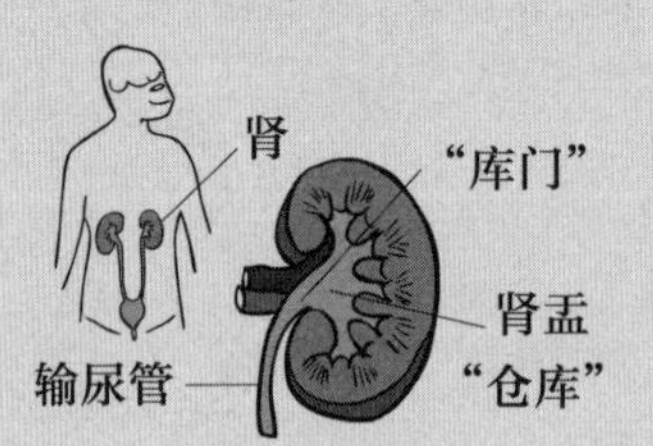
肾
“库门”
肾盂
“仓库”
输尿管

11
肾盂输尿管连接处窄了或堵了，
库存超出正常容量，
就是肾积水。
生理性积水会自行消退，病理性
积水严重的话会导致肾衰竭，
不能掉以轻心。
肾积水
窄了
堵了

12
如果孕妈妈发现肚子里的宝宝是肾积水应该怎么办？


13

莫慌，
到正规医院进行定期产检，
观察宝宝积水进展情况，
肾盂分离在 10mm 以内
可继续观察；
如果积水越多肾盂分离越大，
肾皮质越薄，
说明梗阻较重。

14

即便一侧肾脏因梗阻积水
丧失了功能，
也不能剥夺宝宝
来到世上的权利。
因为正常人有两个肾，
一个健康的肾脏
足以支撑人体的代谢需求。

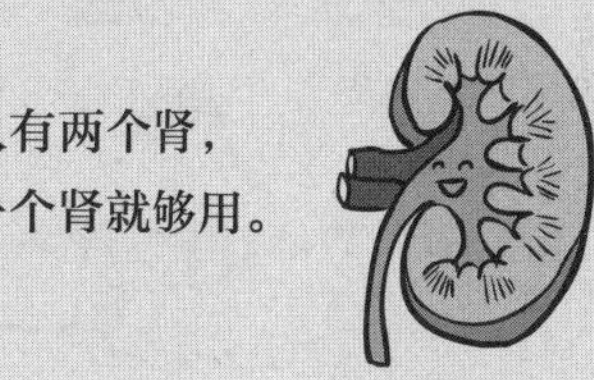

人有两个肾，
一个肾就够用。


15

也就是说孕妈发现胎儿
有肾积水无须过多担忧，
这样的宝宝是可以生下来的？

16

是的。
宝宝出生后医生会通过
泌尿系 B 超、磁共振、核素扫描
和膀胱造影来评估肾脏功能，
视情况决定是否进行手术治疗，
将畸形结构进行重建。

17
这么小的宝宝就要手术，能受得了吗？

18

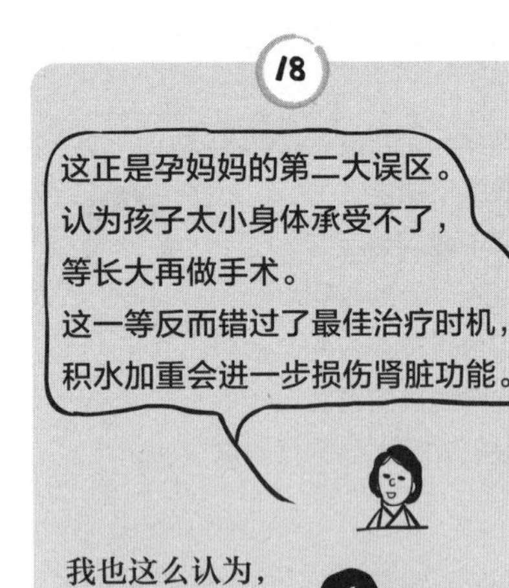
这正是孕妈妈的第二大误区。
认为孩子太小身体承受不了，
等长大再做手术。
这一等反而错过了最佳治疗时机，
积水加重会进一步损伤肾脏功能。
我也这么认为，
原谅我吧，
我读书不多。
故事会

19

周女侠曾给出生 7 天的宝
宝做了肾盂输尿管成型的
微创手术，医学在进步，
咱们观念也要跟上！

20

手术在宝宝肚子上
打 3 个眼儿就能完成，
对宝宝损伤小，术后恢复也快，
孩子长大后的工作、生活都无影响。
机器人

21

肾积水只有胎儿会发生吗？

22

之所以讲胎儿是因为现在
产检技术普及了，
80% 以上的肾积水会在
胎儿时期就被查出；
但仍有一些漏诊或症状轻的
患儿、患者被忽视。

23

有些在婴幼儿时期发现
肚子上有包块，
也有儿童自己说肚子疼，
家长误以为吃坏东西
带去消化科就诊。

是不是吃坏东西了？
我带你去消化科看看。
妈妈，
我肚子疼。

24

少数长到成年因为腰疼
或体检做 B 超时才发现肾积水，
再一查原来是
先天性泌尿道畸形导致。

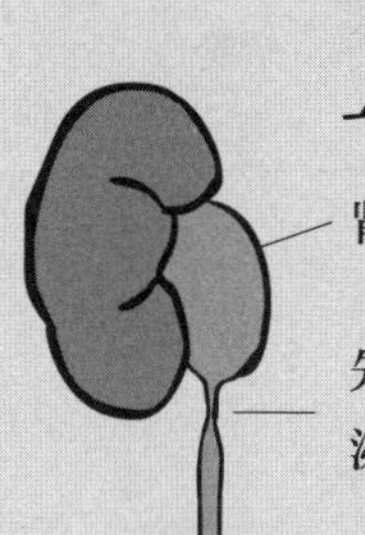
肾积水
先天性
泌尿道畸形

25

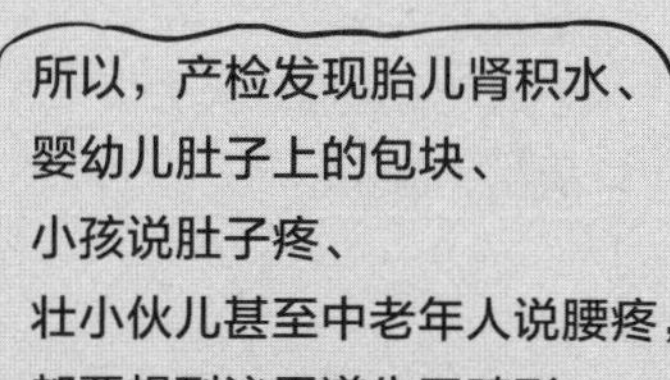
所以，产检发现胎儿肾积水、
婴幼儿肚子上的包块、
小孩说肚子疼、
壮小伙儿甚至中老年人说腰疼，
都要想到泌尿道先天畸形
导致肾积水的可能。

26

长大的孩子或成年人
发现肾积水也要手术治疗吗？

27

个体差异大，
有的人泌尿道梗阻不严重
肾积水会自行消失，
但要定期体检。
有的因肾积水导致肾盂
严重分离，甚至影响肾功能，
医生会看实际情况订出治疗方案。

28

有病不要怕，
认识疾病
帮我们消除莫名恐慌，
千万别让误区耽搁了全家。

熊猫医生
读书多，
不会骗你。

29

妈，我腰疼。
妈，我腰疼。
妈，我腰疼。
……
走，儿子，
咱们做个 B 超去。

文字：八一儿童医院 周辉霞

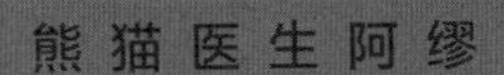
熊猫医生阿缪

不知道腰椎间盘微创手术，
你 OUT 啦

熊猫医生漫画

1
听说隔壁老张昨天去做
腰椎间盘手术了。

2
他的腰椎间盘疼了好多年了！
不是一直都害怕、
拖着不做手术吗？

3

现在腰椎间盘突出已经可以
做微创手术了，
比过去那种大切口要好很多。
宣武医院功能神经外科的
朱大侠可以给你们科普一下。

4

这种微创腰椎间盘手术的优点
主要是局部麻醉即可。
手术不破坏骨关节韧带结构，
因此术后就不会影响
腰椎稳定性。

朱

5

那与传统手术相比，
有什么区别呢？

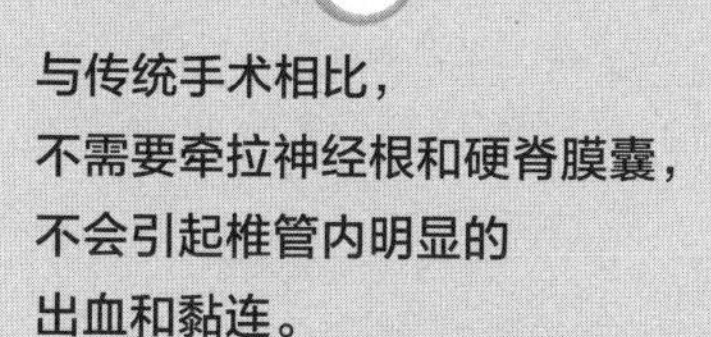
6
与传统手术相比，
不需要牵拉神经根和硬脊膜囊，
不会引起椎管内明显的
出血和黏连。

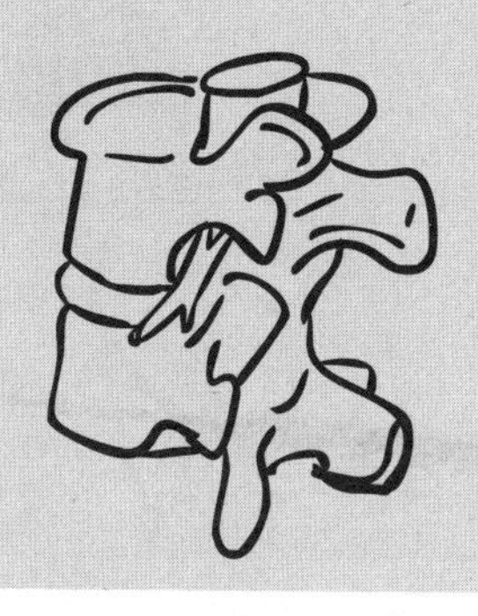

7

说白了，
这种微创手术创伤小，
几毫米的切口，
一两小时的手术时间，
术后两小时可以下地回家，
注意术后 4 周不能拿
5 公斤以上重物。

8
术后疼痛到底能缓解多少呢？

9

手术去痛率 85% 以上。
护理也不麻烦，
只需一周左右的卧床时间。
其间也可以吃饭上厕所遛弯，
但都要很轻的活动量。

熊猫
诊所

10
这种手术是不是很贵啊？

11
费用比传统手术低。
用不了这么多，
退给您。
结账处

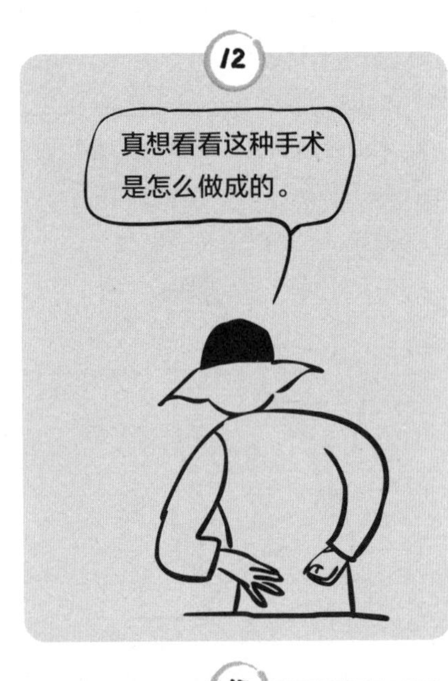
12
真想看看这种手术
是怎么做成的。

13
医生都是在 O 型臂下做手术的。
朱

14
什么是 O 型臂?

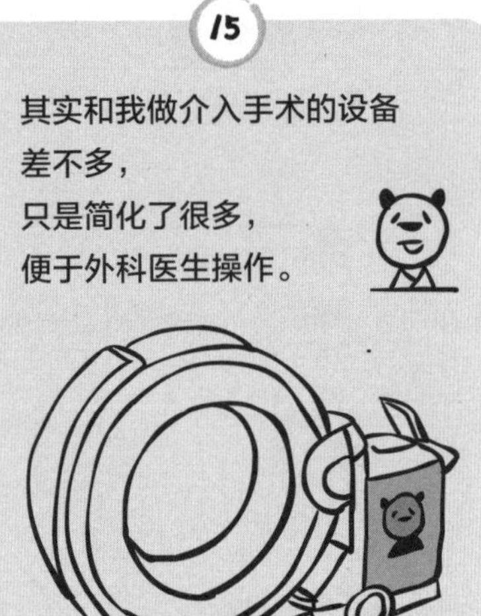
15
其实和我做介入手术的设备
差不多，
只是简化了很多，
便于外科医生操作。
O 型臂

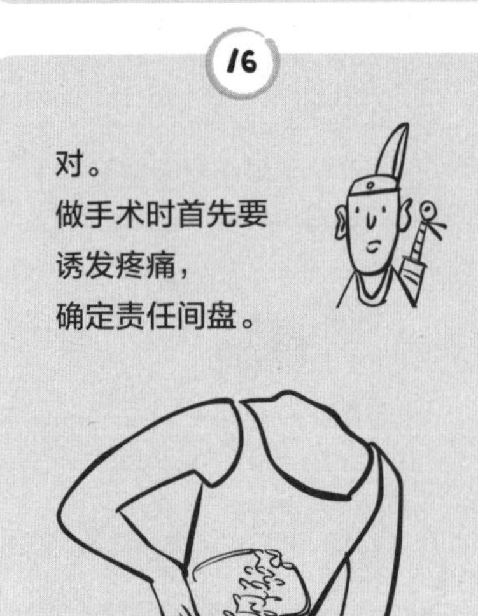
16
对。
做手术时首先要
诱发疼痛，
确定责任间盘。

17
什么是责任间盘?

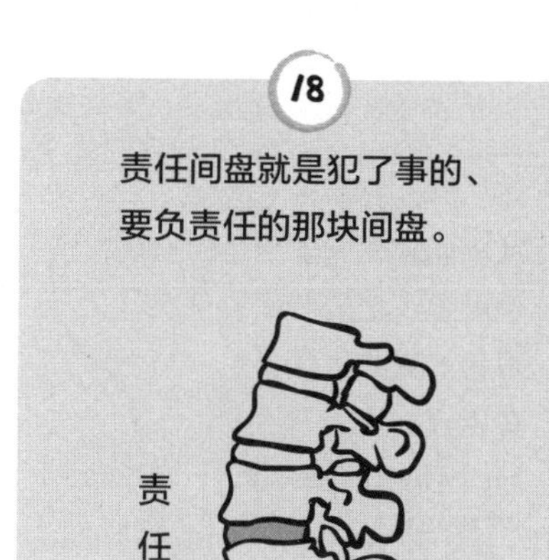

18
责任间盘就是犯了事的、
要负责任的那块间盘。
责任间盘

19
切口那么小，
医生怎么发现并确定
责任间盘呢？

20
内镜上自带探头，
患者的腰椎间盘情况
都显示在影像屏上。

21
那肯定是一幕血糊糊的景象！


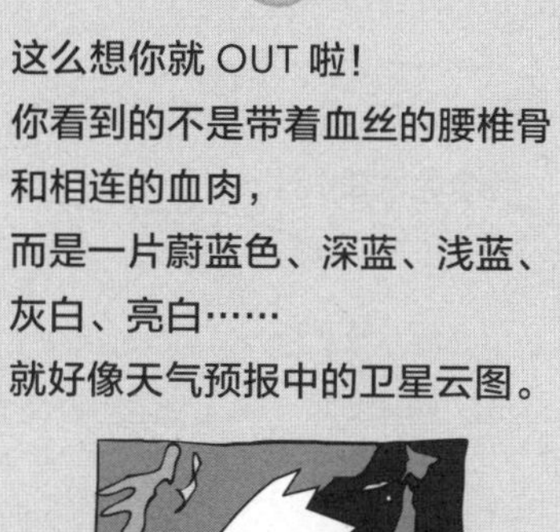

22
这么想你就 OUT 啦！
你看到的不是带着血丝的腰椎骨
和相连的血肉，
而是一片蔚蓝色、深蓝、浅蓝、
灰白、亮白……
就好像天气预报中的卫星云图。


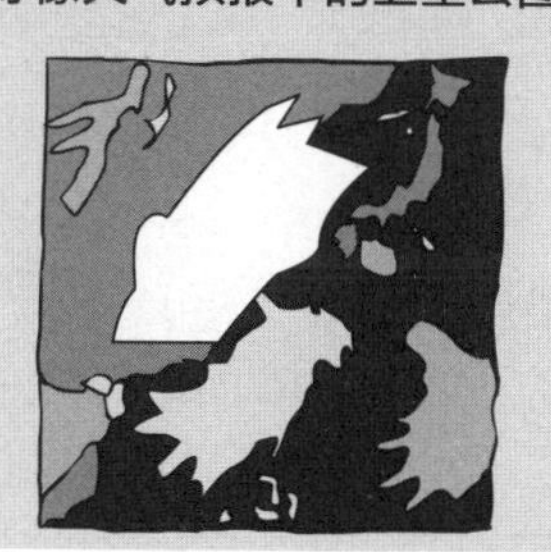

23
为什么是这样？

陆

因为内镜上添加了一种叫
“亚甲蓝”的着色剂，
可以和椎间盘退变的组织
发生反应，
退变越厉害的组织，
亚甲蓝的着色就会越深。

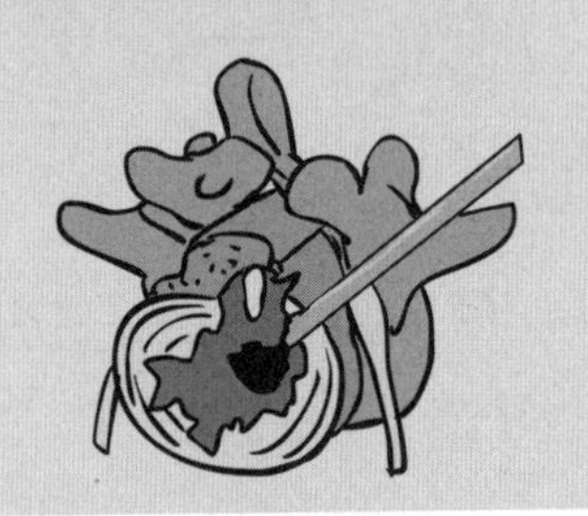

25
那医生是取染色深的那个组织？

26
对！取蔚蓝的大海里最蓝的一块，也就是病变最严重的一块。没有病变的腰椎组织有自己的功能，所以不能随意取动。

27

过去的腰椎间盘开放式手术，
常常因为技术限制，
会破坏完好的组织，
造成比较大的创伤。

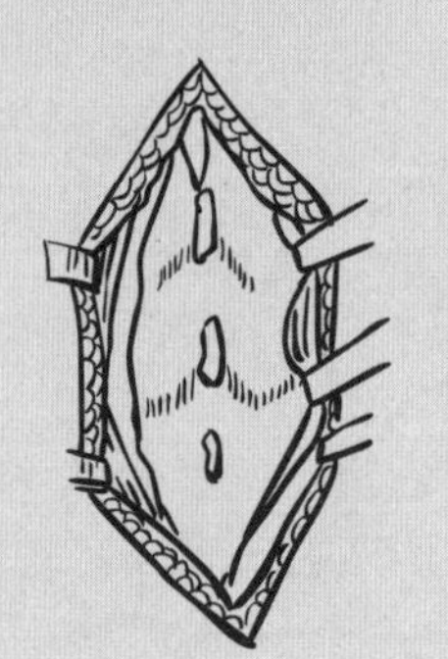
创伤大

28
为微创手术治疗椎间盘突出症，点个大大的赞！

29

让医学变得简单

主审：北京天坛医院 缪中荣
文字：北京宣武医院 朱宏伟
绘图：上海中山医院 二师兄

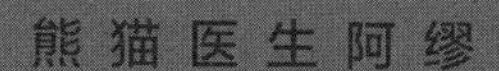

熊猫医生阿缪


# 科学地吃，我有 10 个网球原则

（院士独门绝技）

熊猫医生漫画

1
王陇德院士
刚讲过 10 个微动作。
10 个微动作
科普中国

2
又来到面馆讲怎么吃才科学。
望京店
面

3
怎么吃?
吃饱吃好就得了!
我管他怎么吃!
面

4
还是听听王院士怎么说吧。

5
傻呆呆，
要科学地吃!

陆

6
不科学地吃又咋了，难道还能要命不成？

7
你们知不知道目前国民第一位的致死疾病是啥？

8
当然是中风喽，跟阿缪认识这么久你当是白认识的啊。

9
那你知道引起中风的危险因素有哪些？

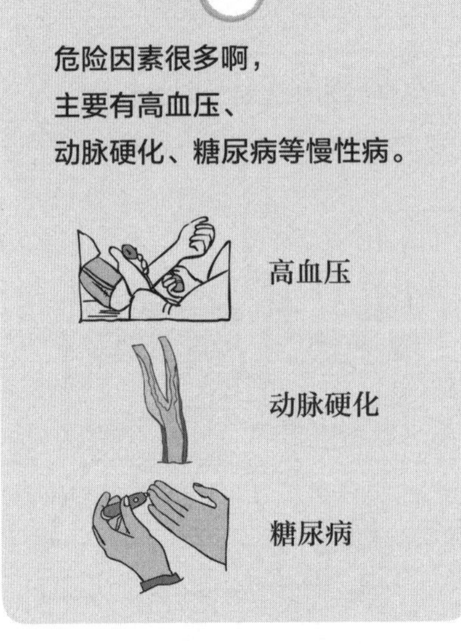
10
危险因素很多啊，主要有高血压、动脉硬化、糖尿病等慢性病。
高血压
动脉硬化
糖尿病

11
我再问你们，中风的人这么多有一个很重要的原因，是什么？

12

这个我知道，
高血压、动脉硬化、糖尿病，
它们有一个共同的高危因素，
那就是肥胖。

13

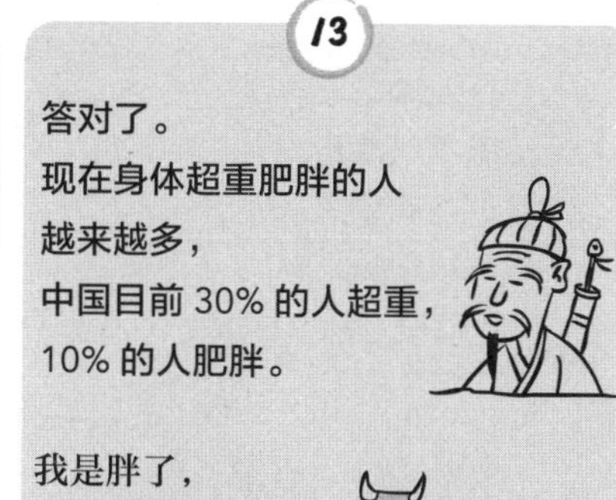
答对了。
现在身体超重肥胖的人
越来越多，
中国目前 30% 的人超重，
10% 的人肥胖。

我是胖了，
很快就累了。

14

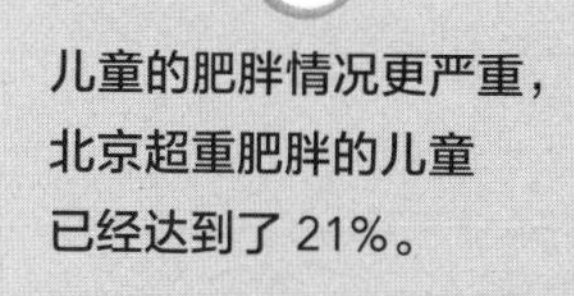
儿童的肥胖情况更严重，
北京超重肥胖的儿童
已经达到了 21%。

我叫胖嘟嘟，
哈哈哈！

15

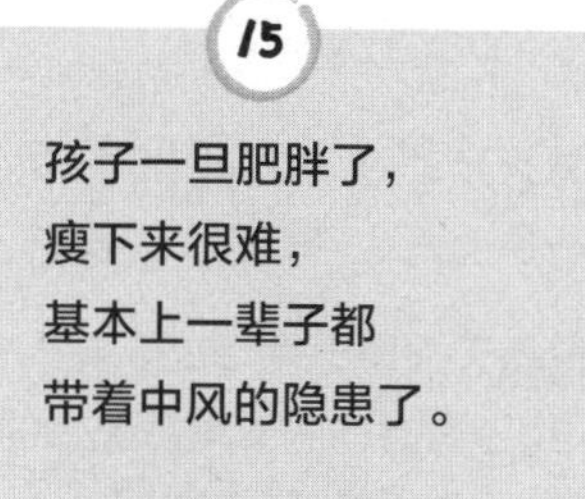
孩子一旦肥胖了，
瘦下来很难，
基本上一辈子都
带着中风的隐患了。

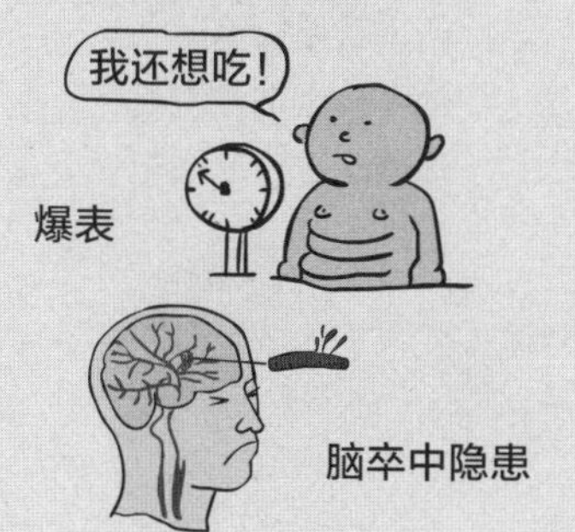
我还想吃！
爆表
脑卒中隐患

16

拐了 N 道弯，
原来这才是让我
科学地吃的原因啊。

17

对于健康和寿命来讲，
影响最大的因素是生活方式和行为，
占 60% 的比例。
你自己说科学地吃重不重要。

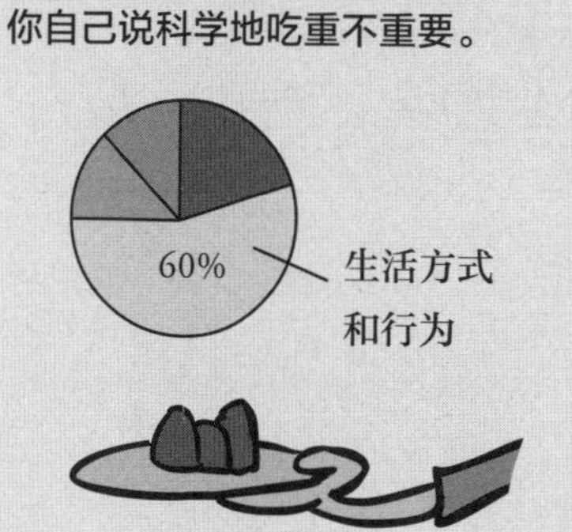
60%
生活方式
和行为

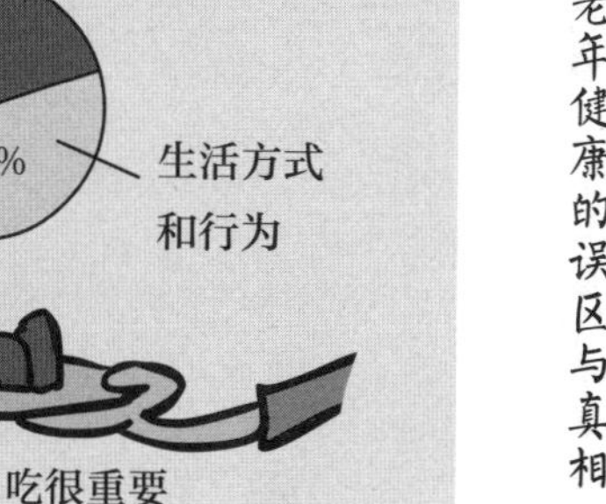
吃很重要

18
确实重要。
但是很多专家一讲
到怎么吃就会说这个 200 克，
那个 300 克，
我哪知道多大一团是 200 克啊？
一看到克，
就蒙圈了。

19
这都不是事儿。
我现在就教你一个
简单科学的方法：
10 个网球原则。

20
有意思，
什么是 10 个网球原则？

21
1. 每天小于 1 个网球的肉。
这么好吃，
只吃 1 个网球的肉，
是不是少了点儿？
顾嘴不顾身体，
先爽了嘴再说的反面典型。

22
那就是说每个月
只能吃 30 个网球。
天哪，
这才一周，
我的肉网球就吃完了。

23

2. 每天不超过 2 个网球的主食，
大概是五两（250 克）主食吧。

单位每天只给五两（250 克）主食，
我是凭自己的本事胖起来的，
（就是靠偷吃）
你有什么资格说我？
你请我吃过什么？！

鄙
视
你

**24**

一日三餐，
一餐只能吃 1.6 两主食，
合 80 克……
都别拦我，
我要回高老庄。

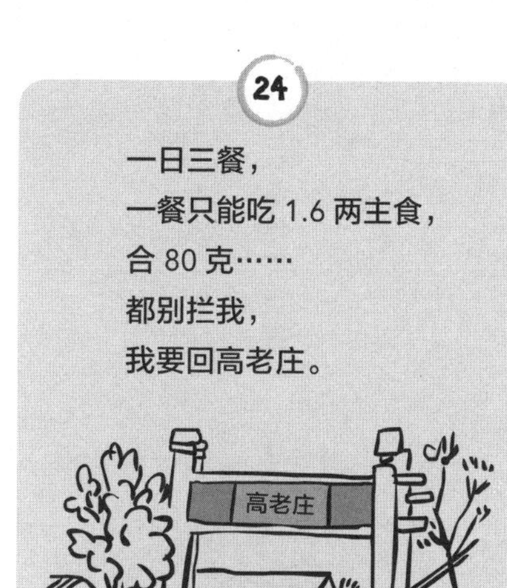
高老庄

高老庄旅游区欢迎你

**25**

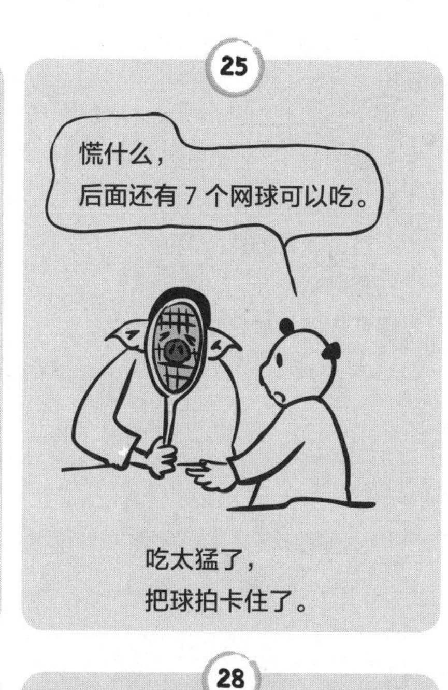
慌什么，
后面还有 7 个网球可以吃。

吃太猛了，
把球拍卡住了。

**26**

3. 每天保证 3 个网球的水果。
中国人吃水果太少，
全国调查发现国人
每天人均摄入水果 45 克，
都不到一两。

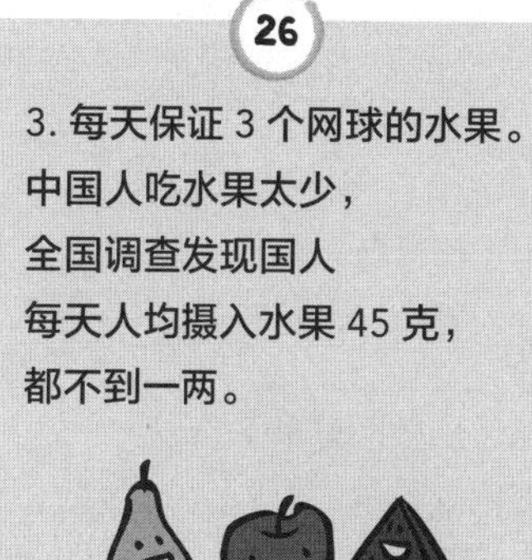

3 个网球的水果

**27**

水果网球好啊，
我就爱吃水果，
尤其爱吃蓝莓。

**28**

国际上大量研究表明，
经常吃水果的人，
冠心病、脑卒中（中风）、肿瘤的
发生风险明显降低，
水果应该作为每顿饭的
必备食物。

我就是
经常吃水果的人，
嘻嘻嘻……

**29**

4. 不少于 4 个网球的蔬菜，
蔬菜可以使劲吃，
里面都是各种维生素。

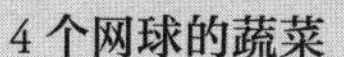

4 个网球的蔬菜

30
1+2+3+4，
10 个网球真好记啊，
而且看起来，
要达标也并不难。
哈，水果网球来了，
我喜欢！

31
对，
只要按照 10 个网球原则来吃，
做到食物多样化，
绝对不需要那些所谓的
营养品来补充，
保证你身材棒棒哒。
哈哈，
已经比
猴哥瘦了！

32
让医学变得简单

文字：中国工程院院士 王陇德

绘图：上海中山医院 二师兄

熊猫医生阿缪

## 最坑老年人的 10 大健康误区

熊猫医生漫画

1
误区 1：人老不服老。
阿缪，
你知道王德顺吗？


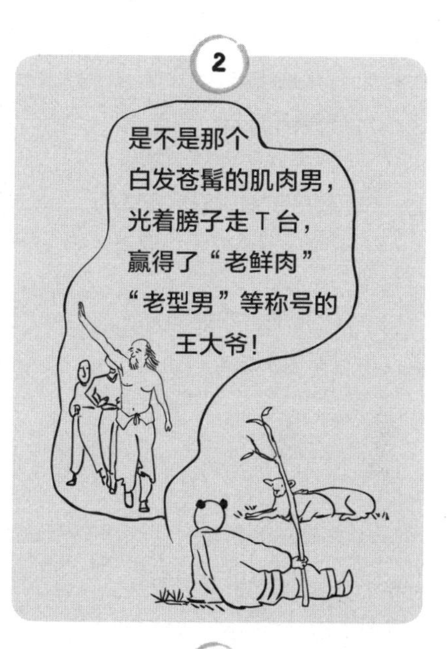

2
是不是那个
白发苍髯的肌肉男，
光着膀子走 T 台，
赢得了“老鲜肉”
“老型男”等称号的
王大爷！

3
就是他。
我也要赶紧锻炼，
退休后走 T 台。
傻呆呆，
不要光说不练。


4

这个王大爷是个例，
高强度锻炼
容易导致关节损伤等问题，
锻炼应适度。

阿缪说的对，
我就是锻炼过度，
关节损伤了。


5

误区 2：木耳芹菜能降压。
曾经有位“大师”鼓吹
“生茄子绿豆汤治百病”，
现在花样翻新了：
木耳芹菜能降压，
花生三七能活血。

不要骗我，
我早已看穿了一切。

6

有病不吃药、不求医，
很多老年人的朋友圈
都在转发这些不靠谱的
“神医”“根治”信息。

“神医”不靠谱，
不要相信。

7

健康饮食、均衡营养
有助于增强体质，
改善很多身体小毛病
比如便秘、睡眠差等，
但是食品不等于药品。

8

得了病还是要积极找
专科医生治疗。
很多老年慢性疾病
需要坚持常年服药，
而糖尿病、高血压等
更是需要终身服药。

我这么帅，不会骗你的。

9

误区 3：有病就得找名医。
不少患有慢性疾病的老年人乱求医，
跑遍大医院，访遍大名医，
上网搜索各种信息，
最后害得自己都不知所措了。

我只找缪主任！

10

其实没有必要，
很多慢性疾病在社区
卫生服务中心就可以解决，
没有必要遍访名医。

找我就行了，
不用麻烦缪主任。

11

误区 4：头疼脑热不得了。
也有很多老年人过度敏感，
血脂不正常、头疼脑热
就担心自己得了大病，
这个正常吗？

我血脂不正常，
要紧吗？

12

北京医院院长王建业
做客阿缪面馆，
讲得很好——
其实你没病，你只是年龄大了。

其实你没病，
你只是年龄大了。

13

误区 5：活到老，拼到老。
也有一些老人退而不休，
发挥余热，一直工作，
而且更加拼。这样做合适吗？

我不老，
我要去上班。

14

如果精力旺盛，是可以的；
但是如果已经疾病缠身
就应该彻底退休，
带着老伴看看大海，
品尝一下各地美食，
享受幸福的晚年生活。

享受幸福的晚年生活

15

误区 6：勤俭节约太会“过”。
有一些老人舍不得剩菜剩饭，
放在冰箱里几天仍然食用。

要节省，
你们年轻人太浪费。

16

这个不可取。
虽然勤俭节约是美德，
但剩菜剩饭尽量少吃，
容易导致消化道疾病，
某些变质食品可能会致癌。

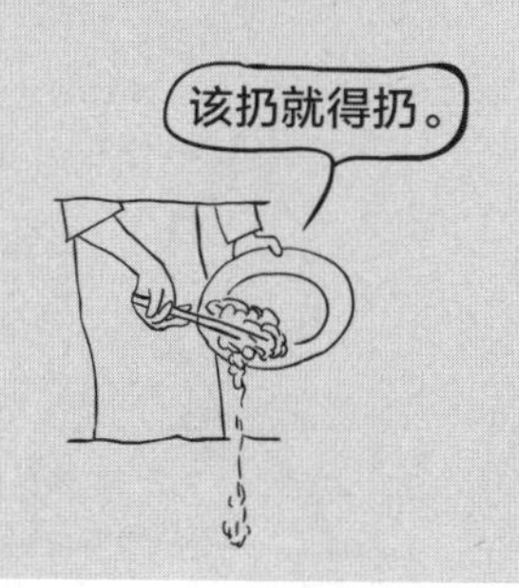
该扔就得扔。

17

误区 7：输液预防脑卒中。
有不少老年人认为春秋
季节去输液，可以疏通血
管，预防脑中风。

陆

18

真相是：不能预防脑卒中！
预防中风必须针对病因
进行干预；输液可能出现
药物不良反应，
甚至出现严重后果。

骗人的，
不能预防脑卒中！

19

输液对严重心脏病患者
可能诱发或加重疾病；
预防脑卒中是一个长期过程，
短期输液几乎没有作用。

明白了。

20

误区 8：老了补牙是浪费。
有些老年人不重视口腔健康，
认为年纪大了，
少几颗牙没什么大不了，
不值得再去补牙花钱。

少几颗牙
没什么大不了。

21

其实牙好才能保证正常饮食，
营养摄取和身体免疫力
才有保障，对老年人的
生活质量和健康意义重大。

牙好胃口就好，
身体倍儿棒！

22

误区 9：“油盐不进”降压降脂。
听说有为了控制血脂
5 年不吃一滴油的人；
也有为了控制高血压，
天天不吃盐的人。

不要吃油
不要吃盐

23

这个绝对不赞成。
盐和油并不是大家的“敌人”，
盐中的钠离子对
人体健康很重要。

食用油含有人体必需的营养素。
我们要做的是控制油、盐的摄入量，
而不是完全杜绝。

误区 10：晨练越早越好。
很多老年人夏季喜欢晨练，
凌晨四五点就出门健身，
觉得越早越好。

26

早晨 6 点前空气污染正值高峰时段，
并且绿色植物由于一夜
没有进行光合作用，
积存了大量二氧化碳，
所以，最好在 6 点或
太阳出来以后晨练。

27

说了这么多健康误区，
那老年朋友们应该
干些什么啊？

28

学习熊猫医生科普，
转发熊猫医生科普。

熊猫医生

29

让医学变得简单

文字：北京天坛医院 缪中荣
绘图：上海中山医院 二师兄

柒
07
靠谱的肿瘤知识

## 熊猫医生阿缪

### 不是每一颗痣都和黑色素瘤有关系

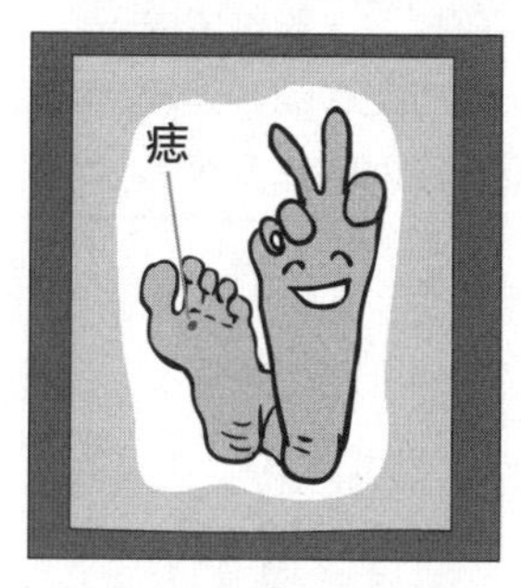

痣


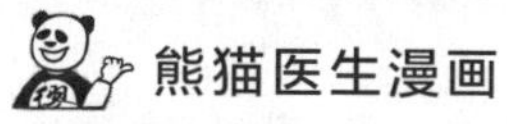

熊猫医生漫画

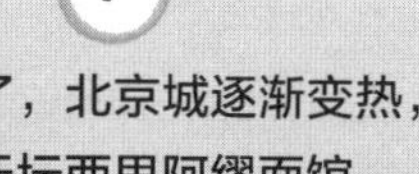

夏季到了，北京城逐渐变热，大家到天坛西里阿缪面馆，一起吃面避暑。

阿缪


现在的人都知道了痣和黑色素瘤的关系，不少人对痣很恐慌。

军


痣不就是脸上身上的小黑点吗?

古人云：

痣生得奇，反成桃花之美，痣出不异，且是人生指南。如何正确看待痣，郭大侠给我们讲讲吧。

在人出生后至 30 岁期间，细胞痣数量增多。初发时为边界清楚的斑片、丘疹，然后逐渐变软，出现色素。

6

根据痣在皮肤中
的生长部位，
分为交界痣、
混合痣和皮内痣 3 种。


7

交界痣位于表皮的基底部，
皮内痣完全位于真皮层内，
混合痣则是两者兼顾。

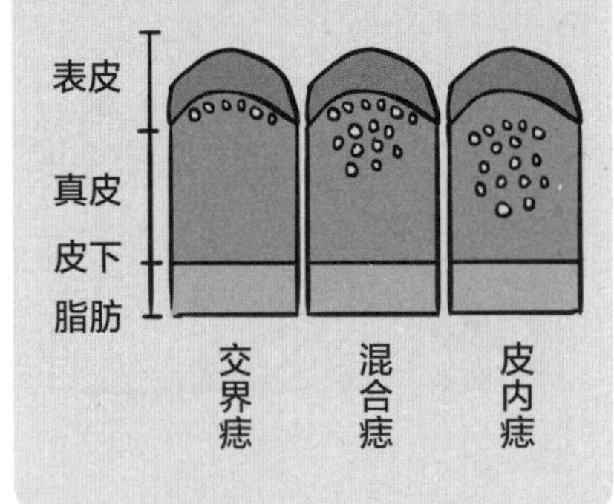

表皮
真皮
皮下
脂肪
交界痣
混合痣
皮内痣


8

肉眼观察，如果是高出皮面的、圆顶或乳头样外观的或是有蒂的皮疹，一般是皮内痣；略微高出皮面的多为混合痣；不高出皮面的是交界痣。

9

为什么会形成痣呢？


10

大部分痣的形成是
对日晒的一种反应。

11

痣可以保护其中
被日光灼伤的黑色素细胞，
就像一把深色的小遮阳伞，
保护皮肤免受阳光的
进一步刺激。

黑色素
细胞

**12**

痣通常在幼年时出现，
呈扁平褐色至深棕色的小点，
约针尖大小。

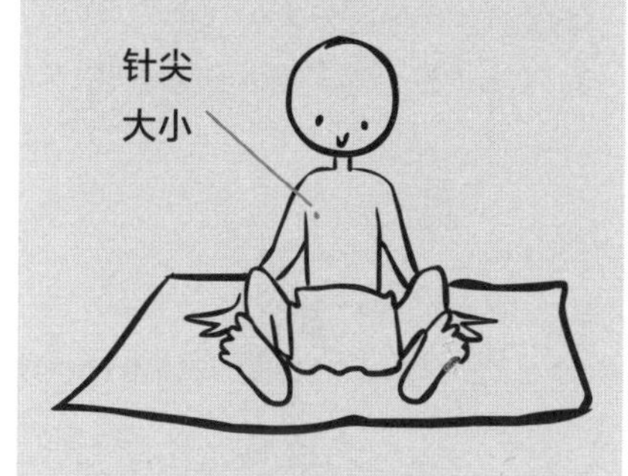
针尖
大小

**13**

它可能会慢慢地长大
成圆形或椭圆形，
平坦或稍隆起，
一般比标准的铅笔直径要小。

**14**

在发育过程中痣
的颜色可能变浅，
隆起的痣常常变平
并在晚年最终消失。

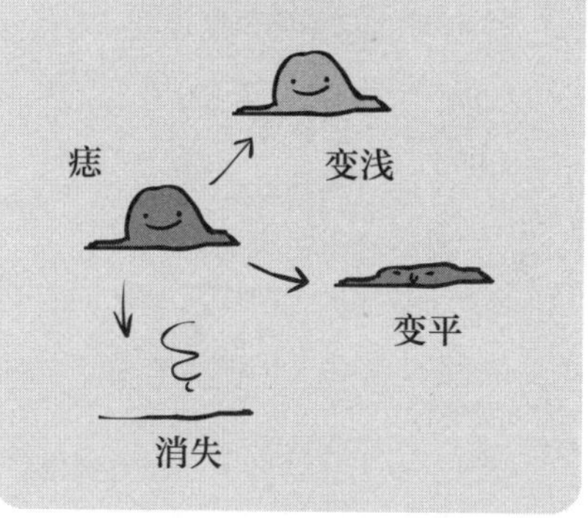
痣
变浅
变平
消失

**15**

也有些痣跟日晒没有关系。
1% 的儿童出生时就有痣，
通常为褐色至深棕色，
平坦或稍微隆起，
直径可能超过 1cm。
这种痣会长大并长出毛发。

痣

有的出生时就有

**16**

黑色素瘤又是什么呢？

**17**

黑色素瘤往往由交界痣或
混合痣恶变而来，
皮内痣一般不发生恶变。

18

我国目前黑色素瘤的发病率较低，为 0.5～1/10 万，大部分的普通痣一般是不会发展成黑色素瘤的，但正常痣也有可能向黑色素瘤转变。

大家不要害怕，大部分的普通痣不会发展成黑色素瘤。
菜 谱
我读书多，不会骗你。

19

痣为什么会转变成黑色素瘤呢？
雪

20

黑色素瘤的致病原因目前还不是很清楚。内部原因明确的是某些癌基因的突变，外部原因目前唯一有确切证据的致病原因是紫外线中的 UVB（户外紫外线）过度暴露。

不要暴晒！

21

有什么方法能早点发现痣是否转变成黑色素瘤呢？
张

22

有的。
早期黑色素瘤常常是不规则的，炎性或水平生长的扁平样痣。如果痣发生如下变化时就需要立刻去医院检查了。

23

A（Asymmetry）：
非对称。
痣的一半与另一半不对称。

24

B（Border）：边缘不规则。
边缘不整或有切迹、锯齿等形状，不像正常色素痣那样具有光滑的圆形或椭圆形的轮廓。

边缘
不规则

25

C（Color）：颜色改变。
正常痣通常为单色，而黑色素瘤具有褐、棕、棕黑、蓝、粉、黑甚至白色等多种不同颜色。

颜色
改变

26

D（Diameter）：直径。
痣的直径 >5mm 或在短期内明显长大时要注意。
黑色素瘤通常比普通痣大，要留心直径 >5mm 的痣。

报告！这个比较大，危险！
>5mm

27

E（Elevation）：隆起。
一些早期的黑色素瘤，整个瘤体会有轻微的隆起。任何一处色素沉着病变如果有迅速隆起或表面不平，应当立即做检查。

隆起要注意

28

这个 ABCDE 法则太好了，常常这样观察痣我们就不怕黑色素瘤了。
晓
虎
偶
谈

29

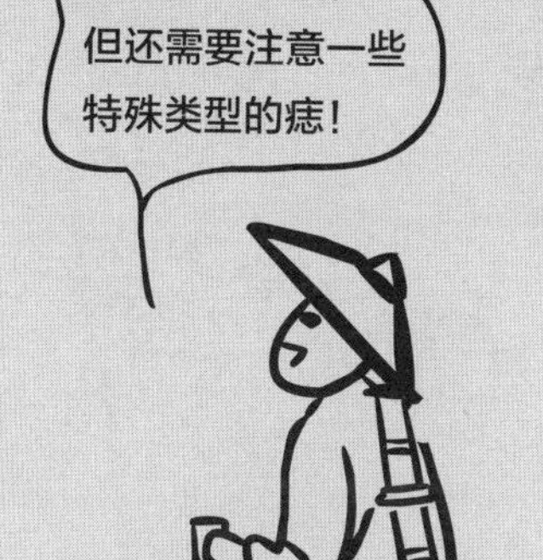
该法则是不错，但还需要注意一些特殊类型的痣！

30

1. 先天性巨大型色素痣。大于 20cm、有毛的黑褐色斑片或斑块。

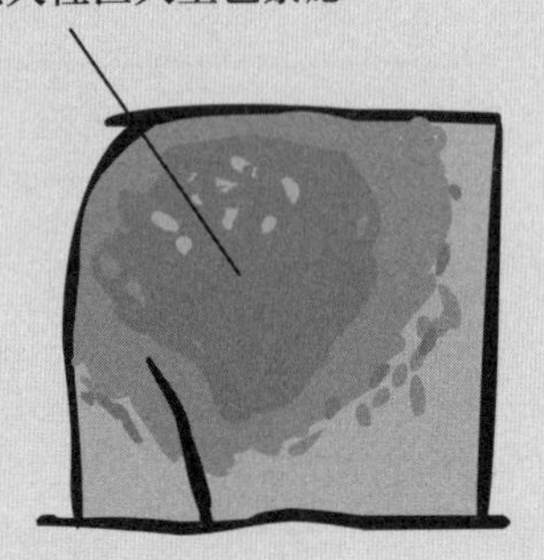
先天性巨大型色素痣

31

2. 发育异常痣。斑驳样褐色、棕色或粉红色痣。

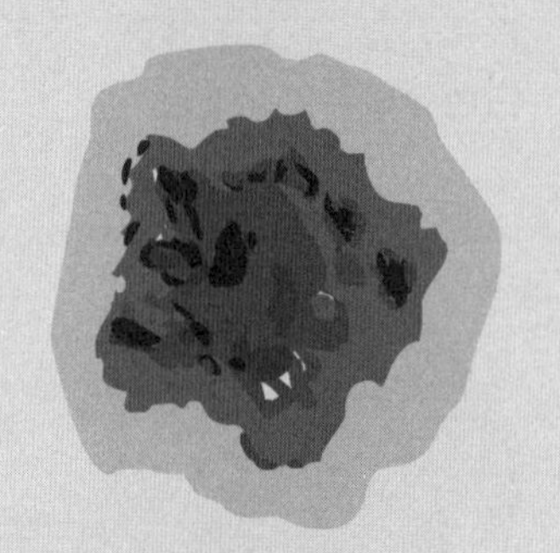

发育异常痣

32

3. 多发痣（超过 50 个）。痣越多患黑色素瘤的可能就越大。

多发痣

33

4. 四肢末端的痣。

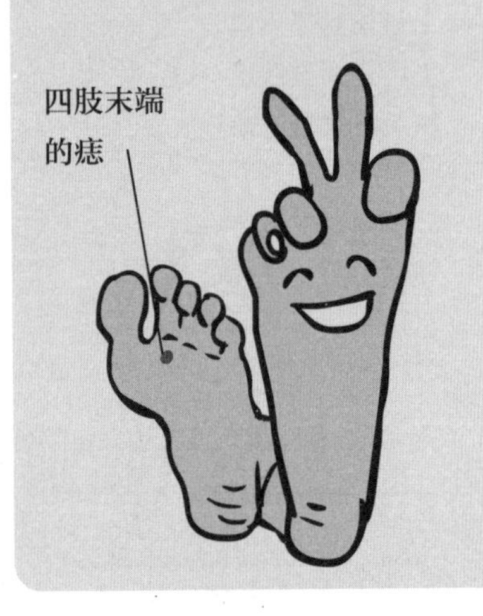
四肢末端
的痣

34

5. 消化道、泌尿生殖道的痣或色素沉着。

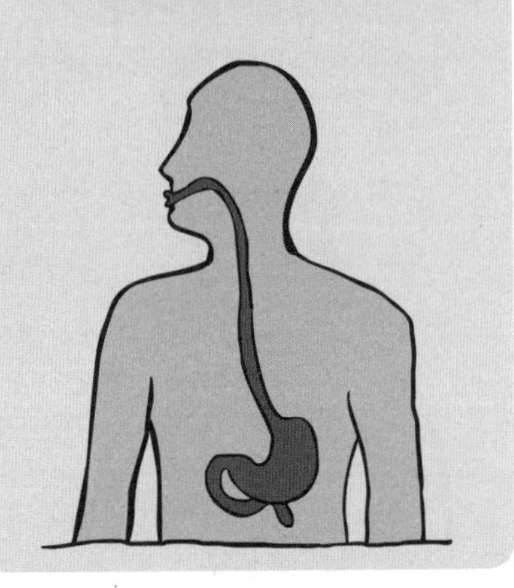

35

6. 长期暴露于日光下的痣。紫外线是痣发展为黑色素瘤的重要诱因，比如头颈部、小腿、前臂等处需要防晒。

熊猫
旅游

36

长了黑色素瘤能治吗?
波

37

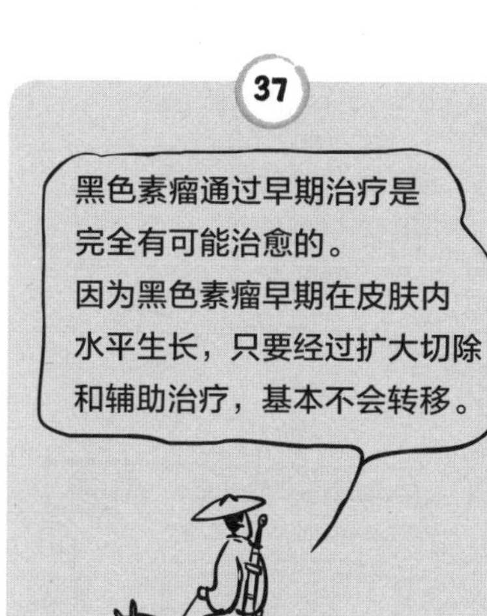
黑色素瘤通过早期治疗是完全有可能治愈的。因为黑色素瘤早期在皮肤内水平生长，只要经过扩大切除和辅助治疗，基本不会转移。

38

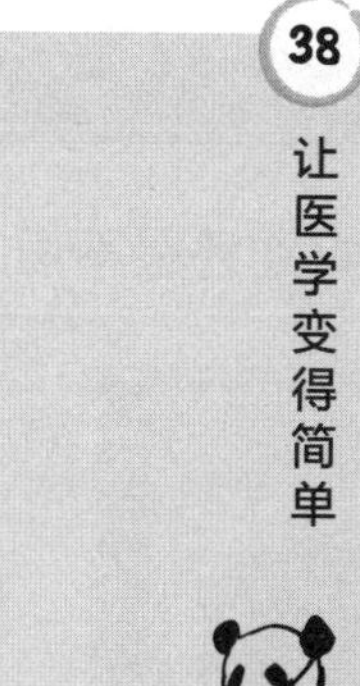
让医学变得简单

文字：北京大学肿瘤医院 郭　军
绘图：上海中山医院 二师兄

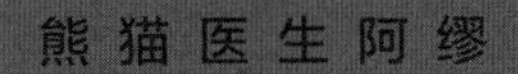
熊猫医生阿缪

## 长了肠息肉，切还是不切

熊猫医生漫画

1
通过肠镜检查医生说
我长了个息肉，
你说是留着还是切了呢？
阿缪

2

咱们得找个胃肠专业的专家
问问，符大侠你怎么看？

3

切还是留，
得看具体情况。
比如息肉的性质、位置、
数量、患者的年龄等。

4
息肉是不是就是肠子上
长的小肉疙瘩？

5

可以这么说。
小的像芝麻、绿豆，
大的像核桃，
可以是 1 个，
也可能长几百个。

6

息肉长得都一样吗?

7

不一定。
息肉形状一般不规则，
大部分是在黏膜表面
凸起的小疙瘩，
还有的两端都附着在肠壁上，
像桥一样。

各种
息肉
哥们儿，
想开一些，
其实你长得最好看。

8

可我平时没什么
异常感觉啊?

9

肠息肉有四大临床表现：
大便带血，便秘，腹泻、腹痛，
大便性状和习惯改变。
不过小的息肉一般没有症状。

1. 大便带血。
2. 便秘。
3. 腹泻、腹痛。
4. 大便性状。
 和习惯改变。

10

肠道息肉分为
非肿瘤性息肉和肿瘤性息肉两种。

大家注意，
他是肿瘤性息肉，
不要放掉他。

11

非肿瘤性息肉一般不会癌变，
比如炎性息肉、错构瘤性息肉
和增生性息肉。

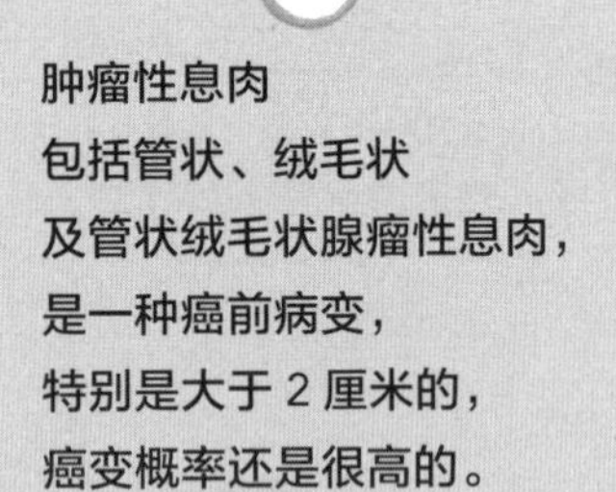
12
肿瘤性息肉
包括管状、绒毛状
及管状绒毛状腺瘤性息肉，
是一种癌前病变，
特别是大于 2 厘米的，
癌变概率还是很高的。

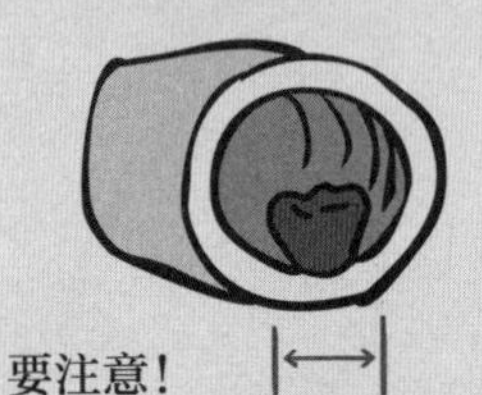
要注意！
大于 2 厘米

13
癌变过程大概多久？

14
这跟它的大小、形态
和病理类型有关，
一般 5 ~ 10 年。
符

15
为什么有人长息肉，
有人就不长呢？

16
你是不是平时肉吃得多呀？
长期吃高脂肪、高动物蛋白、
低纤维以及油炸食品者，
都是肠息肉高危人群。
阿缪烧烤店

17
这是因为，
高脂肪膳食能增加
结、直肠中的胆酸，
而细菌与胆酸的相互作用
是腺瘤性息肉形成的基础。

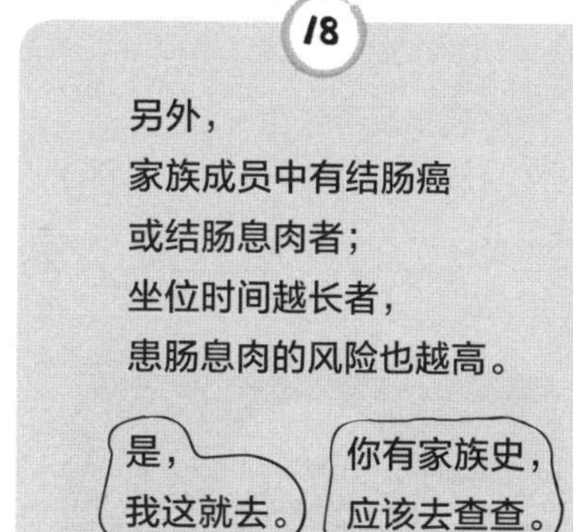
18
另外，
家族成员中有结肠癌
或结肠息肉者；
坐位时间越长者，
患肠息肉的风险也越高。
是，
我这就去。
你有家族史，
应该去查查。

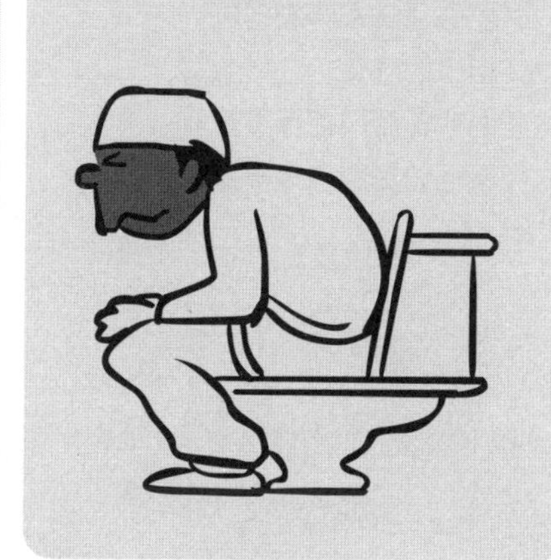
19
机械损伤和粪便刺激、
炎症刺激也是息肉高发人群。

20
我符合一条：
整天坐着。
2000 年
2017 年

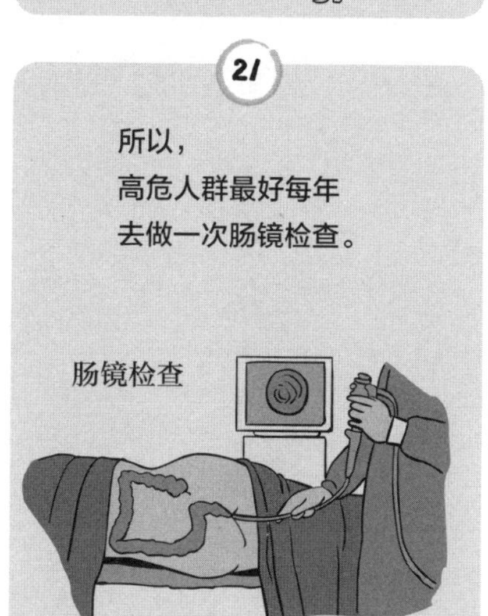
21
所以，
高危人群最好每年
去做一次肠镜检查。
肠镜检查

22
是不是容易癌变的
息肉才需要切呢？

23
不是。
像炎症性息肉
容易引起便血、腹泻、
肠套叠，甚至肠梗阻等，
最好也摘掉。

24

还有个重要原因：
以距离肛门 10 厘米
之内的腺瘤为例，
如果良性可以经肛门把
腺瘤直接从肠壁上取下，
手术风险小且费用低。

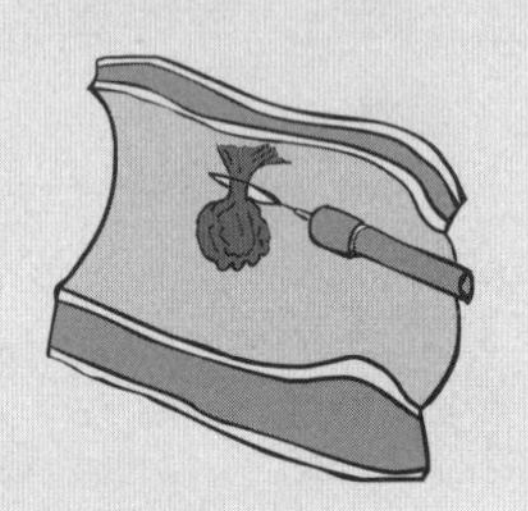

25

若已经癌变，
除了切掉癌变部分外，
还必须截去肿瘤附近
相应的肠管，
说不定肛门都保不住。
所以，发现息肉要及时切除。

息肉及时切除

26

看来躲不过这一刀了，
唉……

27

不用紧张。
除非息肉很大，
或者是明显恶变了，
一般息肉内镜下就切掉了，
你根本都感觉不到。

熊猫内镜

28

那我马上就去！

29

让医学变得简单

主审：北京肿瘤医院 步召德
文字：北京肿瘤医院 符 涛
绘图：上海中山医院 二师兄

熊猫医生阿缪

## 穿刺会让肿瘤细胞转移？穿刺高手这样说

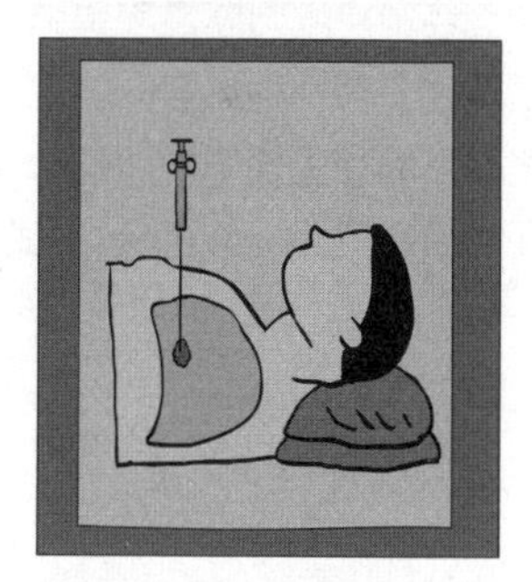

熊猫医生漫画

1

傻呆呆，
你啥时候也帮人看起片子了？


2

这是我同学的亲戚拍的肺部 CT，
医生说疑似肿瘤，
让他去做个穿刺活检明确诊断。
但是他怕的不得了，
不愿意穿刺。

3

很多患者都有这种顾虑，
担心穿刺会“扎破”肿瘤、
“刺激”肿瘤造成肿瘤细胞转移，
这都成了大多数人心中
挥之不去的阴影了。

4

阿缪说得没错，
在门诊患者和我们的对话
常常是这样子的——
柳晨大侠
北京大学肿瘤医院


5

大夫，
您看了我的 CT 片子，
觉得像肺癌吗？

6
我觉得可能性比较大，需要做一个穿刺活检进一步确诊！

7
CT 片子不能确诊吗？

8

看片子做出的诊断叫作“影像学确诊”，只能凭经验初步判断是不是肺癌。但是具体是哪一种类型的肺癌、有没有基因突变都不得而知，后面的治疗用药有些盲目。

9

穿刺活检以后得到的结论叫作“病理学确诊”，是最准确的，被称之为确诊的“金标准”！后续治疗方案的制订比较准，效果也好很多。

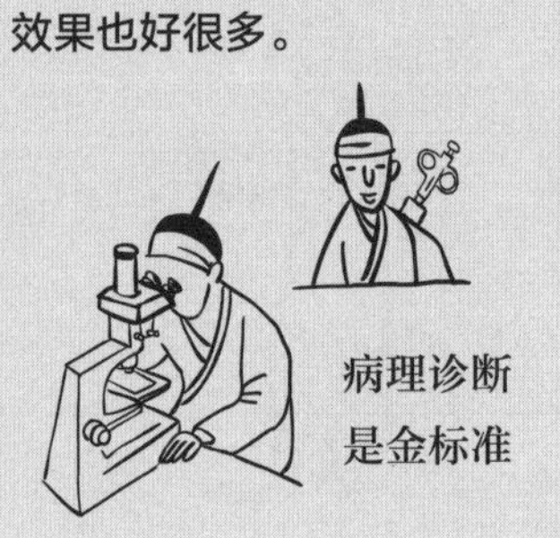
病理诊断
是金标准

10
我懂了。
不过穿刺刺激到肿瘤会不会造成转移啊？

11

国内外大量的研究证明，这种概率微乎其微。如果在操作的过程中使用恰当的保护措施，转移的概率是完全可以忽略不计的。

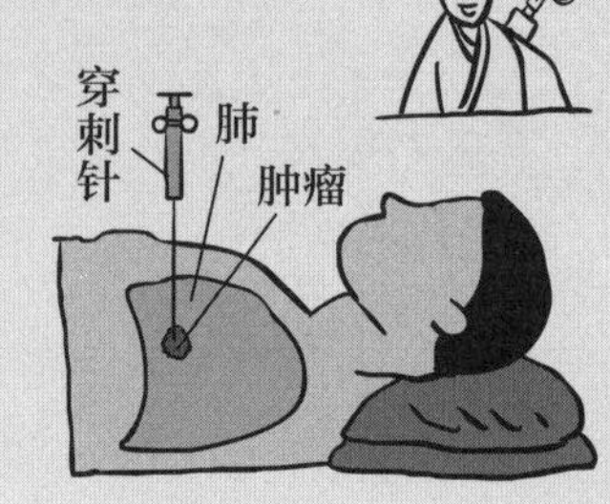
穿刺针
肺
肿瘤

12

这种概率可以降低到零吗？

13

哈哈，这太理想化了，
这个世界有零概率的事件吗？
既往的研究证实
这种概率低于千分之几，
属于极低概率的罕见事件。

那谁靠得住，母猪会上树
极低概率罕见事件

14

再告诉您一个小秘密：
人体每天自带成千上万个
原始的肿瘤细胞，
没有真正发展成肿瘤，
全是靠着体内的免疫系统
这个“清道夫”及时地清除化解。

及时地清除
原始肿瘤细胞

15

穿刺活检带出来的
肿瘤细胞数量极其有限，
免疫系统会轻易地将其消灭，
扩散到全身形成广泛转移的概率
肯定低于买彩票中大奖。

中奖五百万元整

广泛转移的概率
低于买彩票中大奖

16

可老是听说肿瘤受到刺激后
就会快速进展、发生转移啊，
就连很多医生也是这么说的！
张神医

17

呵呵，造成这种误会
最主要的原因
就是之前的检查
不全面和忽视了肿瘤本身
自然的发展过程。

18

很多患者都是偶然
发现肺癌来就诊的，
做过的检查也就是简单的
化验报告和 CT 片子。

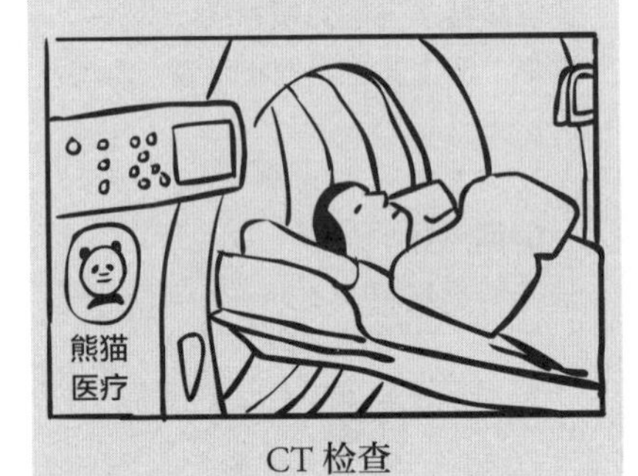
熊猫
医疗
CT 检查

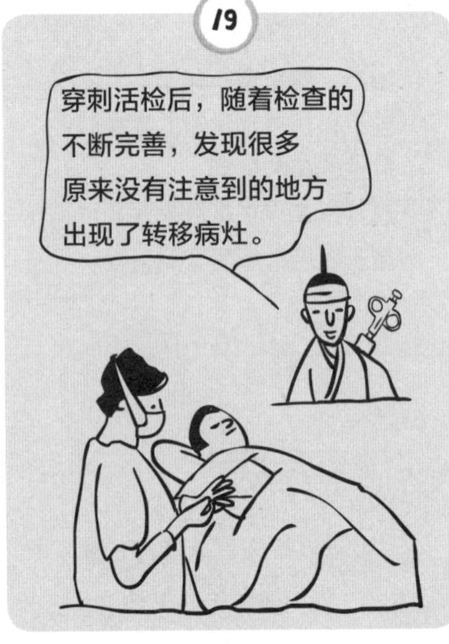
19
穿刺活检后，随着检查的不断完善，发现很多原来没有注意到的地方出现了转移病灶。

20

或者以前没有症状的地方
随着疾病的进展出现症状了，
就自然而然地把穿刺活检
当作了罪魁祸首。

是不是穿刺穿坏了？！

21
原来是这样！
那么您在穿刺时会
采取什么样的保护措施呢？

22

以前的穿刺活检是
直接把穿刺针扎到肿瘤
组织里去提取细胞，
然后拔出体外。
这样针尖在退出体外时
容易形成“针道种植转移”。

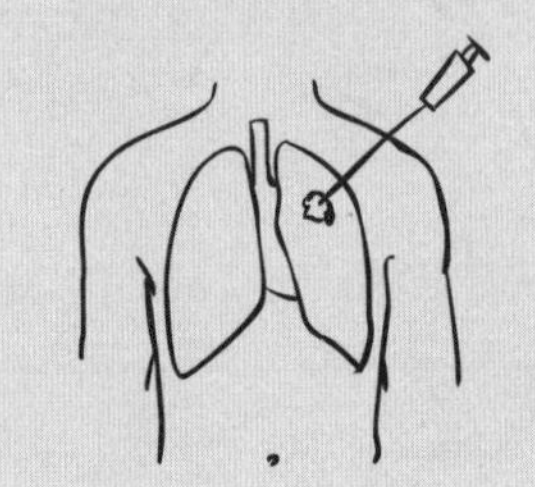

23
现在做穿刺活检时，
会在穿刺针的外面
加一个同轴保护外套，
外形好似一杆圆珠笔。
肿瘤
笔杆
笔芯
穿刺针

24

先将外面的笔杆贴到
肿瘤的表面后，按动开关
让笔杆里面的笔芯刺破
肿瘤表面进入瘤体内
提取肿瘤细胞，取材完毕后
将笔芯退回笔杆内。

笔芯插入肿瘤

取材完毕后
笔芯退回笔杆

退出

25

这样，好像“笔芯”的穿刺针
沾染了肿瘤细胞，
但是在拔出的过程中始终
处于类似“笔杆”的保护外套内，
从而避免了
“拔起箩卜带出泥”的现象。

26

听您一席话，全明白了！
我要建议同学的亲戚赶紧
去做穿刺活检去。
熊猫共享
摩托

27

让医学变得简单

主审：北京天坛医院 缪中荣
文字：北京大学肿瘤医院 柳　晨
绘图：上海中山医院 二师兄

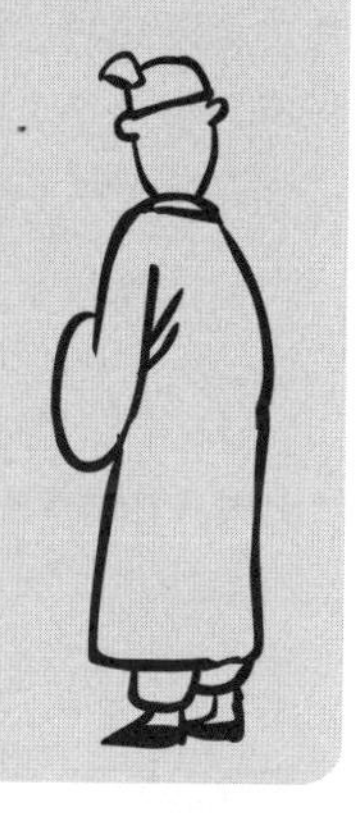

熊猫医生阿缪

## 胆囊息肉、胆结石真的会引起胆囊癌吗

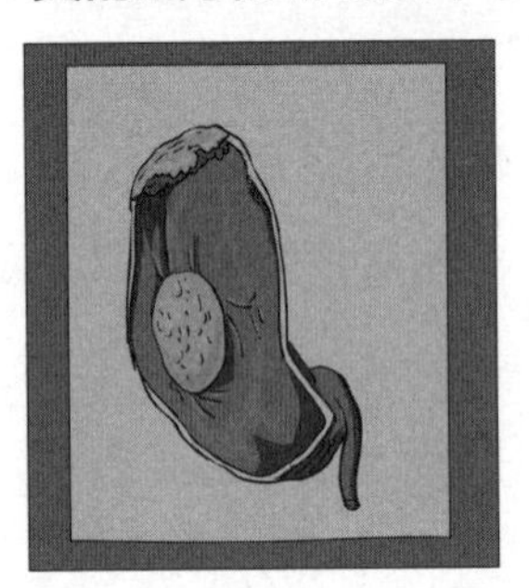

熊猫医生漫画

1

听说老赵前阵子查出胆囊癌，没过多久就去世了，连手术的机会都没有啊，真的太吓人了！

2

上海中山医院的月医生对胆道疾病很有研究，听他来讲讲吧。

3

现在得胆囊癌的人越来越多，而且预后很差，总体 5 年总生存率仅为 5%～10%，而且好发于亚裔人群。

月医生
上海中山医院

4

有哪些原因能引发胆囊癌变呢？

5

就目前的研究发现，胆囊息肉和胆囊结石是目前学界公认的两大主要危险因素。

6

什么是胆囊息肉呢?


7

胆囊息肉又称为胆囊息肉样病变（PLG），可分为良性病变和恶性病变两种。恶性病变多为息肉型早期胆囊癌，病理以腺癌最为常见，约占 90% 以上。

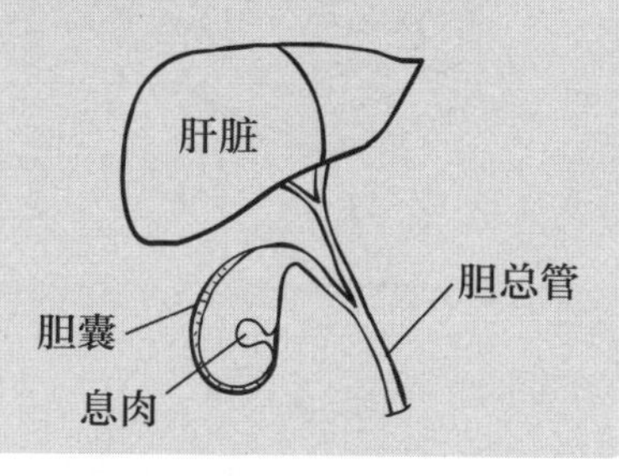

肝脏
胆总管
胆囊
息肉


8

一个小小的胆囊息肉还分这么多种类啊！是不是有了息肉就一定要手术治疗?


9

不是的。
很多临床诊断的胆囊息肉其实是胆固醇结晶，因为彩色 B 超有时很难鉴别非肿瘤性病变和肿瘤性病变。

胆固醇结晶？！涨知识了。


10

而胆囊超声造影，可以动态观察息肉的血流情况，相对于 CT 和 MRI（磁共振检查）来说，会更为准确。

熊猫医院
超声科

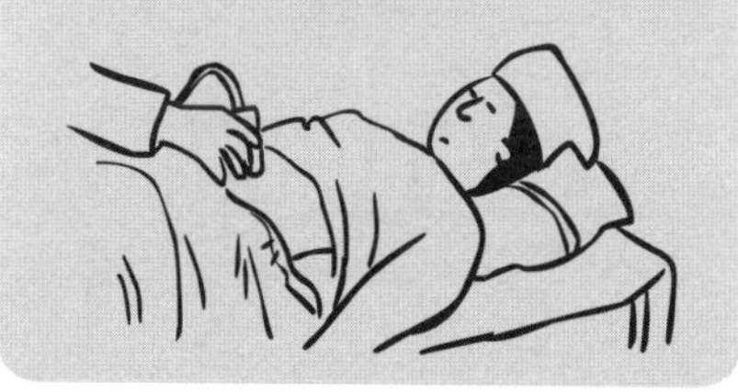

11

那么什么情况下，胆囊息肉需要手术治疗?

12

一般来说有下列情况
就需要手术治疗了：
首先是息肉大小，
病变直径≥ 10mm 的，
是公认的手术指征。

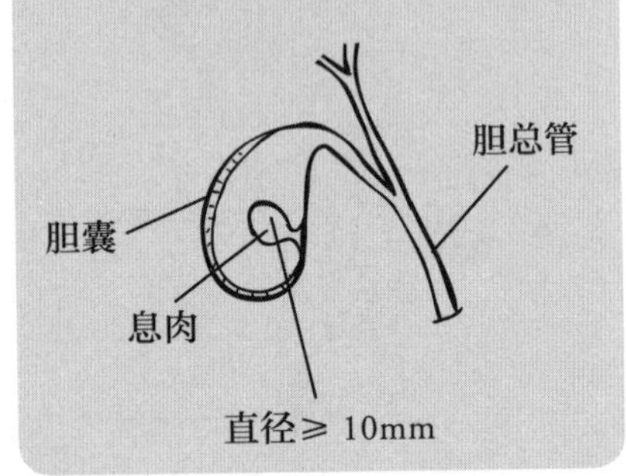
胆总管
胆囊
息肉
直径≥ 10mm

13

如果息肉小于 10mm，
但是有胆囊结石、急性或
慢性胆囊炎，有明显临床
症状者也推荐做胆囊切除术。

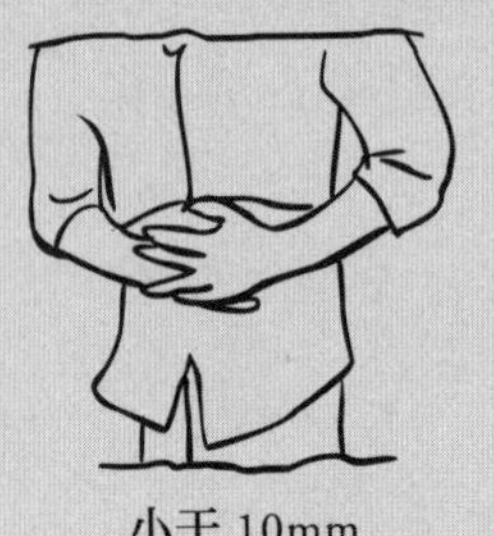

小于 10mm
有明显症状

14

如果胆囊息肉介于 6 ~ 9mm，
有下列高危因素的，
也建议手术：
（1）年龄 >50 岁。

>50 岁

15

（2）无蒂性或广基病变。
（3）合并硬化性胆管炎、
胆总管结石等胆管病变。

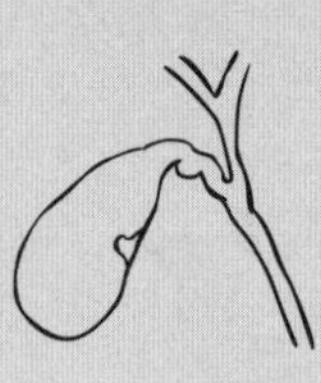

无蒂性
或广基

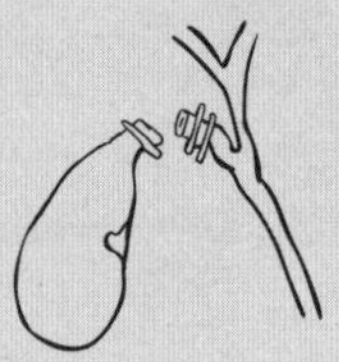

要切掉

16

（4）息肉较大、长蒂或胆囊
颈部息肉，影响胆囊排空，
有胆绞痛发作等临床症状者。

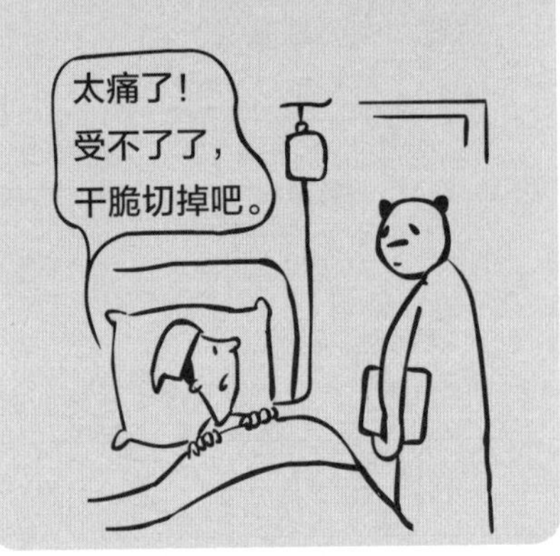
太痛了！
受不了了，
干脆切掉吧。

17

息肉大小 < 6mm 的，
建议先随访观察。

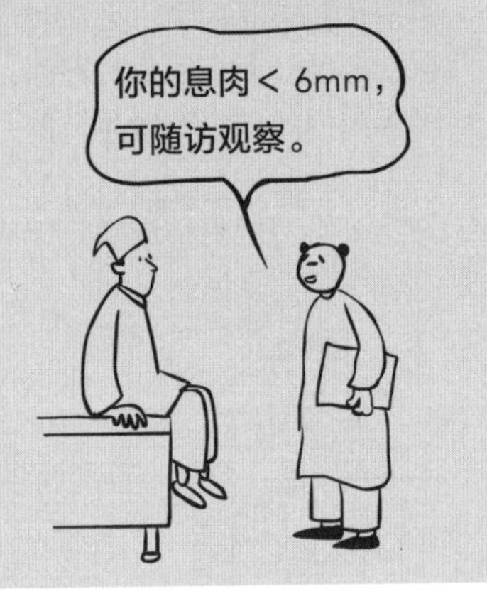
你的息肉 < 6mm，
可随访观察。

18

什么是随访观察呢?

19

很简单，就是去医院做个胆囊超声检查，建议 3～6 个月的定期超声随访，如果随访 1～2 年无明显变化，可将其随访时间间隔适当延长。

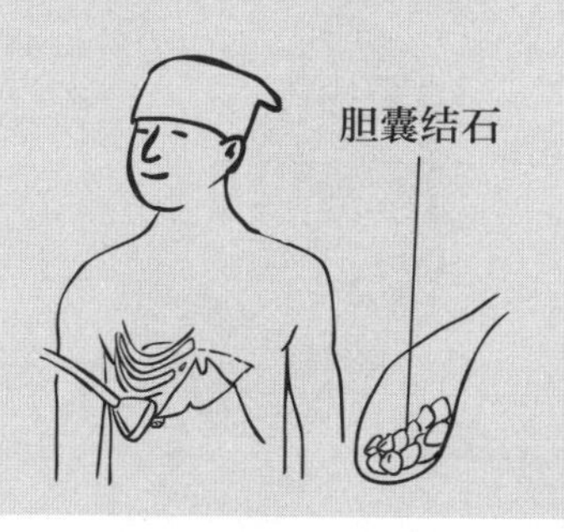
胆囊结石

20

随访期间如果发现息肉直径增加≥ 2mm，或者超声等辅助检查怀疑胆囊有恶变可能时，就需要及时进行手术治疗。

切口虽然大了点，
手术还是很成功的。

21

我看网上有“保胆取石”之说，是不是只把息肉拿掉，把胆囊留下来呢?

22

不论是胆囊结石还是胆囊息肉，业内都不提倡所谓的“保胆取石”。

23

“切胆”与“保胆”之争的核心不是“保留”胆囊，而是“保护”胆囊。既不能随意切除有功能的胆囊，也不能一味保留无功能的胆囊。

对，
保护胆囊。

24

胆囊结石也会
引起胆囊癌吗？

25

是的。
胆囊结石的大小，
以及病程的长短
与肿瘤都有关系。

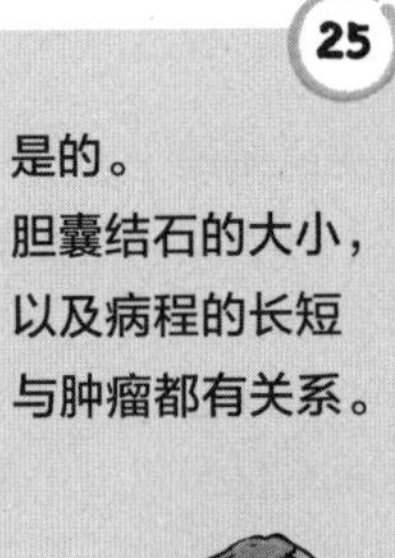

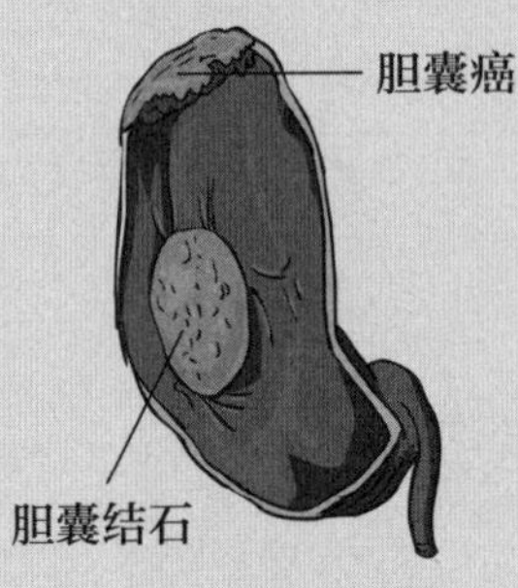
胆囊癌
胆囊结石

26

直径大于 3 厘米的结石
比直径在 1 厘米以下者，
其胆囊癌的危险性增大 10 倍！
病程越长发生胆囊癌
的概率就越高。

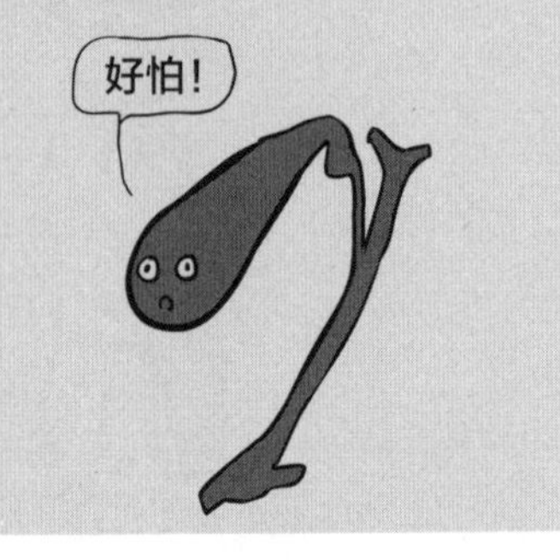
好怕！

27

要不干脆一有结石就立刻
把胆囊切了算了！

28

那也不行。
胆囊作为人体的器官之一，
也是十分重要的。
我们要保护功能正常的胆囊，
不能随意切除。

救命，
不要随意切我！

29

一般情况不推荐
无症状胆囊结石患者
做预防性胆囊切除术。

我不推荐
预防性胆囊切除！

30
如果胆囊出现了症状是不推荐保胆取石的吧？

31
是的。保胆取石后，
胆囊结石的复发率很高。
有炎症等病变的胆囊本身
是一个有问题的器官，
强行保留下来有害无益。

有问题的胆囊，
绝不姑息！

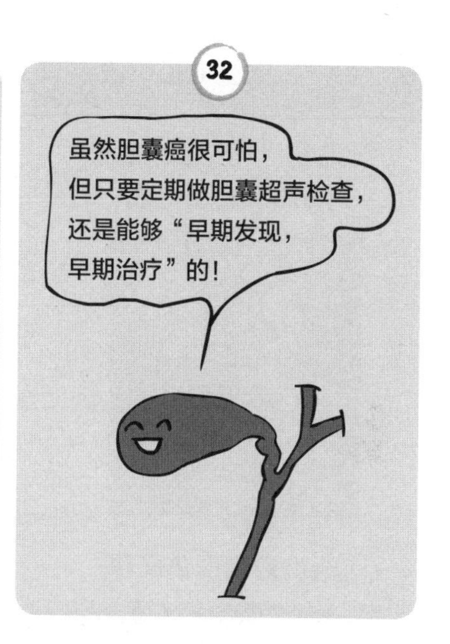
32
虽然胆囊癌很可怕，
但只要定期做胆囊超声检查，
还是能够“早期发现，
早期治疗”的！

33

让医学变得简单

主审：北京天坛医院 缪中荣
文字：上海中山医院 王越琦
绘图：上海中山医院 二师兄

熊猫医生阿缪

## 肺癌是“气”出来的病 防范关键在早筛

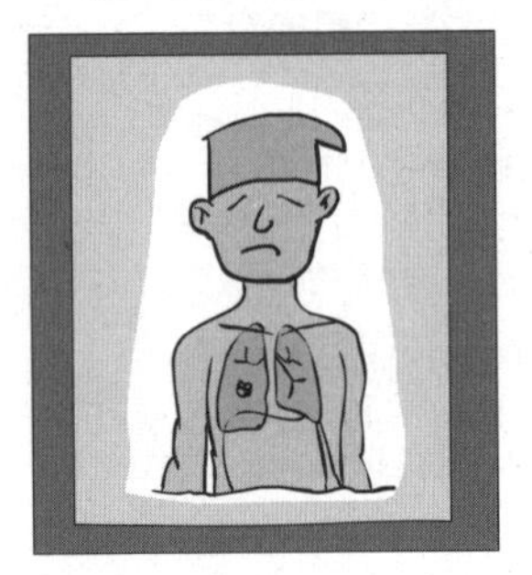

熊猫医生漫画

1

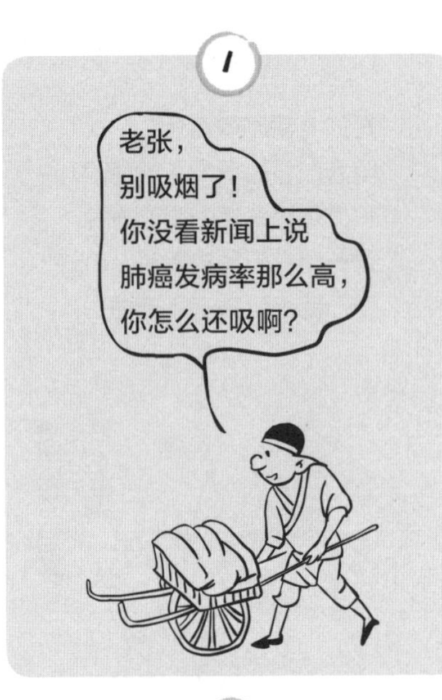
老张，
别吸烟了！
你没看新闻上说
肺癌发病率那么高，
你怎么还吸啊？

2

没事的，
不要紧的。

3

老张，还是要注意的。
2015 年中国约有 429.2 万癌症新发病例，其中肺癌占 17.1%，病死率高达 21.1%。
肺癌已经是威胁国人生命健康的“头号杀手”了。

支

4

这么严重？
肺癌都有哪些症状呢？
倪

5

肺癌在早期并没有什么特殊症状，仅有一般呼吸系统疾病所共有的症状：咳嗽、咳痰、痰中带血、低热、胸痛、气闷等。

6

不过晚期可有面、颈部水肿、声嘶、气促等表现。

7

肺癌转移
可产生持续性头痛、视朦，继续发展可导致意识障碍等。
如果肺癌向全身扩散，可发生脑转移等。

头痛

8

我的天哪！
老张，看！
肺癌这么吓人
咱们可一定要注意。
军

9

肺癌的病因是什么啊，
就是因为吸烟导致的吗？

10

肺癌的病因目前尚不完全明确。
大量资料表明，
长期大量吸烟与肺癌的发生有非常密切的关系。

11

研究证明：长期大量吸烟者患肺癌的概率是不吸烟者的 10～20 倍，开始吸烟的年龄越小，患肺癌的概率越高。

12

看来我还真得注意了，
我可是二十多年的“老烟民”了。

13

像你这种老烟民，
一定要早点做检查。
给你举个例子，
你就知道早检查有多重要了。

举个例子

14

如果我们发现“敌人”时，
敌人是一个班、一个排或
一个连的兵力。

敌人少

15

我们现有的微创外科手术、
精准放射技术和分子靶向
药物等综合治疗手段至少
相当于一个军的兵力，
可以全歼敌人。

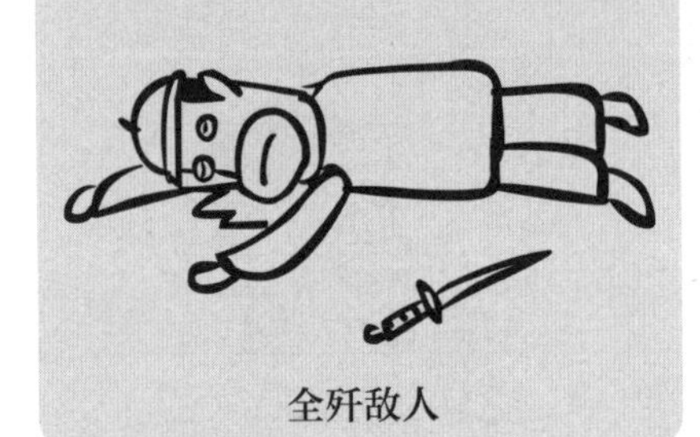
全歼敌人

16

但如果临床发现“敌人”时，
敌方已有一个师的兵力，
我们现有的治疗手段也就是
一个军的兵力。

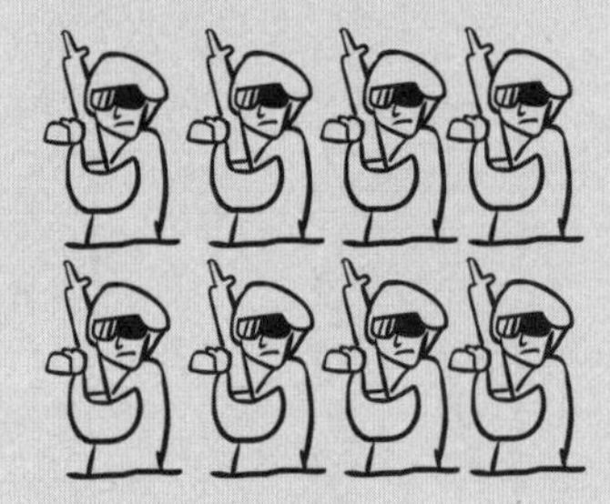
敌人已很强大

17

即使“海陆空”联合作战，
尽管把“敌军”打败了，
但肯定也是两败俱伤！

我也不是好惹的！
两败俱伤

18

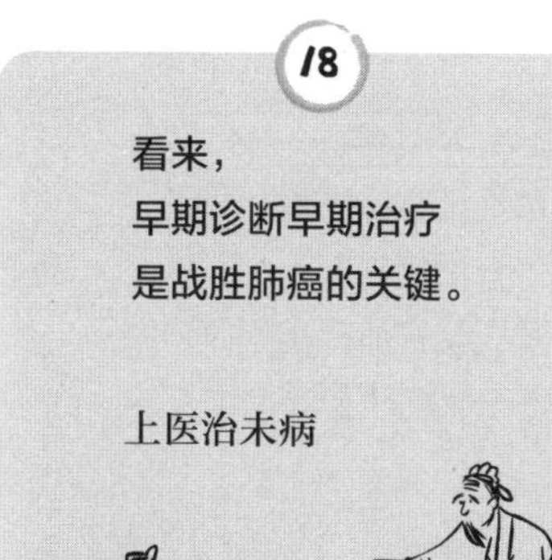

看来，
早期诊断早期治疗
是战胜肺癌的关键。

上医治未病
扁鹊见蔡桓公

19

如何才能早期发现
早期肺癌呢？
刘

20

胸部低剂量螺旋 CT 筛查
是目前早期肺癌筛查项目的
最有效手段。

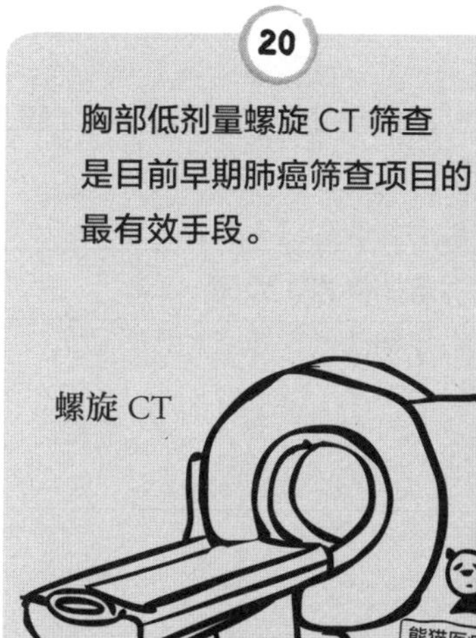
螺旋 CT
熊猫医疗

21

如果是肺癌高危人群，
建议每年做一次低剂量
胸部 CT 筛查。
如果不是肺癌高危人群，
不推荐 CT 筛查。

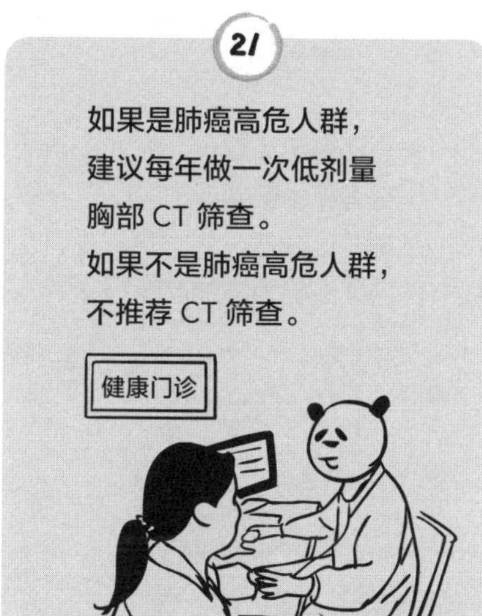
健康门诊

22

哪些人是高危人群呢？

23

50 岁以上，
每天吸烟超过 20 支，
连续吸烟 20 年；
有肿瘤家族史，特别是
有肺癌家族史；
既往有肺部疾病史。

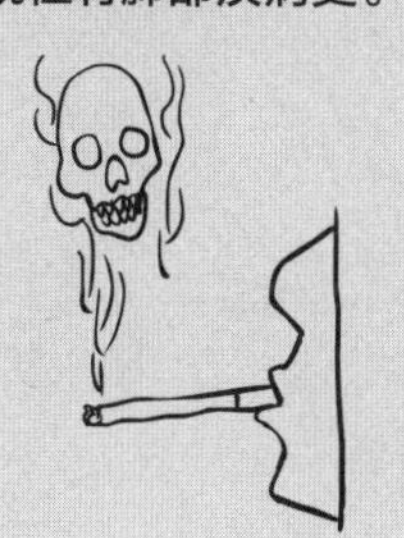

24

此外，从事过煤炭水泥、石油化工等相关环境或职业致癌因素的人群也是肺癌高危人群，应重视防癌体检，做到定期进行胸部低剂量 CT 筛查。

25
看来我还真得好好查查了。

26
那要是查出肺癌，
怎么治疗呢？
我国现在治疗水平怎样呢？
张

27

早期发现的肺癌，
外科手术仍是治疗首选。

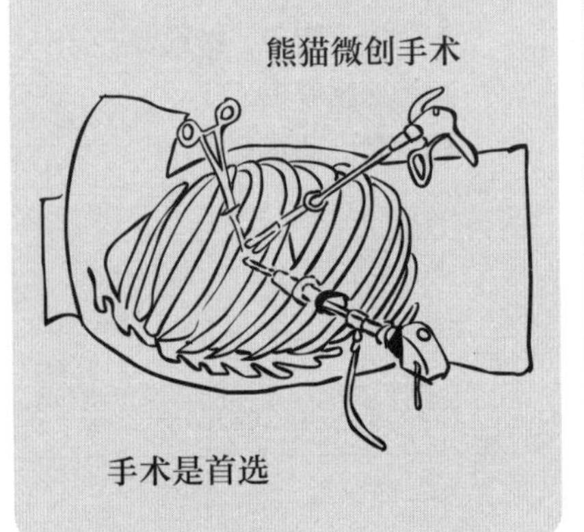
熊猫微创手术
手术是首选

28

随着微创外科手术，特别是胸腔镜外科技术和达芬奇手术机器人系统的引进和推广普及，肺癌外科治疗已经迈入“精准治疗”时代。

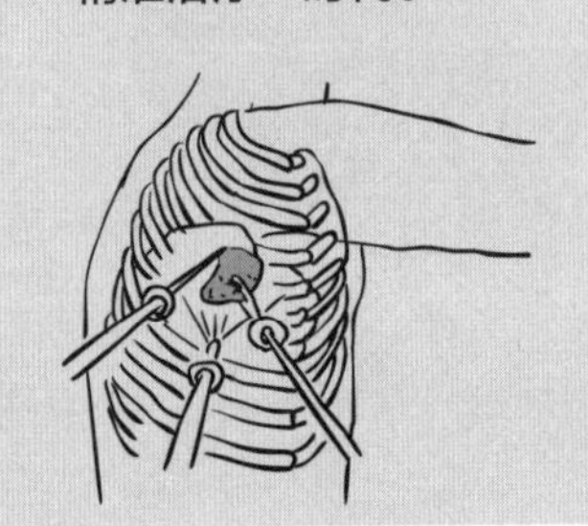

29

那还是蛮酷的，
都有手术机器人了。
说了这么多，
那怎么能预防肺癌呢？

30

首先应远离“五气”，
即烟草烟气污染、室外
大气污染、厨房油烟污染、
房屋装修装饰材料带来
的室内空气污染，还有
就是长期爱生闷气。

31

吸烟已经是全球公认的
肺癌高发因素。

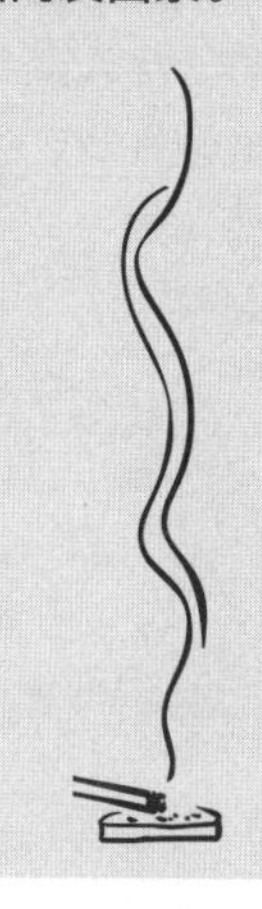

32

因此预防肺癌，
首先要远离“烟气”，
包括一手烟、二手烟和
三手烟的烟草烟雾污染。

远离烟气

33

其次，
厨房油烟污染、
房屋装修和装饰材料带来
的室内空气污染往往
被公众所忽略。

34

殊不知，房屋装修和装饰材料
产生的氡、苯和甲醛等有害
气体，以及烹饪过程中燃烧
产生释放出的有害气体也是
肺癌高发的‘元凶’。

35

所以，
房屋装修时应选择绿色
环保的装修材料；
烹饪时应全过程打开抽烟机，
并保持室内通风。

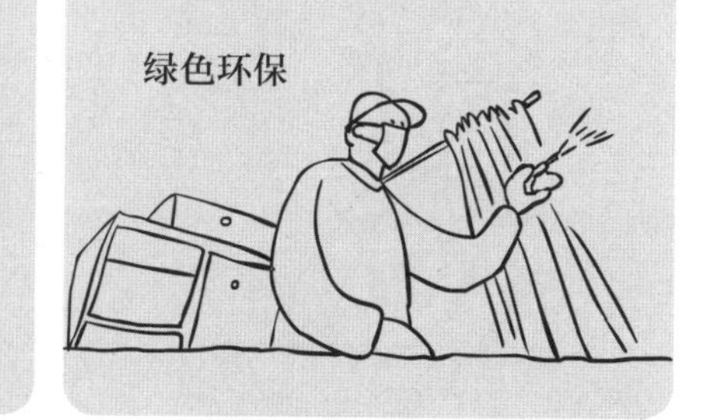
绿色环保

36

支大侠说得很好，
我补充一点：
防范肺癌还需要重视
“心理污染”。

37

另外，有种性格叫作“癌性格”，
拥有这样癌性格的人，性格
内向孤僻，不擅于与人交流，
爱生闷气，长此以往肯定会
影响机体的免疫功能，
使癌症有可乘之机。

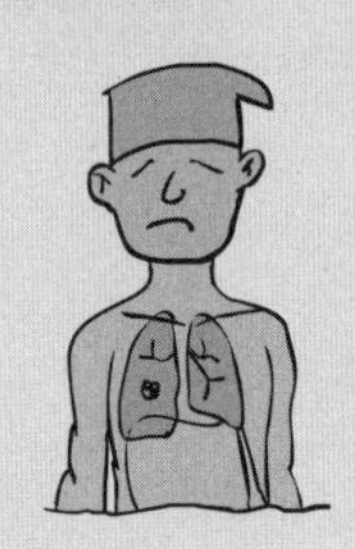

癌性格

38

因此，当心情郁闷时，
一定要同他人多沟通交流，
及时化解不良情绪，
尽可能地减少“心理污染”。

心情郁闷时就来找我
阿缪面馆

39

性格孤僻的人
要学会调整好自己，
必要时请心理医生帮忙，
正确面对工作或生活负性事件。
支

40

看来保持好心态
也是很重要的！
来一粒？

快乐含片

牛药师

41

让医学变得简单

主审：北京天坛医院 缪中荣
文字：北京宣武医院 支修益
绘图：上海中山医院 二师兄

熊猫医生阿缪

## 古代人为什么不容易得大肠癌

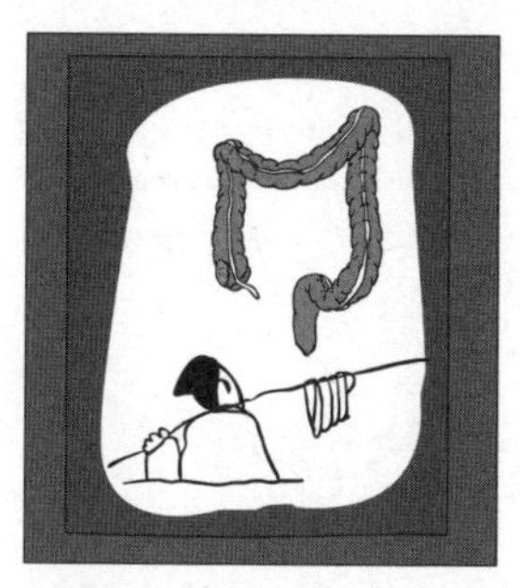

熊猫医生漫画

1
从前的日色变得慢，
车、马、邮件都慢，
一生只够爱一个人……

2
一直觉得古代人的生活方式很健康：慢生活，日出而作，日落而息，纯天然的粗茶淡饭，古人们的生活是不是不容易得癌症呢？


3

这个猜想可以有。
如果现代人还能遵从古代人的生活习惯，至少患大肠癌的风险会降低很多。

北京大学
首钢医院

顾掌门

4
为什么呢？


5

大肠癌的诱发因素主要有 4 点：
1. 饮食不均衡，高脂肪、高蛋白、低纤维素。

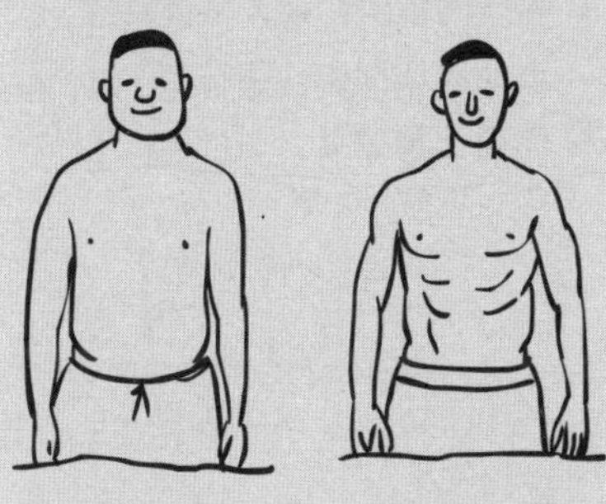

高脂肪组
饮食均衡组

6

2. 运动少，肥胖。

每逢佳节胖 3 斤，
仔细一看 3 公斤。

7

3. 吸烟。

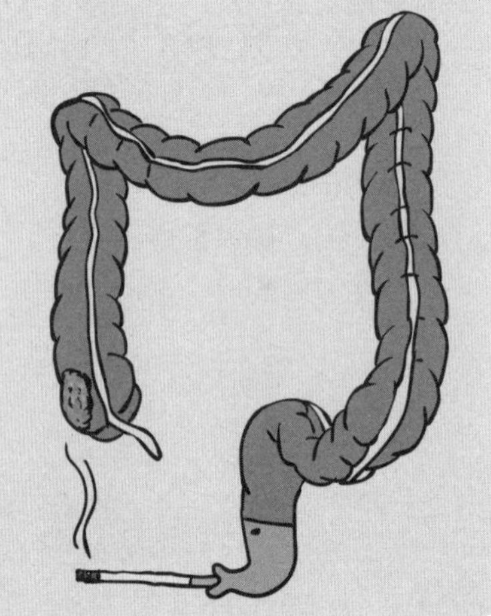

8

4. 工作压力大，长期久坐。

划重点：
长期久坐的人
最容易得肠癌。

9

古代人的生活方式恰好避开了这些高危因素。
首先，饮食结构简单，谷物多，肉食少；纯天然食物多，食品添加剂少；喝井水，吃自己种的菜。

10

其次，古代人靠天吃饭，必须要下地劳动；没有交通工具，出门全靠腿。如此辛劳，肥胖的人就很少，而肠癌与肥胖有很大的关系。

11

再次，
古代人吸烟的很少。

我们很少吸烟

12

最后，
古代人的压力比较小，生活较为规律。
不像现代人经常熬夜加班，
久坐不动，
生活作息极不规律。

我们日出而作，
日落而息，从不熬夜。

13

我看到过一个数据，目前
我国每年新发结直肠癌患
者超过 25 万例，预计到 2035 年，
直肠癌患者将会超过 48 万例，
感觉大肠癌患者越来越多。

14

很多人都有这样的疑问，
事实上这是一个误区。
中国大肠癌的发病率在
全世界并不是最高的，
只能算中等偏低，
发病率最高的是北欧。

北欧高发

15

北欧空气质量好，
到处是草原和牛羊，
地广人稀，
生活条件也好，
怎么会高发大肠癌？

16

这是因为北欧人饮食
结构以蛋白质为主，
多荤少素，
并且北欧人普遍寿命长。

顾掌门说的对，
是这样的。

17

过去我们没有听说过那么
多肠癌患者，是因为肠癌的高
发年龄为 70 岁左右，而中
国人过去的平均寿命才
四五十岁。

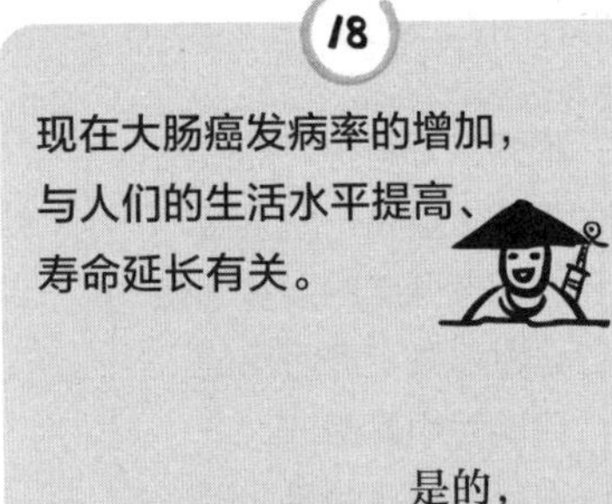
18
现在大肠癌发病率的增加，
与人们的生活水平提高、
寿命延长有关。

是的，
我今年 80 岁，
身体还很棒。

19
预防大肠癌除了
改变不良生活方式外，
还能做些什么呢？

20
一定要重视癌症的筛查。
尽管目前大肠癌的筛查
还没有完全做起来，但是
“早发现早治疗”的肠癌
防治思维，绝对是无数人
用生命和健康换来的。

21
什么是大肠癌筛查？
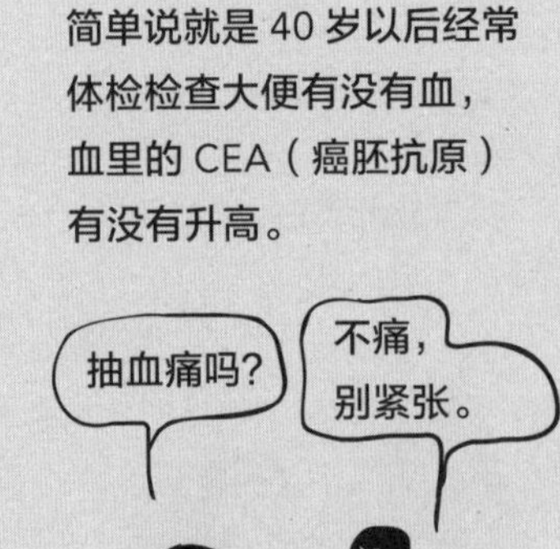
22
简单说就是 40 岁以后经常
体检检查大便有没有血，
血里的 CEA（癌胚抗原）
有没有升高。
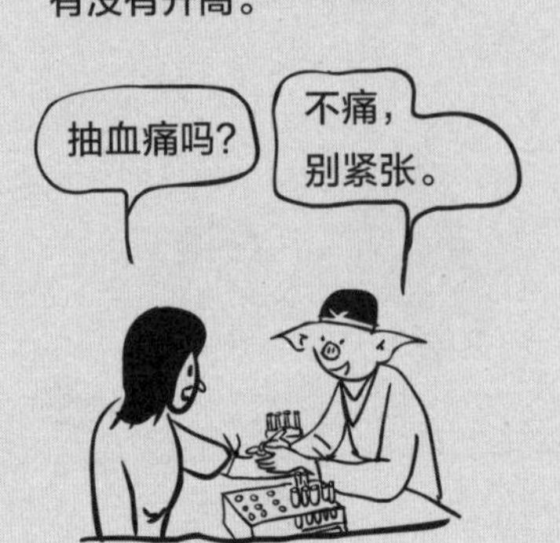
抽血痛吗？
不痛，
别紧张。

23

大肠癌 60% 是直肠癌，
会发生在直肠的中下段，
做个指检、肠镜就能知
道个八九不离十。

快，
给我做个指检。

24

肠癌最大的特征就是便血。
还有老年人排便习惯的改变
也是癌症的早期表现，
比如原来一天一次，现在一
天三五次，老想上厕所，
又老排不出来。

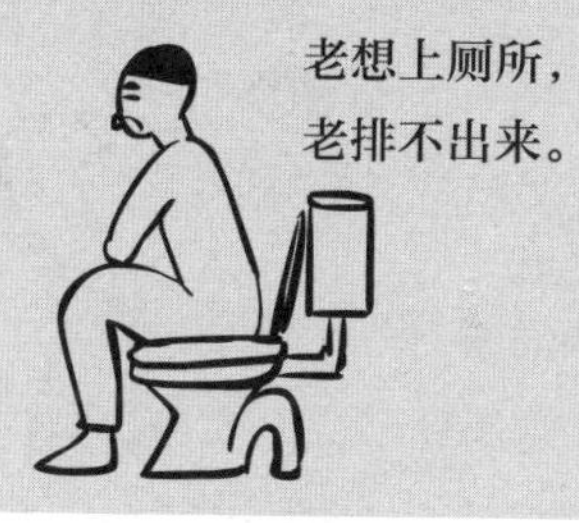
老想上厕所，
老排不出来。

25

有时候长了痔疮也会便血，
这两者怎么区别呢？

26

痔疮便血是新鲜的血，
而且是大便完后滴血，
血和大便不混在一起；
而肠癌便血是红色的，
血和大便混在一起，
像果酱一样。

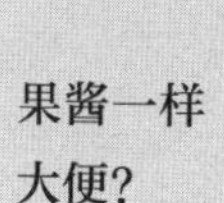

果酱一样
大便？

27

除了便血，
肠癌还有一些表现
可以自我判断：
消瘦、乏力、贫血、
肚子疼、体重减轻。

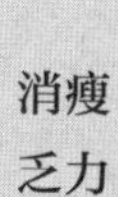
消瘦
乏力

28

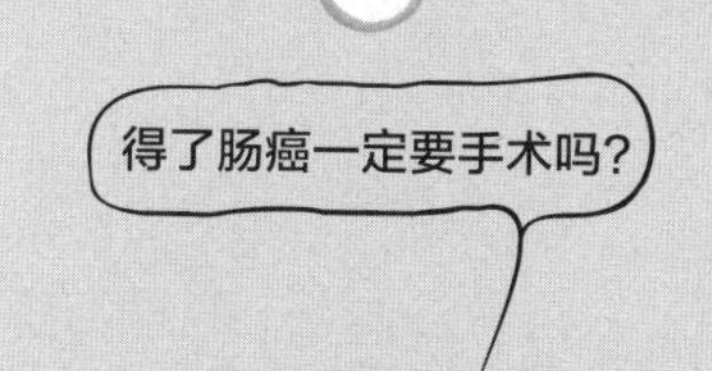
得了肠癌一定要手术吗？

29

治疗肠癌是以手术为主的
综合治疗。比较特殊的是，
肠癌手术通常伴有术前放
化疗和术后化疗。

30

肠癌距肛门比较近、肿瘤比较大的需要术前放化疗，为手术创造有利环境；而一部分患者术后化疗是为了降低术后复发和转移的风险。

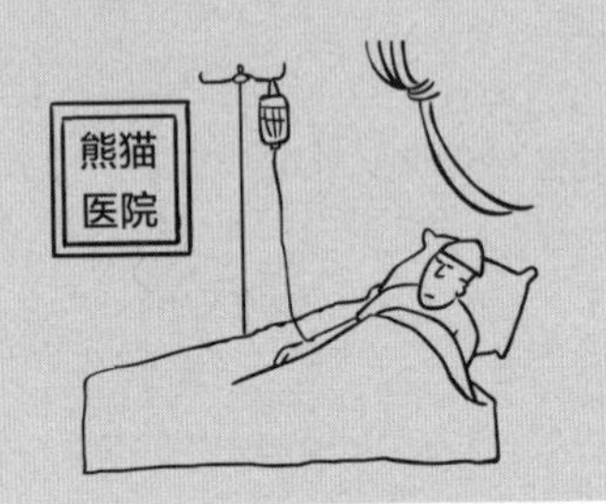
熊猫
医院

31

肠癌治疗的效果好吗？

32

肠癌手术治疗预后有 50%～60% 的人能活过 5 年。所以，主动体检很重要，有则早治，无则早防，别等到症状明显了，就可能是中晚期了。

来，
久坐之后，
弯弯腰，
活动活动，
预防大肠癌。

33

预防最重要，
请转发给更
多的人！

34

让医学变得简单

主审：北京天坛医院 缪中荣
文字：北京大学首钢医院 顾　晋
绘图：上海中山医院 二师兄

熊猫医生阿缪

## 关于“不死的癌症”你知道多少

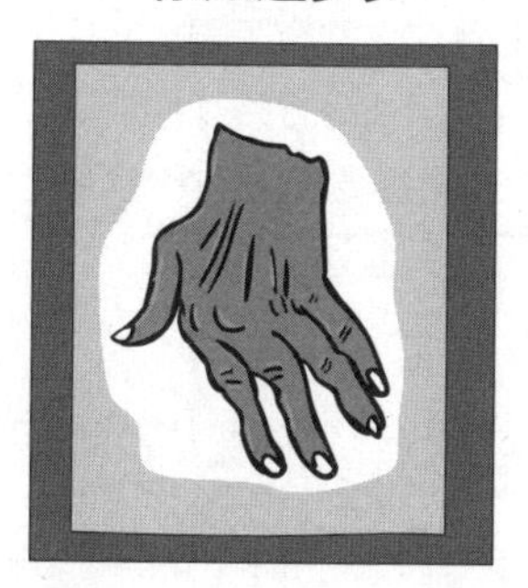

熊猫医生漫画

1

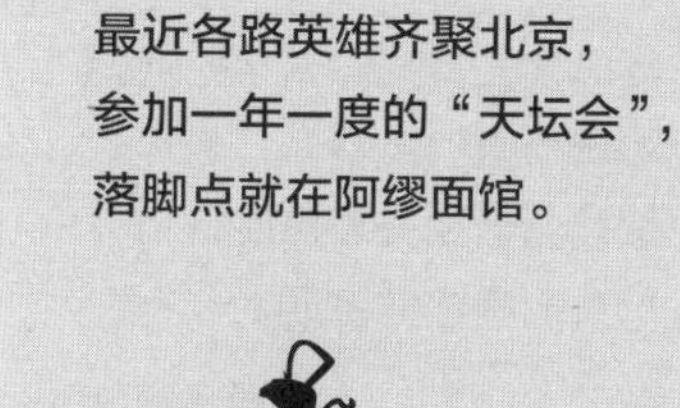
最近各路英雄齐聚北京，
参加一年一度的“天坛会”，
落脚点就在阿缪面馆。

2

阿缪，
老王说他得了类风湿关节炎，
这到底是个什么病啊？
倪

3

问巧了，
刘大侠今天正好来面馆吃饭，
你可以问问他。

4

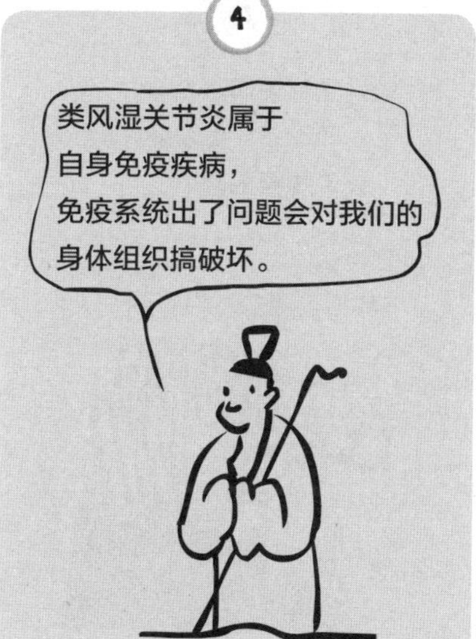
类风湿关节炎属于
自身免疫疾病，
免疫系统出了问题会对我们的
身体组织搞破坏。

5

这一破坏就会带来
不同程度的关节疼痛、
僵硬、肿胀和潜在的
关节损害。

我关节
好痛。

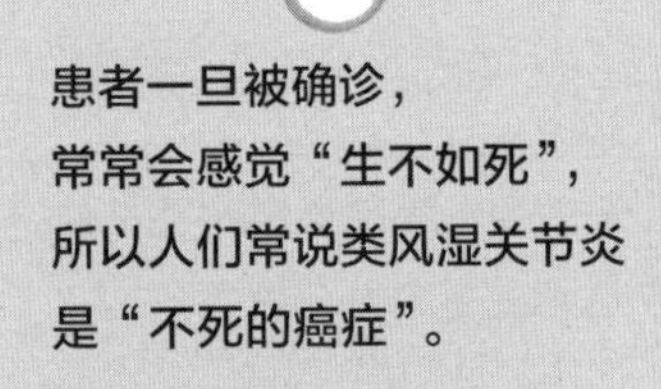
6
患者一旦被确诊，
常常会感觉“生不如死”，
所以人们常说类风湿关节炎
是“不死的癌症”。

不死的癌症？
好怕！

7
类风湿关节炎如果不控制，
随着损害的发展，
最终会出现关节残疾，
严重影响日常生活。

8
这么严重！
老王可上有老下有小，
不能就这么残废了啊！
大侠，您快好好给我们讲讲，
哪些原因会导致得这个病呢？
军

9
类风湿关节炎的
发病原因目前尚不明确，
一般认为与遗传、环境、
感染等因素密切相关。

10
从环境因素看，
吸烟是导致发病
最重要的因素。
珍惜健康，远离香烟！

11
老王可是个老烟民了。
那得了这个病早期
都会出现哪些症状呢？

12

最早会出现关节痛，
在手腕、手指等地方
都会有压痛感，
而且会反复发作，
症状时轻时重。

不好，
手腕痛！


13

大多数患者
都会有晨僵状况出现。
由于夜里睡觉不活动关节，
导致睡觉起来之后
关节变得很僵硬。

好僵硬，动不了！


14

我觉得起床时发生僵硬
就像电脑启动时卡了一样。
类风湿关节炎再发展
严重了会怎么样？

张


15

再严重就是关节畸形了，
就是你的手指会变形、
颈部形状会改变等。

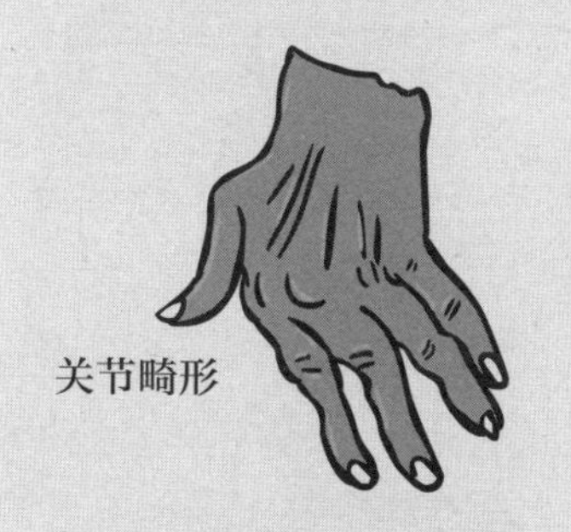

关节畸形


类风湿关节炎晚期

16

一般这种病的高发人群
是哪些人呢？
晓
虎
偶
谈


17

这个病的高发人群为女性，
比男性的发病率要高 2 ~ 3 倍，
发病年龄为 40 ~ 60 岁。

啊！
为什么多发于
女性身上呢？

经研究发现，
女性在特殊生理时期
雌性激素不太稳定，
可能会增加患病的风险。


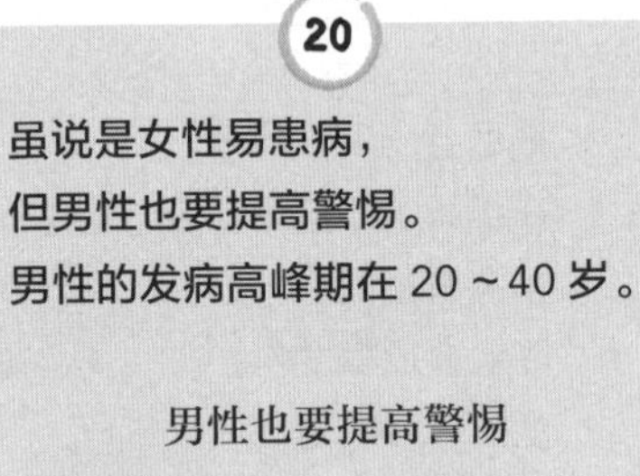

虽说是女性易患病，
但男性也要提高警惕。
男性的发病高峰期在 20～40 岁。
男性也要提高警惕

警
惕

那老王在平时有什么
需要注意的吗？


患者应保持乐观和开朗的心态，
要学会自我克制和自我调节，
一定要树立战胜疾病的信念。

大夫，痛……
我开朗不起来呀！

在饮食方面可以吃高蛋白、
高营养的食物如肉类和鱼类，
可以吃水果和蔬菜补充维生素。

24

也可以喝牛奶以补充钙质，
一定要保持营养均衡摄入。

营养均衡

25

但是，不能吃太酸、太咸的
刺激性食物和高脂食物。
长时期服用激素的患者
不宜过多摄入糖。

这不让吃，
那不让吃，
臣妾做不到啊！

26

在日常生活方面
需要注意什么呢？
王

27

大多数患者对气候变化很敏感，
阴天、下雨、寒冷和潮湿时，
关节疼痛都会比平时严重，
所以穿衣尤其要注意防寒防湿。

今天腿痛，
一看天气预报，
果然有雨。

28

对啊，一到下雨天
老王就说他腿疼。
那在穿衣方面
具体有什么要注意呢？
雪

29

夏季应穿长袖长裤睡觉，
不宜睡竹席和竹床。
冬季衣服要暖和，
但不要太重。

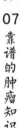

**30**

另外，鞋子的大小要合适，
应选轻便柔软的硬底软帮鞋，
不穿高跟鞋。

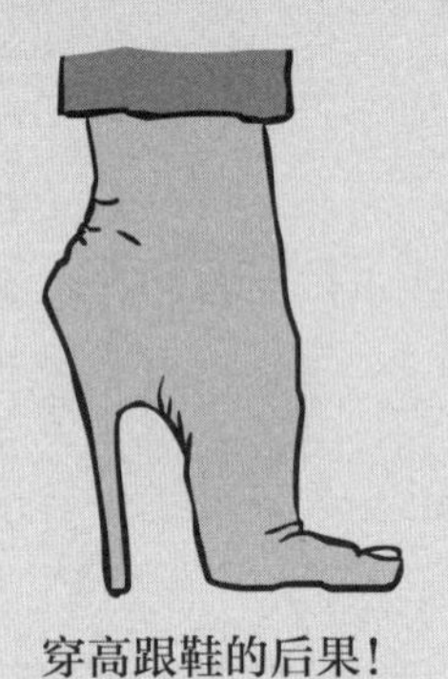

穿高跟鞋的后果！

**31**

卧床休息时枕头不能太高，
不宜睡软床垫；
膝下不要放枕垫，
以免髋、膝关节畸形。

这些都要记住，
刘大侠读书多，
不会骗你。

**32**

平日里做家务不宜劳累，
要常变换姿势。
可以用长把工具扫地
以减少弯腰的次数，
取东西时先蹲下再取。

长把工具好

**33**

晴朗无风的日子多晒太阳。
锻炼方面应循序渐进，
以刚引发疼痛为度，
不要运动过猛。

别人晒工资，
晒车晒房，
俺晒太阳。

**34**

看来得好好跟老王唠唠，
把这些讲给他听。
让他及时到医院就诊，
好好配合医生的治疗。

波

**35**

对于高危人群的饮食干预
可能会降低类风湿关节炎
发生的风险，
让他一定要好好配合治疗！

俺就很注意饮食！

36

另外，女性患者最好在
病情稳定期并停用有关药物
半年以上再怀孕。

37
讲得真好，
刘大侠，
赞！

38

让医学变得简单

文字：北大第三医院 刘湘源

绘图：上海中山医院 二师兄

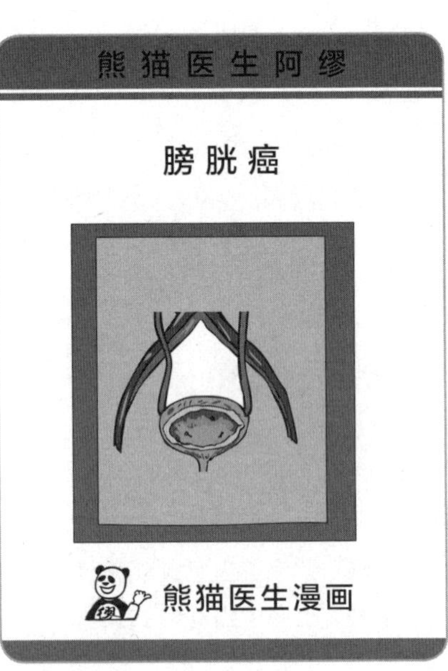
熊猫医生阿缪
膀胱癌
熊猫医生漫画

1
春节刚过，
我山的姜大侠就来面馆吃面了。

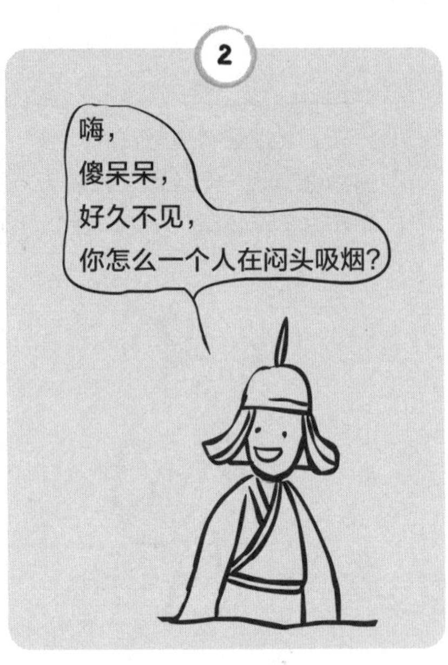
2
嗨，
傻呆呆，
好久不见，
你怎么一个人在闷头吸烟？

3
唉，别提了，
其实我从来不吸烟，
但是最近经常看到
对医生的负面评论，
心里堵得慌。
面

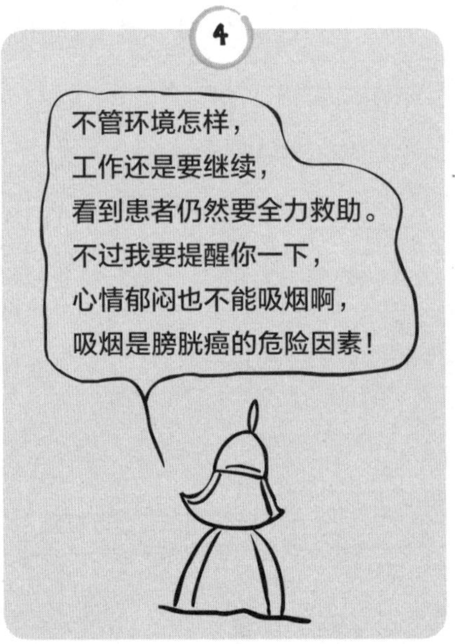
4
不管环境怎样，
工作还是要继续，
看到患者仍然要全力救助。
不过我要提醒你一下，
心情郁闷也不能吸烟啊，
吸烟是膀胱癌的危险因素！

5
什么？！
吸烟跟膀胱癌还有关系？

6

是啊，
吸烟是比较确定的危险因素。
引起膀胱肿瘤的病因很多，
既有内在的遗传因素，
又有外在的环境因素。

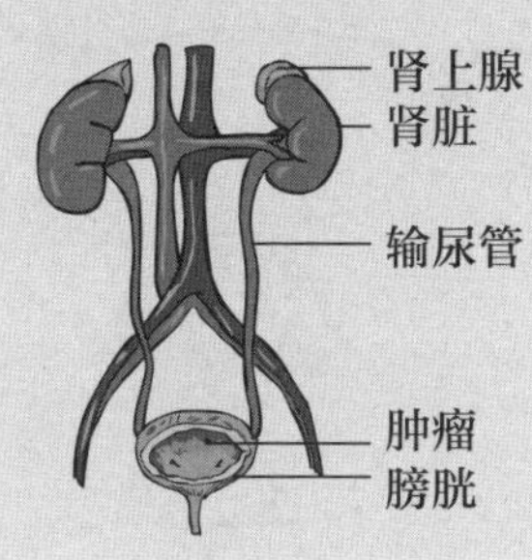
肾上腺
肾脏
输尿管
肿瘤
膀胱

7

膀胱癌的危险因素
都有哪些呢？

8

与膀胱癌相关的危险因素有：
1. 吸烟是最为肯定的致癌因素，
30%～50% 的膀胱癌与吸烟有关。
吸烟致癌可能与香烟中含有多种
芳香胺的衍生物有关。

9

吸烟可使膀胱癌的危险率
增加 2～4 倍。
吸烟量越大，吸烟史越长，
发生膀胱癌的危险性也就越大。

10

2. 长期接触某些
工业化学产品的职业，
如染料、纺织、皮革、
橡胶、塑料、油漆、印刷、
杀虫剂生产等，
发生膀胱癌的危险性显著增加。

11

3. 膀胱慢性感染
与异物的长期刺激会增加
发生膀胱癌的危险，
如细菌、血吸虫、
人乳头状病毒（HPV）
感染及膀胱结石等。

12

4. 长期大量服用镇痛药非那西丁（10年以上）；应用化疗药物环磷酰胺（潜伏期6～13年）；近期及远期的盆腔放疗史。

13

长期饮用砷含量高的水和氯消毒水、咖啡、人造甜味剂及染发等。如吸烟能被控制，咖啡并不增加患病风险。

阿缪咖啡

14

5. 可能和遗传有关。
有家族史者发生膀胱癌的危险性明显增加，
遗传性视网膜母细胞瘤患者的膀胱癌发病率也明显增高。

15

6. 有研究显示，饮酒者的膀胱癌发病率是不饮酒者的2.53倍。大量摄入脂肪、胆固醇、油煎食物和红肉可能增加膀胱癌的发病危险。

16

哇，听君一席话，
胜读十年书啊！
膀胱癌的危险因素好多啊！
我要赶快把烟掐了！

17

对的，一定要注意。
不仅自己不要抽烟，
而且要远离和劝告周围的吸烟人群，
因为二手烟的伤害可能比一手烟更大！

文字：上海中山医院 姜 帅

熊猫医生阿缪

## 声音嘶哑，可能是癌前病变的信号

嘶
哑


熊猫医生漫画

1

最近我朋友得了甲状腺癌，太可怕了！


2

甲状腺癌是源发于甲状腺组织的恶性肿瘤，占全身恶性肿瘤的 1%。甲状腺癌又叫幸福肿瘤，对生命危胁小，一般不影响寿命

3

能够早期发现吗？

4

颈部的前面或侧面出现肿块或结节、声音变得嘶哑或声音发生改变、发生吞咽困难或呼吸困难、颈部淋巴结肿大等，应立即就医排查。

别无所谓，去看看甲状腺吧，安全第一。

无所谓谁会爱上谁，无所谓谁让谁憔悴！

沙哑派歌手

5

甲状腺癌通常生长缓慢，很多人早期没有特殊症状，通过体检做甲状腺 B 超时发现。

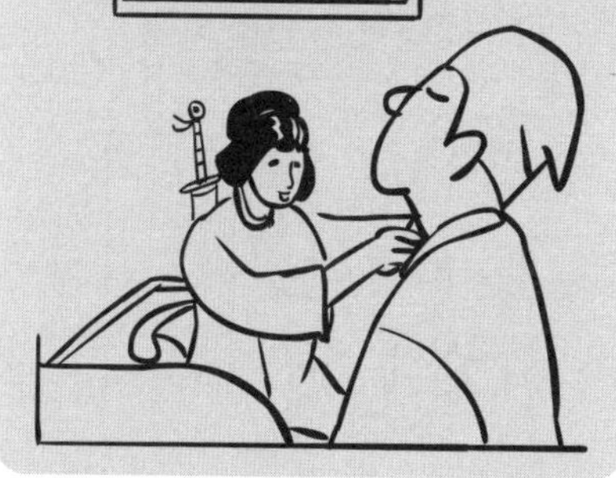

宋女侠门诊

6

甲状腺癌一般如何诊断呢？
倪

7

甲状腺 B 超
检查时发现甲状腺泥砂样钙化点，
就需要进一步就医了。

有钙化点，
该去医院
看看了。

8

如何治疗？

9

甲状腺癌的治疗方法包括手术、碘－131 治疗、TSH 抑制治疗、外放射治疗和靶向治疗等。

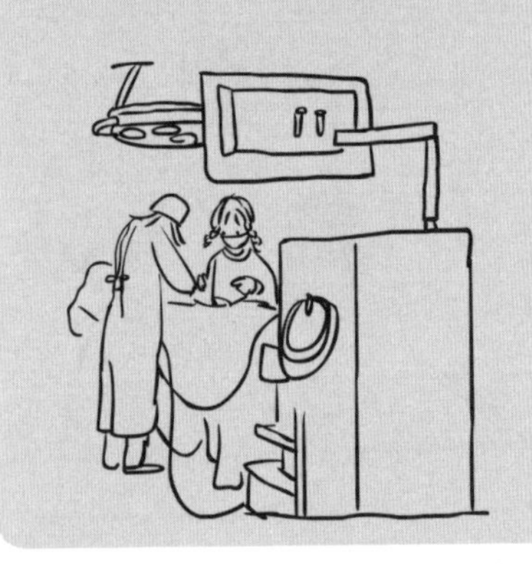

10

具体治疗方案由
医生根据病情制订。
手术是必要的。

宋

11

切除甲状腺病灶的同时，
我们会根据患者病情决定
颈部淋巴结清除范围，
尽量清除潜在的癌细胞。

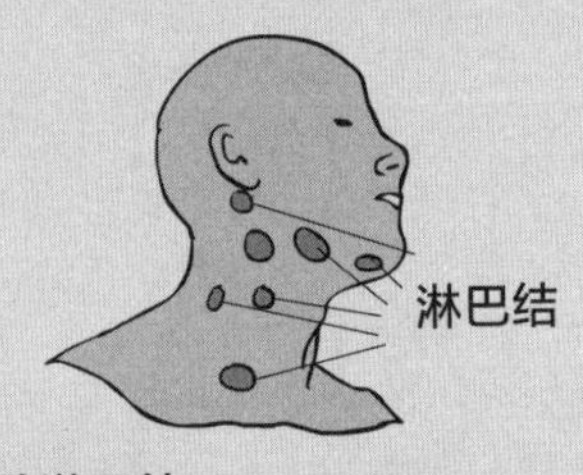
淋巴结

清除淋巴结，
尽量清除潜在的癌细胞。

12
术前需要注意些什么吗？
刘

13

配合术前检查、告知主管医生自己的用药情况。需要提醒的是，必要时一定要停用某些药物。

牛药师大药房
这些药，
手术前要停一下。

14

术后，患者常有咽痛，多为气管插管反应，48～72 小时后会有所缓解。
同时，术后第 1 餐应为流食。

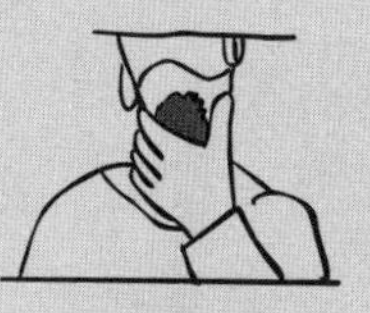
咽痛

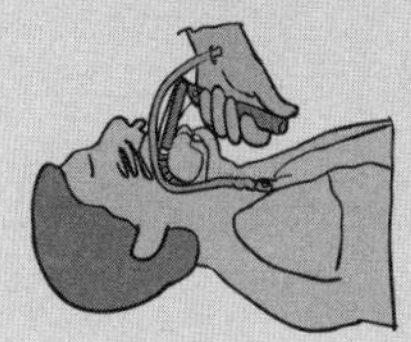
多为
气管插管
反应

15

由于术后可能发生低钙血症，出现面部、唇部或手足针刺麻木感、手足抽搐，患者要及时补充钙剂。

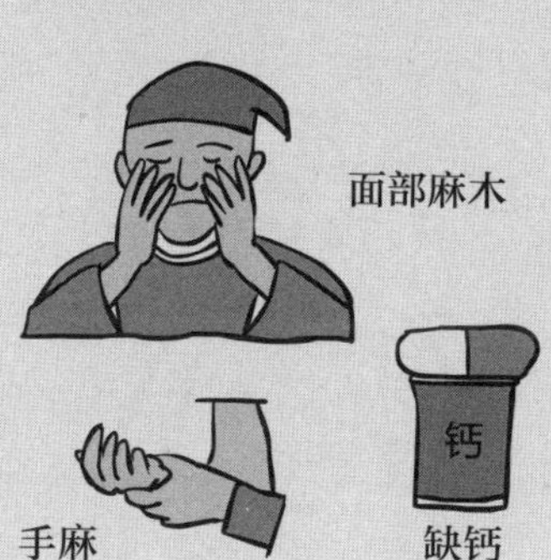
面部麻木
手麻
钙
缺钙

16

部分没有完全清除甲状腺残余组织或远处转移者，可重复进行碘－131 治疗。

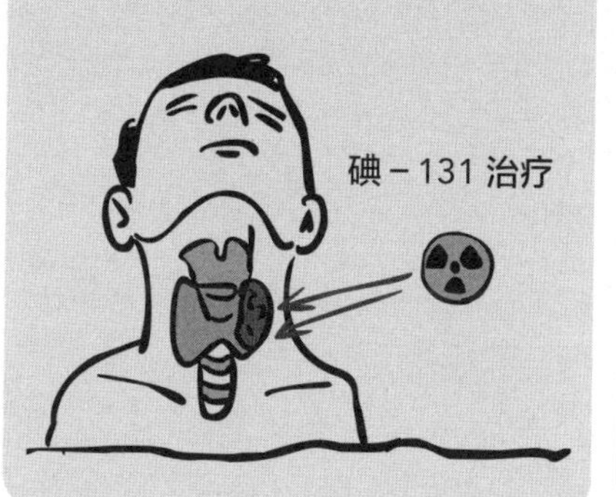
碘－131 治疗

17
那为什么要进行 TSH 抑制治疗？
晓虎偶谈

18

应用外源性甲状腺激素进行
TSH 抑制治疗，即口服甲状腺素，
可以达到抑制癌细胞生长，
降低复发的目的。

赞！

口服甲状腺素

19

最后强调的是，
甲状腺癌患者都需要
终身随访，
即定期前往医院复查。

老李，你该去熊猫医院复查了。

20

让医学变得简单

审稿：北京天坛医院 缪中荣
文字：兰州大学第二医院 宋爱琳
绘图：上海中山医院 二师兄

熊猫医生阿缪

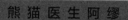

## 为什么年年体检还得癌？因为“打开”方式不对

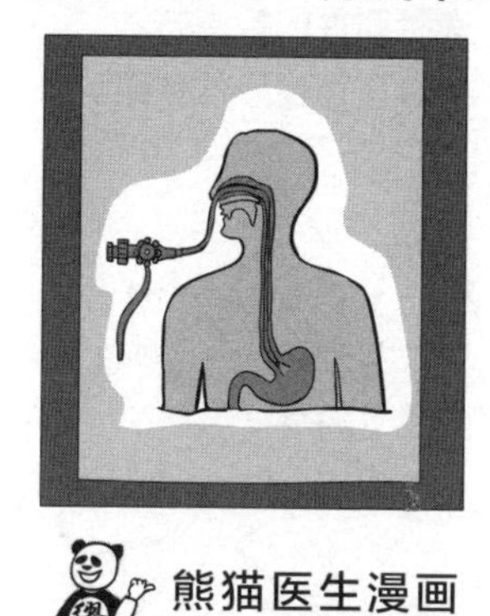

熊猫医生漫画

阿缪，
你说今年还去体检吗？

当然要去，
为什么这么问？
面

我一个朋友年年都体检，
去年体检还好好的，
今年就发现得了胃癌，
而且已经中晚期了，
体检真是一点用也没有啊！
早点看
熊猫科普
就好了！

这观念不对！
不信你问问中国医学科学院
肿瘤医院的毕晓峰大侠。

并非体检没用，
真正的原因是
体检的方法不正确。
毕

什么是体检的方法不对？
刘

比方说，从北京到南京，
走着、骑自行车、坐高铁、
乘飞机，同样都能去，
但是效果却是天壤之别。
不同的距离要
选择不同的交通工具。

傻呆呆单车

熊猫航空

晓峰特快列车

体检也是这样，
不同的器官采用不同的、
有针对性的检查方法
才能取得良好的效果。

阿缪拉面

体检虽然不能发现所有的癌症，但是常见的如鼻咽癌、甲状腺癌、乳腺癌、肺癌等 10 种癌的发病占到所有癌症的 80% 以上，现有的医疗手段完全可以在早期就发现它们。

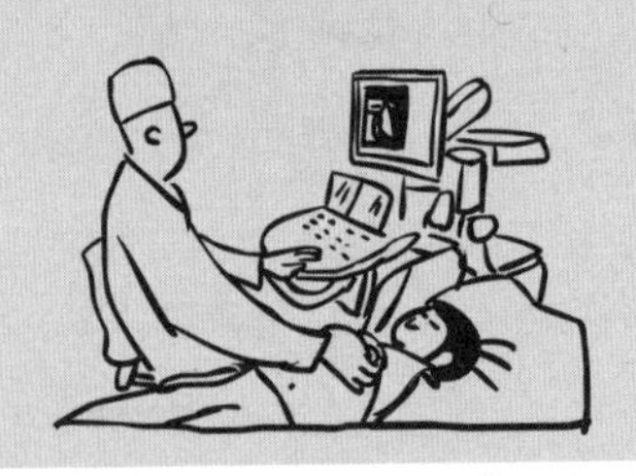

10

那么如何选择正确的
方法进行防癌体检呢？

因为检查准备时间较长，
消化道肿瘤如食管癌、
胃癌、大肠癌并不作为
体检常规项目，
消化道建议首选内镜检查。

熊猫内镜

12

胃镜检查食管和胃，
用结肠镜来检查结直肠
是目前的金标准。
只要检查没发现异常，
一般情况下胃镜每 3 年、
肠镜每 5 年一次就可以了。

13

我记得我做过的
消化道体检是用钡剂造影。

军

14

钡剂造影虽然痛苦小，
也可以看到消化道情况，
但它是影像学检查，
有 X 线辐射且还不能定性诊断，
只知道某处有病，
但不知道病变是什么性质。

15

另外，很早期的黏膜病变
也很难通过钡餐检查发现。

熊猫体检

16

那肛门指诊呢?
倪

17

采用肛门指诊来检查
直肠黏膜早期病变，
价值更是不好评价了。

肛门指诊体位

柒

18

听说拍 X 线胸片也查不出来早期肺癌，是真的吗？
哲

19

是的，科学研究已经证实，
用 X 线胸片进行肺癌的筛查
是没有多大价值的。
因为心脏、肋骨等结构会
挡住肺部病变的显示，
小结节同样很难被发现。

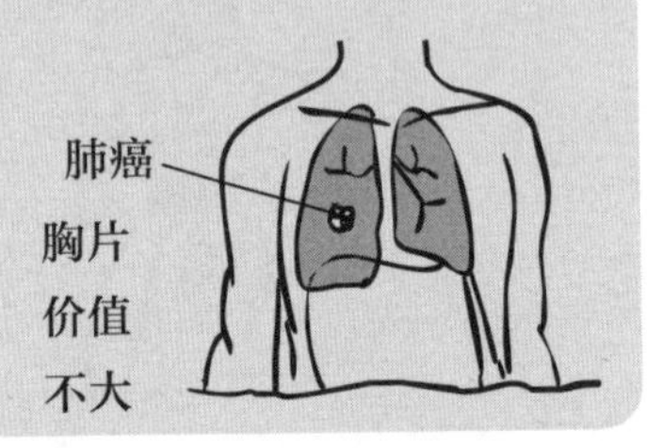
肺癌
胸片
价值
不大

20

难怪胸片一旦发现肺部肿瘤，
病变就已经是中晚期了。
那应该选什么体检项目呢？

21

胸部低剂量螺旋 CT 检查非常好，
相当于从上往下一层一层
地把胸部切开来看，
能发现几毫米的肺部结节。
而且辐射很小。该项目目前只适用于
高危人群，不适合用于常规体检。

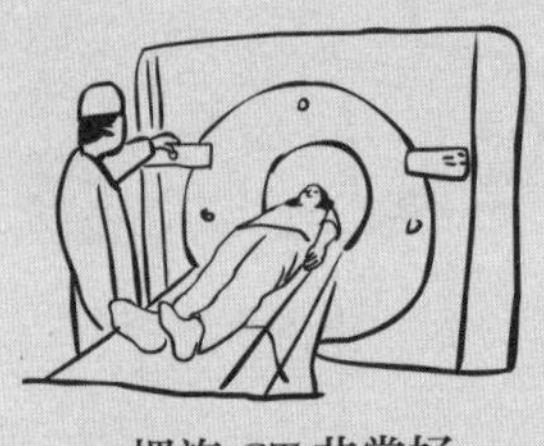

螺旋 CT 非常好

22

那么，
甲状腺、乳腺的检查呢？
雪

23

因为这两个器官相对表浅，
所以采用超声检查基本
就可以完成任务。
但是超声检查主观性很强，
一定要选择有经验的
专科医院和医生。

我就是
有经验的
专科医生！

24

很多体检机构目前仍然采用红外线仪器筛查乳腺肿瘤，这对于发现乳腺早期病变是很难的。

25

那应该怎么检查？

26

最好的办法是医生
体格检查、乳腺彩超
和钼靶 X 线检查三者结合。

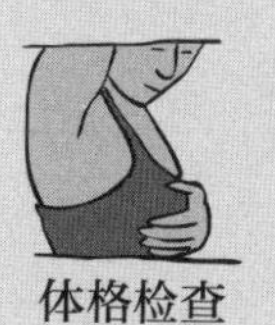
体格检查

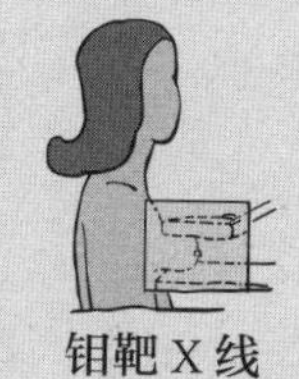
钼靶 X 线

乳腺彩超

三者
结合

27

不过，
钼靶检查准确性虽然较高，
但因为有 X 线辐射，
所以不宜短期内反复进行，
也不适用于年轻女性。

28

还有鼻咽癌，该选择哪种方式呢？

29

对于鼻咽癌，
可采用 EB 病毒检测
加鼻咽镜检查。

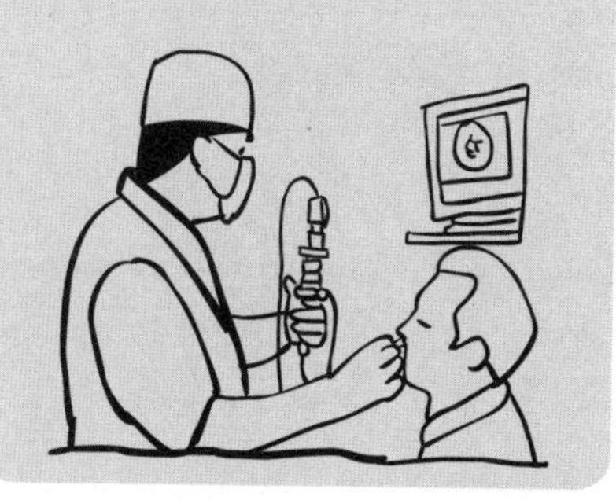

柒

30

对于肝癌可采用
超声联合甲胎蛋白检查。

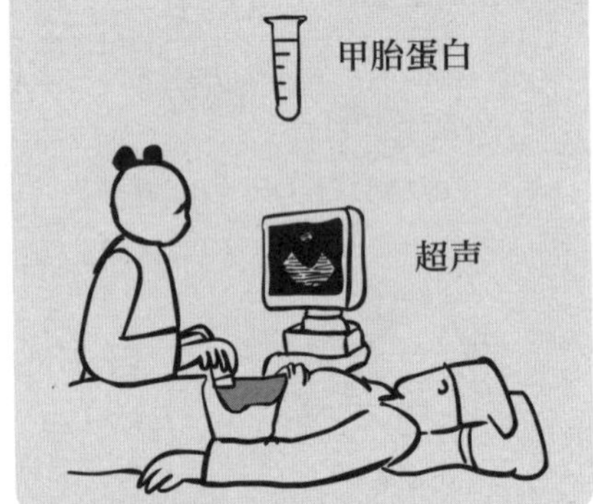
甲胎蛋白
超声

31

对于宫颈癌，
可采用 TCT 宫颈刮片
联合 HPV 病毒检测。

熊猫检验

32

这样一听，
我们就明白了，
以后去体检就知道该选
哪些项目了。

33

总之，
结合自身身体情况
应用正确的检查方法
进行防癌体检，
才能真正起到防癌早诊的作用。

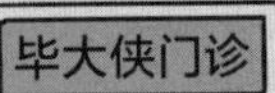
毕大侠门诊

毕

34

让医学变得简单

审稿：北京天坛医院 缪中荣
文字：中国医科院肿瘤医院 毕晓峰
绘图：上海中山医院 二师兄

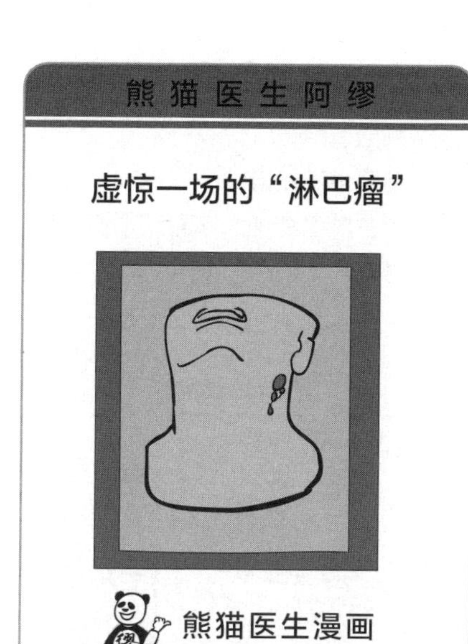
熊猫医生阿缪
虚惊一场的"淋巴瘤"
熊猫医生漫画

1
傻呆呆要吃面，
但奇怪的是，
他特地嘱咐阿缪：
面煮软一点。

2
傻呆呆，
你平时不是喜欢
吃硬面条吗？

3
是啊，
但是最近总觉得牙不舒服，
隐痛已经 3 天了。

4
除了牙不舒服，
还有其他地方异常吗？

5
不光是牙不舒服。
你摸，
我左颈部还有个肿块呢。

6
一会儿吃了面，
快去熊猫医院检查一下。

7

真害怕，
我会不会得了淋巴瘤？
一紧张就食欲更大，
我得再来两碗面。

8

来到医院，
傻呆呆不知道
脖子淋巴结肿大该看哪个科。
导医护士说：

看血液科。

9

到了血液科，
医生在问诊后
让傻呆呆张开嘴巴。

10

医生仔细看了一番，
像寻到了“宝”：

你有一颗“蛀牙”！

11

然后又仔细触摸
傻呆呆脖子上的淋巴结，
还问他触压肿块时
疼不疼。

疼不疼？

12
傻呆呆的心拔凉拔凉的。
完了！
真的有点儿痛，
难道我年纪轻轻
就生了淋巴瘤？

13
别担心！
我给你开 3 天消炎药。
这几天别吃辣，
等牙不痛了去看口腔科医生。

王
牙医王

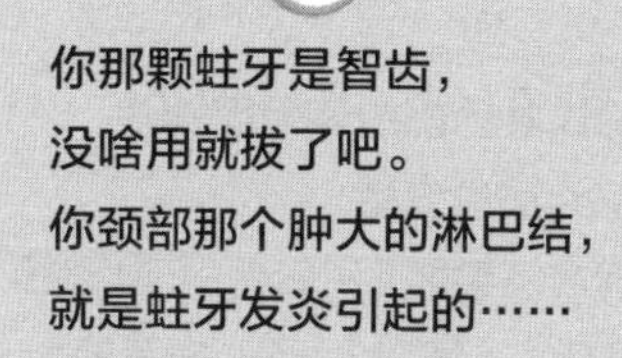
14
你那颗蛀牙是智齿，
没啥用就拔了吧。
你颈部那个肿大的淋巴结，
就是蛀牙发炎引起的……

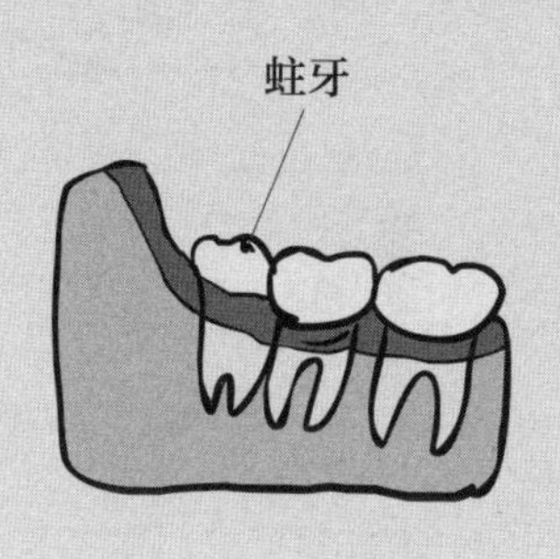
蛀牙

15
谢谢医生！
等我恢复了，
就能接着吃最爱的硬面条了。

16
不过，
淋巴瘤到底是什么鬼？

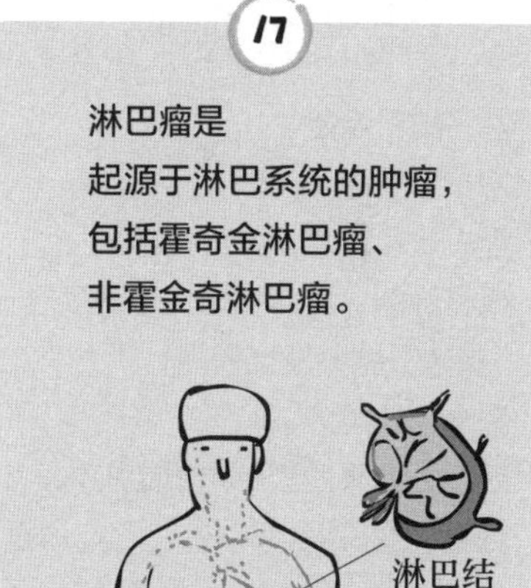
17
淋巴瘤是
起源于淋巴系统的肿瘤，
包括霍奇金淋巴瘤、
非霍金奇淋巴瘤。
淋巴结
脾脏

18

恶性淋巴瘤的病因很复杂，
感染因素包括：
病毒感染如 EB 病毒、HIV 病毒、
HTLV-1 病毒、HCV 病毒等；
细菌感染如幽门螺杆菌。

19

免疫因素包括：
免疫功能缺陷（艾滋病）、
免疫抑制和免疫功能紊乱。
化学因素包括：
接触染发剂、杀虫剂等有毒有害
制品。遗传因素是指淋巴瘤
有时可见明显的家族聚集性。

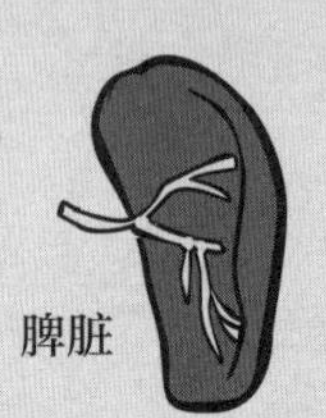
淋巴瘤
脾脏
健康

20

淋巴结肿大
又是怎么回事?

21

淋巴结就像是
遍布全身的“岗哨”。
当人体发生急慢性炎症感染
或是肿瘤、反应性增生等病症时，
“岗哨”就会发出警报，
即淋巴结肿大。
所以，如果触摸到淋巴结肿大，
赶紧去医院就诊。

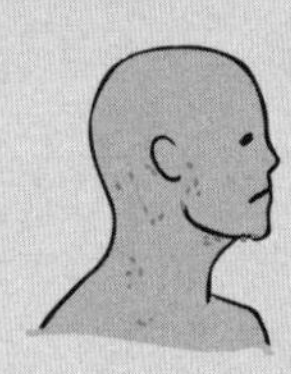

22

恶性淋巴瘤怎么治呢?

23

恶性淋巴瘤大多需要
化学治疗、放射治疗等抗肿瘤治疗
方能使病情得到控制。

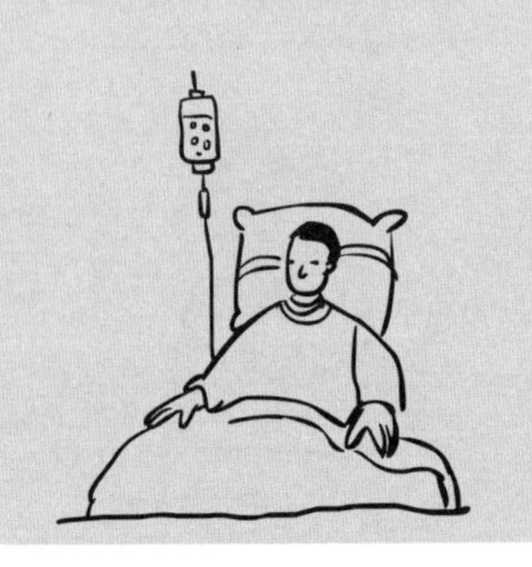

**24**

要想预防淋巴瘤，
应该养成健康的生活习惯，
并保持积极的生活态度。
定期体检，
出现浅表淋巴结，
如颈部、腋窝、腹股沟
无痛的淋巴结肿大，
要及时就医。

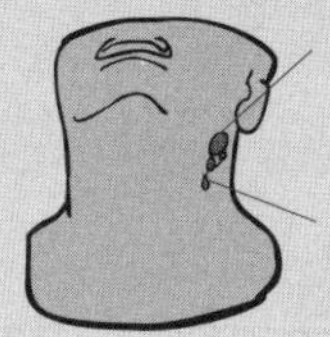
肿大淋巴结
正常淋巴结

**25**

别忘了多看熊猫医生漫画，
了解更多健康知识。

**26**

让医学变得简单

审稿：北京天坛医院 缪中荣
文字：上海中山医院 刘 澎
绘图：上海中山医院 二师兄

熊猫医生阿缪
有一种致命的粗心
叫作“把直肠癌当痔疮”
熊猫医生漫画

1
熊猫医院
老张急匆匆赶到
天坛西里熊猫医院。

2
熊猫医生，
我最近总是便血，
还有点排便困难，
是不是得了痔疮啊？

3
便血可不是
简单的事儿，
我建议你还是
做个肠镜检查一下。

4
啊？
痔疮应该不是
很严重的疾病吧，
还要做肠镜？

5
你看，
你这就是典型的误区。
谁说便血、排便困难
只是痔疮的症状。
我看得让北大肿瘤医院的
季掌门给你好好上一课！

6
面
季
阿缪说得对，
便血、排便困难、有脱落物等，
不仅是痔疮的症状，
还可能是直肠癌初期症状！

7
太吓人了！
这到底是怎么回事？

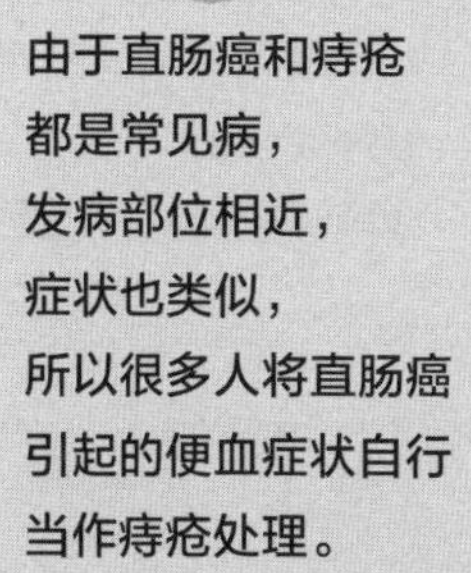
8
由于直肠癌和痔疮
都是常见病，
发病部位相近，
症状也类似，
所以很多人将直肠癌
引起的便血症状自行
当作痔疮处理。

有出血，
估计是痔疮。

9
再加上生活不良习惯、
职业因素等，
出现便血症状，
就更容易自圆其说。

10
不仅普通老百姓，
有些医务人员对
直肠癌的认识也同样不足。
一些便血患者被
当作痔疮处理，
导致误诊误治。
医
老张，
你这是痔疮出血，
不要担心。
俺们村的董“神医”

11
那直肠癌都有
哪些症状呢？
雪

12

1. 大便习惯明显改变，
腹泻或便秘，
或腹泻便秘交替出现。

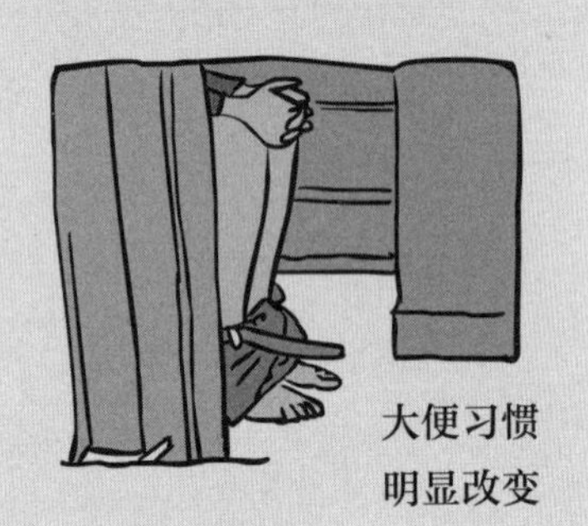

大便习惯
明显改变

13

2. 大便带血、黏液、脓血便，
有排便不尽感。

大便带血，
不要掉以轻心！

14

3. 大便形状改变，
变细、变扁或带槽沟。

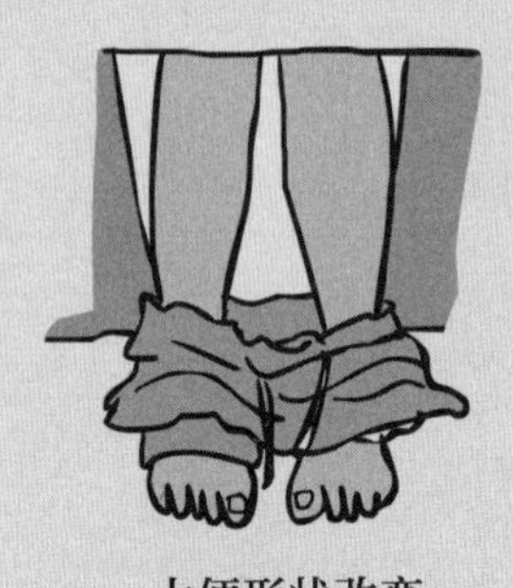

大便形状改变

15

4. 腹痛及腹胀等不适，
食欲减退。

腹痛腹胀

16

5. 肛门部或腹部有肿块。

肛门部肿块切除了，
幸好来得早。

17

6. 近期体重明显减轻，
原因不明的贫血。

老王，
你怎么瘦这么多？
去医院看看吧。

18
7. 既往曾有反复痔疮史、
多发性家族性息肉等。
痔
反复痔疮史
19
直肠癌有哪些
检查方法呢?
倪

20
直肠癌常用的筛检
方法有肛门指诊、
粪便潜血实验、
肠镜和钡灌肠等。
季

21

直肠指诊不就是
我们体检时做的
那个检查嘛。

波

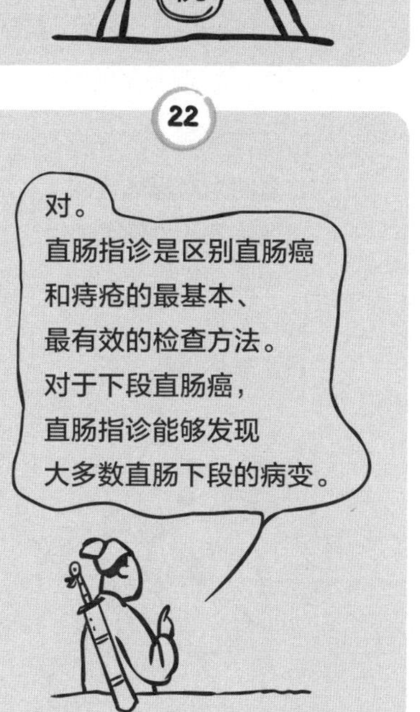
22
对。
直肠指诊是区别直肠癌
和痔疮的最基本、
最有效的检查方法。
对于下段直肠癌,
直肠指诊能够发现
大多数直肠下段的病变。

23
直肠指诊
是怎么检查的?
军

24

医生只需要戴上手套，
将食指伸入患者肛门内，
通过手指触及直肠
四周黏膜进行检查，
得到初步诊断。

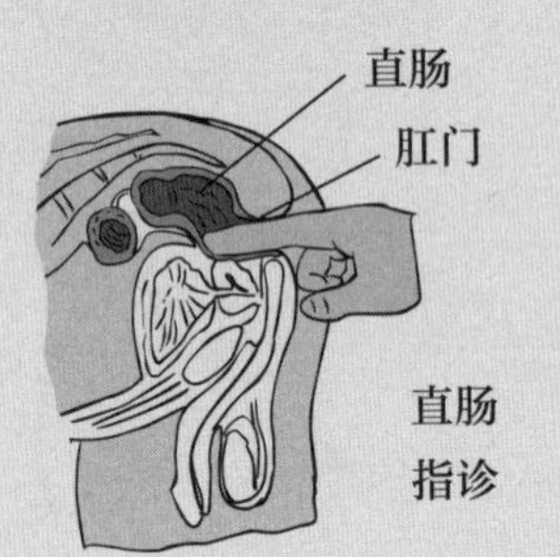
直肠
肛门
直肠指诊

25

80%～90% 的直肠癌
发生在直肠中下段，
指检能发现 75%
以上的直肠癌，
并且只需花费几元钱，
真是举手之劳。

举手之劳

季

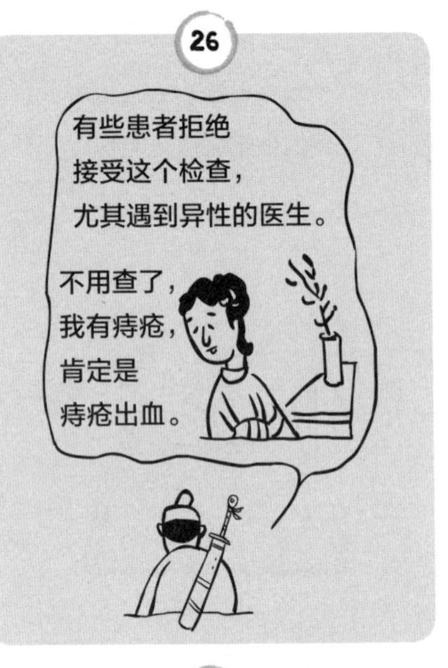
26
有些患者拒绝
接受这个检查，
尤其遇到异性的医生。
不用查了，
我有痔疮，
肯定是
痔疮出血。

27

那我就做个
直肠指诊就好了，
为什么还要做肠镜呢？

28

这是因为对直肠癌的
早期筛查和确诊，
需要肠镜检查和
病理检查，
日常体检是不够的。

日常体检不够

29

当高度怀疑直肠癌时，
应进一步做肠镜，
还可进行组织病理活检，
这是肠癌最重要
的检查手段。

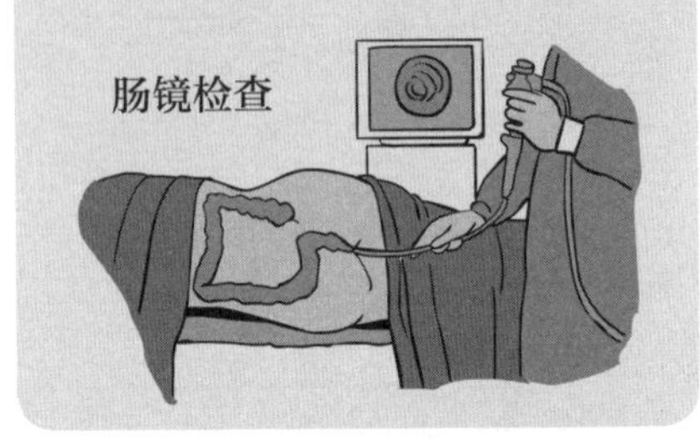
肠镜检查

30

做一次简单的肠镜检查能发现 90% 以上的直肠癌，其费用也不过是两三百元。
熊猫内镜

31

早期直肠癌有没有什么征兆呢？
晓虎偶谈

32

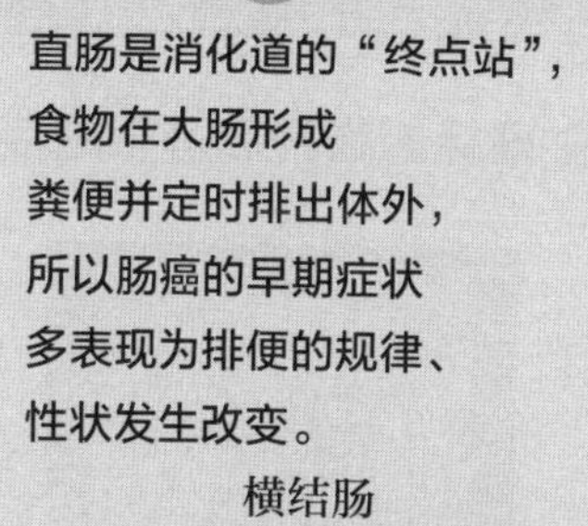
直肠是消化道的“终点站”，
食物在大肠形成
粪便并定时排出体外，
所以肠癌的早期症状
多表现为排便的规律、
性状发生改变。

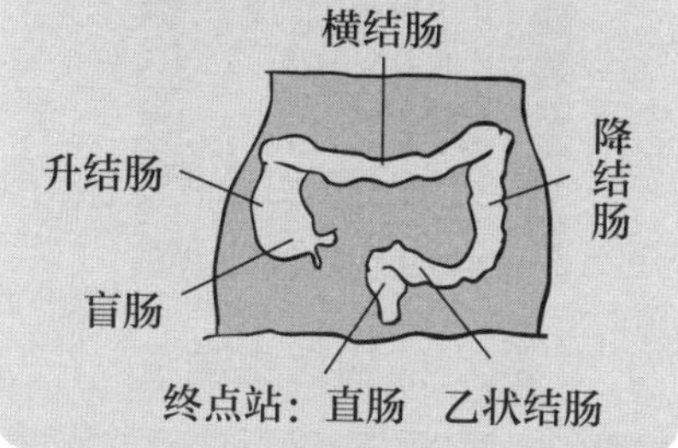
横结肠
升结肠
降结肠
盲肠
终点站：直肠
乙状结肠

33

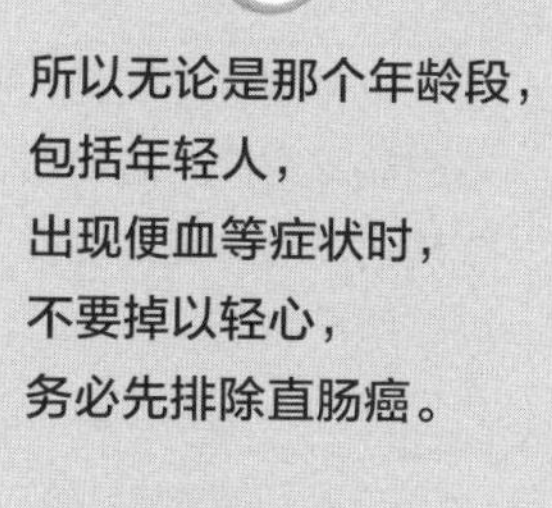
所以无论是那个年龄段，
包括年轻人，
出现便血等症状时，
不要掉以轻心，
务必先排除直肠癌。

出现便血
不要掉以轻心

34

天色不早了，我就先告辞了，有事微信联系。

35

哈哈，好的。
季掌门我送您一程。

文字：北京大学肿瘤医院 苗儒林

熊猫医生阿缪

# 肿瘤标志物升高等于癌症吗

熊猫医生漫画

1

老赵体检报告出来了：
肿瘤标志物升高。

2

我是不是得了癌症？
要不要马上手术？
还能活多久？

3

对于肿瘤标志物，我借用刘备告诫阿斗的名言来总结，那就是“勿以恶小而为之，勿以善小而不为”。

北京大学肿瘤医院
符大侠

4

这怎么理解呢？

5

存在于恶性肿瘤细胞，或由其异常产生的物质，或是人体对肿瘤的各类刺激所产生的物质，我们称为肿瘤标志物。

6

说明身体里出现了恶性肿瘤？
玲


7

肿瘤标志物主要有 4 个作用：
1. 发现早期肿瘤。
因为早期肿瘤患者往往
没有任何症状，
在影像学上也无法显示。

熊猫医疗

早期肿瘤影像学上也无法显示

8

这时肿瘤标志物的检测
可以作为一种筛查手段，
较早地发现肿瘤的存在。

肿瘤标志物


9

2. 每种肿瘤标志物都代表着一种或者几种肿瘤。
当体内存在这些肿瘤时，
所对应的肿瘤标志物有较大的可能会出现异常增高。


10

比如，
甲胎蛋白 AFP 持续高水平，
最常见于原发性肝癌和非
精原细胞的睾丸肿瘤。

甲胎蛋白 AFP 高

原发性肝癌

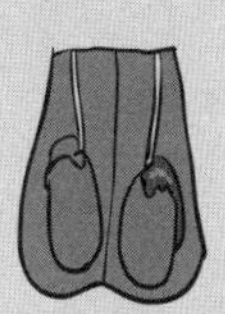
睾丸肿瘤

11

3. 可以对肿瘤患者手术、
化学治疗、放射治疗的
疗效进行监测。

监测

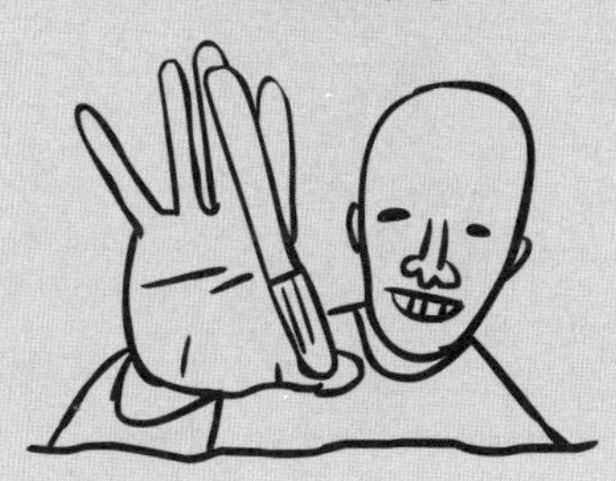

12

患者进行抗肿瘤治疗后，
体内肿瘤负荷会明显下降，
肿瘤标志物水平也随之下降，
从而判断治疗的疗效。

13

4. 同理，肿瘤标志物也可以
作为肿瘤复发的监测指标。

14

是不是肿瘤标志物一旦
增高就可以确诊癌症，
正常就可以排除癌症呢？

倪

15

这只是最理想的状况。
其实，在临床实际中，
没有任何一种肿瘤标志物
可以做到灵敏度和特异性
达到 100%。

16

也就是说，
肿瘤标志物增高，
并不意味着一定患了癌症；
而肿瘤标志物正常，
也并不表明一定没有患癌症。

17

首先，并不是所有的
恶性肿瘤都会
引起肿瘤标志物升高。

是吗？
接着讲。

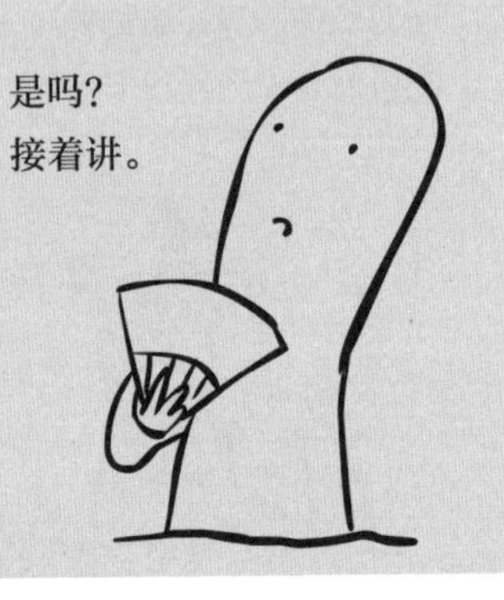

**18**

例如绝大多数胃癌患者CA72-4和CA-242都会明显升高，
但胃肝样腺癌患者这两项指标有可能就正常。

哦，
明白了。

**19**

其次，一些良性疾病
诸如炎症发生时，
肿瘤标志物同样有可能升高。

长知识了，
以后不再盲目害怕了。

**20**

例如乙型肝炎患者AFP可能明显升高，腹膜结核存在时，
CA-125可能会出现异常升高，
这些情况并不意味着罹患原发性肝癌及卵巢癌。

哦，
不是肿瘤，
虚惊一场。

**21**

另外，
我在临床上曾遇到过
送检样本不当
而虚惊一场的病例。

**22**

有位AFP明显升高的患者，
检查发现他并没有患肝癌。
原来该患者的血液
在抽取2天之后才送检，
导致血液浓缩。

坑爹呀！

**23**

那么，
肿瘤标志物阴性能不能
完全排除罹患肿瘤的可能？
晓虎偶谈

24

也不能。
原发性肝癌患者中，
其所对应的特异性肿瘤
标志物甲胎蛋白 AFP 的
阳性率仅为 70% ~90%。

符大侠说的对，
原发性肝癌，
甲胎蛋白
阳性率
仅为 70% ~90%。

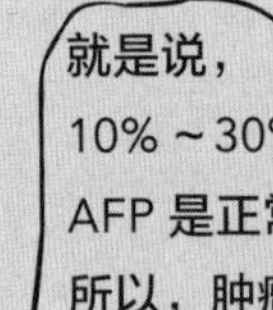

25

就是说，
10% ~30% 的原发性肝癌患者
AFP 是正常或只有轻度升高。
所以，肿瘤标志物只能作为
一个参考。

26

医生是依据什么
确诊肿瘤的呢?

27

癌症的诊断需要结合临床
症状、影像学检查等其他
手段综合考虑，而最重要
的依据仍然是病理学检查。

熊猫
病理

28

即使是利用肿瘤标志物
进行筛查，也需要将多
种肿瘤标志物组合使用，
才能够提高诊断的敏感
性和特异性。

29

总之，
肿瘤标志物的结果要结合临床实际
综合解读，才能得出真实的结论。
切不可以偏概全，也不应疏忽大意。
阿缪拉面不错，带走一碗
给北肿弟子尝尝，
告辞。

文字：北京大学肿瘤医院 符　涛

熊猫医生阿缪
院士教你如何远离癌症
熊猫医生漫画

1
李大叔，男，46 岁，
肺癌晚期，
于熊猫时间 23:55 抢救无效……

2
傻呆呆大晚上
念叨些什么？
面

3
又送走了一个癌症晚期的患者，
心情复杂。

4
真是闻癌色变，预防癌症
到底有没有什么好的方法？

5
我们请程书钧院士讲讲，
他是这方面的专家。

6
你生气，
就给了癌细胞高兴的机会！
中国医学科学院肿瘤医院
程书钧　院士

7
情绪和癌症是什么关系？

8
人体宿主因素的变化不仅
影响肿瘤的发生、发展，更会
对肿瘤患者的治疗有重大影响。

9

癌细胞原本是体内的“好公民”，
但由于种种原因诱发基因突变，
不听从“组织”安排，
进而演变为人体小社会
里的一颗“毒瘤”。

以前我是好公民，
现在我是毒瘤，
你打我呀！

10

而人体就是癌细胞的宿主，
情绪变化就是宿主因素的一部分。

谁惹我，
我就打谁！
急眼了，
我连自己都打。

11
莫生气，人生就像一场“戏”。
可是印象中很多疾病都会
和情绪扯上关系，
我还是不太懂。

12

有个这样的试验，
将相同的小白鼠分为两组：
一组在比较大的空间生活，
里面有迷宫、玩具、房子、
滑轮等玩具，
小白鼠可以玩耍、交流，
被称为“快乐小鼠”。

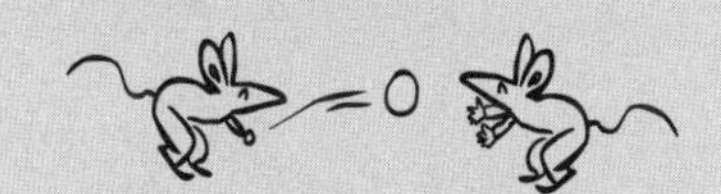

13

另一群则放在固定的小空间内。
一段时间后，对两组小白鼠
诱发肿瘤，结果发现，
“快乐小鼠”诱发出的肿瘤
比对照组少很多。

郁闷老鼠
肿瘤多

快乐小鼠
肿瘤少

14

所以说，良性的精神刺激
对肿瘤有抑制作用。

15

的确是这样。
我们生活中也常看到，
同样是查出了肿瘤，
有的人被吓倒了，
天天待在家里胡思乱想。

16

有的人想得开，
每天去公园锻炼，四处旅游。
后者的生活质量和生存时间
远大于前者。

又多活了一天，
我好开心！

17

肿瘤细胞发展一般
需要二三十年，
在这段时间内称癌前病变。
如果心态好、饮食平衡、
生活习惯健康，整个机体状态
就能保持平衡，
一些潜在的肿瘤
就不容易发展起来。

平衡

18
如果遇到生活打击或者经常闷闷不乐，癌细胞可能就会迅速发生发展。
那就是说情绪好就能和肿瘤和平相处？

19
是的。
其实肿瘤与心脏病、糖尿病、动脉硬化一样，都属于慢性病。
高血压、糖尿病患者要长期服用降压药、降糖药，并没有一劳永逸的特效药，肿瘤也一样。

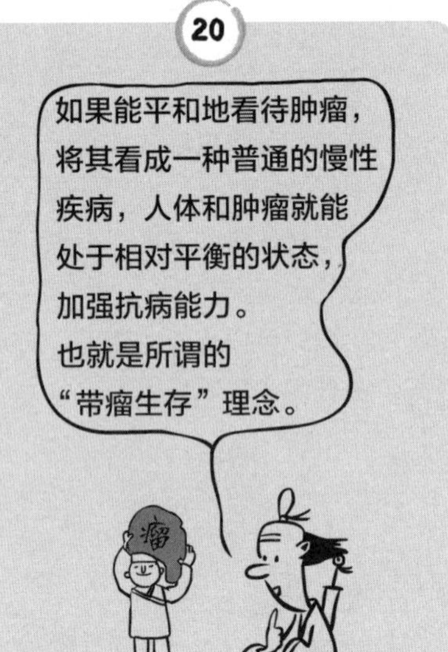
20
如果能平和地看待肿瘤，将其看成一种普通的慢性疾病，人体和肿瘤就能处于相对平衡的状态，加强抗病能力。
也就是所谓的“带瘤生存”理念。
瘤

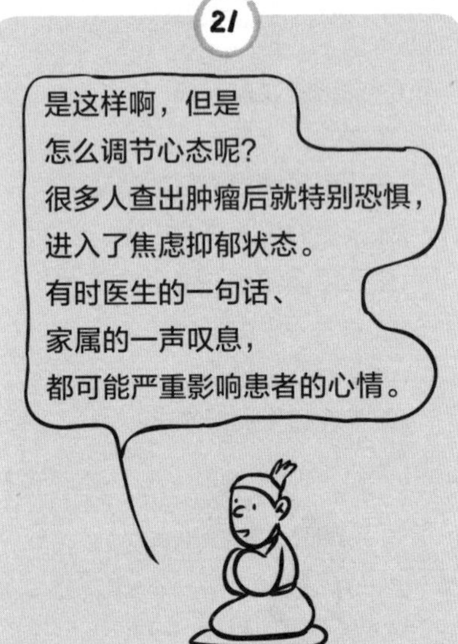
21
是这样啊，但是怎么调节心态呢？
很多人查出肿瘤后就特别恐惧，进入了焦虑抑郁状态。
有时医生的一句话、家属的一声叹息，都可能严重影响患者的心情。

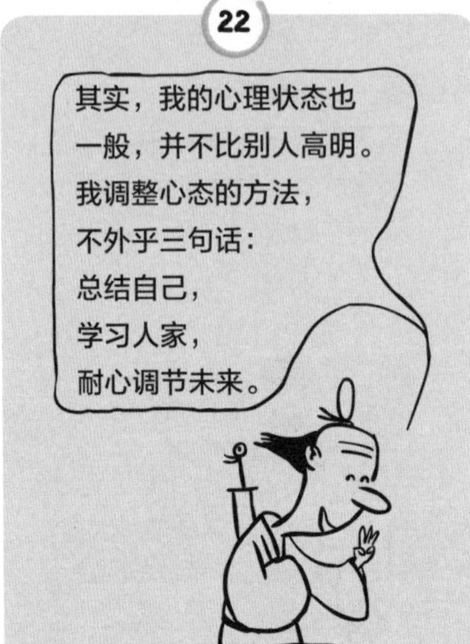
22
其实，我的心理状态也一般，并不比别人高明。
我调整心态的方法，不外乎三句话：
总结自己，
学习人家，
耐心调节未来。

23

总结自己：
总结过去的经验教训，
调整自己现在的生活。
遇到事情，先想想过去遇到类似的事情是怎么处理的，结果如何，整理出来，才知道现在应该怎么做。

24

学习人家：
通过看书、读报、
交流等途径学习
别人的经验，
然后再去实践。

熊猫秘笈

25

耐心调节未来：
自我改变要有耐心，
不要操之过急。
人的很多习惯
是一辈子养成的，
不可能一朝一夕就能解决。

静

26

太棒了！
我这就去告诉所有
的老年朋友，
远离癌症。

27

不不不，中老年群体是
最关注健康知识的，
但目前包括癌症
在内的多种疾病
呈年轻化趋势。

28

应该从儿童时期
开始加强相关教育
和知识普及，
教会孩子保持身心健康
和良好的生活方式。

知识普及
从小做起

29

有道理！
疾病防控应是全
生命过程的。科普
任重而道远，控制情
绪，远离癌症。

阿缪拉面

文字：中国医学科学院肿瘤医院
程书钧 院士

图书在版编目（CIP）数据

疾病的真相．熊猫医生科普日记 / 缪中荣文；何义舟图．—北京：人民卫生出版社，2019

ISBN 978-7-117-28779-1

Ⅰ.①疾… Ⅱ.①缪… ②何… Ⅲ.①疾病—普及读物 Ⅳ.①R4-49

中国版本图书馆 CIP 数据核字（2019）第 176685 号

人卫智网 www.ipmph.com 医学教育、学术、考试、健康，购书智慧智能综合服务平台

人卫官网 www.pmph.com 人卫官方资讯发布平台



疾病的真相：熊猫医生科普日记

文 缪中荣
图 何义舟
出版发行 人民卫生出版社（中继线 010-59780011）
地 址 北京市朝阳区潘家园南里 19 号
邮 编 100021
E - mail pmph @ pmph.com
购书热线 010-59787592 010-59787584 010-65264830

印 刷 北京虎彩文化传播有限公司
经 销 新华书店
开 本 889 × 1194 1/24 印张：20
字 数 699 千字
版 次 2019 年 9 月第 1 版 2022 年 8 月第 1 版第 3 次印刷
标准书号 ISBN 978-7-117-28779-1
定 价 69.00 元

打击盗版举报电话：010-59787491 E-mail：WQ @ pmph.com

（凡属印装质量问题请与本社市场营销中心联系退换）

# 编辑寄语

医生希望你了解的疾病知识，
一些可能改变人生的健康细节。
一分钟漫画医学，
守护家人一生健康。

中国原创
科普故事

策划编辑　周　宁
责任编辑　周　宁
整体设计　水长流文化　尹　岩
责任版式　赵　丽



**人卫智网**
www.ipmph.com
医学教育、学术、考试、健康，
购书智慧智能综合服务平台

**人卫官网**
www.pmph.com
人卫官方资讯发布平台

关注人卫健康
提升健康素养

ISBN 978-7-117-28779-1

定　价：69.00 元



策划　周　宁
美编　尹　岩
印制　王　申　黄　鸣
编辑热线　1545520556@qq.com

# 什么是动物？

如果你看到画面里有一只狐狸在奔跑，那你可能是在看一部动画片。

# 奔跑的狐狸

如果你看到大自然里有一只狐狸在奔跑，那你看到的就是一个有生命的动物。

# 什么东西能自己动？

花朵能自己动吗？不能！除非有风吹动它。这就是植物！

石头能自己动吗？不能！除非有人搬动它。这就是矿物！

小兔子能自己动吗？当然能！一受惊吓，它就会飞快地跑掉。这就是动物。

你属于哪一类呢？是植物、矿物，还是动物？

# 脚印的秘密

沙滩上留下了很多脚印，

你能猜出是谁留下的吗？

你能根据脚印猜出更多的信息吗？

比如他的行走方式、体重、年龄、体型等。

这真的很好玩儿，快来猜一猜吧。

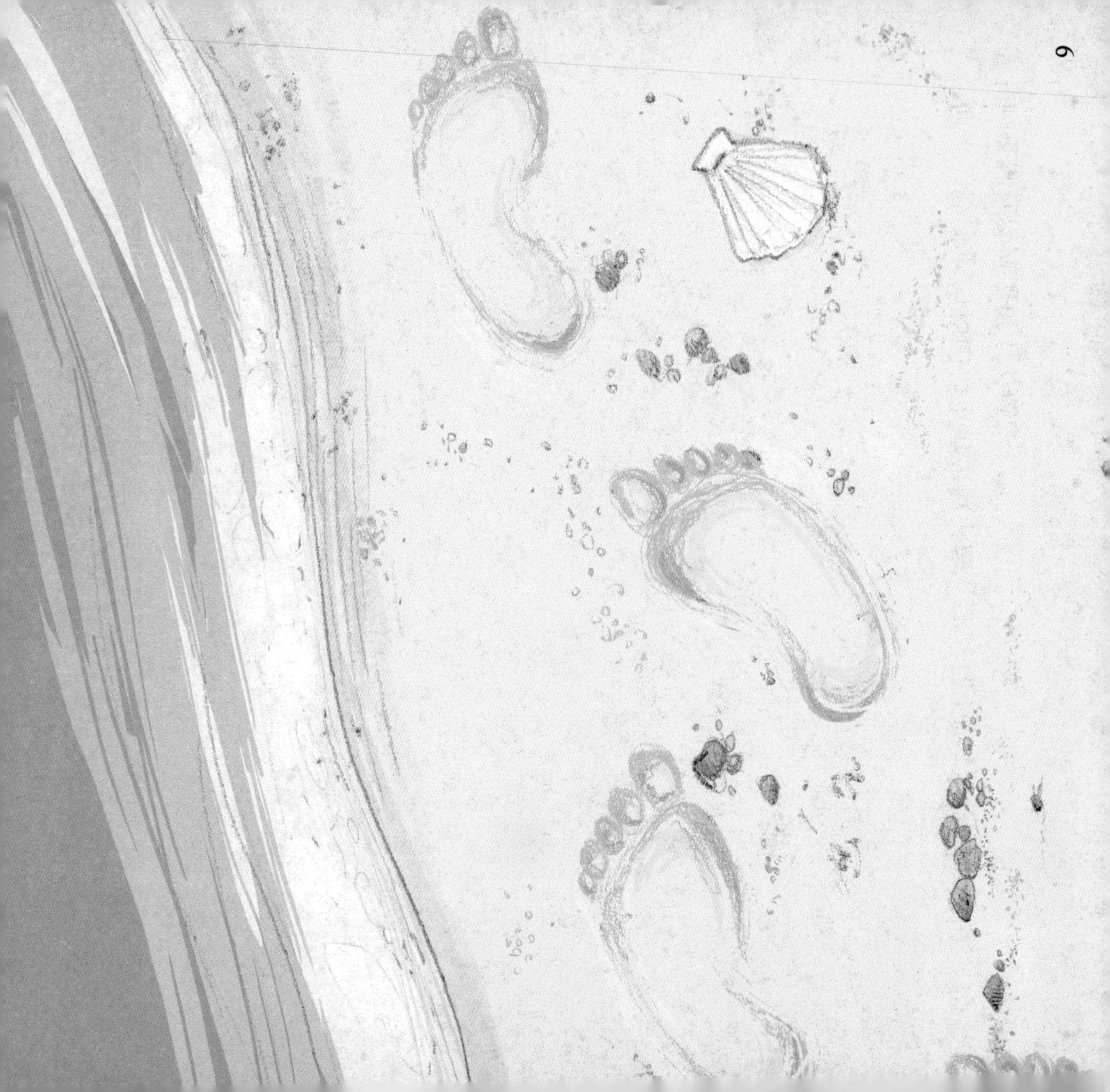

# 你是怎样走路的？

原来，沙滩上的脚印是小男孩留下的。你发现了吗？小男孩的脚跟、脚掌和脚趾都在沙滩上留下了痕迹。

# 沙滩上的脚印

因为我们人类在走路时，整只脚都会贴合地面。熊和猴子走路时，也是这样。

要是小男孩奔跑起来，就只有脚趾和一部分脚掌着地。小狗和小鸟就是用脚趾着地行走的。你能在沙滩上找到小狗的脚印吗？

只用一部分脚掌着地，行走的速度会非常快。马在奔跑的时候，就是这样做的。

# 行走、小跑、奔跑、跳跃

因为它奔跑的速度非常快，
为了保护它的蹄子，人们会帮它钉上马蹄铁。
在奔跑之前，它喜欢先一步步行走，
然后才开始小跑、奔跑、跳跃。
你能猜出它是谁吗？

马

猜对啦！它就是马。看它不慌不忙地抬起四条腿，一条接着一条。如果你仔细听，就能听到马蹄先后落地的声音。

# 长跑高手

紧接着，它开始小跑。一般每小时15公里左右，有时候能达到50公里呢！在快速奔跑的时候，它看起来就好像脚不沾地。

7

当然，马还可以跑得更快，甚至能达到每小时 60 公里！你能想象它像汽车一样飞奔的样子吗？

当马跨越障碍物时，会全力加速，用两条后腿作为支撑，两条前腿弯曲、跃起再落地。这样，一个漂亮的跨越动作就完成了。

飞

当它围着你嗡嗡嗡地飞时，

你会生气地把它赶跑；

当它落在你的盘子上时，你会狠狠地拍打它。

它从来都不受欢迎。

你能猜出它是谁吗？

# 苍蝇

苍蝇真的很不受欢迎。我们总想一把抓住它。但它会在一眨眼间——不到五分之一秒的工夫迅速飞掉。这都要归功于它的翅膀！

# 逃走的苍蝇

你发现了吗？苍蝇的翅膀是半透明的，既轻盈又结实，能快速扇动又不易折断。

苍蝇还能像杂技演员走钢丝一样，用平衡器保持平衡。

苍蝇的脚底有吸盘，这能让它稳稳地站在窗户玻璃上或倒立在天花板上。这时候，你还想去抓它吗？

你在公园里经常看见它。

它是一种小鸟，用两只小脚站立，

还喜欢“咕咕咕”地叫。

当你靠近时，它会扇动翅膀迅速飞走。

你能猜出它是谁吗?

# 鸽子

看，鸽子飞起来啦！拍拍翅膀，它就能轻轻松松地飞到空中。

飞到空中后，只要把翅膀展开，它就能一直滑翔。这可比用力扇动翅膀轻松多了！

为了保持平衡，鸽子在飞翔的时候，尾巴要像扇子一样打开。

为了安全降落，鸽子也要轻轻抖动五六下翅膀以便减速。不然，它的小腿很有可能会骨折。

# 游泳

它能飞，能摇摇摆摆地走路，还能游泳。

你可能听到过它“嘎嘎嘎”的叫声。

它生活在户外的小池塘里，

你的澡盆里或许有个和它一模一样的玩具。

你能猜出它是谁吗？

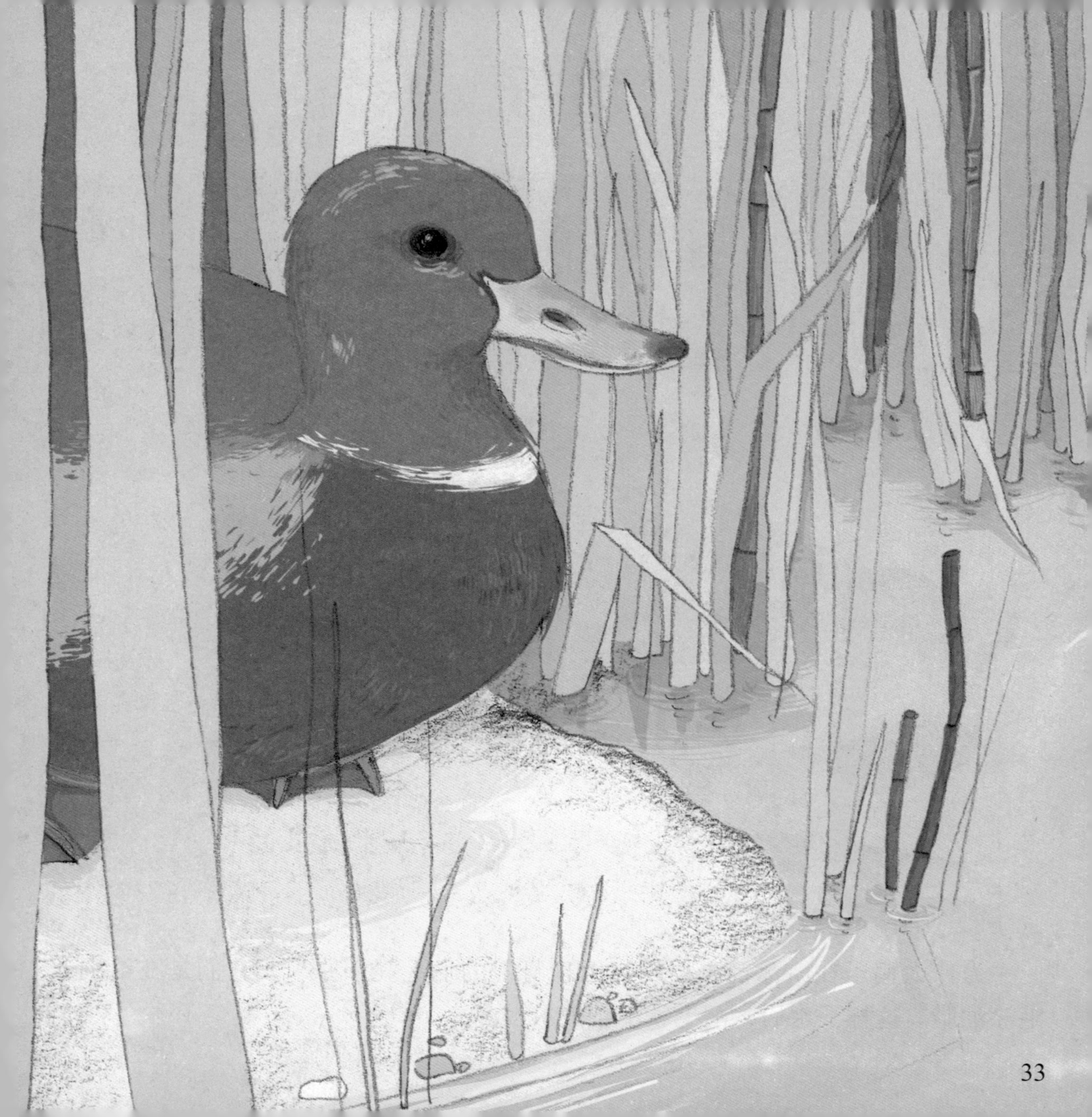

# 鸭子

为什么鸭子在游泳前，要用嘴巴理身上的羽毛呢？原来，它们是在给羽毛涂油脂。这样下水后，羽毛就不会被水浸湿。

# 在水里散步的鸭子

它们能漂浮在水面上，玩个痛快。你也想漂浮在水面上吗？那就套一个鸭子款式的游泳圈吧。

要在水里前行，鸭子全靠它的另一个宝贝——脚蹼。鸭子划动脚蹼，就好像我们用桨划船一样。

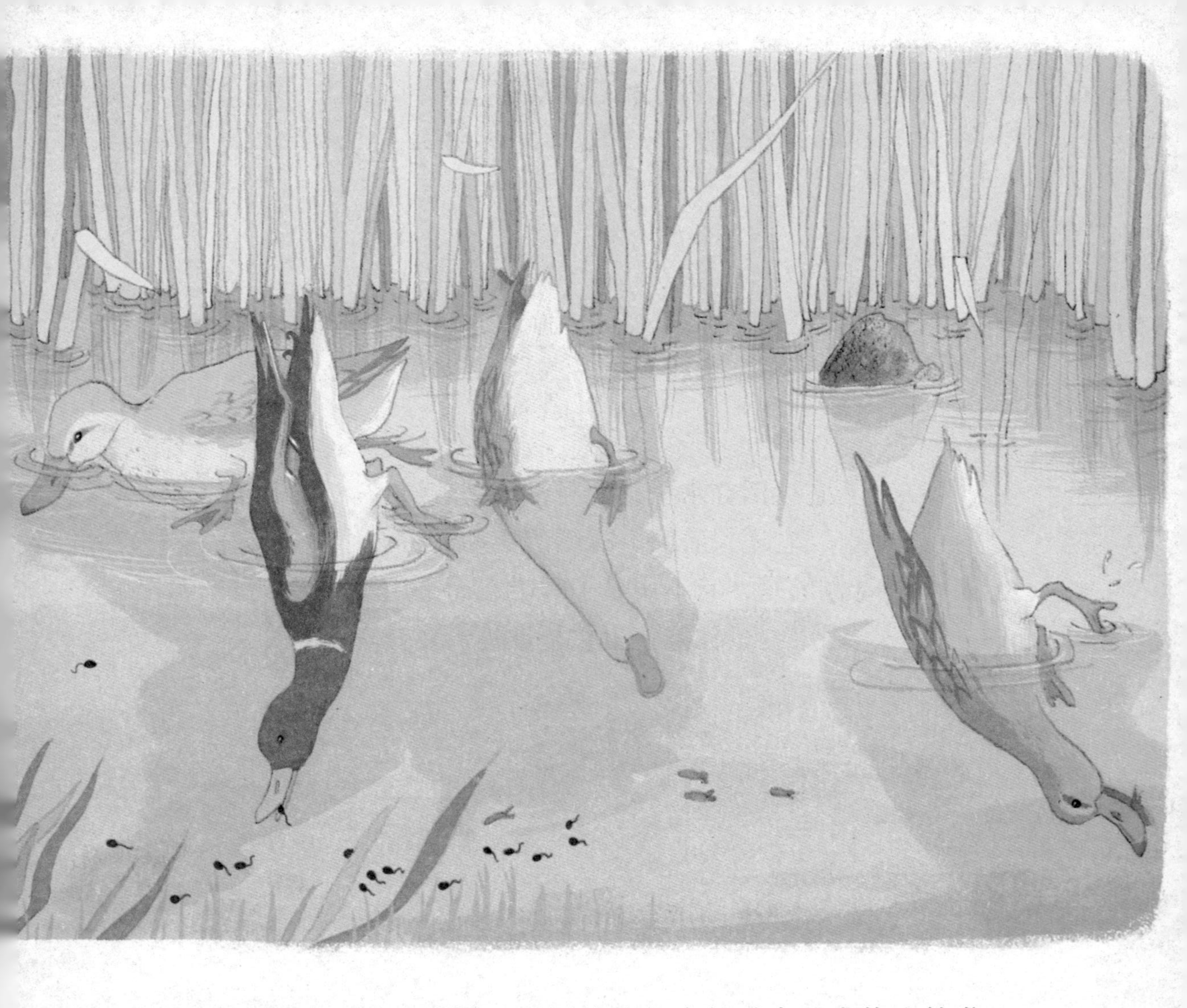

看，有了防水羽毛和脚蹼，鸭子就能一头扎进水里去找吃的啦！

# 游泳

它生活在水里，全身都覆盖着鳞片。

它还长着鳍，靠鳍的摆动前行。

最奇怪的是，它不用鼻子呼吸，而是用鳃呼吸。

你能猜出它是谁吗?

# 鱼

尾鳍

只要尾巴左右摆动，它就能在水中前进。你看到它的尾鳍了吗？这是它前进的秘密武器。

# 游泳高手

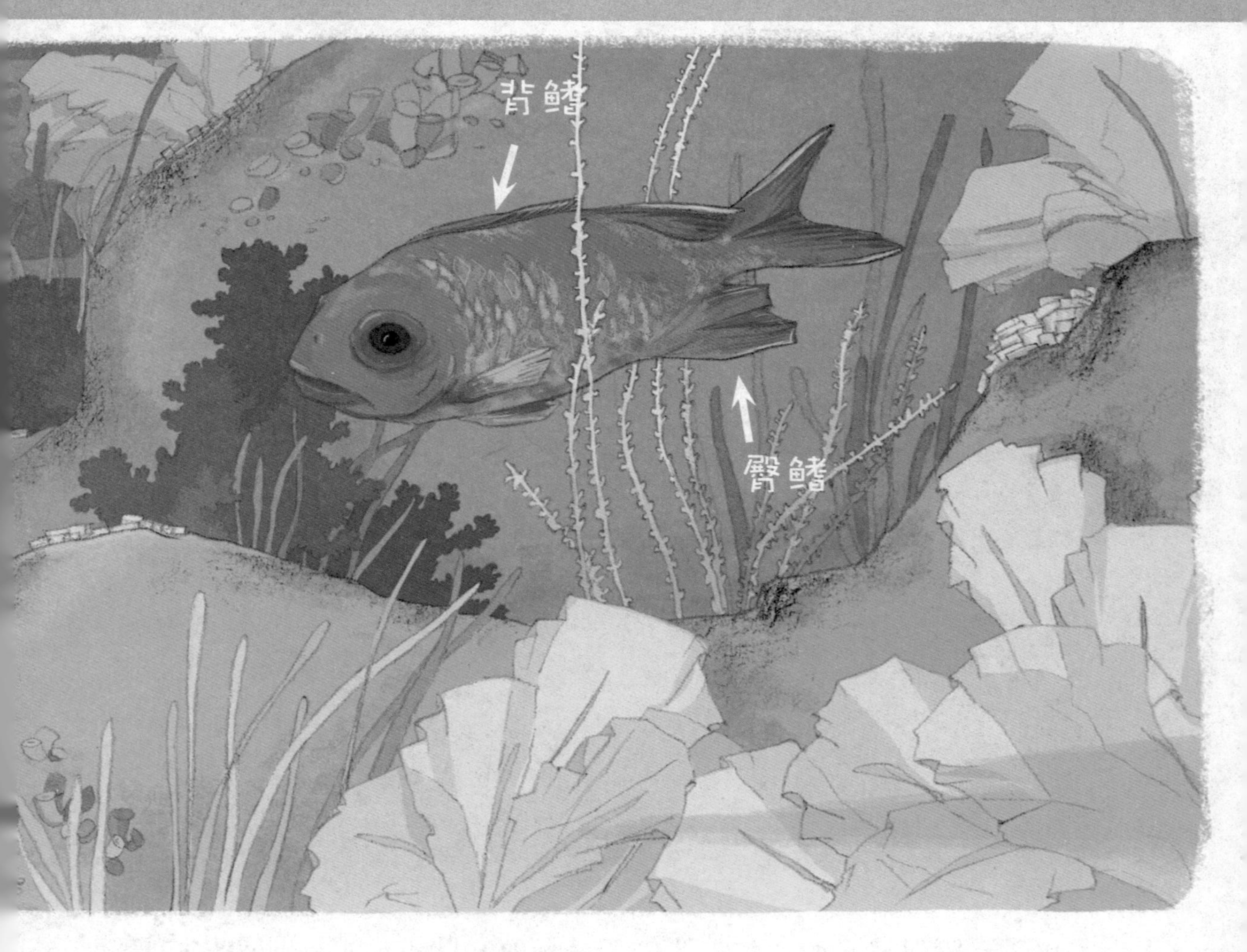
背鳍
臀鳍

有时候，它想从左游到右，从上游到下。这就得靠它的背鳍和臀鳍来把舵了。

胸鳍
腹鳍

为了在游动时保持平衡，鱼需要靠四片鱼鳍来帮忙，那就是两片胸鳍和两片腹鳍。

即使一动不动，它也需要轻轻摆动鱼鳍，不然翻肚可就丢脸了。

# 爬行

它没有胳膊和腿，

却能无声无息地在草丛里前行。

它可以缓慢爬行，也可以来回摆动，

还可以曲折绕行，总之都可以。

你能猜出它是谁吗？

# 蛇

为了在草地上或者灌木丛中前行，蛇会左右摆动身体，就像你在地上摆动绳子那样。

# 快速前进的蛇

看，蛇的身体紧贴着地面来回摆动，依靠地面的支撑力前行。

只要头往前窜，蛇就能爬得更快。

不过，蛇再快也没有人跑得快。如果你遇到蛇，别害怕，飞快地跑开就行啦！

# 跳跃

它有荧光绿的皮肤和脚蹼，

还是个跳高能手，

可以从一朵睡莲跳到另一朵睡莲上，

还喜欢坐在上面“呱呱呱”地叫。

你能猜出它是谁吗？

# 青蛙

如果没有急事，青蛙喜欢慢悠悠地一步步行走。要是发现美食或是要逃跑，它就会飞快地跳跃起来。

# 准备起跳的青蛙

它的大腿肌肉很发达，能跳到相当于自己身高 25 倍的高度。你能跳多高呢？

看，这就是青蛙跳跃的样子：眼睛紧闭，前腿弯曲紧贴身体。简直就像一枚火箭，神气极了。

青蛙闭上眼睛是为了避免速度太快而伤害眼睛。在捕食的刹那间，它绝对会把眼睛睁得大大的，紧盯着猎物不放。

# 跳跃

它的前腿短，后腿长，这真的很奇怪。

而且大腿、小腿和脚基本一样长，还呈 Z 字形。

正因为它与众不同的腿，让它成了跳高冠军。

它的身上还有一个小口袋。

你能猜出它是谁吗？

# 袋鼠

站立的时候，袋鼠会把自己长长的尾巴撑在地上，就像拄着拐杖一样。这样它会站得既平稳又舒适。

# 用四条腿走路

不着急的时候，袋鼠会用四条腿走路。但它撅起屁股和尾巴的样子，实在不礼貌，而且也很累。

因此，袋鼠更愿意跳跃。跳跃一次，它能前进 5~10 米。这时候，它只需要保持身体与地面平行、尾巴翘起就行。

袋鼠在连续跳跃时，看起来就好像用石头在水上打水漂。是不是很厉害？

# 攀爬

当你调皮地爬树时，

爸爸妈妈就会把你比作它。

你们看起来好像有很多相似之处。

不过要是比爬树，

你可比不上它。

你能猜出它是谁吗？

# 黑猩猩

和你相比，黑猩猩走起路来东倒西歪，真的很糟糕。看，它还要身体弯曲，手臂撑地，才不会摔跟头。

# 把手当脚用

要是黑猩猩跑起来，会是什么样子呢？它竟然会把手当脚用，四肢交替着奔跑，重心靠拳头来支撑。

在爬树的时候，它又会把脚当手用。看，它的脚趾分开，还紧紧地抓住树枝，真的很像手。

这些蜘蛛猴是黑猩猩的亲戚。它们在树林里跳来跳去的时候，还能用尾巴勾住树枝，又多了一只“手”。

# 什么都会的神奇动物

他是一种神奇的动物。

虽然只有两条腿和两只手，

却能爬行、走路、奔跑、跳跃甚至游泳。

他没有翅膀，却能想办法在天空飞行。

你能猜出他是谁吗?

# 人类

我们的脚不仅能走路，还能踢足球。

# 游泳的女孩

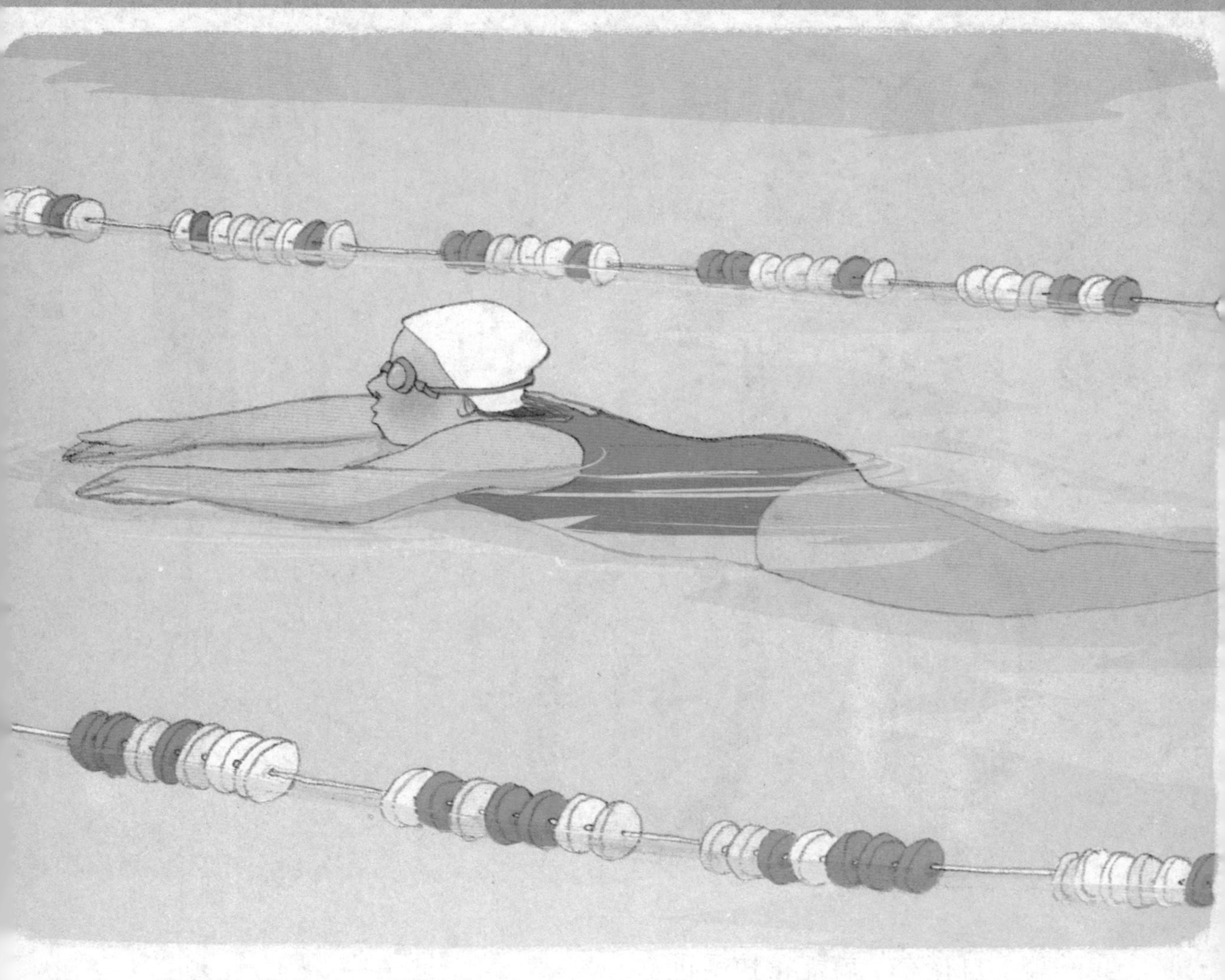

我们能像青蛙一样游泳。

我们骑上自行车，就能很快前进。

我们坐上飞机，就能像小鸟一样在天空中飞行。

# 还有更多更有趣的知识……

**1. 什么是动物?**

我们可以把自然界的东西分成三类：动物、植物和矿物。动物和植物是有生命的，但只有动物能够移动。植物从出生到死亡都是在同一个地方。矿物没有生命，因此也就不能移动。

我们可以和爸爸妈妈一起去户外收集一些样本，列一些动物、植物和矿物的清单。

**2. 动物有哪些有趣的行走方式?**

为了移动，所有的动物都进化得很好。天上的动物会飞；水里的动物会游泳；而陆地上的动物，无论是长着脚，还是爪子和蹄子，都能走、跑和跳。

奔跑

我们都知道，马跑得很快。它有四条腿，每只脚上只有一个脚趾。在奔跑时，它们同一侧的腿同步向前迈，另一侧的腿随后跟上。马和熊、长颈鹿一样，都是这样前进的：同侧的两条腿同时举步。这叫作侧对步。

飞

我们身边生活着很多会飞的动物，有些还让我们十分讨厌，比如苍蝇。苍蝇是传播病菌的罪魁祸首。苍蝇的脚所接触的食物都变得不再卫生。苍蝇的翅膀有像叶脉一样的纹理，称为翅脉。这些翅脉不仅为翅膀输送血液和氧气，还起到了支撑作用。在翅脉的支撑下，翅膀呈弯曲状，可以快速地飞行。苍蝇还有两对退化了的后翅，起到舵的作用，被称为小

平衡器。苍蝇的速度和反应力是我们人类的 5 倍之多。如果我们想抓住它，它会在一眨眼间逃走，因为它的飞行速度能达到每小时 7 公里左右，这个速度对一只小小的苍蝇来说，是非常惊人的。

游泳

橡皮鸭可以在我们的澡盆里游来游去。不过，真正的鸭子很不一样，它们的脚呈蹼状，三个脚趾之间有皮肤连接，在游泳的时候尽量分开，以便飞快地划水。出于这个情况，鸭子不可能是长跑冠军，它走起路来总是摇摇摆摆的。游泳时，我们都需要防水。但鸭子的肛门处有尾脂腺，可以分泌油脂，鸭子会把这些油脂涂抹到羽毛上，这样就不会被水打湿了。

爬行

蛇即使没有脚，也能完美地前行，这多亏了它全身那些能够移动的肌肉。它把身体紧贴粗糙的地面，构成支撑，然后让身体从左向右摆动。这样，它爬行的时候，就会优雅而流畅。它还可以直线前进、侧向行进。总之，它前行的本领很多。

跳跃

相信你一定认识袋鼠，它们是非常棒的跳跃者，靠强有力的后腿跳跃前进。要是不赶路的时候，袋鼠也会用四条腿走路，但这样既费力又不优雅，所以，它们最喜欢的前行方式还是跳跃。跳累了，袋鼠会把自己的大尾巴像拐杖一样立起来，稳稳当当地休息一会儿。在跳跃时，尾巴还能帮助袋鼠跳得又快又远。

图书在版编目（CIP）数据

最佳的行走方式 / [法] 拉里尔著 ; [法] 谢娜赫绘;
李檬译. -- 成都 : 四川文艺出版社, 2015.7
（哇！动物真奇妙）
ISBN 978-7-5411-4140-9

Ⅰ. ①最… Ⅱ. ①拉… ②谢… ③李… Ⅲ. ①动物－少儿读物 Ⅳ. ①Q95-49

中国版本图书馆CIP数据核字(2015)第164247号

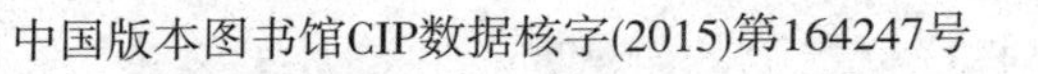



书　　名　最佳的行走方式 ZUIJIADEXINGZOUFANGSHI
　　　　　[法]米歇尔 · 拉里尔 著 [法]卡罗尔 · 谢娜赫 绘 李檬 译
总 策 划　王立明
特约策划　陈中美
特约编辑　鲁礼敏　刘　可
责任编辑　王其进　武　征
装帧设计　李　冰
出版发行　四川文艺出版社
经　　销　全国新华书店经销
印　　刷　北京龙跃印务有限公司
开　　本　185mm × 185mm　1/24
印　　张　3. 5
版　　次　2015年10月第一版 2015年10月第一次印刷
书　　号　ISBN 978-7-5411-4140-9
定　　价　26.00元
（图书如有印装错误请向印刷厂调换，电话：010-61480644）

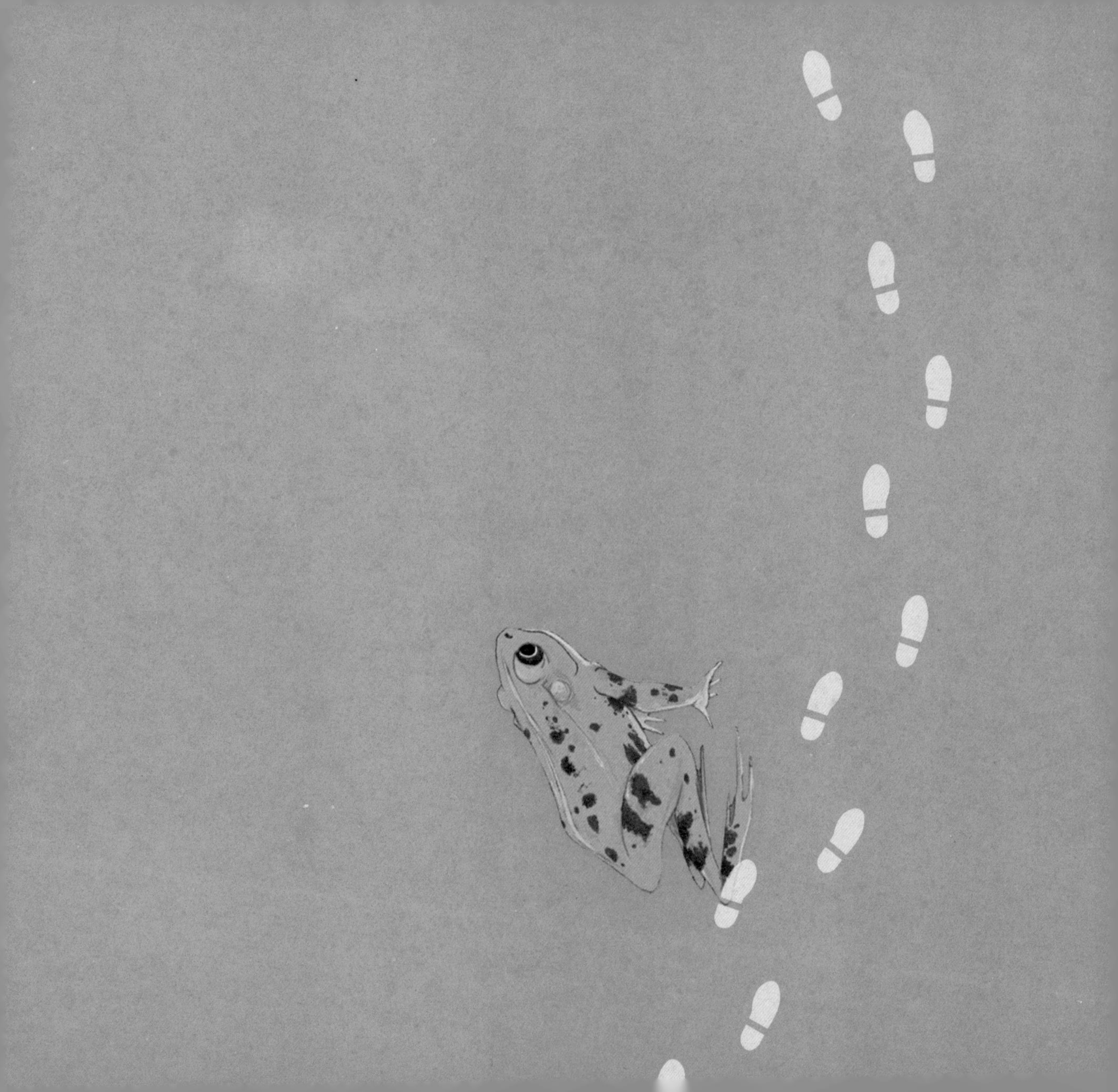

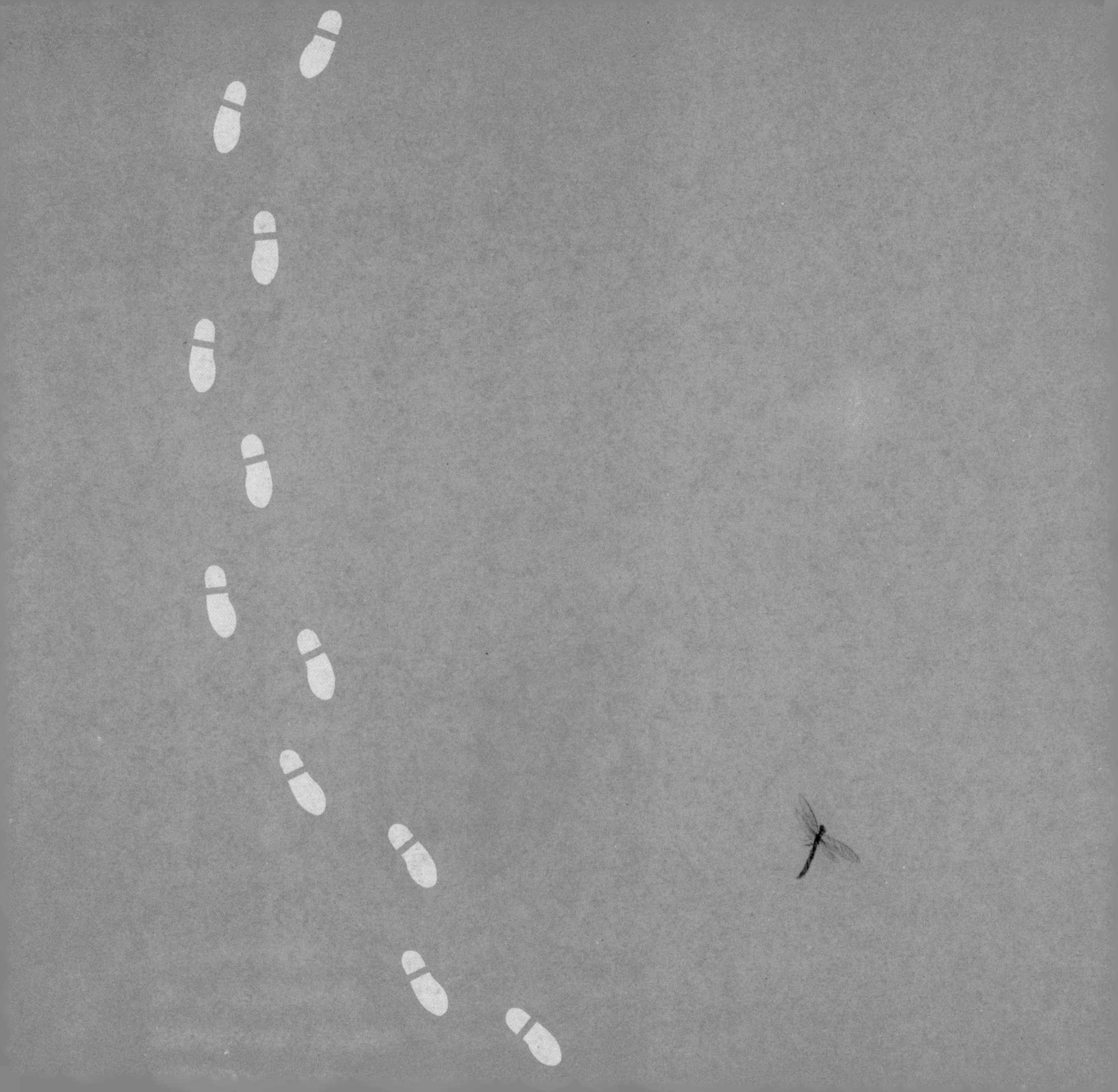

# 哇！动物真奇妙

## 最佳的行走方式

[法] 米歇尔 · 拉里尔 / 著
[法] 卡罗尔 · 谢娜赫 / 绘
李檬 / 译

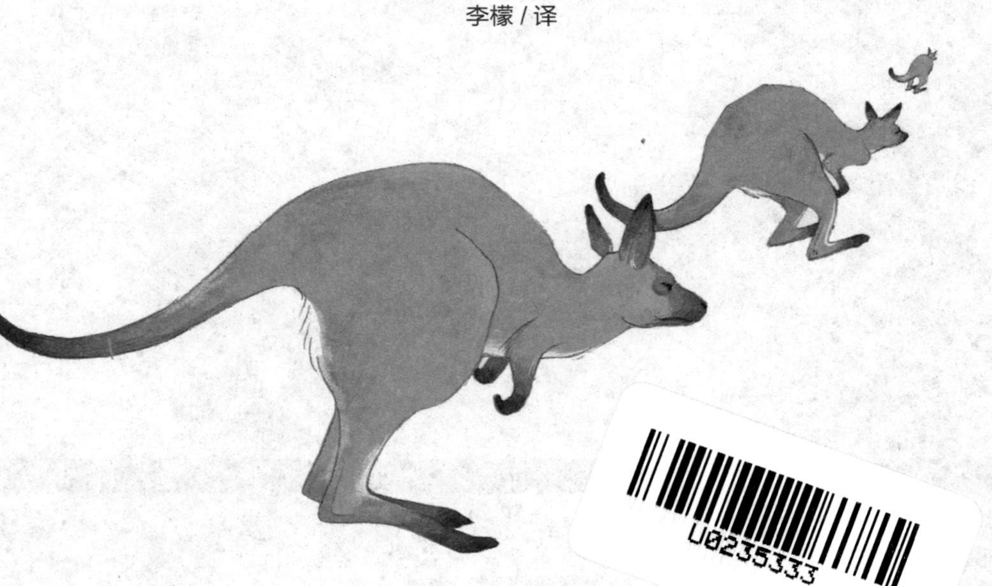



四川文艺出版社 | 凤凰阿歇特 hachettephoenix

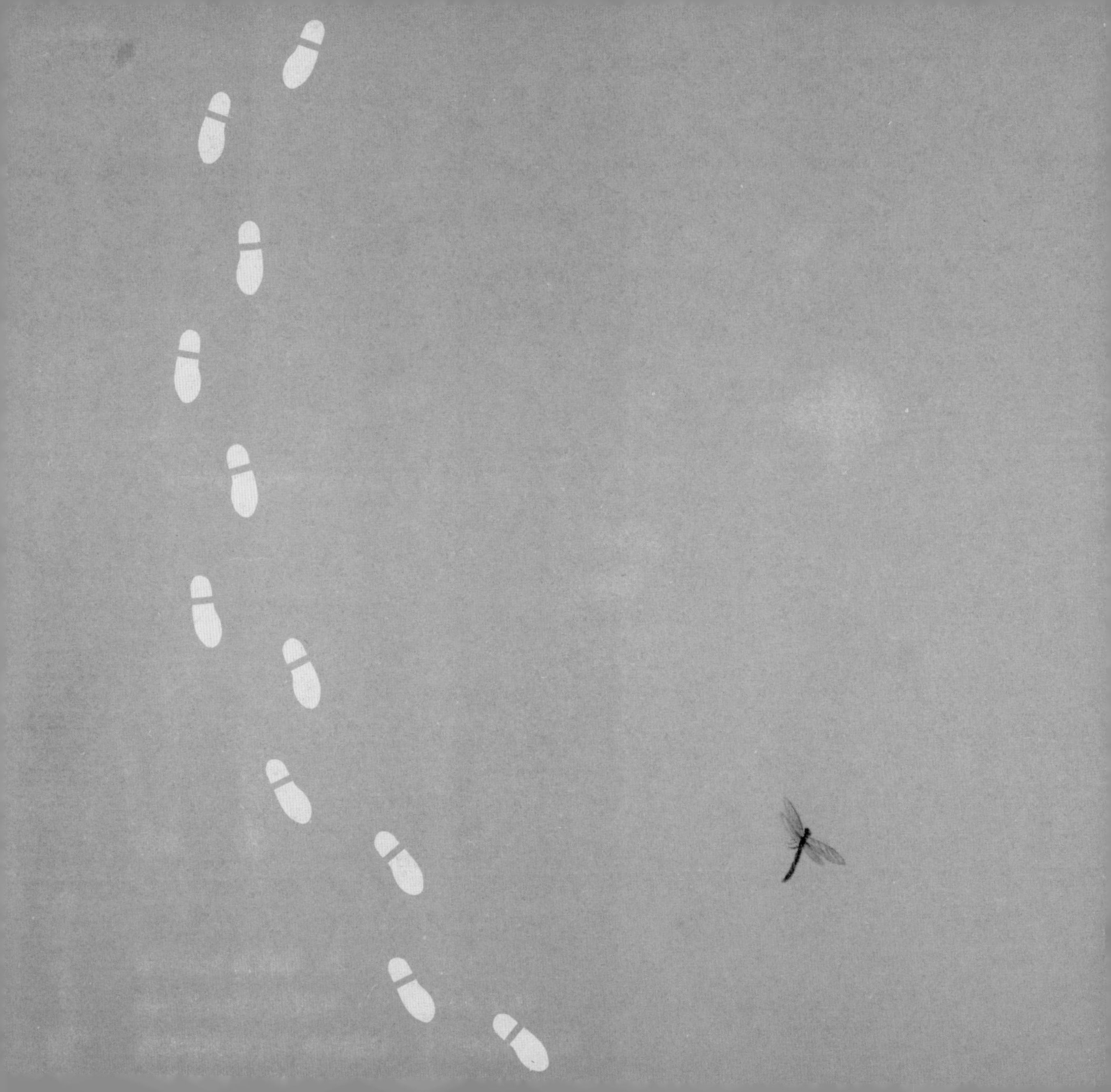

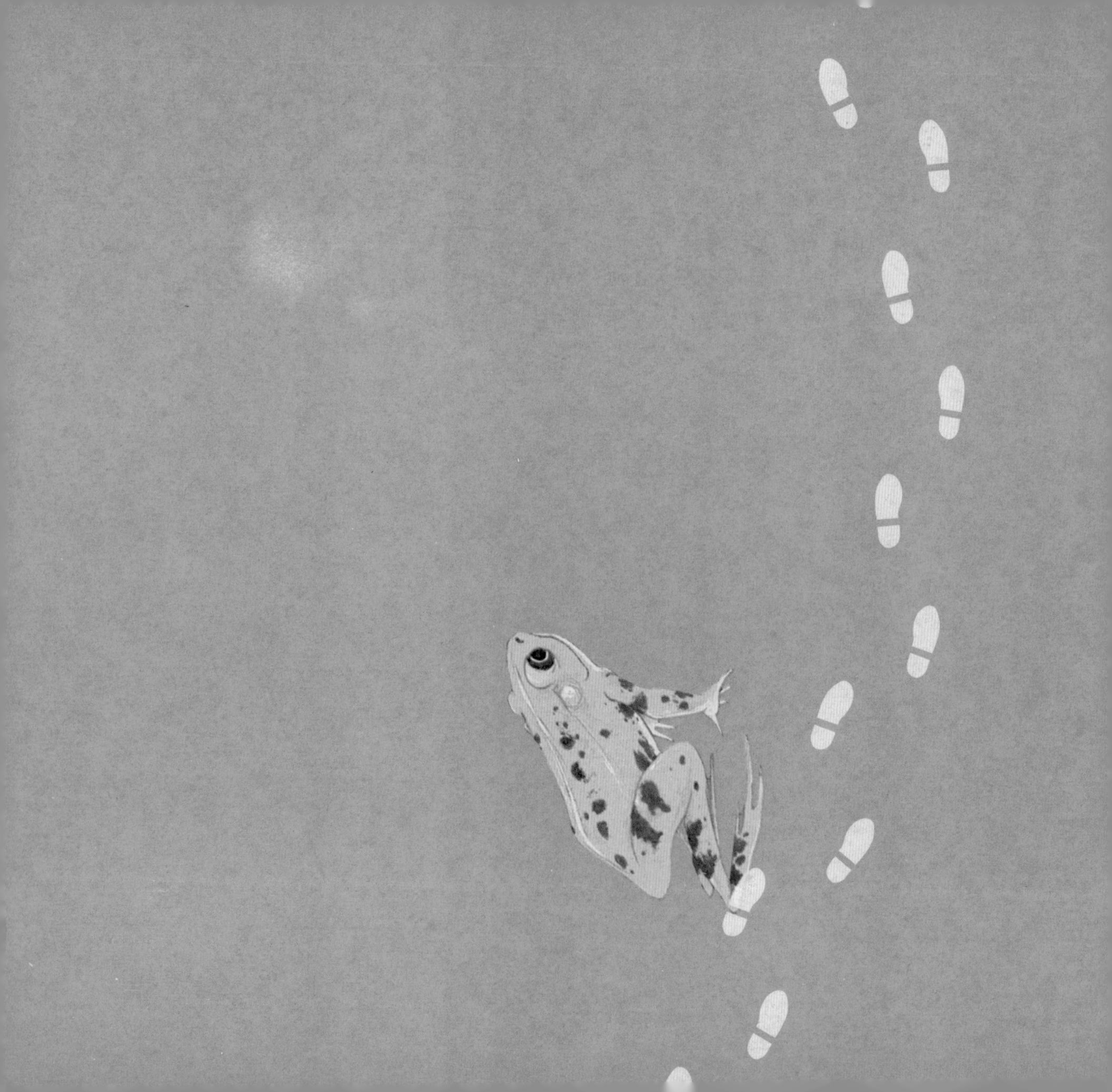